高 等 院 校 信 息 技 术 规 划 教 材

嵌入式系统原理及接口技术（第2版）

刘彦文 编著

清华大学出版社
北京

内 容 简 介

近年来,国内教学科研单位使用的教学实验开发平台,基于 S3C2410A 微处理器的较为广泛,在产品开发中也较为常用。本书系统地讲述了采用 ARM 公司 ARM920T 处理器核的 S3C2410A 嵌入式微处理器的指令系统、汇编语言、芯片内部主要功能模块的组成和原理以及与开发应用相关的知识,例如与功能模块连接的处理器芯片引脚的信号含义及使用方法,特殊功能寄存器的含义及编程使用等。另外通过示例,讲述了 S3C2410A 微处理器与其他芯片或设备的接口方法,并给出了相应的程序,便于读者加深理解。

本书分为 12 章:第 1 章对嵌入式系统做了一般性介绍,并对 ARM 系列处理器核做了简单介绍;第 2 章介绍 S3C2410A 微处理器组成及程序员模型;第 3 章和第 4 章讲述指令系统和汇编语言;第 5 章介绍存储器控制器、Nand Flash 控制器以及存储器和 Nand Flash 存储器组成实例;第 6～12 章介绍 S3C2410A 芯片内部主要功能模块原理及接口技术。

本书内容新颖,实用性强,书中有大量的图、表、例和程序,每章都附有习题,便于读者学习。

本书适用于高等院校计算机、软件、电子、自动化、通信等专业的本科生作为"嵌入式系统原理及接口技术"课程教材使用,也可作为研究生的参考教材;同时可供从事嵌入式系统设计、开发的工程技术人员参考或作为培训教材使用。

图书在版编目(CIP)数据

嵌入式系统原理及接口技术/刘彦文编著. —2 版. —北京:清华大学出版社,2020.6(2024.9重印)
高等院校信息技术规划教材
ISBN 978-7-302-55340-3

Ⅰ. ①嵌… Ⅱ. ①刘… Ⅲ. ①微型计算机－系统设计－高等学校－教材 ②微型计算机－接口技术－高等学校－教材 Ⅳ. ①TP36

中国版本图书馆 CIP 数据核字(2020)第 062741 号

责任编辑:袁勤勇 杨 枫
封面设计:常雪影
责任校对:梁 毅
责任印制:刘海龙

出版发行:清华大学出版社
    网 址:https://www.tup.com.cn,https://www.wqxuetang.com
    地 址:北京清华大学学研大厦 A 座   邮 编:100084
    社 总 机:010-83470000   邮 购:010-62786544
    投稿与读者服务:010-62776969,c-service@tup.tsinghua.edu.cn
    质量反馈:010-62772015,zhiliang@tup.tsinghua.edu.cn
    课件下载:https://www.tup.com.cn,010-83470236
印 装 者:三河市铭诚印务有限公司
经 销:全国新华书店
开 本:185mm×260mm 印 张:29.5 字 数:699 千字
版 次:2011 年 3 月第 1 版 2020 年 8 月第 2 版 印 次:2024 年 9 月第 6 次印刷
定 价:69.80 元

产品编号:086728-01

第 2 版前言 *foreword*

本书自 2011 年发行第 1 版以来,到 2020 年 1 月共印制 10 次,被国内许多高校使用。从出版社反馈给作者的信息看,使用该教材的高校师生对本书的内容和质量评价较高。

2014 年,清华大学出版社在《计算机专业教育教学服务方案及推荐教材》电子版和纸质版中,将本书列为出版社推荐教材,面向全国推广。

一、本次修订内容

本次修订可以分为两部分。

1. 对第 1 版教材的修订

包括对全书文字进行了多处修改;第 1 章增加了对近年来新面市的嵌入式处理器和新版本的操作系统的概述;第 5 章和第 6 章各增加了两处程序示例;6.1 节、10.1 节和 12.1 节概述部分做了较大的改动。

2. 增加了与第 2 版教材配套的电子教学资源

读者可以免费向出版社索取推荐的教学大纲、教案(PPT)、习题答案等。

二、推荐的配套教材或辅助教材

由于各教学单位的实验设备不尽相同,因此推荐以下 4 种教材作为配套教材或辅助教材,供选择使用。

《嵌入式系统实践教程》(书号:978-7-302-31225-3)可以作为使用 S3C2410 实验设备的实验、操作教材,与本教材配套使用。

《Linux 环境嵌入式系统开发基础》(书号:978-7-302-39115-9)可以作为使用 S3C2410 实验设备的编程教材,与本教材配套使用。

《基于 ARM 的嵌入式系统原理及应用》(书号:978-7-302-45361-1)可以作为使用 S3C2440 实验设备的辅助教材;该教材增加了对 USB 控制器、CAMERA 接口、AC97 控制器的描述。

《基于 ARM7TDMI 的 S3C44B0X 嵌入式微处理器技术》(书号：978-7-302-19323-4)可以作为使用 S3C44B0X 实验设备的辅助教材。

以上 4 种教材均由清华大学出版社出版，刘彦文编著或主编。

在本书第 2 版即将出版之际，作者在此感谢出版社袁勤勇主任等编辑，感谢他们在编辑本书时所付出的辛勤劳动；感谢李惠林女士，感谢她在书稿录入、资料核对、打印稿校对等过程中的细致工作；感谢使用第 1 版教材的广大读者。

刘彦文

2020 年 5 月

第 1 版前言 *foreword*

在嵌入式系统教学过程中,目前使用较多的教学实验开发平台是基于 S3C2410A 嵌入式微处理器的。由于不同的应用产品使用的微处理器不同,硬件连接电路也不相同,因此只能选择一款具体的微处理器,通过讲述芯片内部各功能模块的组成和原理,芯片引脚信号的含义以及芯片与片外设备、接口、驱动电路的连接方法,讲述嵌入式系统原理和接口技术。

本书选择了内核为 ARM920T 的 S3C2410A 嵌入式微处理器,系统地介绍 S3C2410A 芯片内部主要功能模块的组成和原理,介绍该芯片片外接口技术和一些常用电路的连接实例。

本书主要内容分为以下 5 部分:

- 第 1 章对嵌入式系统做了一般性介绍,并对 ARM 系列处理器核做了简单介绍;
- 第 2 章介绍 S3C2410A 微处理器组成及程序员模型;
- 第 3 章和第 4 章讲述指令系统和汇编语言;
- 第 5 章介绍存储器控制器、Nand Flash 控制器以及存储器和 Nand Flash 存储器组成实例;
- 第 6~12 章分别介绍 S3C2410A 芯片内部主要功能模块组成、原理及片外接口技术,包括时钟与电源管理,DMA 与总线优先权,I/O 端口及中断控制器,PWM 定时器、RTC 及看门狗定时器,UART 及 IIC、IIS、SPI 总线接口,ADC 与触摸屏接口,LCD 控制器,MMC/SD/SDIO 主控制器。

本书在内容的选择上,偏重于开发应用,实现一个具体的嵌入式系统的硬件技术。书中给出了大量的图、表、例和程序,以便于读者学习和理解。

建议在讲授计算机组成原理或微机原理后开设本课程,本课程的实验可以根据各学校具体嵌入式硬件平台的配备情况自行安排。

感谢我所在的计算机学院领导,2002 年决定在本科生和研究生中开设嵌入式系统方面的课程,并想方设法先后引进了多台教学实

IV 入式系统原理及接口技术(第2版)

验设备;感谢他们在本书编写过程中给予的支持。

　　特别要感谢李惠林女士,在稿件交付出版社前,对全部内容进行了录入、排版和核对;在统稿过程中提出了许多建议和修改意见。

　　由于编者水平有限,书中的错误和不当之处在所难免,敬请专家和读者批评指正。

刘彦文　　E-mail:cslyw@imu.edu.cn

2010 年 8 月

目录

contents

第 1 章

嵌入式系统概述及 ARM 系列微处理器简介

本章主要内容如下：

(1) 嵌入式系统定义、发展历程、应用举例和主要特点；

(2) 嵌入式系统硬件组成举例和软件组成简介；

(3) 嵌入式微处理器分类、主流嵌入式微处理器介绍；

(4) 嵌入式操作系统主要特点、主流嵌入式操作系统简介；

(5) ARM 系列处理器核的命名规则与性能、ARM 指令集结构版本和变异。

1.1 嵌入式系统简介

1.1.1 嵌入式系统定义

被称为"嵌入式系统设计的第一本教科书"，美国普林斯顿大学电子工程系教授 Wayne Wolf 在 *Computers as Components：Principles of Embedded Computing System Design* 一书中指出："不严格地说，它是任意包含一个可编程计算机的设备，但这个设备不是作为通用计算机而设计的。因此，一台个人计算机并不能称为嵌入式计算系统……但是，一台包含了微处理器的传真机或时钟就可以算是一种嵌入式计算系统。"

一般认为该书中所说的嵌入式计算系统，就是人们通常所说的嵌入式系统，也称为嵌入式计算机系统。

也有把嵌入式系统称为一种用于控制、监视或协助特定机器和设备正常运行的计算机。

嵌入式系统目前被国内计算机界普遍认同的定义是：以应用为中心、以计算机技术为基础，软硬件可裁剪，适应应用系统对功能、可靠性、成本、体积、功耗等有严格要求的专用计算机系统。

由嵌入式系统的定义可以看出，嵌入式系统明显的特点如下：

- 嵌入式系统是一个专用计算机系统，有微处理器，可编程；
- 嵌入式系统有明确的应用目的；
- 嵌入式系统作为机器或设备的组成部分被使用。

1.1.2　嵌入式系统发展历程

嵌入式系统发展历程与微处理器发展历程密切相关。

虽然在 1971 年 Intel 公司生产出世界上第一片 4 位集成电路微处理器 Intel 4004 之前,也有许多计算机系统是作为某种专门的用途与具体产品结合在一起被使用,也被称为嵌入式系统,但是由于体积较大,使用不方便等原因并没有得到广泛的应用。

Intel 4004 微处理器当时是为嵌入到计算器而设计的。设计微处理器的目的,就是为了嵌入式应用。因此通常可以将 Intel 4004 微处理器的出现看作是嵌入式系统发展的初始阶段。

20 世纪 70 年代以后,大规模和超大规模集成电路技术迅速发展,单片微处理器面积不断缩小;主频提高;处理器的位数从 8 位、16 位、32 位发展到 64 位;处理器内部功能增强以及处理器内部集成了更多的功能模块,极大地提高了微处理器计算能力、处理能力和实时控制能力,促进了嵌入式系统的发展。

可以将微处理器分为通用微处理器和专门用于嵌入式系统的专用微处理器。典型的通用微处理器如 Intel 公司的 8080(8 位,1974 年)、8086(16 位,1978 年)、8088(准 16 位,1979 年)、80386(32 位,1986 年)、80486(32 位,1989 年)以及奔腾系列(32 位,1993 年)、Merecd(64 位,2000 年)等。虽然通用微处理器主要用来生产通用的微型机,但是也可以与一些配套芯片及外设设计成一个专用计算机系统,作为嵌入式系统使用。

嵌入式系统专用微处理器可以分为单片机、嵌入式微处理器、数字信号处理器和片上系统。这些处理器是专门为嵌入式应用而设计的,其中单片机典型产品有 Intel 公司的 MCS-48(8 位,1976 年)、MCS-51(8 位,1980 年)、MCS-96(16 位,1982 年)等,其他专用微处理器在 1.3 节中介绍。

表 1-1 给出了 8086 与 MCS-51、MCS-96 处理器芯片内部集成功能模块的对比。

表 1-1　8086 与 MCS-51、MCS-96 处理器芯片内部集成功能模块的对比

处理器/位数	片内 ROM	片内 RAM	并行 I/O	串行 I/O	中断控制器	定时器/计数器	A/D
8086/16 位	无	无	无 另接 8255A	无 另接 8250	无 另接 8259A	无 另接 8253	无
MCS-51/8 位	4KB	128B	4×8 位	1	5 中断源	2×16 位	无
MCS-96/16 位	8KB	232B	5×8 位	1	8 中断源	2×16 位	8×10 位

从表 1-1 可以看出,在微处理器早期发展阶段,通用微处理器与单片机的区别是:单片机内部集成了更多的功能模块,为的是提高处理和控制能力;而通用处理器则把这些功能模块设计成另外单独的芯片,专注于计算速度的提高。

嵌入式系统发展历程中,专用微处理器芯片在嵌入式应用中的使用数量,较通用微处理器芯片使用数量大很多。

嵌入式系统发展历程中,出现过无操作系统控制的嵌入式系统,如 8 位单片机直接使用汇编语言或 C 语言编程;小型操作系统控制的嵌入式系统,如使用 μC/OS-Ⅱ 的系统；大型操作系统控制的嵌入式系统，如使用 Windows CE 的系统。使用或不使用操作系统、使用小型或大型操作系统，往往取决于具体嵌入式产品功能的复杂程度。

1.1.3　嵌入式系统应用举例

嵌入式系统的应用非常广泛，以下一些设备或产品中就含有嵌入式系统：

- 家庭中的全自动洗衣机、空调机、微波炉、电饭煲、数字电视、机顶盒(Set_Top Box,STB)、DVD、超级 VCD、含有微处理器的钟表、视频游戏设备、屏幕电话 (screen phone)、智能手机(smart phone)、上网终端(web terminal)、数字音响、数字门锁、智能防盗系统等。
- 办公室中的传真机、复印机、打印机、扫描仪、数字化仪、绘图机、键盘等。
- 手持设备 MP3、GPS 手持机、数码相机、数码摄像机、数码伴侣、个人数字助理 (Personal Digital Assistant,PDA)等。
- 安全及金融领域中用到的身份证件识别、指纹识别、声音识别等设备。
- 通信和网络中使用的设备，如刀片服务器、交换机、路由器、无线通信基站、4G 和 5G 移动电话、宽带调制解调器、移动游戏设备、下一代高性能手持式因特网设备等。
- 医用电子设备，如电子血压计、心电图仪、脑电图仪等。
- 汽车电子产品中的时速、发动机转速和油量的信号采集与数字显示设备，行驶状态和故障记录的数字设备，电子地图、导航、车载 GPS、无线上网设备，刹车和安全气囊自动控制设备，汽车黑匣子、车载 MP3、车载 DVD、车载数字电视；车载信息系统，含有如途经城市的旅店、停车场、加油站、旅游景点等信息。
- 军事、航空、航天领域中的设备，如我国的神舟飞船、长征运载火箭，美国的 F16 战斗机、FA-18 战斗机、B-2 隐形轰炸机、爱国者导弹，以及火星探测器等，内部都装有嵌入式系统。
- 其他领域，如工业控制和仪器仪表、机器人、智能玩具等。

总之，在人们能够想到的许多领域和设备中，都大量使用了嵌入式系统。

1.1.4　嵌入式系统特点

嵌入式系统作为一个专用计算机系统，与通用计算机相比，有以下主要特点，在设计阶段需要给予更多的考虑。

1. 与应用密切相关

嵌入式系统作为机器或设备的组成部分，与具体的应用密切相关。嵌入式系统中计算机的硬件与软件在满足具体应用的前提下，应该使系统最为精简，成本控制在一个适当的范围内。这就要求软硬件可裁剪。

2. 实时性

许多嵌入式系统不得不在实时方式下工作，如果在规定的时间内某一请求得不到处

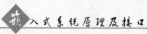

理或者处理没有结束,可能会带来严重的后果。实时性要求嵌入式系统必须在规定的时间内正确地完成规定的操作,例如在嵌入式系统应用较为广泛的工业控制中,化工车间的控制对系统的实时性要求非常严格。虽然在某些嵌入式系统中对实时性要求并不严格,但超时也会引起使用者的不满。

3. 复杂的算法

对不同的应用,嵌入式系统有不同的算法。如控制汽车发动机的嵌入式系统,必须执行复杂的控制算法,以达到降低污染、减少油耗并且不降低发动机工作功率的目的。算法的复杂性还体现在,程序在解决某一问题时必须考虑运行时间的限制、运行环境以及干扰信号带来的影响等问题。

4. 制造成本

制造成本在某些情况下,决定了含有嵌入式系统的设备或产品能否在市场上成功地销售。微处理器、存储器、I/O设备和嵌入式操作系统的价格,对制造成本有比较大的影响。因此在设计阶段,对制造成本的控制应该引起充分的重视。

5. 功耗

许多嵌入式系统采用电池供电,因此对功耗有着严格的要求。在选择微处理器、存储器和接口芯片时,要充分考虑其功耗;另外,还要考虑微处理器和操作系统是否支持多种节电模式。

6. 开发和调试

必须有相应的开发环境、开发工具和调试工具,才能进行开发和调试。通常在 PC 上,运行嵌入式系统开发工具包,输入、编译并且连接需要在嵌入式系统中运行的代码,将可执行文件下载到嵌入式开发实验台(板)上,使其运行并调试。代码调试通过后,根据需要,设计并生产相应的电路板,焊接元器件,将程序固化或装入闪存。这期间要用到一些软件开发工具和调试工具,还要用到一些设备,如 PC、示波器和实验台等。

7. 可靠性

嵌入式系统应该能够可靠地运行,如能长时间正确运行而不死机,或者死机后能由看门狗电路自动重新启动;能在规定的温度、湿度环境下连续运行;有一定的抗干扰能力等。

8. 体积

嵌入式系统一般都要求体积尽可能小。

1.2　嵌入式系统组成

嵌入式系统由硬件和软件两部分组成。

1.2.1　嵌入式系统硬件组成举例

不同的嵌入式产品,硬件组成也不相同,共同点是有微处理器、存储器、输入设备和输出设备。

图 1-1 是某实验开发板的组成,使用了 S3C2410A 微处理器,微处理器内部集成了许多控制器、接口和设备,微处理器芯片外部连接了一些设备、控制器和接口。

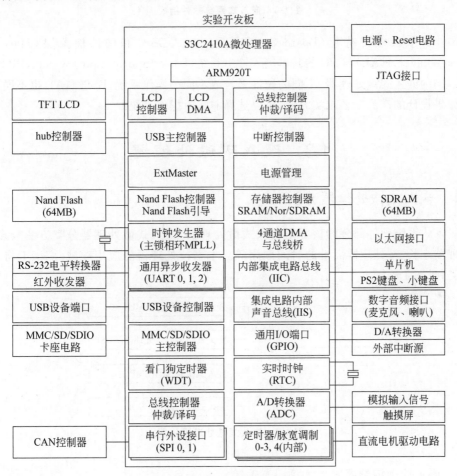

图 1-1　实验开发板的组成举例

1.2.2　嵌入式系统软件组成简介

嵌入式系统软件组成见图 1-2,当然对于简单的应用,如不使用操作系统或仅使用小型操作系统,软件组成也不相同。

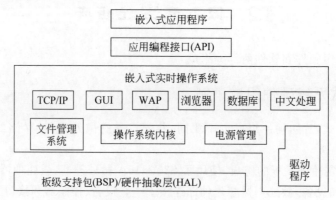

图 1-2 嵌入式系统软件组成

图 1-2 中板级支持包(Board Support Package,BSP)和硬件抽象层(Hardware Abstract Layer,HAL)与 PC 的基本输入输出系统(Basic Input Output System,BIOS)相似。不同的嵌入式微处理器、不同的硬件平台或不同的操作系统,BSP/HAL 也不同。

如果设计的产品不要求实时性,可以选择非实时操作系统。

1.3 嵌入式微处理器

1.3.1 嵌入式微处理器分类

嵌入式系统硬件部分的核心是嵌入式微处理器,嵌入式微处理器分类方法较多,如按处理器字长、按处理器面世的时间顺序等。本书按处理器的应用领域,广义上将其分为 4 类,见图 1-3。

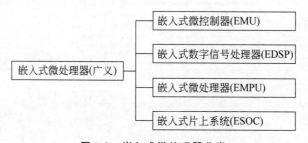

图 1-3 嵌入式微处理器分类

1. 嵌入式微控制器

嵌入式微控制器(Embedded Microcontroller Unit,EMU),通常也称为微控制器(Micro Controller Unit,MCU)或单片机。

单片机芯片内通常集成了某种处理器内核、少量的 ROM/RAM 存储器、总线控制逻辑、各种必要的功能模块以及某些外设或外设接口电路。

在单片机的发展过程中,许多著名的厂商,如 Intel、Motorola、Zilog、NEC 等都生产过不同系列的单片机芯片,其中尤其以 Intel 公司 MCS-48、MCS-51 和 MCS-96 系列产品最具代表性。MCS-51 和 MCS-96 系列芯片至今仍在大量地使用。

MCS-51 系列芯片片内处理器内核为 8 位;片内有 128~256B 的 RAM;除 8031 外,8051 和 8751 片内有 4KB ROM 或 EPROM;片内有总线控制逻辑、多级中断处理模块、并行和串行接口、多个 16 位定时器/计数器等。

MCS-96 系列芯片片内处理器内核为 16 位;与 MCS-51 相比,存储器容量有所增加,并增加了片内 A/D 转换器等。

单片机在过去 30 年间得到了广泛应用,在仪器仪表、自动控制和消费类电子产品等多个领域,占据了嵌入式系统低端市场很大的份额。

有代表性的产品包括 8051、P51XA、MCS-251、MCS-96/196/296、MC68HC05/11/12/16 等。

2. 嵌入式数字信号处理器

嵌入式数字信号处理器(Embedded Digital Signal Processor,EDSP),有时也简称为 DSP,是专门用于嵌入式系统的数字信号处理器。嵌入式 DSP 是对普通 DSP 的系统结构和指令系统进行了特殊设计,使其更适合 DSP 算法,编译效率更高,执行速度更快。嵌入式 DSP 有两个发展来源,一是 DSP 的处理器经过单片化、EMC(电磁兼容)改造、增加片内外设而成;二是在通用单片机或 SOC(片上系统)中,增加 DSP 协处理器。

嵌入式 DSP 在数字滤波、快速傅里叶变换(Fast Fourier Transform,FFT)、频谱分析等仪器上,使用较为广泛。

在嵌入式 DSP 发展过程中,德州仪器(TI)公司推出过许多具有代表性的产品。1982 年,TI 公司推出了第一代处理器 TMS32010,在语音合成和编码解码器中,得到了广泛的应用。之后 TI 公司又陆续推出了 TMS320C10/C20/C30/C40/C50/C80/C2000/C5000/C6000 系列。

嵌入式 DSP 中比较有代表性的产品是 TI 公司的 TMS320 系列和 Motorola 公司的 DSP56000 系列。

3. 嵌入式微处理器

嵌入式微处理器(Embedded Micro Processor Unit,EMPU),也称嵌入式微处理器单元。

嵌入式微处理器通常可以分为以下两类。

1) 通用微处理器

通用微处理器并不是专为某一嵌入式应用而设计的,如 x86 系列中的 8086、8088、80186、80286、80386、80486 以至奔腾系列微处理器,是为通用目的而设计的。可以使用这种通用的微处理器、存储器、接口电路和外设、嵌入式操作系统以及应用程序,作为一个专用计算机系统,成为机器或设备的组成部分,完成某种应用目的,实现嵌入式系统的功能。

2) 嵌入式微处理器

嵌入式微处理器是专门为嵌入式应用而设计的,在设计阶段已经充分考虑了处理器应该对实时多任务有较强的支持能力;处理器结构可扩展,可以满足不同嵌入式产品的需求;处理器内部集成了测试逻辑,便于测试;低功耗等。通常狭义上所讲的嵌入式微处理器就是专门指这种类型的微处理器。

嵌入式微处理器典型产品有 ARM、MIPS、Power PC、68xxx、SC-400、386EX、Gold Fire 等系列产品。

本书讲述的 S3C2410A 嵌入式微处理器,属于 ARM 系列。

4. 嵌入式片上系统

嵌入式片上系统(Embedded System On Chip,ESOC),简称为 SOC,有时也写作 SoC。近年来,随着电子设计自动化(EDA)技术的推广和 VLSI 设计的普及,在一个硅片上实现一个复杂的系统已经成为可能,这就是 System On Chip。将各种通用处理器内核作为 SOC 设计公司的标准库,用户只需定义出整个应用系统,仿真通过后就可以将设计图交给半导体厂家生产样品。这样除了个别无法集成的器件外,整个嵌入式系统基本上可以集成到一块或几块芯片中。

比较典型的 SOC 产品有 Philips 公司的 Smart xA。另外还有一些通用系列,如 Siemens 公司的 TriCore、Motorola 公司的 M-Core 和某些 ARM 系列的产品。

1.3.2　主流嵌入式微处理器介绍

嵌入式微处理器由处理器核和不同功能模块组成。

不同的处理器核可以被设计成具有多种不同功能、满足不同用户对速度、功耗不同需求的核,由芯片生产商将这些核和各种不同功能模块,如 DMAC、中断控制器、LCD 控制器、存储器控制器、A/D 转换器、USB 接口等,集成到同一个微处理器芯片中。有些公司仅从事嵌入式微处理器的设计开发,如 ARM 公司;有些公司既从事设计开发,又制造芯片。

1. ARM

基于 ARM 系列处理器核的微处理器,目前占据了 32 位 RISC 微处理器 75% 以上的市场份额,是使用最为广泛的微处理器。

ARM 是英文 Acorn RISC Machine 的缩写,Acorn 是英国剑桥的一个计算机公司,1985 年开发出第一代 ARM RISC 处理器。

1990 年,Acorn 将公司名称改为 Advanced RISC Machine Limited(先进 RISC 机器公司),缩写仍为 ARM。ARM 公司的 32 位嵌入式 RISC 处理器,在低功耗、低成本和高性能的嵌入式系统应用领域占据领先地位。

ARM 公司是全球领先的 16/32 位 RISC 微处理器知识产权(Intellectual Property,IP)设计供应商,ARM 公司并不生产芯片,而是通过颁发许可证,由合作伙伴生产各种型号的微处理器芯片。许多著名公司与 ARM 公司有合作关系,如 Intel、TI、Sony、Apple、

Freescale、Motorola、三星、飞利浦、富士通等。目前有 650 多家关联共同体(Connected Community)成员支持 ARM 处理器。

ARM 处理器品种比较多,常用品种可以按处理器位(bit)数分为 32 位和 64 位处理器。32 位处理器中比较常用的有经典 ARM 处理器(ARM7/ARM9/ARM11)、Cortex 嵌入式实时处理器(Cortex-R)、微控制器(Cortex-M)和 Cortex 应用处理器(Cortex-A),这些处理器又可划分出不同的系列。64 位处理器对应的 Cortex-A57/A53 处理器于 2012 年推出,在手机芯片中使用较多。

上述经典的 ARM7/ARM9/ARM11 系列处理器,到 2015 年 12 月底销售量累计超过 150 亿枚,近年来每个季度销售量超过 10 亿枚;其中 ARM7 系列是经典 ARM 处理器中市场销售量最多的处理器。

此外,Intel 公司基于 ARM 处理器开发的 StrongARM 处理器、服从 ARMv5TE 指令集的 XScale 系列微处理器,以及 TI 公司使用 ARM 处理器开发的 OMAP 系列微处理器、三星电子公司使用 ARM 处理器开发的 S3C 系列微处理器,应用较为广泛。

StrongARM 原来是由 ARM 的合作伙伴 DEC 公司被授权开发生产的。1998 年,Intel 公司收购了 DEC 半导体部门,此后 Intel 又开发生产了 SA110、SA1100 和 SA1110 等一系列基于 StrongARM 处理器的高性能嵌入式微处理器。特别是 SA1110,已经把 LCD 控制器、USB、IrDA、UART、PCMCIA、音频编码解码器 Codec 等模块与 StrongARM 处理器集成到同一个芯片内。

Intel 公司基于 XScale 核(core)的微处理器,服从 ARMv5TE 指令集,典型的产品有 XScale PXA25x,PXA26x,PXA27x 和 PXA29x 等。

Texas Instruments(德州仪器,TI)公司使用 ARM 处理器开发了 OMAP 系列集成化微处理器,内部包含很多集成化外围设备。目前市场上常用的微处理器有 OMAP2430、OMAP3430、OMAP3530 等。

OMAP3530 微处理器芯片内部使用了 ARM Cortex A8 核,同时包含了很多集成化的控制器、接口和外部设备,如 IVA2.2(Image Video and Audio)子系统、片上存储器、片外存储器接口、多媒体加速器、DMA 控制器等,以及众多的外设。

三星电子公司基于 ARM 处理器开发的嵌入式微处理器,典型产品有 S3C44B0X、S3C2410A,S3C2440A,S3C6410 等微处理器,基于这些微处理器的实验开发平台在国内教学单位使用较为广泛。

基于 ARM 核的微处理器芯片在 PDA、智能手机、DVD、手持 GPS、机顶盒、游戏机、数码相机、打印机、终端机等许多产品中得到了广泛的应用。

ARM 既表示一个公司的名称,也表示这个公司设计的处理器的体系结构。

2. MIPS

MIPS 是 Microprocessor without Interlocked Pipeline Stages 的缩写,意思为内部无互锁流水线微处理器。MIPS 是一种处理器的内核标准。MIPS 体系结构具有良好的可扩展性,并且能够满足超低功耗微处理器的需求。

MIPS 处理器源于 20 世纪 80 年代初,由美国斯坦福大学电机系 Hennessy 教授领导的研究小组研制出来。MIPS 计算机公司 1984 年成立于硅谷。1992 年,SGI 收购了 MIPS 计算机公司。1998 年 MIPS 脱离 SGI,成为 MIPS 技术公司。MIPS 技术公司是一家设计和制造高性能、高档次的嵌入式 32/64 位微处理器的公司,在 RISC 处理器方面占有重要地位。

MIPS 公司于 1986 年推出 R2000 处理器,1988 年推出 R3000 处理器,1991 年推出第一款 64 位商用微处理器 R4000,之后又相继推出 R8000(1994 年)、R10000(1996 年)、R12000(1997 年)等型号的微处理器。此后,MIPS 公司的战略发生了变化,把重点放在嵌入式系统上。1999 年,MIPS 公司发布了 MIPS 32 和 MIPS 64 架构标准,为之后 MIPS 微处理器开发奠定了基础。

近年来,MIPS 公司开发了高性能、低功耗的 32 位处理器内核 MIPS32 24KE 系列,产品广泛用于机顶盒、DVD 刻录机、modem、IP 电话、数码相机、蜂窝电话、视频游戏机、路由器、激光打印机、复印机、扫描仪等产品。

2007 年,MIPS 公司推出了 MIPS32 74K 内核产品,是当时嵌入式市场运行速度最快的处理器内核,主频速度为 1GHz。

3. PowerPC

PowerPC 微处理器早期由 IBM、Motorola 和 Apple 公司共同投资开发,生产了 PowerPC 601(1994 年)、602(1995 年)、604(1995 年)和 620(1997 年),此后 PowerPC 微处理器由 IBM 公司和 Motorola 公司分别生产。

迄今为止,Motorola 公司共生产了 6 代产品,它们是 G1、G2、G3、G4、G5 和 G6,Motorola 公司生产的 PowerPC 微处理器芯片产品编号前有 MPC 前缀,如 G5 中的 MPC855T,G6 中的 MPC860DE~MPC860P 等。

2004 年,Motorola 公司分拆半导体部门,组建了新公司 Freescale(飞思卡尔),由该公司继续 MPC 微处理器的技术支持和新产品研发。

目前,IBM 公司的 PowerPC 微处理器芯片产品有 4 个系列,分别是 4XX 综合处理器、4XX 处理器核、7XX 高性能 32 位微处理器和 9XX 超高性能 64 位微处理器。

PowerPC 系列微处理器的品种较多,既有通用处理器,又有嵌入式控制器和内核,应用范围也非常广泛,从高端工作站、服务器到桌面计算系统,从消费类电子产品到大型通信设备,都有着广泛的应用。

比较典型的基于 PowerPC 结构的嵌入式微处理器有 IBM 公司的 PowerPC 405GP 和 Motorola 公司的 PowerPC MPC823e 等。

PowerPC 405GP 是一个集成了 10/100Mbps 以太网控制器、串口/并口、存储器控制器以及其他外设的高性能嵌入式微处理器,广泛地用于网络和通信设备。

MPC823e 微处理器是一个高度集成的片上系统,由嵌入式 PowerPC 内核、系统接口单元(system interface unit)、通信处理模块、LCD 控制器单元组成。支持 UART、HDLC 协议,可实现对 Ethernet、USB、TI/EI 的支持,具有强大的网络协议处理能力,广泛用于多媒体和网络产品。

另外,Motorola 公司的 PowerPC MPC7457、MPC7447、PowerPC 8260、MPC860

PowerQUICC 在路由器、交换机、网络接入和交换设备中,使用较为广泛。

4. 其他嵌入式微处理器

Intel 公司基于 x86 处理器核的嵌入式微处理器 Geode SP1SC10、Motorola 公司的 68xxx、Compaq 公司的 Alpha、HP 公司的 PARISC、Sun 公司的 Sparc 等嵌入式微处理器也有着广泛的应用。

国内麒麟系列芯片在智能手机中有着广泛应用,龙芯系列芯片作为通用 CPU 在嵌入式系统中也有着广泛的应用。

1.4　嵌入式操作系统简介

早期的嵌入式系统应用中,如洗衣机和微波炉的控制,要处理的任务比较简单,只需要检测哪一个键按下并执行相应的程序。当时使用的微处理器一般为 8 位或 16 位,程序员可以在应用程序中管理微处理器的工作流程,很少用到嵌入式操作系统。当嵌入式系统变得越来越复杂以后,使用成熟的嵌入式操作系统使软件开发更容易,效率更高。

一些嵌入式系统对实时性要求并不太高,因此可以选择那些非实时性的操作系统。但是现在许多嵌入式系统都有实时性要求,因此必须选择具有实时性的操作系统。

用于嵌入式系统的实时操作系统与传统的操作系统相比,有其自己的特点。

1.4.1　嵌入式操作系统主要特点

1. 实时性

许多嵌入式系统的应用都有实时性要求,因此多数嵌入式操作系统都具有实时性的技术指标,例如:

- 系统响应时间,指从系统发出处理要求到系统给出应答信号所花费的时间;
- 中断响应时间,指从中断请求到进入中断服务程序所花费的时间;
- 任务切换时间,指操作系统将 CPU 的控制权从一个任务切换到另一个任务所花费的时间。

实时性要求嵌入式系统对确定的事件,在系统事先规定的时间内,能够响应并正确处理完毕。

2. 可移植

嵌入式操作系统的开发,一般先在某一种微处理器上完成。如在 80x86 系列微处理器上开发成功的操作系统,还要考虑如何能够移植到 ARM 系列、68K 系列、PowerPC 系列、MIPS 系列微处理器上运行。

不同嵌入式操作系统,支持不同的板级支持包(BSP)/硬件抽象层(HAL)。板级支持包内的程序,与接口及外设等硬件密切相关。操作系统应该设计成尽可能与硬件无关，这样在不同平台上移植操作系统，只要改变板级支持包就可以了。

另外，组成操作系统的内核，有一部分代码与 CPU 的寄存器、堆栈、标志寄存器（或称为程序状态字）、中断等密切相关，这部分代码通常用汇编语言编写，移植时要用新的 CPU 平台对应的指令书写。

嵌入式系统开发过程中，一旦选定了硬件平台，要考虑准备使用的操作系统能否方便地移植到该硬件平台。

3. 内核小型化

操作系统内核是指操作系统中靠近硬件并且享有最高运行优先权的代码。为了适应嵌入式系统存储空间小的限制，内核应该尽量小型化。例如，嵌入式操作系统 VxWorks 内核最小可裁剪到 8KB，Nucleus Plus 内核在典型的 RISC 体系结构下占 40KB 左右的空间，QNX 内核约 12KB，国产 Hopen 内核约 10KB。

4. 可裁剪

为了适应各种应用需求的变化，嵌入式操作系统还应该具有可裁剪、可伸缩的特点。嵌入式操作系统除了内核之外，往往还有几十个甚至上百个功能模块代码，用来适应不同硬件平台和具体应用的要求。开发人员要根据硬件平台的限制和功能/性能的需求，对组成嵌入式操作系统的功能模块代码进行增删，去除所有不必要的功能模块代码，最终编译成一个满足具体设计要求的、具有小尺寸的操作系统目标代码。例如，操作系统在设计时，应该支持尽可能多的外设，因此操作系统带有大量的外设驱动程序。而具体到某一应用场合的硬件平台，实际上可能只使用了几个外设，只要保留这几个外设对应的驱动程序即可，其他所有的外设驱动程序都应该裁剪掉，不必包含在操作系统的目标代码中。可裁剪的另一个例子，是把操作系统支持的图形接口函数、文件处理函数、支持复杂的数据结构的函数等，分别设计成不同的代码文件，如果具体应用中不使用这些函数，编译操作系统时将它们对应的代码文件裁剪掉。

可裁剪有时也称为操作系统可定制。

为操作系统增加功能模块通常是在应用开发时，增加了新的外设，而操作系统本身没有这种外设对应的驱动程序，需要另外开发。

除了上述内容外，嵌入式操作系统还应该具有以下特点：操作系统可靠性高，能够满足那些无人值守、长期连续运行的环境的要求；操作系统是可配置的；操作系统的函数是可重入的等。

1.4.2 主流嵌入式操作系统简介

在嵌入式操作系统发展过程中，至今仍然流行的操作系统有几十种。其中免费的、源码开放的 Linux 和 μC/OS-Ⅱ 在国内教学科研单位使用得更广泛一些。

1. Linux

Linux 操作系统可以在服务器、普通 PC、笔记本电脑上运行，也可以移植到嵌入式系统上运行,是嵌入式系统开发经常用到的一种操作系统。我们常见的不同体系结构的各种带 MMU 的微处理器,通常都已经有了成功的 Linux 移植版本。

Linux 除了支持众多传统的 32 位处理器平台外,也支持一些高性能的 64 位处理器平台,如 Sun 公司的 Sparc64 体系结构。

1) 可以用于嵌入式系统的 Linux

(1) 实时的 Linux 操作系统。如新墨西哥工学院的 RT-Linux 和堪萨斯大学的 KURT-Linux。

(2) 非实时的 Linux 操作系统。由于 Linux 最初的设计是作为一个通用的操作系统 (general-purpose operating system,GPOS)使用,设计之初考虑的是公平性(不同用户公平地分享资源)以及在持续的负荷条件下提供良好的平均性能,因此并不是一个实时操作系统(Real-Time Operating System,RTOS)。

可以用于嵌入式系统非实时的 Linux 有:

- Red Hat Enterprise Linux(RHEL),Red Hat 公司产品(商业版本);
- Debian GNU/Linux,由非营利的国际性组织开发、维护和支持;
- Fedora,是 Red Hat Linux 9.0 以后的后续产品,由 Red Hat 公司资助的国际性组织开发、维护和支持;
- OpenSUSE,是 SuSE 的后继者,由 Novell 公司发行;
- SuSE Linux Enterprise Server(SLES),Novell 公司商业发行套件;
- Ubuntu Linux,由 Canonical 公司负责支持。

此外还有 Yellow Dog Linux、Slackware、Gentoo 也较为有名。

(3) μCLinux 操作系统。Linux 支持具有 MMU 的微处理器,对于没有 MMU 的微处理器,可以使用 μCLinux。μCLinux 是对 Linux 进行小型化改造产生的,它主要支持没有 MMU 的微处理器,也可以在有 MMU 的微处理器上不使用 MMU 方式下运行。

2) Linux 的主要特点

- 开放源码,能够免费获得操作系统源代码;
- 内核小、功能强大、运行稳定、效率高;
- 易于定制裁剪;
- 支持 20 多种处理器体系结构,以及每种体系结构下众多系列、型号的微处理器、开发板;
- 支持大量的外围硬件设备,驱动程序丰富;
- 有大量的开发工具,良好的开发环境;
- 沿用了 UNIX 的发展方式,遵守国际标准,众多第三方软硬件厂商支持;
- 对以太网、千兆以太网、无线网、令牌网、光纤网、卫星网等多种联网方式提供了全面的支持;
- 在图像处理、文件管理及多任务支持等方面,Linux 也提供了较强的支持;
- 与 Windows CE 相比,Linux 在用户图形界面、GUI 方面稍有欠缺。

3) Linux 支持的处理器体系结构

在 Linux 内核源码树 arch 子目录中,可以看到的官方内核(official kernel)支持 20 多种处理器结构,如 ARM、AVR32、Intel x86、M32R、MIPS、Motorola 68000、PowerPC、SuperH 等。

μCLinux 支持的处理器结构有 ARM、MIPS、68k、x86、SPARC 等。

2. μC/OS-Ⅱ、μC/OS-Ⅲ

由 Micrium 公司提供的 μC/OS,是源码公开的、基于优先级的、抢先式 (preemptive)、多任务实时操作系统。μC/OS 提供了嵌入式实时操作系统的基本功能,其核心代码短小精干。μC/OS 对于大型商用嵌入式操作系统而言,相对还是有些简单。

μC/OS 主要特点包括:源码公开、可移植性强(采用 ANSI C 编写)、可固化、可裁剪、抢先式、多任务,稳定性和可靠性都很强。

μC/OS 已经被移植到 8/16/32/64 位的多种微处理器上运行,如 ARM 系列,Intel 的 8051,80x86 系列,Motorola 的 PowerPC 和 68xxx、68HC11 等系列。基于 S3C44B0X、S3C2410A 的开发板已经有移植成功的 μC/OS 版本。

μC/OS-Ⅱ已经通过了非常严格的测试,得到美国航空管理局(Federal Aviation Administration,FAA)的商用航空器认证,并且符合美国航空无线电技术委员会(Radio Technical Commission for Aeronautics,RTCA)的 DO-178B 标准。

3. Windows CE/Windows Embedded Standard

Windows CE 中的 C 代表袖珍(Compact)、消费(Consume)、通信能力(Connectivity) 和伴侣(Companion),E 代表电子产品(Electronics)。Windows CE 也写作 WinCE。

Windows CE 操作系统是 Microsoft 公司于 1996 年发布的一种嵌入式操作系统,前几年使用较多的是 2006 年 11 月上市的 Windows CE 6.0 版。在 PDA、Pocket PC(掌上电脑)、Smart Phone(智能手机)、互联网协议机顶盒、GPS、无线投影仪、工业控制和医疗设备方面使用得较多。2010 年 6 月发布了新版本 Windows Embedded Compact 7。

2011 年发布的 Windows Embedded Standard 7,2013 年发布的 Windows Embedded Standard 8,2015 年发布的 Windows 10 IoT(Internet of Things,物联网)core 以及 2019 年发布的 Windows 10 IoT 企业 2019 版,分别在 ATM、销售点终端、工业自动化系统、医疗设备、数字签名、固定用途设备、工业机器人以及物联网领域应用比较多。

4. Android

Android(安卓)是由 Google 公司于 2007 年 11 月正式向外界展示的以 Linux Kernel (内核)为核心的移动操作系统。Android 是由 Google 公司与一个由手机制造商、硬件制造商、软件开发商及电信营运商组成的开放手持设备联盟(Open Handset Alliance)共同进行后续研发、改进及版本升级。由于开放源码,使得任何个人或组织都能够按照需要对 Android 进行裁剪或扩展。

2008 年 9 月,Google 公司正式发布了 Android 1.0 版。2019 年发布了 Android

10.0 版。

Android 是全球最受欢迎的智能手机操作系统之一,在平板电脑操作系统的市场占有率也比较高,并且使用 Inter、AMD 处理器的计算机也开始运行 Android 系统。

Android 支持 ARM、MIPS、x86 体系结构,国内众多嵌入式教学实验平台配置了 Android 操作系统。

5. VxWorks

VxWorks 是美国 Wind River System 公司于 1983 年设计开发的一款嵌入式实时操作系统(RTOS),VxWorks 具有良好的持续发展能力、高性能的内核以及良好的用户开发环境,在实时操作系统领域占据领先地位。

VxWorks 以其高性能、可裁剪、高可靠性和卓越的实时性被广泛地应用在通信、军事、航天、航空等领域,如卫星通信、军事演习、导弹制导、飞机导航等。1997 年 7 月火星探测器送往火星的索杰纳号火星车、2012 年 8 月登陆的好奇号火星车,均使用了 VxWorks。

VxWorks 是目前使用最广泛、市场占有率最高的商用嵌入式操作系统之一,可以移植到多种体系结构的处理器上,如 x86、Motorola 68xxx、MIPS Rxxxx、PowerPC、ARM 等。VxWorks 具有多达 1800 个应用程序接口(API)函数,系统的可靠性非常高。

6. 其他操作系统

另外,国外的 iOS(Apple 公司)、Palm OS(3COM 公司)、Symbian OS(诺基亚公司)、Tiny OS(美国伯克利大学)、OS-9(Microwave 公司)以及国内的 HarmonyOS(华为公司的鸿蒙系统)、Delta OS(科银京成公司)、Hopen OS(凯思集团)和 EEOS(中科院计算所)的嵌入式操作系统,也较为知名。

1.5 ARM 系列嵌入式微处理器简介

目前采用 ARM 知识产权核的微处理器,即基于 ARM 核的微处理器,以功耗低、体积小、性价比高,以及根据嵌入对象的不同,可以进行功能上扩展的优势,得到了广泛的应用。ARM 处理器核当前的 7 个系列产品为 ARM7、ARM9、ARM9E、ARM10E、SecurCore、ARM11 及 Cortex,是目前应用较为广泛的。

所有系列的 ARM 处理器均采用了一组常见的行业领先技术,其中包括:

- ARM 处理器架构(与 RISC 架构类似,包括寄存器加载/存储架构,即存储器数据必须先加载到寄存器/只有寄存器内容能够直接保存到存储器;数据处理操作只针对寄存器,不能直接针对存储器内容;简单寻址模式,也就是所有加载/存储地址只通过寄存器内容和指令字段确定);
- DSP 和 SIMD 指令扩展;
- 针对高效多媒体处理的 NEON 高级 SIMD 指令;
- 遵从 IEEE754 的硬件浮点支持(VFP);

- 硬件加速的 Java 支持(Jazelle);
- TrustZone 安全扩展;
- 虚拟化扩展(可同时满足客户端和服务器设备对虚拟机中的复杂软件环境进行分区和管理的需求)。

1.5.1　ARM 系列处理器核的命名规则与性能

1. ARM 系列处理器核的命名规则

基于 ARM 的微处理器芯片,一般是由不同的处理器核、多个功能模块和可扩展模块组成。功能模块分别由字母 T、D、M、I、E、J、F、S 等表示。可扩展模块一般有 DMAC、中断控制器、实时时钟、脉宽调制定时器、LCD 控制器、存储器控制器、UART、看门狗定时器、GPIO、功耗管理模块等,这些可扩展模块可以由芯片商选择。ARM 处理器核通常指由不同的 CPU 内核和功能模块所组成的核。

ARM 系列处理器核的命名规则,首先是由 ARM 开头,后面跟着若干字母、数字作为后缀,描述选择使用的功能模块,可扩展模块不包括在内。

命名规则通常表示如下:

ARM{x}{y}{z}{T}{D}{M}{I}{E}{J}{F}{-S}

上述命名规则中,大括号中表示的内容是可选择的。

ARM 系列处理器核的命名规则中各后缀的含义见表 1-2。

表 1-2　ARM 系列处理器核的命名规则中各后缀的含义

后缀	含　义
x	系列号,如 ARM7、ARM9、ARM10
y	含有存储器管理单元(MMU)或存储器保护单元(MPU),如 ARM72、ARM92
z	含有 cache,如 ARM720、ARM920
T	含有 Thumb 指令解码器,支持 Thumb 指令集,如 ARM7T
D	含有 JTAG 调试器,支持 Debug,支持片上调试
M	含有硬件快速乘法器,如 ARM7M
I	含有内嵌的在线调试宏单元(embedded ICE macrocell)硬件部件,提供片上断点和调试点支持,如 ARM7TDMI
E	表示支持增强型 DSP 指令
J	含有 Java 加速器 Jazelle
F	含有向量浮点单元
S	可综合版本,以源代码形式提供,可被 EDA 工具使用

命名规则还有一些附加的信息:

- ARM7TDMI 之后设计、开发的内核，即使不标出 TDMI，也默认包含了支持 TDMI 的功能模块；
- JTAG 是由 IEEE 1149.1 标准，即测试访问端口和边界扫描结构来描述的，它是 ARM 与测试设备之间，接收和发送处理器内核调试信息的一系列协议；
- 内嵌的在线调试宏单元是建立在处理器内部，用来设置断点和观察点的硬件调试点。

另外，对于 2005 年以后 ARM 公司投入市场的 ARMv7 指令集结构的处理器核，命名规则有所改变，名称以 ARM Cortex 开头，之后附加字母-A、-R 或-M，表示该处理器核的适用领域，随后还有一个数字，表示产品序列号，如 ARM Cortex-A8、ARM Cortex-M3、ARM Cortex-R4 等。附加字母-A、-R、-M 表示的适应领域如下：

- ARM Cortex-A，应用处理器，支持 2GHz＋标准频率的高性能处理器，支持下一代移动 Internet 设备。
- ARM Cortex-R，实时处理器，面向深层嵌入式实时应用。
- ARM Cortex-M，微控制器，面向具有确定性的、微控制器应用的、成本敏感型的解决方案。

2. ARM 系列处理器核的性能

除了 2012 年发布的基于 64 位处理器的 ARMv8 指令集结构的 ARM Cortex-A57/A53 处理器核以外，目前在用的 ARM 系列处理器核的品种共有 20 多种，共同点是字长 32 位、RISC 结构、32 位的 ARM 指令集以及部分产品附加 16 位的 Thumb 指令集等。这些核得到了众多嵌入式操作系统的支持。表 1-3 中列出了 ARM 系列中一些典型的核以及它们的主要性能。

表 1-3　ARM 系列处理器典型核的性能

系列	型　号	Cache 大小（指令/数据）	存储器管理单元	Thumb	DSP	Jazelle	流水线深度
ARM7	ARM7TDMI	无	无	有	无	无	3 级
	ARM7TDMI-S	无	无	有	无	无	
	ARM720T	8KB	MMU	有	无	无	
	ARM7EJ-S	无	无	有	有	有	
ARM9	ARM920T	16KB/16KB	MMU	有	无	无	5 级
	ARM922T	8KB/8KB	MMU	有	无	无	
	ARM940T	4KB/4KB	MMU	有	无	无	
ARM9E	ARM966E-S	无	无	有	有	无	5 级
	ARM946E-S	4KB-1MB/4KB-1MB	MPU	有	有	无	
	ARM926E-S	4KB-1MB/4KB-1MB	MMU	有	有	有	

续表

系列	型　号	Cache 大小 (指令/数据)	存储器 管理单元	Thumb	DSP	Jazelle	流水线 深度
ARM10E	ARM1022E	16KB/16KB	MMU	有	有	无	6 级
	ARM1020E	32KB/32KB	MMU	有	有	无	
	ARM1026EJ-S	可变	MMU	有	有	有	
ARM SecurCore	SC100	无	MPU	有	无	无	—
	SC110	无	MPU	有	无	无	
	SC200	可选	MPU	有	有	无	
	SC210	可选	MPU	有	有	无	
ARM11	ARM1136J (F)-S	可变	MMU	有	有	有	8 级
	ARM1156T2 (F)-S	可变	MPU	有	有	无	
	ARM1176JZ (F)-S	可变	MMU+ TrustZone	有	有	有	
	MPCore	可变	MMU+ cache coherency	有	有	有	
Cortex	Cortex-M3	—	MPU	有	无	无	先进 3 级

表 1-3 中"系列"一栏的 ARM SecurCore 系列是一个专门的系列,命名规则有所不同。这个系列是专为安全需要而设计的,提供了完善的 32 位 RISC 技术安全解决方案的支持。该系列采用软内核技术以提供最大限度的灵活性,可以防止外部对其扫描探测;提供了可以防止攻击的安全特性;带有灵活的保护单元,以确保操作系统和应用数据的安全。

表 1-3 中 MMU 表示存储器管理单元,MPU 表示存储器保护单元。

表 1-3 中 DSP 与命名规则中后缀字母 E 对应,表示支持增强型 DSP 指令。

表 1-3 中 ARM11 系列的 ARM1176JZ(F)-S 处理器使用了 TrustZone 技术,该技术为 ARM 处理器提供了一个安全的虚拟处理器,为运行公开的操作系统,如 Linux、Palm OS、Symbian OS 和 Windows CE 等的系统提供了保障安全的基础。对于电子支付和数字版权管理之类的应用服务,提供了可靠的安全措施。

表 1-3 中 Jazelle 表示含有 Java 加速器,提供了直接执行 Java 指令的功能。在相同的功耗下,使用 Jazelle 比使用传统 Java 虚拟机的性能高出 8 倍,并能将现行 Java 代码应用的功耗降低 80% 以上。

从 ARM11 系列开始,处理器体系结构中增添了 Jazelle-RCT(Runtime Compiler Target,运行时编译器目标)技术。对 Java 程序的即时编译和预编译,可以节省 30% 以上的代码存储空间。

表 1-3 中 Thumb 表示含有 Thumb 指令解码器。ARM 体系结构除了支持执行效率很高的 32 位 ARM 指令集外,含有 Thumb 指令解码器的处理器还支持 16 位的 Thumb 指令集。Thumb 指令集是 ARM 指令集的一个功能上的子集,具有 32 位指令代码的优势,同时可节省 30%～40% 的代码存储空间。

ARM1156T2(F)-S 是首批含有 ARM Thumb-2 内核的产品,支持 Thumb-2 指令集。Thumb-2(第二代 Thumb 结构)技术具有功耗更低、性能更高、占用代码存储空间更少的优点。

另外,ARM 公司还生产了向量浮点(Vector Floating Point)运算系列 VFP9-S、VFP10 处理器。ARM 公司与其他合作伙伴还生产了 StrongARM、XScale 等系列产品。

1.5.2　ARM 指令集结构版本和变异

1. ARM 指令集结构版本和变异

ARM 指令集(有些资料也称指令系统)结构从它最初被开发出来到现在,已经有了非常重要的发展,并且将继续发展。到 2006 年年底,在所有的 ARM 实现中存在的指令,已经被定义为多个指令集版本,版本号从 1 到 7。

许多版本带有表示变异的字母,用于表示在该版本中收集了指定的附加的指令。如表示变异的字母 M,表示只增加了 4 条长乘、长乘累加指令;而表示变异的字母 T,表示增加了全部 Thumb 指令集。

由于 ARM 指令集结构版本 1～3 目前已经不再使用,正在使用的版本 4～7 的描述见表 1-4。

表 1-4　ARM 指令集结构版本 4～7 的描述

版本号	描　　述
v4	版本 4 在版本 3 基础上增加了: 半字装入/存储指令 装入并且扩展字节/半字带符号指令 如果带有表示变异的字母 T,表示增加了 Thumb 指令集,指令能转换到 Thumb 状态 增加了一种新的特权处理方式(系统方式),使用用户寄存器
v5	改进了 ARM/Thumb 状态转换效率 增加了前导零计数(count leading zero)指令 增加了一条软件断点指令 BRK 为协处理器设计者增加了更多的指令选择 定义了如何由乘法指令设置标志

版本号	描　述
v6	平均取指令和取数据延时减少,cache 未命中等待时间减少,总的内存管理性能提高 30％左右 适应多处理器核的需求 增加了 SIMD(单指令多数据)指令集 支持混合大/小端,能处理大/小端混合数据 对异常处理和中断处理做了改进,增强了实时任务处理能力
v7	扩展了 Thumb-2 指令集 具有 NEDN 媒体引擎,该引擎具有分离的 SIMD 执行流水线和寄存器堆,可共享 L1 和 L2 cache,提供了灵活的媒体加速功能并且简化了系统带宽设计 支持 Jazelle-RCT 技术 支持 TrustZone 技术

2011 年发布的 64 位处理器的 ARMv8-A 指令集,是当时 Apple 公司 iPhone5s 产品采用的指令集,到 2017 年年底已有 57 家 ARMv8 指令集及处理器授权厂商。下文仅对 ARMv4 到 ARMv7 版进行描述。

2. 变异简介

1) Thumb 指令集(T 变异)

ARM 指令集结构用字母 T 表示版本变异,出现字母 T 表示该版本中扩展了 Thumb 指令集。

Thumb 指令集是对 ARM 指令集中部分指令重新编码的一个指令集。ARM 指令集指令长度为 32 位,Thumb 指令集指令长度为 16 位。使用 Thumb 指令集的代码密度,比使用 ARM 指令集的代码密度更高。

有两个 Thumb 指令集版本:

- 在 ARM 指令集结构版本 4 中,出现字母 T 表示 Thumb 版本 1;
- 在 ARM 指令集结构版本 5 及以后的版本中,出现字母 T 表示 Thumb 版本 2。

Thumb 2 版是一个经过优化的 16/32 位混合指令集。

与 Thumb 版本 1 比较,版本 2 增加了一条软件断点指令;明确了 Thumb 乘法指令如何设置标志的定义;修改了一些已有指令的定义;改进了 ARM/Thumb 转换的效率。

通常 Thumb 指令集的版本号并不使用,它只与 ARM 指令集的版本关联。

2) 长乘指令(M 变异)

ARM 指令集 M 变异表示包含 4 条额外的长乘、长乘累加指令,运算的结果均为 64 位。

3) 增强 DSP 指令(E 变异)

ARM 指令集 E 变异表示包含了一些额外的指令,这些指令增强了 ARM 处理器典型的 DSP(Digital Signal Processing,数字信号处理)算法性能。

4）Java 加速器（J 变异）

ARM 指令集 J 变异表示含有 Java 加速器 Jazelle。

3. ARM 指令集结构版本命名举例

1）ARM 指令集结构版本命名举例

ARM 指令集结构版本命名举例见表 1-5。

表 1-5　ARM 指令集结构版本命名举例

命　　　名	ARM 指令集版本	Thumb 指令集版本	长乘指令	增强 DSP 指令
ARMv4xM	4	无 Thumb 指令集	无	无
ARMv4	4	无 Thumb 指令集	有	无
ARMv4TxM	4	1	无	无
ARMv4T	4	1	有	无
ARMv5xM	5	无 Thumb 指令集	无	无
ARMv5	5	无 Thumb 指令集	有	无
ARMv5TxM	5	2	无	无
ARMv5T	5	2	有	无
ARMv5TE	5	2	有	有

在命名规则中，版本 4 及以上版本，表示长乘指令的字母 M 通常不再列出；小写字母 x 后出现的字母，表示对应的变异不包含在内。

2）ARM 处理器核与指令集结构版本

不同的 ARM 处理器核与指令集结构版本对应关系举例见表 1-6。

表 1-6　ARM 处理器核与指令集结构版本对应关系举例

处 理 器 核	版　　本
ARM7TDMI、ARM710T、ARM720T、ARM740T	v4T
ARM7EJ-S	v5TEJ
StrongARM、ARM8、ARM810	v4
ARM9TDMI、ARM920T、ARM922T、ARM940T	v4T
ARM9E-S、ARM946E-S、ARM966E-S	v5TE
ARM926EJ-S	v5TEJ
ARM10TDMI、ARM1020E、ARM1022E、ARM1026EJ-S	v5TE
ARM1036J-S	v6
ARM11、ARM11562-S、ARM1156T2F-S、ARM11JZF-S	v6
ARM Cortex-A8、ARM Cortex-R4、ARM Cortex-M3	v7

从表 1-6 可以看出,不同的处理器核,如 ARM7TDMI 和 ARM920T,可以有相同的版本。

4. ARMv8-A 指令集结构简介

2011 年发布的 ARMv8-A 指令集将 64 位体系结构支持引入 ARM 体系结构中,其中包括:

- 64 位(bit)通用寄存器、SP(堆栈指针)和 PC(程序计数器)。
- AArch64:64 位(bit)执行状态,包括该状态的异常模型、内存模型、程序员模型和指令支持。
- AArch32:32 位(bit)执行状态,包括该状态的异常模型、内存模型、程序员模型和指令支持。

这些执行状态支持如下 3 个主要指令集:

- A32(或 ARM32):32 位固定长度指令集及变异;
- T32(Thumb):16 位固定长度指令集,引入 Thumb 2 后为 16/32 位混合长度指令集;
- A64:提供与 ARM32 和 Thumb 指令集类似功能的 32 位固定长度指令集,随 ARMv8-A 引入,它是一种 AArch64 指令集。

2012 年,基于 ARMv8-A 指令集的 Cortex-A57/A53 处理器诞生。

1.6　本章小结

本章主要介绍了嵌入式系统定义、发展历程、应用举例和主要特点,包括嵌入式系统硬件组成举例和软件组成简介、嵌入式微处理器分类和主流嵌入式微处理器、嵌入式操作系统主要特点和目前较为流行的几种嵌入式操作系统。由于本书讲述的嵌入式微处理器是基于 ARM920T 的、由三星公司生产的 S3C2410A 微处理器,所以在这一章比较详细地介绍了 ARM 系列处理器核的命名规则与性能、ARM 指令集结构版本和变异。

要求读者掌握嵌入式系统的定义和组成;了解嵌入式微处理器分类和嵌入式操作系统的主要特点;熟知目前较为流行的嵌入式微处理器和操作系统名称;熟知 ARM 系列处理器核的命名规则;了解 ARM 指令集结构版本和变异。

1.7　习　　题

(1) 简要说明嵌入式系统定义。说出它与通用计算机的区别。
(2) 说出几种你知道的使用了嵌入式系统的产品。
(3) 简要说明嵌入式系统的硬件组成和软件组成。
(4) 嵌入式系统有哪些明显特点?
(5) 狭义上讲,嵌入式微处理器有哪些典型产品?

（6）简述 ARM 系列处理器核的命名规则。

（7）说出 ARM920T 处理器核对应的指令集结构版本。

（8）ARM7TDMI 与 ARM920T 指令集结构版本相同吗？指令集相同吗？

（9）v4T 版本的主要特点有哪些？

（10）嵌入式操作系统有哪些主要特点？

（11）说出嵌入式 Linux 操作系统的主要特点。

（12）简述 ARM 指令集结构版本有哪些变异。

第2章

chapter 2

S3C2410A 微处理器组成及程序员模型

本章主要内容如下:

(1) S3C2410A 微处理器概述;

(2) S3C2410A 微处理器组成、芯片封装、引脚编号与引脚信号名、特殊功能寄存器简介;

(3) ARM920T 简介、指令系统特点、功能模块;

(4) ARM920T 的程序员模型、处理器操作状态、存储器格式和数据类型、处理器操作方式、寄存器等。

2.1 S3C2410A 微处理器概述

SAMSUNG 公司的 S3C2410A 芯片是一款 16/32 位的 RISC 微处理器芯片,芯片内使用了 ARM 公司的 ARM920T 内核,采用了称为 AMBA(Advanced Microcontroller Bus Architecture,先进微处理器总线结构)的总线结构。

S3C2410A 芯片组成介绍如下:

- ARM920T,内部包含一个 ARM9TDMI 处理器及两个协处理器、单独 16KB 指令 Cache 和 MMU、单独 16KB 数据 Cache 和 MMU 等;

- 存储器控制器,产生对 SDRAM/Nor Flash/SRAM 存储器芯片的控制和片选逻辑;

- Nand Flash 控制器;

- 中断控制器;

- LCD 控制器,支持 STN 及 TFT 液晶显示器;

- 带有外部请求引脚的 4 通道 DMA;

- 3 通道通用异步收发器(UART),支持红外传输;

- 2 通道 SPI(Serial Peripheral Interface,串行外设接口);

- 1 通道多主 IIC 总线控制器,1 通道 IIS 总线控制器;

- MMC/SD/SDIO 主控制器;

- 2 端口 USB 主控制器,1 端口 USB 设备控制器(Ver 1.1);

- 4 通道脉宽调制(PWM)定时器与 1 通道内部定时器;

- 看门狗定时器；
- 117 位 GPIO 端口，其中 24 通道可用作 24 路外部中断源；
- 电源管理，支持 NORMAL、SLOW、IDLE 和 Power_OFF 模式；
- 8 通道 10 位 ADC 与触摸屏接口；
- 带日历功能的 RTC；
- 带锁相环(PLL)的片内时钟发生器。

2.2　S3C2410A 微处理器组成与引脚信号

2.2.1　S3C2410A 微处理器组成

1. S3C2410A 微处理器组成

S3C2410A 组成框图如图 2-1 所示。

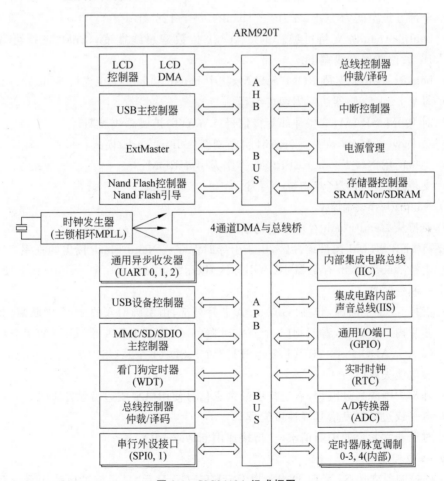

图 2-1　S3C2410A 组成框图

图 2-1 中,S3C2410A 片内组成可以分为 3 部分:ARM920T、连接在 AHB 总线上的控制器以及连接在 APB 总线上的控制器或外设,其中 ARM920T 在 2.3 节中讲述。

AHB(Advanced High_performance Bus,先进高性能总线)是一种片上总线,用于连接高时钟频率和高性能的系统模块,支持突发传输、支持流水线操作,也支持单个数据传输,所有的时序都以单一时钟的前沿为基准操作。

APB(Advanced Peripheral Bus,先进外设总线)也是一种片上总线,为低性能、慢速外设提供了较为简单的接口,不支持流水线操作。

4 通道 DMA 与总线桥支持存储器到存储器、I/O 到存储器、存储器到 I/O、I/O 到 I/O 的 DMA 传输;它将 AHB/APB 的信号转换为合适的形式,以满足连接到 APB 上设备的要求。桥能够锁存地址、数据及控制信号,同时进行二次译码,选择相应的 APB 设备。

2. AHB 总线连接的控制器简介

1) 存储器控制器
- 支持小端/大端数据存储格式;
- 全部寻址空间为 1GB,分为 8 个 banks,每个 128MB;
- bank1～bank7 支持可编程的 8/16/32 位数据总线宽度,bank0 支持可编程的 16/32位数据总线宽度;
- bank0～bank7 支持 ROM/SRAM,其中 bank6 和 bank7 也支持 SDRAM;
- 每个 bank 存储器访问周期可编程;
- 对 ROM/SRAM,支持外部等待信号(nWAIT)扩展总线周期;
- 在 Power_down,支持 SDRAM 自己刷新(self_refresh)模式;
- 支持使用 Nor Flash、EEPROM 等作为引导 ROM;
- 支持存储器与 I/O 端口统一寻址。

2) Nand Flash 控制器
- 支持从 Nand Flash 存储器进行引导;
- 有 4KB SRAM 内部缓冲区,用于引导时保存从 Nand Flash 读出的程序;
- 支持 Nand Flash 存储器 4KB(引导区)以后的区域作为一般 Nand Flash 使用。

3) 中断控制器
- 支持 55 个中断源,包括 S3C2410A 芯片外部,由引脚引入的 24 个中断源,其余为芯片内部中断源,看门狗(1 个)、定时器(5 个)、UART(9 个)、DMA(4 个)、RTC (2 个)、ADC(2 个)、IIC(1 个)、SPI(2 个)、SDI(1 个)、USB(2 个)、LCD(1 个)以及电池失效(1 个);
- 外部中断源通过编程,可选择中断请求信号使用电平或边沿触发方式;
- 电平或边沿触发信号极性可编程;
- 对于非常紧急的中断请求,支持快速中断请求 FIQ。

4) LCD 控制器

LCD 控制器支持 STN LCD 显示以及 TFT LCD 显示,显示缓冲区使用系统存储器(内存),支持专用 LCD DMA 将显示缓冲区数据传送到 LCD 控制器缓冲区。

STN LCD 显示特点：

- 支持 4 位双扫描、4 位单扫描、8 位单扫描显示类型 STN LCD 面板；
- 支持单色、4 灰度级、16 灰度级、256 色、4096 色 STN LCD 显示；
- 支持多种屏幕尺寸，典型的有 640×480、320×240、160×160 等；
- 最大虚拟屏显示存储器空间为 4MB，在 256 色模式，支持的虚拟屏尺寸有 4096×1024、2048×2048、1024×4096 等。

TFT LCD 显示特点：

- 支持 1、2、4 或 8 BPP(Bit Per Pixel)面板彩色显示；
- 支持 16 BPP 真彩显示；
- 在 24 BPP 模式，支持最大 2^{24} 色；
- 支持多种屏幕尺寸，典型的有 640×480、320×240、160×160 等；
- 最大虚拟屏显示存储器空间为 4MB，在 2^{16} 色模式，支持的虚拟屏尺寸有 2048×1024 等。

5）USB 主控制器

- 2 个端口的 USB 主(host)控制器；
- 兼容 OHCI Rev 1.0；
- 兼容 USB V 1.1；
- 支持低速和全速设备。

6）时钟与电源管理

- S3C2410A 片内有 MPLL(Main Phase Locked Loop，主锁相环)和 UPLL(USB PLL，USB 锁相环)；
- UPLL 产生的时钟用于 USB 主/设备控制器操作；
- MPLL 产生的时钟在内核供电电压为 2.0V 时，最大频率为 266MHz；
- 时钟信号能够通过软件有选择地送到(或不送)每个功能模块；
- 电源管理支持 NORMAL、SLOW、IDLE 和 Power_OFF 模式；
- 由 EINT[15:0]或 RTC 报警中断，能够从 Power_OFF 模式中将 MCU 唤醒。

7）ExtMaster

对由 S3C2410A 芯片外部另一个总线主设备提出并送到 S3C2410A 的请求控制局部总线的请求以及 S3C2410A 的响应进行管理。

3. APB 总线连接的部件简介

1）通用异步收发器(UART 0、1、2)

- 3 通道 UART，支持基于查询、基于 DMA 或基于中断方式操作；
- 支持 5/6/7/8 位串行数据发送/接收(Tx/Rx)；
- 支持外部时钟(UEXTCLK)用于 UART 操作；
- 可编程的波特率；
- 支持红外通信协议 IrDA 1.0。

2）通用 I/O 端口（GPIO）

- GPIO 端口共有 117 位，其中 24 位可用于外部中断请求源；
- 通过编程，可以将各端口的不同位，设置为不同功能。

3）定时器/脉宽调制

- 4 通道 16 位脉宽调制定时器，1 通道 16 位内部定时器，均支持基于 DMA 或基于中断方式操作；
- 可编程的占空比、频率和极性；
- 定时器 0 带有死区发生器；
- 支持使用外部时钟源 TCLK[1:0]作为定时器时钟信号。

4）实时时钟（RTC）

- 具有全部时钟特点（秒、分、时、星期、日、月、年）；
- 单独的 32.768kHz 时钟源；
- 支持报警（alarm）中断、节拍（tick）中断；
- 系统电源断开后，使用后备电池单独为 RTC 逻辑供电。

5）看门狗定时器（WDT）

- 16 位看门狗定时器；
- 定时输出信号可用作中断请求或系统复位（reset）信号。

6）A/D 转换器与触摸屏接口

- 8 通道 A/D 转换器，有 2 通道可用于触摸屏；
- A/D 转换器最大转换速率为 500kSPS，分辨率为 10 位（b），模拟输入电压为 0～3.3V；
- 支持触摸屏通常、分别的 X/Y、自动连续的 X/Y 位置转换模式；
- S3C2410A 芯片内部实现采样和保持功能。

7）IIC（Intel Integrated Circuit，内部集成电路）总线接口

1 通道多主（Multi-Master）IIC 总线（注：IIC 也写作 I^2C 或 I2C）。

8）IIS（Intel IC Sound，集成电路内部声音）总线接口

- 1 通道 IIS 总线，用作音频接口，基于 DMA 或通常传送方式操作；
- 每声道串行 8/16 位数据传输；
- 支持 IIS 格式和 MSB-justified 格式（注：IIS 也写作 I^2S 或 I2S）。

9）SPI（Serial Peripheral Interface，串行外设接口）

- 兼容 2 通道串行外设接口协议 V 2.11；
- 基于查询、基于 DMA 或基于中断方式操作。

10）MMC/SD/SDIO 主控制器

- 与 SD（Secure Digital，安全数字）存储器卡协议 V 1.0 兼容；
- 与 SDIO（Secure Digital I/O，安全数字 I/O）卡协议 V 1.0 兼容；
- 与 MMC（Multi Media Card，多媒体卡）协议 V 2.11 兼容；
- 基于 DMA 或基于中断操作。

SD 主控制器内部包含 SDI（SD Interface，SD 接口）逻辑。

11）USB 设备控制器
- 1 个端口的全速 USB 设备控制器；
- 兼容 USB 规范 V 1.1；
- 5 个带有 FIFO 的端点。

4. 操作电压、操作频率及芯片封装

1）操作电压
- 内核：1.8V，用于 S3C2410A-20，最高 200MHz；
  2.0V，用于 S3C2410A-26，最高 266MHz。
- 存储器与 I/O：3.3V。

2）操作频率
最高到 266MHz。

3）芯片封装
272-FBGA（Fine-Pitch Ball Grid Array，精细倾斜球栅阵列）封装。

2.2.2　S3C2410A芯片封装、引脚编号与引脚信号名

1. S3C2410A 芯片封装形式

S3C2410A 芯片有 272 个引脚，FBGA 封装，底视图见图 2-2。

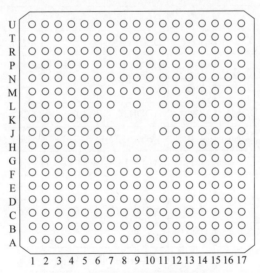

图 2-2　S3C2410A 引脚对应的编号

图 2-2 中每个引脚所在行、列对应的字母、数字，是分配给该引脚的编号，如左下引脚为 A1，左上引脚为 U1。

2. S3C2410A 引脚编号与引脚信号名

S3C2410A 各引脚编号与对应的引脚信号名见表 2-1。

表 2-1 中,如果一个引脚编号对应一个引脚信号名,那么这个引脚信号名就代表该引脚的默认功能;如果一个引脚编号对应多个引脚信号名,那么带下划线的引脚信号名,代表该引脚的默认功能。默认功能是指 Reset 后,该引脚第一次配置前的功能。

表 2-1　S3C2410A 各引脚编号与对应的引脚信号名

引脚编号	引脚信号名	引脚编号	引脚信号名	引脚编号	引脚信号名
A1	DATA19	B11	ADDR12	D4	DATA26
A2	DATA18	B12	ADDR8	D5	DATA14
A3	DATA16	B13	ADDR4	D6	DATA10
A4	DATA15	B14	ADDR0/GPA0	D7	DATA2
A5	DATA11	B15	nSRAS	D8	VDDMOP
A6	VDDMOP	B16	nBE1:nWBE1:DQM1	D9	ADDR22/GPA7
A7	DATA6	B17	VSSi	D10	ADDR19/GPA4
A8	DATA1	C1	DATA24	D11	VDDi
A9	ADDR21/GPA6	C2	DATA23	D12	ADDR10
A10	ADDR16/GPA1	C3	DATA21	D13	ADDR5
A11	ADDR13	C4	VDDi	D14	ADDR1
A12	VSSMOP	C5	DATA12	D15	VSSMOP
A13	ADDR6	C6	DATA7	D16	SCKE
A14	ADDR2	C7	DATA4	D17	nGCS0
A15	VDDMOP	C8	VDDi	E1	DATA31
A16	nBE3:nWBE3:DQM3	C9	ADDR25/GPA10	E2	DATA29
A17	nBE0:nWBE0:DQM0	C10	VSSMOP	E3	DATA28
B1	DATA22	C11	ADDR14	E4	DATA30
B2	DATA20	C12	ADDR7	E5	VDDMOP
B3	DATA17	C13	ADDR3	E6	VSSMOP
B4	VDDMOP	C14	nSCAS	E7	DATA3
B5	DATA13	C15	nBE2:nWBE2:DQM2	E8	ADDR26/GPA11
B6	DATA9	C16	nOE	E9	ADDR23/GPA8
B7	DATA5	C17	VDDi	E10	ADDR18/GPA3
B8	DATA0	D1	DATA27	E11	VDDMOP
B9	ADDR24/GPA9	D2	DATA25	E12	ADDR11
B10	ADDR17/GPA2	D3	VSSMOP	E13	nWE

续表

引脚编号	引脚信号名	引脚编号	引脚信号名	引脚编号	引脚信号名
E14	nGCS3/GPA14	G11	ADDR15	J14	VDDalive
E15	nGCS1/GPA12	G12	ADDR9	J15	PWREN
E16	nGCS2/GPA13	G13	nWAIT	J16	nRSTOUT/GPA21
E17	nGCS4/GPA15	G14	ALE/GPA18	J17	nBATT_FLT
F1	TOUT1/GPB1	G15	nFWE/GPA19	K1	VDDOP
F2	TOUT0/GPB0	G16	nFRE/GPA20	K2	VM：VDEN：TP/GPC4
F3	VSSMOP	G17	nFCE/GPA22	K3	VDDiarm
F4	TOUT2/GPB2	H1	VSSiarm	K4	VFRAME：VSYNC：STV/GPC3
F5	VSSOP	H2	nXDACK0/GPB9	K5	VSSOP
F6	VSSi	H3	nXDREQ0/GPB10	K6	LCDVF0/GPC5
F7	DATA8	H4	nXDREQ1/GPB8	K12	RXD2/nCTS1/GPH7
F8	VSSMOP	H5	nTRST	K13	TXD2/nRTS1/GPH6
F9	VSSi	H6	TCK	K14	RXD1/GPH5
F10	ADDR20/GPA5	H12	CLE/GPA17	K15	TXD0/GPH2
F11	VSSi	H13	VSSOP	K16	TXD1/GPH4
F12	VSSMOP	H14	VDDMOP	K17	RXD0/GPH3
F13	SCLK0	H15	VSSi	L1	VD0/GPC8
F14	SCLK1	H16	XTOpll	L2	VD1/GPC9
F15	nGCS5/GPA16	H17	XTIpll	L3	LCDVF2/GPC7
F16	nGCS6：nSCS0	J1	TDI	L4	VD2/GPC10
F17	nGCS7：nSCS1	J2	VCLK：LCD_HCLK/GPC1	L5	VDDiarm
G1	nXBACK/GPB5	J3	TMS	L6	LCDVF1/GPC6
G2	nXDACK/GPB7	J4	LEND：STH/GPC0	L7	IICSCL/GPE14
G3	TOUT3/GPB3	J5	TDO	L9	EINT11/nSS1/GPG3
G4	TCLK0/GPB4	J6	VLINE：HSYNC：CPV/GPC2	L11	VDDi_UPLL
G5	nXBREQ/GPB6	J7	VSSiarm	L12	nRTS0/GPH1
G6	VDDalive	J11	EXTCLK	L13	UPLLCAP
G7	VDDiarm	J12	nRESET	L14	nCTS0/GPH0
G9	VSSMOP	J13	VDDi	L15	EINT6/GPF6

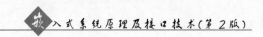

续表

引脚编号	引脚信号名	引脚编号	引脚信号名	引脚编号	引脚信号名
L16	UEXTCLK/GPH8	N9	VDDOP	R2	VD14/GPD6
L17	EINT7/GPF7	N10	VDDiarm	R3	VD17/GPD9
M1	VSSiarm	N11	DN1/PDN0	R4	VD18/GPD10
M2	VD5/GPC13	N12	Vref	R5	VSSOP
M3	VD3/GPC11	N13	AIN7	R6	SDDAT0/GPE7
M4	VD4/GPC12	N14	EINT0/GPF0	R7	SDDAT3/GPE10
M5	VSSiarm	N15	VSSi_UPLL	R8	EINT8/GPG0
M6	VDDOP	N16	VDDOP	R9	EINT14/SPIMOSI/GPG6
M7	VDDiarm	N17	EINT1/GPF1	R10	EINT15/SPICLK1/GPG7
M8	IICSDA/GPE15	P1	VD10/GPD2	R11	EING19/TCLK1/GPG11
M9	VSSiarm	P2	VD12/GPD4	R12	CLKOUT0/GPH9
M10	DP1/PDP0	P3	VD11/GPD3	R13	R/nB
M11	EINT23/nYPON/GPG15	P4	VD23/nSS0/GPD15	R14	OM0
M12	RTCVDD	P5	I2SSCLK/GPE1	R15	AIN4
M13	VSSi_MPLL	P6	SDCMD/GPE6	R16	AIN6
M14	EINT5/GPF5	P7	SDDAT2/GPE9	R17	XTOrtc
M15	EINT4/GPF4	P8	SPICLK0/GPE13	T1	VD13/GPD5
M16	EINT2/GPF2	P9	EINT12/LCD_PWREN/GPG4	T2	VD16/GPD8
M17	EINT3/GPF3	P10	EINT18/GPG10	T3	VD20/GPD12
N1	VD6/GPC14	P11	EINT20/XMON/GPG12	T4	VD22/nSS1/GPD14
N2	VD8/GPD0	P12	VSSOP	T5	I2SLRCK/GPE0
N3	VD7/GPC15	P13	DP0	T6	SDCLK/GPE5
N4	VD9/GPD1	P14	VDDi_MPLL	T7	SPIMISO0/GPE11
N5	VDDiarm	P15	VDDA_ADC	T8	EINT10/nSS0/GPG2
N6	CDCLK/GPE2	P16	XTIrtc	T9	VSSOP
N7	SDDAT1/GPE8	P17	MPLLCAP	T10	EINT17/GPG9
N8	VSSiarm	R1	VDDiarm	T11	EINT22/YMON/GPG14

续表

引脚编号	引脚信号名	引脚编号	引脚信号名	引脚编号	引脚信号名
T12	DN0	U3	VD21/GPD13	U11	EINT21/nXPON/GPG13
T13	OM3	U4	VSSiarm	U12	CLKOUT1/GPH10
T14	VSSA_ADC	U5	I2SSDI/nSS0/GPE3	U13	NCON
T15	AIN1	U6	I2SSDO/I2SSDI/GPE4	U14	OM2
T16	AIN3	U7	SPIMOSI0/GPE12	U15	OM1
T17	AIN5	U8	EINT9/GPG1	U16	AIN0
U1	VD15/GPD7	U9	EINT13/SPIMISO/GPG5	U17	AIN2
U2	VD19/GPD11	U10	EINT16/GPG8	—	—

注：下划线表示引脚的初始状态。

3. S3C2410A 引脚信号名与对应功能

S3C2410A 引脚信号名与对应功能描述，分别在相关章节讲述；附录 A 列出的是引脚信号名与对应功能描述的汇总表。

2.2.3　S3C2410A 特殊功能寄存器简介

特殊功能寄存器（Special Function Registers，SFR），有时也称特殊寄存器或专用寄存器。占用存储器空间地址为 0x48000000～0x5FFFFFFF 的一片区域，称为 SFR Area（特殊功能寄存器区域），这些寄存器均在 S3C2410A 芯片内部，它们的含义和功能在第 5～12 章中分别讲述。

2.3　ARM920T 核

2.3.1　ARM920T 简介

ARM920T 核也称为 ARM920T 处理器、CPU、内核，或直接称为 ARM920T。S3C2410A 微处理器组成中包含了 ARM920T 核。

ARM920T 是通用处理器 ARM9TDMI 系列中的一员，ARM9TDMI 系列包含：

- ARM9TDMI（ARM9TDMI 核）；
- ARM940T（ARM9TDMI 核、Cache 和保护单元）；
- ARM920T（ARM9TDMI 核、Cache 和 MMU）。

ARM9TDMI 处理器核使用了五级流水线，五级流水线由取指、译码、执行、存储（数据缓冲）和回写组成。ARM9TDMI 作为一个标准的、单独的核提供，能够被嵌入到许多功能复杂的产品中。这个标准的、单独的核有一个简单的总线接口,允许用户围绕着它设计自己的Cache/存储器系统。

ARM9TDMI处理器系列支持两种指令集,32位ARM和16位Thumb指令集,允许用户选择不同的指令集,在高性能和高代码密度之间转换。

ARM920T是一款哈佛Cache结构的处理器,内部有单独的16KB指令Cache和单独的16KB数据Cache(均为8个字的行长度),指令Cache和数据Cache各自使用单独的地址线和单独的数据线。ARM920T实现了ARMv4T结构。ARM920T的MMU提供了对指令和数据地址的传送及访问的约束检查。

ARM920T支持ARM调试结构(debug architecture),也包含了对协处理器的支持。

ARM920T接口与AMBA总线架构兼容,ARM920T既可以作为全兼容的AMBA总线的主设备,又可以在测试该产品时作为从设备。

2.3.2 ARM920T指令系统特点

S3C2410A微处理器中含有ARM920T核,使用的指令系统就是ARM920T的指令系统。ARM920T有两种指令集:32位的ARM指令集和16位的Thumb指令集。

ARM指令集的主要特点有:所有的指令都是32位固定长度,便于译码和流水线实现,并且在内存中以4字节边界地址对齐保存;只有LOAD-STORE类型的指令才可以访问内存;所有的指令都可以条件执行;使用了桶形(barrel)移位器,可以在一个指令周期内完成移位操作和ALU(算术逻辑)操作。

传统的微处理器结构,指令和数据有相同的宽度;32位结构的处理器与16位结构的处理器相比,32位的处理器处理32位数据有更高的效率,并且寻址一个大的地址空间也比16位的处理器更有效;而16位结构的处理器比32位结构的处理器代码密度高一倍。

Thumb指令集虽然是一个16位的指令集,但是能够在32位结构的ARM920T处理器上运行。Thumb指令集执行效率比传统的16位结构的处理器更高,也比32位结构的处理器有更高的代码密度。Thumb指令集是32位ARM指令集中最常用的指令功能上的一个子集。Thumb指令有效果相同的32位ARM指令对应。

Thumb指令使用了32位核的全部优点:

- 32位地址空间;
- 32位寄存器;
- 32位移位器和ALU单元;
- 32位存储器传送器。

Thumb指令集提供了分支指令用的大地址范围,强有力的算术操作和一个大的寻址空间。

典型的Thumb代码规模是ARM代码的65%,并且当正在运行的代码是从一个16位数据总线的存储器读出时,Thumb代码的效率是ARM代码的160%。因此,Thumb代码使得ARM920T核更适合于存储器带宽有限制,并且代码密度要求较高的嵌入式应用方案。

2.3.3 ARM920T 功能模块

ARM920T 功能模块图见图 2-3。

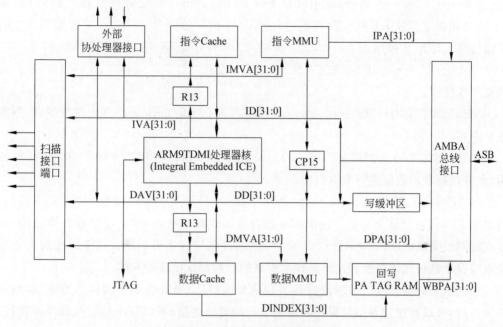

图 2-3   **ARM920T 功能模块图**

ARM920T 内部包含两个协处理器：

- CP14，CP14 允许软件访问，作为调试（debug）通信通道使用。在 CP14 中定义的寄存器允许使用 ARM 的 MCR 和 MRC 指令访问（CP14 在图 2-3 中未画出）。
- CP15，系统控制协处理器，提供了附加的寄存器，被用于配置和控制 Cache、MMU、保护系统（即 MPU）、时钟模式及 ARM920T 其他系统选择（如大/小端操作等）。

ARM920T 也有外部协处理器接口，允许在同一芯片上附加一个紧密耦合的协处理器，如浮点部件。连接到外部协处理器接口的任何协处理器提供的寄存器和操作，可以使用适当的 ARM 协处理器指令去访问或指定。

对于指令预取、数据装入及存储，存储器访问能够使用 Cache 或写缓冲区。

保留在主存中的 MMU 页表（page tables），描述了由虚拟到物理地址的映射、访问允许、Cache 和写 Buffer 的配置，它们由操作系统软件建立，由 ARM920T MMU 硬件自动访问（即使访问引起了 TLB 缺失）。

ARM920T 结构的 MMU，支持运行时对存储器进行管理的 Win CE、Linux 操作系统。

写缓冲区（write buffer）保存 16 个字数据和 4 个地址，属于先进先出（FIFO）存储器，当 CPU 需要输出数据时，CPU 把输出数据送到写缓冲区（包括数据对应的地址），当总线上没有比写缓冲区优先级更高的总线主设备占用时,写缓冲区占用总线,自动将数据写入存储器。

ARM920T 支持 AMBA 2.0。

AMBA(Advanced Microcontroller Bus Architecture,先进微控制器总线结构)是ARM 公司制定的片上总线结构规范,用于 ARM 核与处理器芯片内部其他宏单元之间传输信息。1999 年推出的 AMBA 2.0 版定义了 3 种总线,包括 AHB、ASB 和 APB,其中ASB(Advanced System Bus,先进系统总线)用于连接高性能系统模块,支持突发传输、支持流水线操作。

ARM920T 采用写直达(write through)或回写(write back cache)式高速缓存,更新主存内容。

ARM920T 有一个跟踪接口端口(Trace Interface Port,TIP),允许作为扫描硬件使用,允许对指令和数据进行实时扫描。

JTAG(Joint Test Action Group)是开发 IEEE 1149.1—1990 标准的组织的名称,有时也用 JTAG 表示这个标准。这个标准包含嵌入式调试技术,定义了边界扫描结构,用于在线测试集成电路(如 ARM920T 处理器)端口和进行边界扫描。这个标准解决了复杂电路设计整板测试以及表面贴装技术带来的引脚测试困难的问题。

实现这个标准可以对处理器的各引脚信号采样;也可以强制引脚输出状态,以测试外围芯片;可以通过边界扫描操作测试整个板的电路连接;可以从主机下载软件并执行、调试和控制;可以直接控制 ARM 的内部总线、I/O 端口信息等。

JTAG 调试不占用系统资源,只能实现软件断点级别的调试。

嵌入式在线仿真器(Embedded In_Circuit Emulater,也写作 Embedded ICE)逻辑,用来辅助调试硬件和软件,包括对 ARM920T 处理器的调试,可以对地址、数据和控制总线的信号进行复杂的触发控制设定,可以进行硬件断点的设置,可以在 ROM 中设置断点和观察点。

当调试含有 ARM920T 的目标机时,要另外使用一台主机(如 PC),发送高级调试命令,经过协议转换器,变成低级调试命令,送到 ARM920T 的 TAP(Test Access Port,测试访问端口)控制器,控制 Embedded ICE。这样就允许在一台主机上使用软件工具调试运行在一个目标机上的代码。

Embedded ICE 由一组寄存器和比较器组成,能够产生异常,如断点(break point)等。

2.4　ARM920T 的程序员模型

程序员模型指的是使用汇编语言编程的程序员所能看到的处理器模型。由于S3C2410A 内部使用了 ARM920T 核,S3C2410A 的程序员模型实际上就是 ARM920T的程序员模型。

2.4.1　处理器操作状态

1. ARM920T 处理器的两种操作状态

* ARM 状态,在这种状态执行 32 位长度的、字边界对齐的 ARM 指令。
* Thumb 状态,在这种状态执行 16 位长度的、半字边界对齐的 Thumb 指令。

在 Thumb 状态,程序计数器 PC 使用 bit[1] 来选择切换半字。

在 ARM 和 Thumb 之间转换状态,不影响处理器操作方式或寄存器内容。

2. 转换状态

使用 ARM 指令集的 BX 指令,并且 BX 指令指定寄存器的 bit[0]=1,能够从 ARM 状态进入 Thumb 状态。使用 Thumb 指令集的 BX 指令,并且 BX 指令指定寄存器的 bit[0]=0,能够从 Thumb 状态进入 ARM 状态。

无论处理器在 ARM 状态或 Thumb 状态,发生了异常,进入异常处理程序处理器一定是在 ARM 状态。如果一个异常在 Thumb 状态出现,处理器要转换到 ARM 状态,异常处理完返回时自动转换回 Thumb 状态。

刚进入异常处理程序后处理器处在 ARM 状态,如果需要,异常处理程序能够转换到 Thumb 状态,但是异常处理程序结束前,处理器必须转换到 ARM 状态,在 ARM 状态才允许异常处理程序正确地终止。

2.4.2　存储器格式和数据类型

1. 存储器格式

ARM920T 处理器把存储器看作一个以字节编号的单元的线性集合,编号即存储器地址,每个存储器单元能够存放 1 字节数据,对应一个地址。地址从 0 开始,连续上升,例如:地址从 0 到 3 的单元保存了第 1 个存储字;地址从 4 到 7 的单元保存了第 2 个存储字。凡是地址的最低 2 位二进制数为 00,从这个地址开始,用连续 4 个单元保存一个字数据的,称为一个字数据存放在字边界对齐的地址单元中,简称地址是字边界对齐的。

ARM920T 处理器允许使用大、小端格式,它能够对存储在存储器中的字以大端或小端格式访问。默认格式是小端格式。

大端或小端格式是指一个字数据中的 4 字节数据,必须被放在字边界对齐的存储器地址 A 开始的连续 4 个字节地址单元中的什么位置。

在数据以字存放在存储器中,而以字节或半字访问时,对 CPU 被配置为大端或小端格式要特别注意。

1) 小端格式

在小端格式,处理器寄存器中的 32 位二进制数用 bit[31:0] 表示,其中 bit[31] 为最高位,bit[0] 为最低位,分为 4 字节,bit[31:24] 为数据的最高字节,bit[7:0] 为数据的最低字节。当寄存器的内容以字格式保存在字边界对齐的存储器地址 A 中时,存储器 4 个地址对应的单元中保存的字节数据与寄存器 bit[31:0]的对应关系见图 2-4。

31	24	23	16	15	8	7	0
在地址A中的字							
在地址A+2中的半字				在地址A中的半字			
在地址A+3中的字节		在地址A+2中的字节		在地址A+1中的字节		在地址A中的字节	

图 2-4　小端格式在字内部字节和半字地址

对一个字边界对齐的地址 A,如图 2-4 所示,寄存器与存储器数据格式互相映射的关系是 1 个字保存在地址 A 中,2 个半字分别保存在地址 A 和 A+2 中,4 个字节分别保存在地址 A、A+1、A+2 和 A+3 中。

例如,寄存器 R0 中保存的十六进制数是 0x12345678,最高字节数据是 0x12,最低字节数据是 0x78。如果以字方式存 R0 的内容到字边界对齐的存储器地址 A 中,那么字节地址 A 中存放的数是 0x78,地址 A+1 中存放的数是 0x56,地址 A+2 中存放的数是 0x34,地址 A+3 中存放的数是 0x12。

小端格式字寻址使用的地址,是数据最低字节对应的字节地址。

2) 大端格式

在大端格式,当寄存器的内容以字格式保存在字边界对齐的存储器地址 A 中时,存储器 4 个地址对应的单元中保存的字节数据与寄存器 bit[31:0]的对应关系见图 2-5。

31	24	23	16	15	8	7	0
在地址A中的字							
在地址A中的半字				在地址A+2中的半字			
在地址A中的字节		在地址A+1中的字节		在地址A+2中的字节		在地址A+3中的字节	

图 2-5　大端格式在字内部字节和半字地址

对一个字边界对齐的地址 A,如图 2-5 所示,寄存器与存储器数据格式互相映射的关系是 1 个字保存在地址 A 中,2 个半字分别保存在地址 A 和 A+2 中,4 个字节分别保存在地址 A、A+1、A+2 和 A+3 中。

例如,寄存器 R0 中保存的十六进制数是 0x12345678,最高字节数据是 0x12,最低字节数据是 0x78。如果以字方式存 R0 的内容到字边界对齐的存储器地址 A 中,那么字节地址 A 中存放的数是 0x12,地址 A+1 中存放的数是 0x34,地址 A+2 中存放的数是 0x56,地址 A+3 中存放的数是 0x78。

大端格式字寻址使用的地址,是数据最高字节对应的字节地址。

2. 数据类型

ARM920T 处理器支持 3 种数据类型:

(1) 字,32 位;

(2) 半字,16 位;

(3) 字节,8 位。

所谓的边界对齐必须遵循:

（1）字数据必须以 4 字节为边界对齐存取；

（2）半字数据必须以 2 字节为边界对齐存取；

（3）字节数据可以使用任意字节地址存取。

存储器系统支持上述 3 种数据类型的存取。

2.4.3　处理器操作方式

ARM920T 支持的 7 种操作方式,见表 2-2。

表 2-2　处理器支持的 7 种操作方式

方　　式	方式标识	描　　述
user(用户)	usr	用户方式是通常 ARM 程序执行状态,用于执行大部分应用程序
fast interrupt(快速中断请求)	fiq	快速中断请求方式支持数据传送或通道处理
interrupt(中断请求)	irq	中断请求方式用于一般中断处理
supervisor(管理程序)	svc	管理方式是一种操作系统受保护的方式
abort(中止)	abt	在访问数据中止后或指令预取中止后进入中止方式
system(系统)	sys	系统方式是操作系统一种特权级的用户方式
undefined(未定义)	und	当一条未定义指令被执行时进入未定义方式

方式的改变可以在软件控制下改变,也可以由外部中断或者由异常(exception)处理带来改变。除了用户方式外,其他几种方式都被称为特权方式。特权方式用于为中断或异常服务,或访问受保护的资源。除了用户方式和系统方式外,其他几种方式都属于异常方式。

2.4.4　寄存器

ARM920T 共有 37 个寄存器。其中 31 个是 32 位的通用寄存器,6 个是 32 位的状态寄存器。在同一时间,这 37 个寄存器不是全部都可以存取的。处理器操作状态(ARM或 Thumb)和操作方式(用户、中断请求等 7 种)确定哪些寄存器对程序员是可用的。

1. 在 ARM 状态下的寄存器组

在 ARM 状态下,处理器 7 种操作方式中的每一种操作方式可用的寄存器见图 2-6。图中寄存器中有▲符号的称为分组寄存器。每一种操作方式对应的分组寄存器,只有在该操作方式下可使用。

在 ARM 状态下的寄存器组含有 16 个可直接存取的寄存器 r0～r15。当前程序状态寄存器 CPSR 含有条件码标志和当前方式位。通用寄存器 r0～r13,用于保存数据或地址值。寄存器 r14 和 r15 有以下专门功能。

ARM状态下通用寄存器和程序计数器

system and user	FIQ	supervisor	abort	IRQ	undefined
r0	r0	r0	r0	r0	r0
r1	r1	r1	r1	r1	r1
r2	r2	r2	r2	r2	r2
r3	r3	r3	r3	r3	r3
r4	r4	r4	r4	r4	r4
r5	r5	r5	r5	r5	r5
r6	r6	r6	r6	r6	r6
r7	r7	r7	r7	r7	r7
r8	▲r8_fiq	r8	r8	r8	r8
r9	▲r9_fiq	r9	r9	r9	r9
r10	▲r10_fiq	r10	r10	r10	r10
r11	▲r11_fiq	r11	r11	r11	r11
r12	▲r12_fiq	r12	r12	r12	r12
r13	▲r13_fiq	▲r13_svc	▲r13_abt	▲r13_irq	▲r13_und
r14	▲r14_fiq	▲r14_svc	▲r14_abt	▲r14_irq	▲r14_und
r15(PC)	r15(PC)	r15(PC)	r15(PC)	r15(PC)	r15(PC)

ARM状态下程序状态寄存器

CPSR	CPSR	CPSR	CPSR	CPSR	CPSR
	▲SPSR_fiq	▲SPSR_svc	▲SPSR_abt	▲SPSR_irq	▲SPSR_und

▲=分组寄存器

图 2-6　在 ARM 状态下的寄存器组

1）连接寄存器（Link Register,LR）

寄存器 r14 用作子程序连接寄存器。当一条分支并且连接指令（BL）被执行时,寄存器 r14 收到 r15 的一个副本。在其他时间,r14 能被看作通用寄存器。

对应的分组寄存器 r14_svc、r14_irq、r14_fiq、r14_abt 和 r14_und 用法是类似的,当中断或异常发生时,同样用于保存 r15 的返回值,或用于在中断及异常例程中执行 BL 指令时保存 r15 的返回值。

2）程序计数器（Program Counter,PC）

寄存器 r15 作为程序计数器。

在 ARM 状态下,r15 的 bit[1:0]为 00,而 r15 的 bit[31:2]含有程序计数值。在 Thumb 状态下,r15 的 bit[0]为 0,而 r15 的 bit[31:1]含有程序计数值。

除了上述 r14 和 r15 有专门的用途外,r13 习惯上用作堆栈指针（SP）。

在特权方式,另一个寄存器,即保留程序状态寄存器（SPSR）是可用的。SPSR 寄存器含有作为异常结果的条件码标志和方式位,而由这个异常引起进入到当前方式。

分组寄存器是分别的物理寄存器,在处理器核内。分组寄存器映射为可用寄存器依赖于当前处理器的操作方式。在操作方式改变时,分组寄存器的内容受到保护。

FIQ 方式有 7 个分组寄存器,映射到 r8~r14(r8_fiq~r14_fiq)。

在 IRQ、supervisor、abort 和未定义方式,每种方式有两个分组寄存器映射到 r13 和 r14,允许每种方式有自己的 SP 和 LR。

系统方式与用户方式共用相同的寄存器。

2. 在 Thumb 状态下的寄存器组

在 Thumb 状态下的寄存器组如图 2-7 所示。

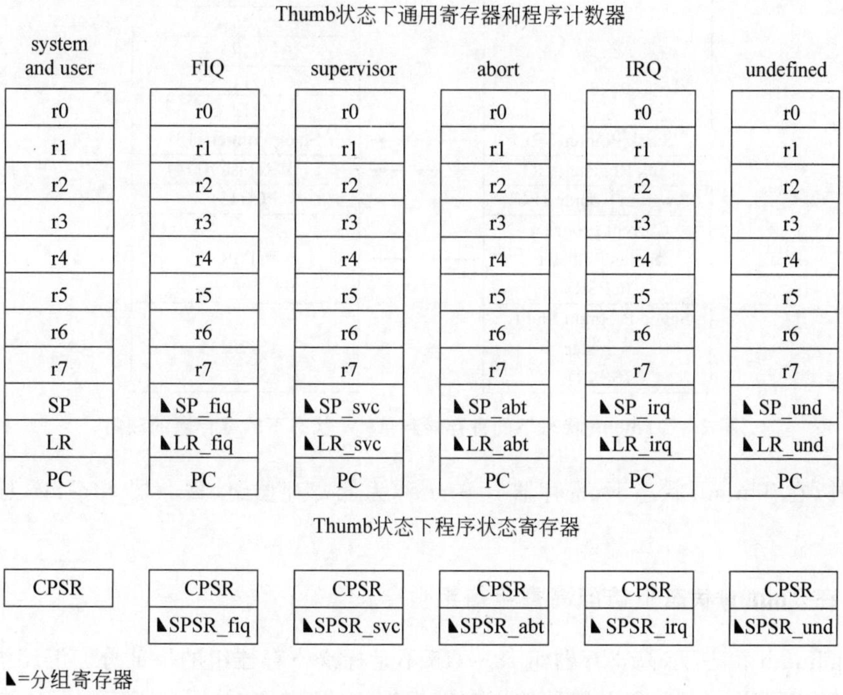

Thumb状态下通用寄存器和程序计数器

system and user	FIQ	supervisor	abort	IRQ	undefined
r0	r0	r0	r0	r0	r0
r1	r1	r1	r1	r1	r1
r2	r2	r2	r2	r2	r2
r3	r3	r3	r3	r3	r3
r4	r4	r4	r4	r4	r4
r5	r5	r5	r5	r5	r5
r6	r6	r6	r6	r6	r6
r7	r7	r7	r7	r7	r7
SP	◣SP_fiq	◣SP_svc	◣SP_abt	◣SP_irq	◣SP_und
LR	◣LR_fiq	◣LR_svc	◣LR_abt	◣LR_irq	◣LR_und
PC	PC	PC	PC	PC	PC

Thumb状态下程序状态寄存器

CPSR	CPSR	CPSR	CPSR	CPSR	CPSR
	◣SPSR_fiq	◣SPSR_svc	◣SPSR_abt	◣SPSR_irq	◣SPSR_und

◣=分组寄存器

图 2-7　在 Thumb 状态下的寄存器组

在 Thumb 状态下的寄存器组是在 ARM 状态下的寄存器组的一个子集。程序员可以存取 8 个通用寄存器 r0~r7,以及 PC、SP 和 LR。

每一种特权方式都有自己的分组寄存器 SP、LR 和 SPSR。

3. 在 ARM 状态下和在 Thumb 状态下寄存器之间的关系

在 Thumb 状态下的寄存器与在 ARM 状态下寄存器的关系,遵守以下规定:

(1) Thumb 状态下的 r0~r7 与 ARM 状态下的 r0~r7 是相同的;

(2) Thumb 状态下的 CPSR 和 SPSR 与 ARM 状态下的 CPSR 和 SPSR 是相同的;

(3) Thumb 状态下的 SP 映射到 ARM 状态下的 r13;

(4) Thumb 状态下的 LR 映射到 ARM 状态下的 r14;

(5) Thumb 状态下的 PC 映射到 ARM 状态下的 PC(r15)。

上述关系用图 2-8 表示。

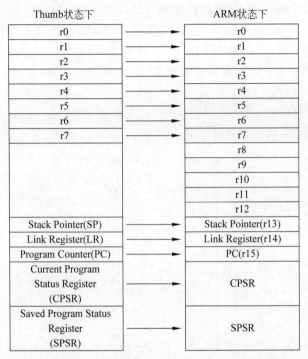

图 2-8　Thumb 状态下的寄存器到 ARM 状态下的寄存器的映射

另外,在 Thumb 状态下,寄存器 r0~r7 称为低寄存器组,寄存器 r8~r15 称为高寄存器组。

4. 在 Thumb 状态下访问高寄存器组

在 Thumb 状态下,高寄存器组 r8~r15 不是标准寄存器组的一部分。汇编语言程序员访问它们受到了限制,但是能够使用它们作为快速暂时存储器。程序员可以使用专门的 MOV、CMP 和 ADD 指令,其中 MOV 指令,可以从范围在 r0~r7 的低寄存器组传送一个值到高寄存器组;或从高寄存器组传送一个值到低寄存器组。CMP 指令允许比较高低两个寄存器组中的寄存器的值。ADD 指令允许将高寄存器组中寄存器的值与低寄存器组中寄存器的值相加。MOV、CMP 和 ADD 指令也允许使用的两个寄存器都在高寄存器组中。

2.4.5　程序状态寄存器

ARM920T 处理器包含一个当前程序状态寄存器(CPSR)和 5 个用于异常处理的保留程序状态寄存器(SPSR)。这些程序状态寄存器有以下功能:

(1) 保存最近执行过的 ALU 操作的信息;

(2) 控制允许或禁止中断;

(3) 设置处理器操作方式。

程序状态寄存器每一位含义表示在图 2-9 中。

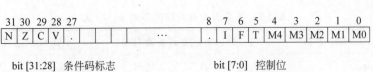

bit [31:28]　条件码标志　　　　　　bit [7:0]　控制位
　　bit [31] N　负或低于　　　　　　　　bit [7]　IRQ 禁止
　　bit [30] Z　零　　　　　　　　　　　bit [6]　FIQ 禁止
　　bit [29] C　进位/借位/扩展　　　　　bit [5]　状态位
　　bit [28] V　溢出　　　　　　　　　　bit [4:0]　方式位
bit [27:8]　保留

图 2-9　程序状态寄存器格式

在图 2-9 中，bit[27:8]是保留位，为了保持与后续 ARM 处理器的兼容，必须不改变任何保留位的值。当需要改变 CPSR 时，可以采用的一种方法是读出 CPSR 内容，只修改需要修改的那些位，然后再写回 CPSR。

1. 条件码标志

N、Z、C 和 V 位是条件码标志，可以由算术和逻辑操作设置这些位，也可以通过 MSR 和 LDM 指令设置这些位。ARM920T 处理器测试这些标志用于确定是否执行一条指令。

在 ARM 状态下，所有的指令能够有条件地执行。在 Thumb 状态下，只有分支指令能够有条件地执行。

2. 控制位

程序状态寄存器的最低 8 位统称控制位。它们是：

- 中断禁止位；
- T 状态位；
- 方式位。

当异常出现时，控制位改变。当处理器在特权方式操作时，软件能够操作这些位。

1) 中断禁止位

I 和 F 位是中断禁止位：

(1) 当 I 位被置 1 时，IRQ 中断被禁止；当 I 位被清 0 时，IRQ 中断被允许。

(2) 当 F 位被置 1 时，FIQ 中断被禁止；当 F 位被清 0 时，FIQ 中断被允许。

2) T 位

T 位反映了处理器当前所处的操作状态：

(1) 当 T 位被置 1 时，处理器在 Thumb 状态执行；

(2) 当 T 位被清 0 时，处理器在 ARM 状态执行。

需要注意的是，绝不能使用 MSR 指令去强制改变在 CPSR 中的 T 位的状态，如果这样做了，处理器会进入不可预知的状态。

3) 方式位

M[4:0]确定处理器的操作方式，如表 2-3 所示。

表 2-3　不同方式位对应的不同操作方式

M[4:0]	mode（方式）	Thumb 状态可见寄存器	ARM 状态可见寄存器
10000	user（用户）	r0～r7、SP、LR、PC、CPSR	r0～r14、PC、CPSR
10001	FIQ（快速中断请求）	r0～r7、SP_fiq、LR_fiq、PC、CPSR、SPSR_fiq	r0～r7、r8_fiq 到 r14_fiq、PC、CPSR、SPSR_fiq
10010	IRQ（中断请求）	r0～r7、SP_irq、LR_irq、PC、CPSR、SPSR_irq	r0～r12、r13_irq、r14_irq、PC、CPSR、SPSR_irq
10011	supervisor（管理）（reset 或 SWI）	r0～r7、SP_svc、LR_svc、PC、CPSR、SPSR_svc	r0～r12、r13_svc、r14_svc、PC、CPSR、SPSR_svc
10111	abort（中止）	r0～r7、SP_abt、LR_abt、PC、CPSR、SPSR_abt	r0～r12、r13_abt、r14_abt、PC、CPSR、SPSR_abt
11011	undefined（未定义）	r0～r7、SP_und、LR_und、PC、CPSR、SPSR_und	r0～r12、r13_und、r14_und、PC、CPSR、SPSR_und
11111	system（系统）	r0～r7、SP、LR、PC、CPSR	r0～r14、PC、CPSR

不是所有方式位的组合都用来定义合法的处理器操作方式，仅使用了方式位组合中的一部分。

如果编程使一个非法的值进入 M[4:0]，会引起处理器进入一个不可恢复的状态，如果出现这种情况，只能重新启动。

3. 保留位

在 CPSR 和 SPSR 中，保留位没有用处，仅用于保留。当改变 CPSR 或 SPSR 标志位或控制位时，要确认这些保留位没有被改变。同样要确认程序不依赖保留位所含的专门值，因为后续处理器可能将这些位置 1 或清 0。

2.4.6　异常

异常出现在程序正常的流动被暂时停止时。例如，对从一个外部设备来的中断进行服务。对异常处理前，ARM920T 处理器保留当前处理器的状态，使得异常处理例程结束时能够返回原来的程序。

如果两个或多个异常同时发生，那么以固定的次序处理异常。

1. 异常进入和退出

表 2-4 汇总了异常进入时保存在 r14 中的 PC 值和退出异常处理时推荐使用的返回指令。

2. 进入异常

ARM920T 处理器处理异常的方法如下。

（1）在对应的 LR 中保存下一条指令的地址。

异常处理不必确定进入异常前的状态。如由 SWI 进入异常，MOVS PC，r14_svc 总是返回到下一条指令，而不管 SWI 是在 ARM 或 Thumb 状态下被执行而进入异常的。

表 2-4　异常进入和退出

异常或进入	返 回 指 令	先前的状态	
		ARM r14_x	Thumb r14_x
BL	MOV PC,r14	PC+4	PC+2
SWI	MOVS PC,r14_svc	PC+4	PC+2
UDEF	MOVS PC,r14_und	PC+4	PC+2
PABT	SUBS PC,r14_abt,#4	PC+4	PC+4
FIQ	SUBS PC,r14_fiq,#4	PC+4	PC+4
IRQ	SUBS PC,r14_irq,#4	PC+4	PC+4
DABT	SUBS PC,r14_abt,#8	PC+8	PC+8
RESET	无	—	—

（2）复制 CPSR 到对应的 SPSR。

（3）强制 CPSR 方式位成为某一个值,这个值取决于不同的异常。

（4）强制 PC 从相关的异常向量处取下一条指令。

处理器也能够设置中断禁止标志,阻止未受到管理的异常嵌套。

异常总是进入到 ARM 状态。当处理器在 Thumb 状态并且有异常出现时,在异常向量地址被装入到 PC 时,处理器自动转换到 ARM 状态。进入异常处理程序后,异常处理程序可以从 ARM 状态使用 BX 指令转换到 Thumb 状态,但是在退出异常处理程序前,它必须返回到 ARM 状态,使得异常处理程序能够正确地终止。

3. 离开异常

当异常处理完时,异常处理程序必须:

（1）参考表 2-4,对应不同类型的异常,直接传送 LR 到 PC 或从 LR 中减去一个偏移量送到 PC;

（2）复制 SPSR 到 CPSR;

（3）清除在进入异常时被设置的中断禁止标志。

将 SPSR 值恢复到 CPSR 的同时也自动地将 T 位的值恢复成进入异常前的值。

4. 快速中断请求

快速中断请求(FIQ)异常支持数据传输或通道处理。在 ARM 状态,FIQ 方式有 8 个分组寄存器,使用它们可以免除保存寄存器的要求。这是上下文切换最小开销的一种方法。

无论异常是从 ARM 状态或 Thumb 状态进入,FIQ 处理程序从中断返回是通过执行:

```
SUBS PC,r14_fiq,#4
```

指令来实现的。

FIQ 异常能够被禁止,方法是在特权方式时设置 CPSR 的 F 标志位为 1。当 F 标志位为 0 时,ARM920T 在每条指令结束检测 FIQ 同步器输出是否为低电平。

5. 中断请求

中断请求(IRQ)异常是由一个通常的中断请求引起的,IRQ 优先级比 FIQ 低,并且在进入 FIQ 时被屏蔽。

无论异常从 ARM 状态或 Thumb 状态进入,IRQ 处理程序从中断返回是通过执行:

```
SUBS PC,r14_irq,#4
```

指令来实现的。

在任意时刻可以禁止 IRQ,方法是在特权方式时设置 CPSR 中 I 标志位为 1。

6. 中止

1) 中止一般介绍

中止指示当前存储器存取不能被完成。中止是通过 ARM920T 核外部 ABORT 输入来标识的。ARM920T 在存储器存取周期检测中止异常。

中止机制允许请求页虚拟存储器系统(Demand_paged Virtual Memory System)的实现。在这样的系统中,允许处理器产生任意的地址。当数据所在的地址是不可用的地址时,存储器管理单元(Memory Management Unit,MMU)产生一个中止。

中止处理程序必须:

(1) 确定中止原因,使请求的数据可用。

(2) 用 LDR Rn,[r14_abt,♯-8]指令,取回引起中止的指令,确定那条指令是否指定了回写基址寄存器,如果是这样,中止处理程序还必须:

- 从这条指令确定对基址寄存器回写的偏移量是多少;
- 当中止处理程序返回时,使用相反的偏移量重装到基址寄存器。

2) 两种类型的中止

中止包括预取中止和数据中止两种类型,预取中止发生在指令预取期间,数据中止发生在数据存取期间。

(1) 预取中止:当预取中止出现时,ARM920T 标记预取的指令为非法,但是直到该指令在流水线中达到执行阶段前不发生异常。如果指令没有被执行,如由于它的条件码不成立或者指令在流水线中而此时一个分支出现,异常不会发生。

无论什么原因的中止异常发生后,不论处理器处于哪一种操作状态,处理程序执行如下指令:

```
SUBS PC,r14_abt,#4
```

上述指令的作用是恢复 PC 和 CPSR,重试被中止的指令。

(2) 数据中止：当数据中止出现时,发生的操作取决于指令类型。

- 对于 LDR 和 STR 指令,指令中如果指定了回写基址寄存器,中止处理程序必须注意到这一点。

在装入指令的情况下,ARM920T 阻止用装入数据覆盖目的寄存器。

- 对于 SWP 指令,指令被中止好像指令没有被执行过一样;
- 对于数据块传送指令(LDM 和 STM),如果指定了回写,基址寄存器被修改。

如果基址寄存器在传送列表中,基址寄存器已经由装入数据覆盖,这时识别出中止,那么基址寄存器被恢复成原值。ARM920T 在中止被识别以后,阻止用装入数据覆盖所有的寄存器。

另外,LDM 指令中 r15 被保护。

在修复中止引起的原因后,处理程序必须执行如下返回指令,而不用关心处理器在进入中止时的操作状态：

```
SUBS PC,r14_abt,#8
```

指令的作用是恢复 PC 和 CPSR,并且重试被中止的指令。

7. 软件中断指令

软件中断指令(SWI)用于进入管理方式,一般用于请求一个特殊的管理功能。SWI 处理程序读 SWI 指令低 24 位(取出 SWI 功能号),SWI 功能号也称为中断类型号。

SWI 处理程序执行以下指令返回,并不区别处理器的操作状态：

```
MOVS PC,r14_svc
```

指令的作用是恢复 PC 和 CPSR,返回到 SWI 指令的下一条指令。

8. 未定义指令

当 ARM920T 遇到一条指令,这条指令既不是 ARM920T 的指令,也不是系统内任何协处理器能处理的指令,ARM920T 产生未定义指令陷阱。软件能够用这一机制通过仿真未定义的协处理器指令去扩展 ARM 指令集。

从陷阱处理程序返回,不区别处理器的操作状态,执行如下指令：

```
MOVS PC,r14_und
```

这条指令的作用是恢复 CPSR 并且返回到未定义指令的下一条指令。

9. 异常向量

表 2-5 给出了异常向量地址。表中 I 和 F 分别表示 CPSR 中的 IRQ 和 FIQ 中断禁止位先前的值。

表 2-5　异常向量地址表

地　　址	异　　常	入口方式	入口 I 状态	入口 F 状态
0x00000000	reset(复位)	supervisor	置 1	置 1
0x00000004	undefined instruction(未定义指令)	undefined	置 1	不变
0x00000008	software interrupt(软件中断)	supervisor	置 1	不变
0x0000000C	prefetch abort(预取中止)	abort	置 1	不变
0x00000010	data abort(数据中止)	abort	置 1	不变
0x00000014	reserved(保留)	reserved	—	—
0x00000018	IRQ(中断请求)	IRQ	置 1	不变
0x0000001C	FIQ(快速中断请求)	FIQ	置 1	置 1

10. 异常优先级

当多个异常同时发生,固定的优先级系统确定了它们被处理的次序,优先级次序见表 2-6。

表 2-6　异常优先级次序

优先级	异　　常
最高	reset(复位)
次之	data abort(数据中止)
次之	FIQ(快速中断请求)
次之	IRQ(中断请求)
次之	prefetch abort(指令预取中止)
最低	undefined instruction and SWI(未定义指令和软件中断)

有一些异常不能同时出现:

(1) 未定义指令和 SWI 异常是相互排斥的。

(2) 当 FIQ 被允许,而一个数据中止与一个 FIQ 同时出现时,ARM920T 处理器进入数据中止处理程序,然后处理器的处理过程立即转到 FIQ 向量。

从 FIQ 返回引起数据中止处理程序重新开始执行。

数据中止必须比 FIQ 有更高的优先级,以便确保传输错误不会漏掉检测。

2.4.7　中断延迟

1. 最大中断延迟

当 FIQ 被允许,对 FIQ 最坏情况下的延迟包含如下组合。

(1) Tsyncmax:表示请求通过同步器最长时间,为 3 个处理器周期。

（2）Tidm：表示最长的指令执行完成时间，花费时间最长的指令是 LDM 指令，当 LDM 指令要装入包括 PC 在内的全部寄存器时，在零等待状态系统中为 20 个处理器周期。

（3）Texc：表示数据中止进入时间，为 3 个处理器周期。

（4）Tfiq：表示 FIQ 进入时间，为 2 个处理器周期。

因此全部延迟为 28 个处理器周期，经过这段时间，处理器执行在 0x1C 中的指令。

最大 IRQ 延迟计算是相同的，但是必须允许这样一个事实，即有更高优先级的 FIQ，能够延迟较低级别的 IRQ 进入处理例程的时间，而这个时间长度是一个任意长度的时间（取决于更高优先级 FIQ 例程的执行时间）。

2. 最小中断延迟

对 FIQ 或 IRQ 最小延迟是请求通过同步器最短时间 Tsyncmin 和 FIQ 进入时间 Tfiq，加起来为 4 个处理器周期。

2.4.8　复位

当 nRESET 信号变低，复位（reset）出现，ARM920T 放弃正在执行的指令。

当 nRESET 变为高电平，ARM920T：

（1）分别复制当前的 PC 和 CPSR 值到 r14_svc 和 SPSR_svc。

（2）强制 CPSR 中的 M[4:0]为 10011b，即管理方式，设置 I 和 F 位为 1，禁止中断和快速中断，清除 T 位。

（3）强制 PC 从地址 0x00 装入下一条指令。

（4）在 ARM 状态开始执行。

2.5　本章小结

本章是本书的基础，后续章节多处都使用到本章相关的内容，因此要求读者掌握 S3C2410A 微处理器的组成；掌握各引脚信号的含义，了解 ARM920T 核的组成与包含的功能模块；掌握 ARM920T 指令系统的特点，熟练掌握 ARM920T 的程序员模型中介绍到的处理器操作状态、存储器格式、数据类型、处理器操作方式、通用寄存器、程序状态寄存器、异常、中断和复位等概念和知识。

2.6　习　　题

（1）S3C2410A AHB 总线上连接了哪些控制器？APB 总线上连接了哪些部件？

（2）S3C2410A 中使用的 CPU 内核是哪个公司的产品？什么型号？

（3）S3C2410A 中的存储器控制器可以支持哪些类型的存储器芯片？

（4）S3C2410A 中 LCD 控制器使用什么存储器作为显示存储器？

　　(5) 4 通道 DMA 支持存储器到存储器的数据传输吗? 支持 I/O 到 I/O 的数据传输吗? 支持 I/O 到存储器的数据传输吗?

　　(6) 简述 AHB、APB 总线的含义。

　　(7) S3C2410A 主时钟频率最高达到多少?

　　(8) S3C2410A 内有几通道 A/D 转换器? 转换器是多少位的?

　　(9) S3C2410A 支持多少个中断源? 支持多少个外部中断源?

　　(10) S3C2410A 存储器寻址空间有多大? 每个 bank 空间有多大? 支持几个 banks?

　　(11) S3C2410A 微处理器支持几种数据总线宽度? bank0 和其他 banks 各支持几种数据总线宽度?

　　(12) S3C2410A 支持存储器与 I/O 地址统一编址,还是独立编址?

　　(13) 特殊功能寄存器已经集成在 S3C2410A 片内了,还是需要在片外另加存储器芯片?

　　(14) ARM920T 核使用了几级流水线结构?

　　(15) 指令和数据(Cache)是分开的,还是共用的? 容量是多少?

　　(16) ARM920T 有几种指令集? 各有什么特点?

　　(17) ARM920T 有几种操作状态? 如何转换? 每种状态各有什么特点?

　　(18) 简述存储器格式中大端、小端格式有何不同。

　　(19) ARM920T 支持哪几种数据类型?

　　(20) ARM920T 支持几种操作方式?

　　(21) 特权方式包含哪几种操作方式?

　　(22) ARM 状态下不同的操作方式分别可以使用哪些寄存器? Thumb 状态下不同的操作方式分别可以使用哪些寄存器?

　　(23) 简述 LR、PC、SPSR、CPSR 和 SP 寄存器的用法。

　　(24) 什么叫高寄存器组? 什么叫低寄存器组?

　　(25) 简述程序状态寄存器的格式和每一位的含义。

　　(26) 简述异常进入和退出需要做哪些处理。

　　(27) 简述中止(abort)的一般含义。

　　(28) 简述未定义指令的用途。

　　(29) 说出各异常优先级的次序。

　　(30) 说出各异常向量的地址。

　　(31) S3C2410A 有多少个引脚? 内核使用电压是多少伏? S3C2410A 片内的存储器和 I/O 使用的电压是多少伏?

　　(32) S3C2410A Nand Flash 控制器支持从 Nand Flash 引导系统吗?

　　(33) S3C2410A LCD 控制器支持哪两种不同类型的液晶显示器?

　　(34) S3C2410A 支持 USB 主控制器吗? 支持 USB 设备控制器吗?

第 3 章

ARM920T 指令系统

本章主要内容如下：

（1）ARM 指令集概述，介绍 ARM 指令集全部指令编码及条件域；

（2）ARM 指令，讲述 ARM 指令的编码格式、指令含义、汇编格式和使用举例。

S3C2410A 嵌入式微处理器片内使用了 ARM920T 内核，因此 S3C2410A 使用 ARM920T 所支持的指令系统。ARM920T 指令系统的指令集结构版本为 v4T，ARM920T 指令系统含有 v4T 以上指令集结构版本的基础指令，在 v4T 以上指令集结构版本的微处理器中都可以运行。

ARM920T 是典型的 RISC 处理器，它实现了装入/存储结构，只有装入/存储指令才能访问存储器（内存储器）。而数据处理指令仅仅对寄存器内容进行操作。

ARM920T 处理器支持 32 位寻址空间。

ARM920T 支持指令长度为 32 位的 ARM 指令集和指令长度为 16 位的 Thumb 指令集。从功能上讲，Thumb 指令集是 ARM 指令集主要部分的一个子集。

当处理器正在执行 Thumb 指令时，称为处理器在 Thumb 状态操作。

当处理器正在执行 ARM 指令时，称为处理器在 ARM 状态操作。

ARM920T 处理器总是从 ARM 状态开始，必须用 BX 指令明确地转换到 Thumb 状态。

程序计数器 PC 也称为 R15 寄存器，在 ARM 状态，对每条指令以 1 个字（4 字节）作为地址增量；在 Thumb 状态，以 2 字节作为地址增量。

本章对 ARM 指令集中的每条指令给予详细描述。本章不去描述 Thumb 指令，有兴趣的读者可以参见参考文献[1]。

3.1 ARM 指令集概述

3.1.1 ARM 指令集概述

所有 ARM 指令长度均为 32 位，在存储器中以字边界对齐存储。因此在 ARM 状态，指令地址的最低 2 位总是为 0，即 bit[1:0]＝00。所有的 ARM 指令，指令中凡涉及程序地址操作数的,最低2位均被忽略,只有BX指令除外。BX指令用最低位确定分支处的代码,如果 bit[0]=1,则分支到 Thumb 代码;如果 bit[0]=0,则分支到 ARM 代码。

1. ARM 指令分组

ARM 指令从功能上能被分成以下6组。

1) 分支指令

分支指令,也称为转移或跳转指令,可以向小地址方向分支形成一个循环;可以向大地址方向分支,根据 CPSR 中不同的条件码标志分支到不同的程序流;可以分支到子程序;可以通过分支把处理器从 ARM 状态转换到 Thumb 状态。

2) 数据处理指令

这些指令对通用寄存器中的数据进行操作,不允许使用存储器操作数。通常对2个寄存器,执行像加、减或按位的某种逻辑操作,将结果存入第3个寄存器。

长乘指令将2个32位数相乘,结果为64位,保存在2个寄存器中。

3) 状态寄存器访问指令

这些指令把 CPSR 或某个 SPSR 的内容送到通用寄存器,或者把通用寄存器的内容送到 CPSR 或某个 SPSR。

4) 单个寄存器装入或存储指令

这些指令能够:

- 从存储器装入一个字数据到寄存器,或保存寄存器的值到存储器;
- 从存储器装入一字节数据到寄存器 bit[7:0],或保存寄存器 bit[7:0]的值到存储器;
- 从存储器装入一个半字数据到寄存器 bit[15:0],或保存寄存器 bit[15:0]的值到存储器;
- 带符号扩展的字节/半字装入,字节或半字数据从存储器装入寄存器 bit[7:0]或 bit[15:0],高位用符号位扩展。

另外,存储器与寄存器数据交换指令可以在存储器和寄存器之间交换字节或字数据。

5) 块数据装入或存储指令

这些指令从存储器装入数据到通用寄存器组的部分或全部寄存器,或保存通用寄存器组的部分或全部寄存器的内容到存储器。

6) 协处理器指令

协处理器指令支持一种通用的扩展 ARM 结构的方法。支持存储器与协处理器寄存器之间数据的传输;支持 ARM 寄存器与协处理器寄存器之间数据的传输;支持指定协处理器内部执行某种操作。如果不存在协处理器,将产生未定义指令异常中断,由未定义指令陷阱来仿真协处理器指令的执行。

2. ARM 指令的能力

以下介绍 ARM 指令的主要能力,详细内容见 3.2 节。

1）条件执行

所有 ARM 指令均可以在指令操作码助记符后，跟随一个条件码助记符后缀，依据 CPSR 中的条件码标志，有条件地被执行，而不需要使用分支指令实现条件分支。

数据处理指令可以指定设置或不设置 CPSR 中的条件码标志。

2）寄存器访问

在 ARM 状态，所有指令能够存取 R0～R14，大部分指令也允许存取 R15(PC)。MRS 和 MSR 指令能够传送 CPSR 或 SPSR 的内容到通用寄存器，在通用寄存器中通过使用通常的数据处理指令，对它们进行操作，然后可以再写回到 CPSR 或 SPSR 中。

3）在线式桶形移位器(barrel shifter)的访问

ARM 结构的逻辑单元有一个 32 位的桶形移位器，它有能力进行一般移位和循环移位。详见 3.2.3 节和 3.2.7 节。

3.1.2 ARM 指令集全部指令编码及条件域简介

1. ARM 指令集全部指令编码格式

ARM 指令集全部指令编码格式见图 3-1。

31 28 27 26 25 24 21 20 19 16 15 12 11 8 7 4 3 0

Cond	0	0	I	OpCode	S	Rn	Rd	Operand2	注1																	
Cond	0	0	0	0	0	0	A	S	Rd	Rn	Rs	1	0	0	1	Rm	注2									
Cond	0	0	0	0	1	U	A	S	RdHi	RdLo	Rs	1	0	0	1	Rm	注3									
Cond	0	0	0	1	0	B	0	0	Rn	Rd	0	0	0	0	1	0	0	1	Rm	注4						
Cond	0	0	0	1	0	0	1	0	1	1	1	1	1	1	1	1	1	1	1	1	0	0	0	1	Rn	注5
Cond	0	0	0	P	U	0	W	L	Rn	Rd	0	0	0	0	1	S	H	1	Rm	注6						
Cond	0	0	0	P	U	1	W	L	Rn	Rd	Offset	1	S	H	1	Offset	注7									
Cond	0	1	1	P	U	B	W	L	Rn	Rd	Offset	注8														
Cond	0	1	1		1		注9																			
Cond	1	0	0	P	U	S	W	L	Rn	Register List	注10															
Cond	1	0	1	L	Offset	注11																				
Cond	1	1	0	P	U	N	W	L	Rn	CRd	CP#	Offset	注12													
Cond	1	1	1	0	CP Opc	CRn	CRd	CP#	CP	0	CRm	注13														
Cond	1	1	1	0	CP Opc	L	CRn	Rd	CP#	CP	1	CRm	注14													
Cond	1	1	1	1	Ignored by processor	注15																				

图 3-1 ARM 指令集全部指令编码格式

图 3-1 中注 1～注 15 对应指令名称如下。

注 1：数据处理/程序状态寄存器传送指令；

注 2：乘、乘累加指令；

注 3：长乘、长乘累加指令；

注 4：单个数据交换指令；

注5：分支并且转换状态指令；

注6：半字、带符号字节/半字传送指令（寄存器偏移量）；

注7：半字、带符号字节/半字传送指令（立即数偏移量）；

注8：单个数据传送指令；

注9：未定义指令；

注10：块数据传送指令；

注11：分支、分支并且连接指令；

注12：协处理器数据传送指令；

注13：协处理器数据操作指令；

注14：协处理器寄存器传送指令；

注15：软件中断指令。

由图 3-1 可知，全部指令均为等长的 32 位，因此在存储器保存一条指令占 4 字节空间，保存指令的地址必须以字（4 字节）边界对齐。由于采用了 RISC 结构，指令编码较为简单。除条件域外，指令中各个域的含义在 3.2 节中讲述。

2. 指令编码中的条件域

参见图 3-1，指令编码格式中的 bit[31:28] 称为条件域。在 ARM 状态，所有指令都要根据 CPSR 中的条件码标志（简称标志位）和指令中条件域指定的内容，有条件地执行。指令中条件域 bit[31:28] 确定在哪一种情况下这条指令被执行。如果 C、N、Z 和 V 标志的状态满足指令中条件域编码要求，指令被执行；否则指令被忽略。

有 15 种可能的条件，每一种由 2 个字符代替，称为条件码助记符后缀（简称条件码助记符），可以附加在指令助记符后，如表 3-1 所示。

表 3-1　条件域编码与助记符后缀对应关系和含义

指令 bit[31:28]	助记符后缀	CPSR 中的条件码标志	含　　义
0000	EQ	Z=1	相等
0001	NE	Z=0	不等
0010	CS/HS	C=1	无符号数高于或等于
0011	CC/LO	C=0	无符号数低于
0100	MI	N=1	负
0101	PL	N=0	正或 0
0110	VS	V=1	溢出
0111	VC	V=0	不溢出
1000	HI	C=1 并且 Z=0	无符号数高于
1001	LS	C=0 或 Z=1	无符号数低于或等于
1010	GE	N=V	带符号数大于或等于

指令 bit[31:28]	助记符后缀	CPSR 中的条件码标志	含　义
1011	LT	N<>V	带符号数小于
1100	GT	Z=0 并且(N=V)	带符号数大于
1101	LE	Z=1 或(N<>V)	带符号数小于或等于
1110	AL	忽略	总是执行

例如,分支指令 B 如果附加条件码助记符后缀 EQ,写作 BEQ,表示相等时(即 Z=1)这条指令才执行;如果 Z<>1,则这条指令不被执行,指令被忽略。

表 3-1 中 bit[31:28]代码为 1111 的情况没有使用,保留。表中代码为 1110 的,对应后缀为 AL,AL 可以在指令中出现,也可以不出现,两种情况都表示这条指令无条件地被执行,如指令 B 和 BAL 都表示无条件地执行指令。

3.2　ARM 指　令

本节按指令的编码格式划分,讲述 ARM 指令集中各指令的编码格式、指令含义、指令汇编格式和使用举例。本节仅对编码格式较为复杂的指令,以图示的方式给出编码格式。另外在讲述协处理器指令前,对协处理器进行简单介绍。

指令编码格式中的 bit[31:28]为条件域。所有指令都要根据 CPSR 中的条件码标志和指令中的条件域指定的内容,有条件地执行。为简单起见,以下介绍各指令时不再重复这部分内容。

3.2.1　分支并且转换状态指令(BX)

分支并且转换状态指令(BX),在指令中指定了一个 Rn 寄存器,将 Rn 内容复制到 PC,同时使 PC[0]=0。如果 Rn[0]=1,将处理器状态转换成 Thumb 状态,把目标地址处的代码解释为 Thumb 代码;如果 Rn[0]=0,将处理器状态转换成 ARM 状态,把目标地址处的代码解释为 ARM 代码。

1. 指令含义

通过复制一个通用寄存器 Rn 的内容到程序计数器 PC,指令实现分支功能。这条指令也允许处理器状态被转换。

2. 指令汇编格式

指令汇编格式如下:

BX{cond} Rn

其中:

{cond}　　　　表示两个字符的条件码助记符,详见表 3-1。

Rn　　　　　表示合法的寄存器编号。Rn 的内容为分支目的地址。其中 bit[0]用于
　　　　　　指示后续指令为 ARM 或 Thumb 指令。

应避免使用 R15 作为操作数 Rn,如果需要这样做,可以使用 MOV PC,PC 或 ADD PC,PC,♯0 指令。

3. 使用举例

【例 3.1】　处理器从执行 ARM 指令代码处分支到标号为 Goto_THUMB 处,并且执行 Thumb 指令代码,然后又返回到 Back_ARM 处,执行 ARM 指令代码。

```
;假定处理器当前正在执行 ARM 指令
    ADR R1,Goto_THUMB+1           ;将分支目标地址送 R1,使 R1 的 bit[0]=1
    BX R1                         ;分支并且转换为 Thumb 状态
    ⋮
    CODE16                        ;汇编以下代码为 Thumb 指令
Goto_THUMB                        ;分支目标地址标号
    ⋮                            ;Thumb 指令代码
    ADR R2,Back_ARM               ;将分支目标地址送 R2,并且 R2 的 bit[0]=0
    BX R2                         ;分支且转换为 ARM 状态
    ⋮
    ALIGN                         ;字对齐
    CODE32                        ;汇编以下代码为 ARM 指令
Back_ARM                          ;分支目标地址标号
    ⋮                            ;ARM 指令代码
```

3.2.2　分支、分支并且连接指令(B、BL)

分支指令(B)使程序分支(转移)到确定的地址处执行程序。

分支并且连接指令(BL)除了使程序分支(转移)到确定的地址处执行程序外,还要保存返回地址到 LR 寄存器,即把 BL 指令的下一条指令的地址送 LR。

上述两条指令,只允许分支到 ARM 指令代码处,不允许分支到 Thumb 指令代码处。

1. 指令含义

对于分支指令(B),指令能在±32MB 地址范围内实现分支。

对于分支并且连接指令(BL),执行指令会将 PC 值写入当前寄存器组的连接寄存器 R14,写入的 PC 值是经过调整的、跟在分支并且连接指令后的指令的地址,同时 R14 的 bit[1:0]被清 0。

使用分支并且连接指令(BL)可以调用一个子程序,为了从子程序返回,如果 R14 (LR)在子程序中没有被修改,可以使用 MOV PC,R14 指令实现返回。

2. 指令汇编格式

指令汇编格式如下：

```
B{L}{cond} <expression>
```

其中：

{L}　　　　　　　出现 L 表示分支并且连接指令，不出现 L 表示分支指令。

{cond}　　　　　条件码助记符。

＜expression＞　目标地址，由汇编器计算偏移量。

3. 使用举例

【例 3.2】　使用分支指令使部分代码循环 5 次。

```
        MOV    R0,#5                 ;R0 值为 5
Loop1
        SUBS   R0,#1                 ;R0 减 1 送 R0,设置标志位
        BNE    Loop1                 ;条件执行,不为 0 则分支到标号 Loop1 处
```

【例 3.3】　使用分支并且连接指令调用不同的子程序。

```
CMP     R0,#0                        ;比较,设置标志位
BLEQ    SUBEQPROG                    ;相等,则调用 SUBEQPROG
BLGT    SUBGTPROG                    ;大于,则调用 SUBGTPROG
BL      SUBLTPROG                    ;小于,则调用 SUBLTPROG
```

3.2.3　数据处理指令

ARM 数据处理指令可以分为 3 类：数据传送指令（如 MOV 和 MVN）、算术逻辑操作指令（如 ADD、SUB 或 AND 等）和比较指令（如 CMP 和 TST 等）。

数据处理指令只能对寄存器的内容进行操作，不允许对存储器中的数据进行操作，也不允许指令直接使用存储器的数据或在寄存器与存储器之间传送数据。

对于数据传送指令 MOV 和 MVN，指令中指定的目的寄存器的内容被覆盖，如果目的寄存器指定了 PC，如 MOV PC,R14，则可以实现程序的转移。

数据传送指令可以实现寄存器到寄存器，立即数到寄存器的传送。

算术逻辑操作指令通常对指定的两个寄存器（或 1 个寄存器、1 个立即数）进行操作，结果存到第 3 个寄存器，允许选择修改或不修改 CPSR 中的条件码标志。

比较指令 TEQ、TST、CMP 和 CMN，通常对指定的两个寄存器（或 1 个寄存器、1 个立即数）进行比较，比较结果不保存到寄存器，只影响 CPSR 中的条件码标志。

上述指令通常允许对指定的操作数进行移位操作。

1. 指令编码格式

数据处理指令编码格式见图 3-2。

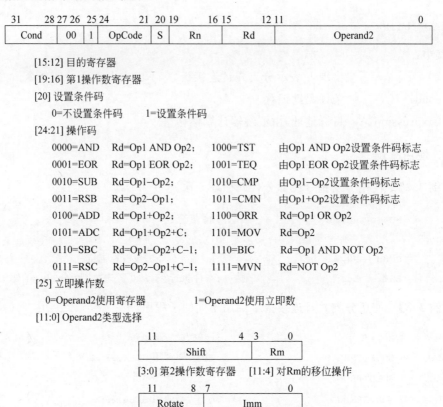

[15:12] 目的寄存器

[19:16] 第1操作数寄存器

[20] 设置条件码

　　0=不设置条件码　　　　1=设置条件码

[24:21] 操作码

0000=AND	Rd=Op1 AND Op2;	1000=TST	由Op1 AND Op2设置条件码标志
0001=EOR	Rd=Op1 EOR Op2;	1001=TEQ	由Op1 EOR Op2设置条件码标志
0010=SUB	Rd=Op1–Op2;	1010=CMP	由Op1–Op2设置条件码标志
0011=RSB	Rd=Op2–Op1;	1011=CMN	由Op1+Op2设置条件码标志
0100=ADD	Rd=Op1+Op2;	1100=ORR	Rd=Op1 OR Op2
0101=ADC	Rd=Op1+Op2+C;	1101=MOV	Rd=Op2
0110=SBC	Rd=Op1–Op2+C–1;	1110=BIC	Rd=Op1 AND NOT Op2
0111=RSC	Rd=Op2–Op1+C–1;	1111=MVN	Rd=NOT Op2

[25] 立即操作数

　　0=Operand2使用寄存器　　　　1=Operand2使用立即数

[11:0] Operand2类型选择

[3:0] 第2操作数寄存器　　[11:4] 对Rm的移位操作

[7:0] 8位无符号立即数 [11:8] 对立即数的移位操作

[31:28] 条件域

图 3-2　数据处理指令编码格式

图 3-2 中,第 1 操作数总是寄存器 Rn。Rd 称为目的寄存器,TST、TEQ、CMP 和 CMN 指令不送结果到目的寄存器 Rd,其他指令产生的结果送 Rd。

第 2 操作数 Operand2 可以是寄存器 Rm 的值经过移位产生的 32 位值,或 8 位立即数经过循环右移产生的 32 位的值,指令中 bit[25] 的值用来选择 Rm 或 8 位立即数。

CPSR 中的条件码标志可能被保护或由指令的结果设置,取决于指令中 bit[20] 的值。但是对于指令 TST、TEQ、CMP 和 CMN,汇编器产生的指令编码一定会把指令的 bit[20] 置 1,在执行指令时,由测试结果设置 CPSR 中的条件码标志。

2. 指令含义

1) 各指令含义

数据处理指令依指令编码格式中 bit[24:21] 分为 16 条指令,包括数据传送指令、算术逻辑操作指令和比较指令。各条指令含义见表 3-2。

表 3-2　数据处理各指令含义

指 令 格 式	指 令 含 义	指令功能描述
MOV{cond}{S} Rd,<Op2>	数据传送	Rd=<Op2>
MVN{cond}{S} Rd,<Op2>	数据求反传送	Rd=NOT <Op2>
ADD{cond}{S} Rd,Rn,<Op2>	加	Rd=Rn+<Op2>
ADC{cond}{S} Rd,Rn,<Op2>	带进位加	Rd=Rn+<Op2>+C
SUB{cond}{S} Rd,Rn,<Op2>	减	Rd=Rn−<Op2>
SBC{cond}{S} Rd,Rn,<Op2>	带进(借)位减	Rd=Rn−<Op2>+C−1
RSB{cond}{S} Rd,Rn,<Op2>	逆向减	Rd=<Op2>−Rn
RSC{cond}{S} Rd,Rn,<Op2>	带进(借)位逆向减	Rd=<Op2>−Rn+C−1
CMP{cond} Rn,<Op2>	比较,做减法	Rn−<Op2>,只设置 CPSR
CMN{cond} Rn,<Op2>	负数比较,做加法	Rn+<Op2>,只设置 CPSR
TST{cond} Rn,<Op2>	测试,按位逻辑与	Rn AND <Op2>,只设置 CPSR
TEQ{cond} Rn,<Op2>	测相等,按位逻辑异或	Rn EOR <Op2>,只设置 CPSR
AND{cond}{S} Rd,Rn,<Op2>	按位逻辑与	Rd=Rn AND <Op2>
EOR{cond}{S} Rd,Rn,<Op2>	按位逻辑异或	Rd=Rn EOR <Op2>
ORR{cond}{S} Rd,Rn,<Op2>	按位逻辑或	Rd=Rn OR <Op2>
BIC{cond}{S} Rd,Rn,<Op2>	位清 0	Rd=Rn AND NOT<Op2>

注：表中<Op2>表示图 3-2 中 Operand2,Operand2 的取得在随后内容中介绍。

2）指令对 CPSR 中条件码标志位的影响

逻辑操作对操作数的对应位,执行按位操作。

在逻辑操作（AND、EOR、TST、TEQ、ORR、BIC）和数据传送操作（MOV、MVN）指令中,如果 S 位被置 1（并且 Rd 不是 R15）,则 CPSR 中的 V 标志位不受影响；C 标志位由桶形移位器产生的 carry out 设置；当指令操作结果为全 0 时 Z 标志位被设置；N 标志位由指令操作结果的 bit[31]的值设置。

算术操作（SUB、RSB、ADD、ADC、SBC、RSC、CMP、CMN）指令中,每个操作数被看作 32 位整数（无符号数或带符号数的 2 的补码）,如果指令中 S 位被置 1（并且 Rd 不是 R15）,在发生溢出时,CPSR 中的 V 标志位被设置；C 标志位由 ALU 的 bit[31]产生的进位设置；如果指令操作结果为全 0 时,Z 标志位被设置；N 标志位将被设置成指令操作结果的 bit[31]的值。

3）对寄存器 Rm 内容进行移位,结果作为 Operand2 的值

在图 3-2 的指令编码格式中,可以使用 bit[3:0]指定被移位的寄存器 Rm,bit[11:4]指定对 Rm 的移位量。bit[11:4]指定移位量的方法有两种,见图 3-3。

如图 3-3 所示,一种是直接使用 bit[11:7]中的值作为移位量,另一种是由 bit[11:8]

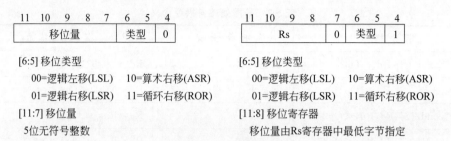

[6:5] 移位类型

    00=逻辑左移(LSL)   10=算术右移(ASR)

    01=逻辑右移(LSR)   11=循环右移(ROR)

[11:7] 移位量

5位无符号整数

[6:5] 移位类型

    00=逻辑左移(LSL)   10=算术右移(ASR)

    01=逻辑右移(LSR)   11=循环右移(ROR)

[11:8] 移位寄存器

移位量由Rs寄存器中最低字节指定

图 3-3　移位操作

指定 Rs 寄存器中最低一字节内容作为移位量,对 Rm 内容进行移位后得到的值作为 Operand2 的值。移位在桶形移位器中进行,移位与传送操作同时进行。

移位类型有逻辑左移(LSL)、逻辑右移(LSR)、算术右移(ASR)和循环右移(ROR)。当循环右移的移位量为 0 时,称为扩展循环右移(RRX)。

(1) 根据指令中 bit[11:7]指定的移位量对 Rm 移位。

参见图 3-2 和图 3-3,指令中 bit[11:7]指定的移位量为 0~31,对 Rm 内容进行移位产生的结果作为 Operand2 的值,有以下几种类型。参见图 3-4~图 3-8 中,carry out 送 CPSR 中的 C 位。

① 逻辑左移(LSL)。每一次移位,将最高位移到 CPSR 中的 C 位,其余各位左移一位,最低位补 0。如对 Rm 逻辑左移 6 次(LSL ♯6),产生的结果见图 3-4。当移位次数为 0 时(LSL ♯0),CPSR 中 C 位的值不变,Rm 的内容直接作为 Operand2 使用。

图 3-4　逻辑左移(LSL ♯6)

② 逻辑右移(LSR)。每一次移位,将最低位移到 CPSR 中的 C 位,其余各位右移一位,最高位补 0。如对 Rm 逻辑右移 6 次(LSR ♯6),产生的结果见图 3-5。

图 3-5　逻辑右移(LSR ♯6)

当移位次数为 0 时(LSR ♯0),看作移位 32 次。将全 0 送 Operand2,Rm[31]送 CPSR 中的 C 位。

③ 算术右移（ASR）。每一次移位，将符号位即最高位 bit［31］右移一位，同时保留 bit［31］位的值不变，其余操作同逻辑右移。如对 Rm 算术右移 6 次（ASR ♯6），产生的结果见图 3-6。

当移位次数为 0 时（ASR ♯0），看作移位 32 次。将 Rm［31］送 CPSR 中的 C 位。如果 Rm［31］＝0，则全 0 送 Operand2；如果 Rm［31］＝1，则全 1 送 Operand2。

图 3-6　算术右移（ASR ♯6）

④ 循环右移（ROR）。每一次移位，将最低位移到 CPSR 中的 C 位的同时，也移到最高位，其余各位右移一位。如对 Rm 循环右移 6 次（ROR ♯6），产生的结果见图 3-7。

在循环右移中，ROR ♯0 的功能有些特殊，称为扩展循环右移，写作 RRX。它的功能是将 CPSR 中的 C 位移入 Operand2 的最高位，原 Rm 内容右移一位，Rm 最低位移到 CPSR 中的 C 位，见图 3-8。

图 3-7　循环右移（ROR ♯6）

图 3-8　扩展循环右移（RRX）

在使用指令中 bit［11：7］指定对 Rm 的移位量，bit［6：5］指定移位类型时，指令汇编格式举例见表 3-3。

（2）使用指令中 bit［11：8］指定 Rs 寄存器，且用 Rs 中最低字节指定移位量。

参见图 3-2 和图 3-3，由指令中 bit［11：8］指定 Rs 寄存器，移位量保存在 Rs 寄存器的最低字节，对 Rm 寄存器的内容进行移位，产生的结果作为 Operand2 的值。

表 3-3　指令 bit[11:7]和 bit[6:5]指定 Rm 移位量和移位类型举例

指定对 Rm 的移位量和移位类型	指 令 举 例	指 令 含 义
Rm,LSL #5bit_shift_Imm	ADD R0,R2,R3,LSL #1	R3 的值逻辑左移 1 位,加 R2,和送 R0
Rm,LSR #5bit_shift_Imm	SUB R0,R2,R3,LSR #2	R3 的值逻辑右移 2 位,从 R2 中减去,差送 R0
Rm,ASR #5bit_shift_Imm	MOV R1,R0,ASR #2	R0 的值算术右移 2 位,送 R1
Rm,ROR #5bit_shift_Imm	SUB R1,R2,R4,ROR #6	R4 的值循环右移 6 位,从 R2 中减去,差送 R1
Rm,RRX	AND R2,R3,R4,RRX	R4 的值扩展循环右移,和 R3 与的结果送 R2

注:表中 #5bit_shift_Imm 表示 5 位二进制立即数,作为移位量,对应指令中 bit[11:7]。

Rs 可以选择除 R15 外的任一通用寄存器。

如果 Rs 中指定的移位次数为 0,那么不改变 Rm 的内容作为 Operand2,并且 CPSR 中 C 位的值作为 carry out,即 C 位的值不变。

如果 Rs 中最低字节指定的移位次数为 1~31,进行的移位操作与产生的结果参见图 3-4~图 3-7。

如果 Rs 中最低字节指定的移位次数大于或等于 32,产生的结果如下。

- 对 LSL,如果移位次数等于 32,移位结果 Operand2 为全 0,Rm[0]作为 carry out。
- 对 LSL,如果移位次数大于 32,移位结果 Operand2 为全 0,carry out 为 0。
- 对 LSR,如果移位次数等于 32,移位结果 Operand2 为全 0,Rm[31]作为 carry out。
- 对 LSR,如果移位次数大于 32,移位结果 Operand2 为全 0,carry out 为 0。
- 对 ASR,如果移位次数大于或等于 32,用 Rm[31]填充 Operand2 各位,用 Rm[31]作为 carry out。
- 对 ROR,如果移位次数等于 32,移位结果 Operand2 等于 Rm 的值,carry out 等于 Rm[31]。
- 对于 ROR,如果移位次数大于 32,用移位次数重复减 32,直到它们的差为 1~32,用这个值作为移位次数,移位结果如前述。

对于上述各种情况,carry out 的值均送往 CPSR 中的进位标志 C。

使用 Rs 指定移位量时,指令中 bit[6:5]指定移位类型,指令汇编格式举例见表 3-4。

表 3-4　用 Rs 指定 Rm 的移位量和指令中 bit[6:5]指定移位类型举例

指定 Rm 的移位量和移位类型	指 令 举 例	指 令 含 义
Rm, LSL Rs	ADD R0,R1,R2,LSL R3	移位量在 R3,R2 逻辑左移,加 R1,和送 R0
Rm, LSR Rs	SUB R0,R1,R2,LSR R4	移位量在 R4,R2 逻辑右移,从 R1 中减去,差送 R0
Rm, ASR Rs	AND R1,R2,R3,ASR R0	移位量在 R0,R3 算术右移,和 R2 逻辑与,结果送 R1
Rm, ROR Rs	MOV R2,R4,ROR R0	移位量在 R0,R4 循环右移,送 R2

4) 对指令中 bit[7:0]指定的 8 位无符号立即数循环右移

参见图 3-2,对指令中 bit[7:0]指定的 8 位无符号立即数进行循环右移时,用 bit[11:8]指定移位量,它是一个 4 位无符号整数。

进行移位操作时,要把指令中 bit[7:0]指定的 8 位无符号立即数作为最低字节,高位 bit[31:8]用 0 扩展,形成一个 32 位数,对这个 32 位数进行循环右移。移位的次数,由指令中 bit[11:8]指定的 4 位无符号数乘以 2 得到,分别为 0,2,4,…,30。移位过程参见图 3-7。

例如,对于指令

```
MOV R0,#0xff000000                  ;汇编后等价指令为 MOV R0,#0xff,8
```

由于指令长度只有 32 位,指令无法直接得到一个 32 位立即数。但是在指令汇编格式中,允许使用一个 32 位立即数,如本例中#0xff000000,汇编器试图将这个立即数转变成一个 8 位的立即数,存放在指令的 bit[7:0];另外转变出一个移位量,存放在指令的 bit[11:8]。指令执行时用这个移位量乘以 2 得到移位次数。如果一个 32 位立即数不能转变成这样的格式,汇编器报告错误。在本例中,转变出的指令 bit[7:0]为 0xff,bit[11:8]为 0x04。

5) 关于 R15 和 CPSR 中的条件码标志

(1) 当目的寄存器 Rd 不是指定 R15 时,CPSR 中的条件码标志,如前所述,可能被更改。

(2) 当 Rd 指定为 R15 时,并且指令中 bit[20]即 S=0,表示指令操作结果不影响 CPSR 时,那么指令操作结果送 R15,且 CPSR 不受影响。

(3) 当 Rd 指定为 R15 时,并且指令中 bit[20]即 S=1,表示指令操作结果影响 CPSR 时,那么指令操作结果送 R15,并且当前方式的 SPSR 送到 CPSR。这样可以恢复 PC 和 CPSR,这种指令的使用,只能在非用户方式。

(4) 如果 R15 被用作操作数而不是目的寄存器 Rd,可以直接使用这个寄存器。但是由于流水线指令预取的功能,PC 的值即 R15 的值,对于指令中指定了移位量的情况,将是当前指令地址加 8 的值;而对于使用寄存器指定移位量的情况,将是当前指令地址加 12 的值。

(5) TEQ、TST、CMP 和 CMN 指令对 CPSR 的影响。

通常在指令助记符后缀中如果出现 S,表示操作结果影响 CPSR 中的条件码标志;如果不出现 S,表示不影响。但是即使不出现 S,汇编器对 TEQ、TST、CMP 和 CMN 指令,也会像出现 S 那样,将指令的 bit[20]设置为 1,使得这 4 条指令的执行会影响 CPSR 中相应的条件码标志。

3. 指令汇编格式

对于数据传送指令 MOV 和 MVN,格式为:

```
<opcode>{cond}{S} Rd,<Op2>
```

对于不保存结果,只影响 CPSR 中条件码标志的指令 CMP、CMN、TEQ 和 TST,格式为:

<opcode>{cond} Rn,<Op2>

对于指令 AND、EOR、SUB、RSB、ADD、ADC、SBC、RSC、ORR 和 BIC,格式为:

<opcode>{cond}{S} Rd,Rn,<Op2>

其中:

<opcode>	表示指令助记符。
<Op2>	由 Rm{,<shift>}或<♯expression>组成。
{cond}	表示条件码助记符。
{S}	表示由指令操作结果设置 CPSR 中的条件码标志。CMP、CMN、TEQ 和 TST 指令,无论出现 S 与否,汇编器自动使指令 bit[20]=1。
Rd、Rn 和 Rm	表示寄存器编号。Rd 为目的寄存器,Rn 为第 1 操作数寄存器,Rm 的值被移位后作为第 2 操作数。
<♯expression>	如果被使用,汇编器将试图产生一个可移位的 8 位立即数及一个移位量,与 expression 匹配。如果无法匹配,将产生一个错误信息。
<shift>	由<shiftname><register>或<shiftname>♯expression,或 RRX 组成。
<shiftname>	可以是 LSL、LSR、ASR、ROR 或 ASL。算术左移(ASL)与逻辑左移(LSL)功能相同,汇编器产生相同的代码。

4. 使用举例

1) 数据传送和数据求反传送指令举例

```
MOVS    R4,R3,LSL ♯2        ;R4 等于 R3 逻辑左移 2 位的值,设置标志位
MOVS    PC,R14              ;PC=R14,且 CPSR=SPSR_<mode>,用于从异常返回
MOV     R15,LR              ;PC=R14,用于从子程序返回
MVN     R0,R1               ;R1 的值求反送 R0
MVN     R2,♯0xf0            ;R2=0xffffff0f
MVN     R0,♯0               ;R0=0xffffffff,即 R0=-1
MOVS    R4,R4,LSR ♯32       ;R4 的 bit[31]送 CPSR 的 C 位,R4 结果为 0
```

2) 算术操作指令举例

```
ADDEQ   R3,R5,R6            ;执行本指令前,先判断 Z 标志。如果 Z=1,则 R3=R5+R6;
                           ;如果 Z=0,则忽略本条指令
ADDS    R2,R2,♯2           ;R2=R2+2,设置标志位
ADDS    R2,R1,R0,LSL ♯2    ;R2=R1+R0<<2,设置标志位

;以下两条指令实现 64 位二进制数的加法:R2、R1=R2、R1+R4、R3
ADDS    R1,R1,R3            ;R1=R1+R3,设置标志位
ADC     R2,R2,R4            ;R2=R2+R4+C
```

```
SUB      R0,R1,R2              ;R0=R1-R2
SUB      R2,R1,#0x10           ;R2=R1-0x10
SUBS     R1,R1,#2              ;R1=R1-2,设置标志位
SUBS     R4,R5,R7,LSR R2       ;逻辑右移 R7,移位次数在 R2 中最低字节,
                               ;移位后的值作为<Op2>,R4=R5-<Op2>

;以下 3 条指令实现 96 位二进制数的减法:R6、R2、R1=R6、R2、R1-R5、R4、R3
SUBS     R1,R1,R3              ;R1=R1-R3,设置标志位
SBCS     R2,R2,R4              ;R2=R2-R4+C-1,设置标志位
SBC      R6,R6,R5              ;R6=R6-R5+C-1

RSB      R1,R0,#0xff00         ;R1=0xff00-R0
RSBS     R2,R1,R0,LSL #2       ;R2=R0<<2-R1,设置标志位
RSC      R2,R0,#0              ;R2=0-R0+C-1
```

3) 逻辑操作指令举例

```
AND      R3,R2,R4              ;R3=R2 AND R4
ANDS     R1,R1,#0x0f           ;R1=R1 AND 0x0f,设置标志位
ORR      R1,R1,#0xff           ;将 R1 的最低 8 位置 1
EOR      R1,R1,#0xff           ;将 R1 的最低 8 位求反
BIC      R1,R0,#0x0f           ;R1=R0 AND NOT 0x0f
ANDEQ    R5,R6,R7,RRX          ;条件执行,R7 的值扩展循环右移,和 R6 与的结果送 R5
```

4) 比较与测试指令举例

```
CMP      R2,#0x01              ;R2-0x01 的结果不保存,设置标志位,
                               ;汇编器自动使指令的 bit[20]=1
CMPS     R2,#0x01              ;R2-0x01 的结果不保存,设置标志位
CMN      R2,#1                 ;R2 的值加 1,用来判断 R2 的值是-1 的补码,如果是,
                               ;CPSR 中的 Z 位被置 1
TST      R2,#0x01              ;R2 AND 0x01,设置标志位,用来判断 R2 中
                               ;最低位是否为 0
TEQ      R1,R2                 ;R1 EOR R2,设置标志位,用于测试 R1 和 R2 是否相等
TEQS     R4,#3                 ;测试 R4 是否等于 3。即使指令中不写 S,汇编器也会
                               ;自动使指令中的 bit[20]=1
TSTNE    R1,R5,ASR R1          ;条件执行,R5 内容算术右移,移位次数在 R1 中最低
                               ;字节,移位结果和 R1 与,设置标志位
```

5) 使用移位操作的指令举例

```
MOV      R0,R1,LSL #2          ;R1 内容逻辑左移 2 位送 R0
MOV      R0,R1,LSR #2          ;R1 内容逻辑右移 2 位送 R0
ADD      R2,R0,R1,ASR #2       ;R1 内容算术右移 2 位,加 R0,和送 R2
SUB      R0,R2,R0,ROR #4       ;R2 减 R0 内容循环右移 4 位的值,差送 R0
MOV      R0,R1,RRX             ;R1 内容扩展循环右移,送 R0
```

```
MOV      R1,R2,ROR R3              ;R2 内容循环右移,移位次数在 R3 低字节中,移位结果送 R1
MOV      R0,#0xf000000f            ;汇编后产生指令 MOV R0,#0xff,4
                                   ;表示对立即数 0xff 循环右移 4 位,对应图 3-2
                                   ;指令的 bit[11:8]为 2,bit[7:0]为 0xff
```

6) 程序举例

【例 3.4】 如果 R0＝1 或者 R1＝2,则程序分支到标号为 Label0 处;否则,执行标号为 Label1 处的代码。

```
         CMP      R0,#1           ;比较 R0 是否等于 1,设置标志位
         BEQ      Label0          ;相等,分支到 Label0 处
         CMP      R1,#2           ;比较 R1 是否等于 2,设置标志位
         BEQ      Label0          ;相等,分支到 Label0 处
Label1                            ;R0<>1 同时 R1<>2
         ⋮
Label0                            ;由 R0=1 或 R1=2 分支过来
         ⋮

                                  ;也可以将上面 4 条指令,改成如下 3 条指令,实现相同功能
         CMP      R0,#1           ;比较 R0 是否等于 1,设置标志位
         CMPNE    R1,#2           ;如果前一条指令比较结果不相等(条件码 NE),
                                  ;才执行本条指令,比较 R1 是否等于 2,设置标志位;
                                  ;如果前一条指令比较相等,则不执行本条指令
         BEQ      Label0          ;Z=1,则分支到 Label0 处
Label1                            ;R0<>1 同时 R1<>2
         ⋮
Label0                            ;由 R0=1 或 R1=2 分支过来
         ⋮
```

【例 3.5】 求 R0 的绝对值,再求 R1 的绝对值,将这两个绝对值相加,和存 R2。求绝对值的方法是:当 Rn>＝0 时,Rn 的值不变;否则,将 Rn 的值求补。

```
TEQ      R0,#0                    ;由 R0 EOR 0,设置标志位
RSBMI    R0,R0,#0                 ;如果标志位 MI=1,表示 R0<0,则执行本指令,R0=0-R0
TEQ      R1,#0                    ;由 R1 EOR 0,设置标志位
RSBMI    R1,R1,#0                 ;如果标志位 MI=1,表示 R1<0,则执行本指令,R1=0-R1
ADD      R2,R1,R0                 ;R2=R1+R0
```

【例 3.6】 对于 R1 中的无符号数,判断其值的不同范围,做不同的计算。

方法如下:

如果 R1 低于 9,则 R2＝R0 ∗ 8;

如果 R1 等于 9,则 R2＝R0 ∗ 9;

如果 R1 高于 9,则 R2＝R0 ∗ 10。

```
MOV      R2,R0,LSL #3             ;R2=R0<<3,即 R2=R0 ∗ 8
CMP      R1,#9                    ;比较 R1 是否等于 9
```

```
ADDCS   R2,R2,R0              ;如果标志位 CS=1,表示 R1 高于、等于 9 成立,
                              ;则执行本条指令,R2=R2+R0,即 R2=R0 * 9;
                              ;如果 CS=0,表示 R1 低于 9,则不执行本条指令
ADDHI   R2,R2,R0              ;如果 HI=1,表示 R1 高于 9,则执行本条指令,
                              ;R2=R2+R0,即 R2=R0 * 10
```

【例 3.7】　求 $R0*4+R1*5-R2*7$ 的值,假定它们都是无符号数,运算结果也不会产生进位,结果存 R3 中。

```
MOV     R0,R0,LSL #2          ;R0=R0<<2,即 R0=R0 * 4
ADD     R1,R1,R1,LSL #2       ;R1=R1+R1<<2,即 R1=R1 * 5
RSB     R2,R2,R2,LSL #3       ;R2=R2<<3-R2,即 R2=R2 * 7
ADD     R3,R0,R1              ;R3=R0+R1
SUB     R3,R3,R2              ;R3=R3-R2
```

参考例 3.7,可以分别用一条指令实现以下不同的计算。

例如,求 $R0 \times 2^n$ 的值($n=0,1,2,3,4$;$2^n=1,2,4,8,16$)。

```
MOV     R0,R0,LSL #n          ;R0 左移 0,1,2,3,4 次,
                              ;实现 R0 乘 1,2,4,8,16
```

例如,求 $R1 \times (2^n+1)$ 的值($n=1,2,3,4$;$2^n+1=3,5,9,17$)

```
ADD     R1,R1,R1,LSL #n       ;R1 加 R1 左移 1,2,3,4 次的值,
                              ;实现 R1 乘 3,5,9,17
```

例如,求 $R2 \times (2^n-1)$ 的值($n=2,3,4,5$;$2^n-1=3,7,15,31$)

```
RSB     R2,R2,R2,LSL #n       ;R2 左移 2,3,4,5 次的值减 R2,
                              ;实现 R2 乘 3,7,15,31
```

【例 3.8】　从子程序返回和从异常返回的区别。

从子程序返回时,不会将当前方式的 SPSR 恢复到 CPSR。

另外,在用户(系统)方式时,不存在当前方式的 SPSR。

```
        ⋮
        BL      SUB1          ;将下一条指令的地址送 LR 寄存器,分支到 SUB1 处,
                              ;实现子程序调用
        ⋮
SUB1                          ;SUB1 子程序
        ⋮
        MOV   PC,LR            ;将 LR 送 PC,从子程序返回
```

从异常返回时,除了将保存在 LR 中的返回地址送 PC 外,还应将当前方式的 SPSR 恢复到 CPSR。

```
        ⋮
        MOVS  PC,LR            ;将 LR 送 PC,指令助记符后缀 S 表示将当前方式 SPSR
                              ;送 CPSR,从异常返回
```

3.2.4　程序状态寄存器传送指令(MRS、MSR)

只有程序状态寄存器传送指令(MRS、MSR),才允许读/写程序状态寄存器 CPSR 或 SPSR_<mode>。

这两条指令配合可以实现对程序状态寄存器的读—修改—写操作,常用于对 FIQ、IRQ 设置允许/禁止;转换处理器的操作方式;也可用于修改条件码标志。

1. 指令编码格式

指令编码格式见图 3-9～图 3-11。

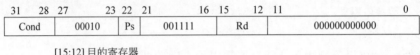

[15:12] 目的寄存器

[22] 源PSR

　　0=CPSR　　1=SPSR_<current mode>

[31:28] 条件域

图 3-9　MRS(传送 PSR 内容到寄存器)指令编码格式

31	28 27	23 22	21	12 11	4 3	0
Cond	00010	Pd	101001111	00000000	Rm	

[3:0] 源寄存器

[22] 目的PSR

　　0=CPSR　　1=SPSR_<current mode>

[31:28] 条件域

图 3-10　MSR(传送寄存器内容到 PSR)指令编码格式

31	28 27 26 25 24 23	22	21	12 11	0
Cond	00 I 10	Pd	101001111	Source operand	

[22] 目的PSR

　　0=CPSR　　1=SPSR_<current mode>

[25] 立即操作数

　　0=源操作数在寄存器　　1=立即数

[11:0] 源操作数

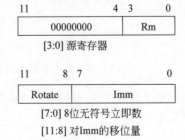

　　[3:0] 源寄存器

　　[7:0] 8位无符号立即数

　　[11:8] 对Imm的移位量

[31:28] 条件域

图 3-11　MSR(传送寄存器内容或立即数到 PSR 标志位)指令编码格式

2. 指令含义

MRS 指令允许将 CPSR 或 SPSR_<mode>的内容传送到一个通用寄存器。

MSR 指令允许将一个通用寄存器的内容传送到 CPSR 或 SPSR_<mode>寄存器。

MSR 指令也允许将一个立即数或寄存器的内容只传送到 CPSR 或 SPSR_<mode>寄存器的条件码标志(N、Z、C 和 V),而不影响其他控制位。在这种情况下,指定寄存器的最高 4 位或立即数的最高 4 位的内容被写入 CPSR 或 SPSR_<mode>的最高 4 位(条件码标志)。

指令中的操作数有如下限制。

(1) 在用户方式下,CPSR 的控制位被保护,不能改变,只有条件码标志能被改变。在特权方式,允许改变整个 CPSR。

(2) 程序不要改变 CPSR 的 T 状态位,否则处理器进入未定义状态。

(3) 访问哪一个 SPSR 寄存器取决于当时的执行方式,若处理器在 FIQ 方式,则 SPSR_fiq 被访问。

(4) 不能将 R15 指定为源或目的寄存器。

(5) 在用户方式,不能使用 SPSR 寄存器,因为这种方式不存在这样的寄存器。

(6) CPSR 和 SPSR_<mode>寄存器的保留位不要修改。可以采用读出 CPSR 或 SPSR_<mode>的内容,只修改它们中需要并且允许修改的位,然后再写回原寄存器。这样可以避免误操作修改了保留位。

例如,以下代码采用读—修改—写的方法,实现了处理器操作方式的改变:

```
MRS     R1,CPSR                    ;CPSR 内容送 R1
BIC     R1,R1,#0x1f                ;修改,清 0 方式位
ORR     R1,R1,#new_mode           ;修改,设置新的方式位
MSR     CPSR,R1                    ;写回
```

3. 指令汇编格式

对于传送 PSR 内容到寄存器的指令 MRS,格式为:

```
MRS{cond} Rd,<psr>
```

对于传送寄存器内容到 PSR 的指令 MSR,格式为:

```
MSR{cond} <psr>,Rm
```

对于只传送寄存器最高 4 位到 PSR 条件码标志的指令 MSR,格式为:

```
MSR{cond} <psrf>,Rm
```

对于只传送立即数到 PSR 的最高 4 位的指令 MSR,格式为:

```
MSR{cond} <psrf>,<#expression>
```

这种格式中<#expression>应该是 32 位立即数,它的最高 4 位写入 PSR 的 N、Z、

C 和 V 位。

其中：

{cond}	表示条件码助记符。
Rd 和 Rm	表示除 R15 外的其他通用寄存器编号。
<psr>	指 CPSR,CPSR_all,SPSR 或 SPSR_all。其中 CPSR 和 CPSR_all 是同义词,SPSR 和 SPSR_all 是同义词。
<psrf>	指 CPSR_flg 或 SPSR_flg。
< #expression>	是一个表达式,经过计算后得到 32 位立即数,汇编器试图产生一个 8 位立即数,经过循环、右移后能够产生一个 32 位数,与表达式计算后得到的 32 位数相等;如果不能实现,则给出错误。

例如指令：

```
MSR CPSR_flg,#0x50000000
```

由于指令长度为 32 位,所以不能直接使用 32 位立即数。汇编器试图产生一个 8 位立即数,填入指令的 bit[7:0],产生一个循环右移移位量填入指令 bit[11:8],在指令执行期间通过移位(移位方法参考数据处理指令)得到一个 32 位数,与汇编指令中立即数匹配。汇编器如果无法实现数据匹配,则给出错误。本条指令只使用了 32 位立即数的最高 4 位。

4. 使用举例

在用户方式和特权方式,某些相同格式的指令,产生的作用是不相同的。

```
;在用户方式
MSR   CPSR,R0                 ;R0[31:28]送 CPSR[31:28]
MSR   CPSR_flg,R0             ;R0[31:28]送 CPSR[31:28]
MSR   CPSR_flg,#0xf0000000    ;0xf 送 CPSR[31:28]
MRS   R0,CPSR                 ;CPSR[31:0]送 R0[31:0]
;在特权方式
MSR   CPSR,R0                 ;R0[31:0]送 CPSR[31:0]
MSR   CPSR_flg,R0             ;R0[31:28]送 CPSR[31:28]
MSR   CPSR_flg,#0xf0000000    ;0xf 送 CPSR[31:28]
MSR   SPSR,R0                 ;R0[31:0]送 SPSR_< mode> [31:0]
MSR   SPSR_flg,R0             ;R0[31:28]送 SPSR_< mode> [31:28]
MSR   SPSR_flg,#0x30000000    ;0x3 送 SPSR_flg[31:28]
MRS   R1,SPSR                 ;SPSR_< mode> [31:0]送 R1[31:0]
```

【例 3.9】 允许 FIQ 中断,禁止 FIQ 中断(特权方式)。

```
ENABLE_FIQ                    ;允许 FIQ 中断
    MRS   R0,CPSR             ;CPSR[31:0]送 R0[31:0]
    BIC   R0,R0,#0x40         ;R0[6]清 0,其余位不变,允许 FIQ 中断
    MSR   CPSR,R0             ;R0[31:0]送 CPSR[31:0]
```

```
        MOV     PC,LR                   ;返回

DISABLE_FIQ                             ;禁止 FIQ 中断
        MRS     R0,CPSR                 ;CPSR[31:0]送 R0[31:0]
        ORR     R0,R0,#0x40             ;R0[6]置 1,其余位不变,禁止 FIQ 中断
        MSR     CPSR,R0                 ;R0[31:0]送 CPSR[31:0]
        MOV     PC,LR                   ;返回
```

3.2.5　乘、乘累加指令(MUL、MLA)

乘指令(MUL)实现 32 位数乘 32 位数,只保留积的低 32 位。

乘累加指令(MLA)实现 32 位数乘 32 位数,积的低 32 位与另外一个 32 位数累加,结果保留 32 位。

1. 指令含义

乘、乘累加指令按整数进行乘法操作,或乘累加操作。操作数可以是带符号整数或无符号整数,由于结果只保留 32 位,因此无论带符号整数或无符号整数,结果没有区别。

乘指令的结果存 Rd 中,即 Rd=Rm*Rs。

乘累加的结果存 Rd 中,即 Rd=Rm*Rs+Rn。

指令中的目的寄存器 Rd 不能与操作数寄存器 Rm 相同;R15 不能作为目的寄存器和操作数寄存器;其余的寄存器组合均能够给出正确的结果。Rd、Rn 和 Rs 可以使用相同的寄存器。

指令中 S 位,可以选择是否设置 CPSR 中的条件码标志。N(负)和 Z(全 0)标志位由结果设置,N 与 Rd[31]的值相同,Rd 为全 0 则 Z 被设置。C(进位)标志位不可预知,V(溢出)标志位不受影响。

2. 指令汇编格式

乘指令汇编格式如下:

```
MUL{cond}{S} Rd,Rm,Rs
```

乘累加指令汇编格式如下:

```
MLA{cond}{S} Rd,Rm,Rs,Rn
```

其中:

{cond}	表示条件码助记符。
{S}	表示由指令操作结果设置 CPSR 中的条件码标志。
Rd、Rm、Rs 和 Rn	表示除 R15 以外的寄存器编号。

3. 使用举例

```
MUL      R1,R2,R0               ;R1=R2*R0
MLAEQS   R0,R1,R2,R3            ;Z=1 则条件执行本条指令,R0=R1*R2+R3,设置条件码
```

3.2.6　长乘、长乘累加指令(MULL、MLAL)

UMULL 为无符号数长乘指令、SMULL 为带符号数长乘指令、UMLAL 为无符号数长乘累加指令、SMLAL 为带符号数长乘累加指令。

1. 指令含义

长乘指令按整数进行乘操作,操作数为 32 位,结果为 64 位,区分带符号数和无符号数。

长乘指令 64 位结果中,高 32 位存 RdHi、低 32 位存 RdLo 寄存器中,即 RdHi、RdLo = Rm * Rs。

长乘累加指令按整数进行乘操作,两个乘数均为 32 位,积为 64 位,与另一个 64 位数相加,区分带符号数和无符号数。

长乘累加指令 64 位结果存 RdHi 和 RdLo 中,即 RdHi、RdLo = Rm * Rs + RdHi、RdLo。指令中 RdHi 和 RdLo 事先要保存进行加法的一个 64 位操作数,分别保存高、低 32 位。

R15 不能使用。RdHi、RdLo 和 Rm 必须指定不同的寄存器。

指令中 S 位,可以选择是否设置 CPSR 中的条件码标志。如果选择设置,那么,N = RdHi[31];只有结果的 64 位全为 0 时,Z 被设置;C 和 V 标志位不可预知。

2. 指令汇编格式

无符号数长乘指令汇编格式如下:

```
UMULL{cond}{S} RdLo,RdHi,Rm,Rs
```

无符号数长乘累加指令汇编格式如下:

```
UMLAL{cond}{S} RdLo,RdHi,Rm,Rs
```

带符号数长乘指令汇编格式如下:

```
SMULL{cond}{S} RdLo,RdHi,Rm,Rs
```

带符号数长乘累加指令汇编格式如下:

```
SMLAL{cond}{S} RdLo,RdHi,Rm,Rs
```

其中:

{cond}	表示条件码助记符。
{S}	表示由指令操作结果设置 CPSR 中的条件码标志。
RdLo、RdHi、Rm 和 Rs	表示除 R15 以外的寄存器编号。

3. 使用举例

```
UMULL    R0,R3,R1,R2          ;无符号数,R3、R0=R1 * R2
```

```
UMLALS    R0,R4,R1,R2            ;无符号数,R4、R0=R1 * R2+R4、R0,设置条件码
SMULL     R2,R3,R7,R6            ;带符号数,R3、R2=R7 * R6
```

【例 3.10】 检测长乘指令结果是否超过 32 位。

方法 1：对无符号数 32 位乘 32 位运算,指令产生的结果是 64 位无符号数,如果结果的高 32 位为全 0,那么结果的有效值仅使用低 32 位即可;如果结果的高 32 位不为全 0,那么结果的有效值应该使用 64 位。

```
          UMULL    R1,R2,R3,R4         ;R2、R1=R3 * R4
          TEQ      R2,# 0             ;测试结果高 32 位是否为全 0
          BNE      Result64           ;不是全 0,分支到结果使用 64 位有效值处
                                      ;结果有效值使用 32 位
           ⋮
Result64
           ⋮
```

方法 2：对带符号数 32 位乘 32 位运算,指令产生的结果是 64 位带符号数,存于 RdHi 和 RdLo 中。如果 RdHi 为全 0,并且 RdLo[31]＝0,那么结果的有效值仅使用 RdLo 中的低 32 位即可;如果 RdHi 为全 1,并且 RdLo[31]＝1,那么结果的有效值仅使用 RdLo 中的低 32 位即可。如果不是这两种情况,那么结果的有效值应该使用 64 位。

```
          SMULL    R1,R2,R3,R4         ;R2、R1=R3 * R4
          TEQ      R2,R1,ASR # 31      ;R1 算术右移 31 位产生<Op2>,测试<Op2>
                                      ;是否等于 R2
          BNE      Result64           ;分支到结果使用 64 位有效值处
                                      ;结果有效值使用 32 位
           ⋮
```

【例 3.11】 检测长乘累加指令结果是否超过 64 位。

方法 1：对无符号数长乘累加指令,32 位数乘 32 位数的积再加 64 位数,结果可能超过 64 位,如需要计算：

R1、R0＝R2 * R3＋R1、R0,可以使用一条指令实现。

```
UMLAL    R0,R1,R2,R3
```

为了检测结果是否超过 64 位,可以用以下几条指令代替上述那一条指令。

```
MOV      R5,R1              ;保存 64 位加数中的高 32 位
MOV      R4,R0              ;保存 64 位加数中的低 32 位
UMULL    R0,R1,R2,R3        ;R1、R0=R2 * R3
ADDS     R0,R0,R4           ;低 32 位加,设置状态位,R0=R0+R4
ADCS     R1,R1,R5           ;高 32 位带进位加,设置状态位,R1=R1+R5+C
BCS      ResultOv64         ;分支到结果超过 64 位有效值处
                            ;结果有效值使用 64 位
 ⋮
```

方法 2：对带符号数长乘累加指令,如需要计算：

R1、R0＝R2＊R3＋R1、R0,可以使用一条指令实现。

```
SMLAL R0,R1,R2,R3
```

为了检测结果是否超过 64 位,可以用以下几条指令代替上述那一条指令。

```
MOV      R5,R1
MOV      R4,R0
SMULL    R0,R1,R2,R3
ADDS     R0,R0,R4
ADCS     R1,R1,R5
BVS      ResultOv64              ;判断溢出标志,分支到结果超过 64 位有效值处
                                 ;结果有效值使用 64 位
    ⋮
```

3.2.7 单个数据传送指令(LDR、STR)

执行一条单个数据传送指令只能在存储器和寄存器之间传送一字节或一个字数据。

1. 指令编码格式

单个数据传送指令编码格式见图 3-12。

2. 指令含义

单个数据传送指令有如下 4 条:

LDR 指令从存储器指定地址装入一个字数据到目的寄存器。

LDRB 指令从存储器指定地址装入一字节数据到目的寄存器的 bit[7:0],bit[31:8] 填 0。

STR 指令保存寄存器一个字数据到存储器指定地址。

STRB 指令保存寄存器的低 8 位数据到存储器指定地址。

存储器的地址通过计算得到,需要对基址寄存器加偏移量,或从基址寄存器减偏移量产生。

指令中可以指定回写位,当指令中 W＝1 时,通过计算得到的存储器地址,回写到基址寄存器;W＝0 时,基址寄存器的值保持原值。

1) 偏移量和自动索引

相对基址寄存器的偏移量,有两种方法指定。可以由指令中 bit[11:0]指定一个 12 位无符号立即数作为偏移量;也可以由指令中 bit[3:0]指定偏移寄存器 Rm,bit[11:4]指定对 Rm 的移位次数和移位操作,移位方法参阅图 3-2 和图 3-3,数据处理指令中对 Rm 的移位方法,然而图 3-3 中由 Rs 寄存器指定移位量的方法在此处不能使用。

偏移量可以与基址寄存器相加(U＝1),或从基址寄存器中减去(U＝0)。

基址寄存器先与偏移量加或减得到存储器地址,再传送数据,称为先索引方式,用指令中 P＝1 指定;直接以基址寄存器内容作为存储器地址,访问存储器传送数据后,再执

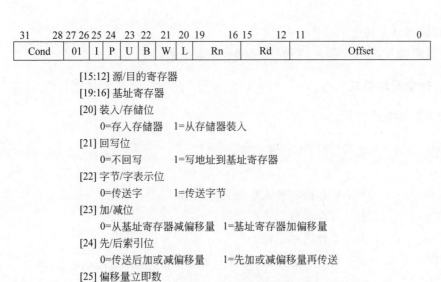

[15:12] 源/目的寄存器

[19:16] 基址寄存器

[20] 装入/存储位

　　0=存入存储器　　1=从存储器装入

[21] 回写位

　　0=不回写　　　　1=写地址到基址寄存器

[22] 字节/字表示位

　　0=传送字　　　　1=传送字节

[23] 加/减位

　　0=从基址寄存器减偏移量　1=基址寄存器加偏移量

[24] 先/后索引位

　　0=传送后加或减偏移量　　1=先加或减偏移量再传送

[25] 偏移量立即数

　　0=偏移量是一个立即数　　1=偏移量在寄存器

[11:0] 偏移量

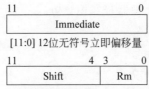

[11:0] 12位无符号立即偏移量

[3:0] 偏移寄存器Rm

[11:4] 作用到Rm上的移位次数、移位操作

[31:28] 条件域

图 3-12　单个数据传送指令编码格式

行基址寄存器加或减偏移量操作,称为后索引方式,用指令中 P＝0 指定。

指令中 W＝1 表示允许回写,可以选择自动增量或减量寻址方式,取决于 U＝1 还是 U＝0。W＝0,不回写,保持基址寄存器原值。

在后索引寻址方式(P＝0),回写位 W 被认为是多余的,并且总是被设为 0。在后索引方式,规定了传送数据后总是要回写基址寄存器。如果基址寄存器需要保留原值,可以通过把偏移量设置为 0 来实现。

因此,当选择了后索引方式,回写位 W 应该设置为 0。

2) 传送字节/字

指令中 B＝1 传送字节,B＝0 传送字。

对于字传送指令,访问的存储器地址通常应该是字边界对齐的。

3) 使用 R15

如果将 R15 作为基址寄存器 Rn,不允许指定回写操作,并且应该知道 R15 的内容比当前指令地址多 8 字节。

R15 不能作为偏移量寄存器 Rm。

在 STR 指令中,将 R15 作为源寄存器 Rd 时,保存的值是当前指令地址加 12 的值。

当 R15 作为 LDR 指令的目的寄存器 Rd 时,从存储器中取出的数据,被作为目的地址值,程序将分支到这个地址。

在后索引方式,Rm 和 Rn 不能使用同一个寄存器。

3. 指令汇编格式

指令汇编格式如下:

<LDR|STR>{cond}{B}{T} Rd,<Address>

其中:

LDR	表示从存储器装入数据到寄存器。
STR	表示寄存器数据送存储器。
{cond}	表示条件码助记符。
{B}	表示字节或字传送,出现 B 表示字节传送。
{T}	如果出现 T,在后索引寻址方式,W 位将被置 1。在先索引寻址方式不允许指定 T。如果指令中出现 T,即使处理器在特权方式,存储系统也将访问看成处理器是在用户方式。
Rd	表示寄存器编号。
Rn 和 Rm	表示寄存器编号。

<Address> 有以下 5 种情况。

1) 能产生地址的表达式

汇编器将试图产生一条指令,使用 PC 作为基址寄存器,指令含有适当的立即数作为偏移量,通过计算表达式,能够确定一个地址。这是相对 PC 寻址、先索引寻址。如果该地址超过偏移量能表示的范围,将产生错误。

例如:

```
LDR Rd,Label        ;Label 为程序标号,应该在当前指令±4KB 范围内,汇编后使用
                    ;PC 作基址寄存器,指令中含有一个立即数作为偏移量
```

2) 先索引寻址

有以下格式:

[Rn]	表示偏移量为 0。
[Rn,<#expression>]{!}	其中<expression>通过计算产生一个 12 位立即数,作为字节偏移量。
[Rn,{+/-}Rm{,<shift>}]{!}	表示 Rm 经过移位作为偏移量,与 Rn 加或减。

例如:

```
LDR   R1,[R0]              ;偏移量为 0,将 R0 内容作为地址,读该单元数据,送 R1
LDR   R1,[R0,#0x08]!       ;地址为 R0+0x08,读数据送 R1,地址回写 R0
LDR   R1,[R0,#-0x08]       ;地址为 R0-0x08,读数据送 R1,地址不回写
LDR   R1,[R0,R2,LSL #2]    ;地址为 R0+R2<<2,读数据送 R1,R0 和 R2 值不变
LDR   R1,[R0,-R2,LSL #2]   ;地址为 R0-R2<<2,读数据送 R1,R0 和 R2 值不变
```

3）后索引寻址

有以下格式：

［Rn］，＜♯expression＞　　　　　　　其中＜expression＞通过计算产生一个 12 位的立
　　　　　　　　　　　　　　　　　　　即数，作为字节偏移量。

［Rn］，{＋/－}Rm{，＜shift＞}　　　表示 Rm 经过移位作为偏移量，与 Rn 加或减。

例如：

```
LDR  R1,[R0],#0x08          ;R0 内容作地址,读数据送 R1,R0+0x08 写入 R0
LDR  R1,[R0],R2,LSL #2      ;R0 内容作地址,读数据送 R1,R0+R2<<2 写入 R0
```

4）关于＜shift＞

能够产生移位操作，参见图 3-2 和图 3-3。在图 3-3 中，本指令不能使用 Rs 指定移位量。

5）关于{！}

如果汇编指令中出现！，回写基址寄存器。

4. 使用举例

```
LDR      R0,[R1,R2]          ;先索引,R1+R2 内容作地址,读字数据送 R0,不回写
LDR      R0,[R1,R2]!         ;先索引,R1+R2 内容作地址,读字数据送 R0,
                             ;R1+R2 回写 R1
LDR      R0,[R1,-R2]         ;先索引,不回写,地址由 R1-R2 的值指定
LDR      R0,[R1],R2          ;后索引,R1 内容作地址,读字数据送 R0,
                             ;R1+R2 回写 R1
STR      R0,[R1],#8          ;后索引,R0 数据送以 R1 内容作地址的存储器单元,
                             ;R1+8 回写 R1
STR      R0,[R1,#8]          ;先索引,R0 数据写入 R1+8 作地址的存储器中,不回写
LDREQB   R1,[R6,#5]          ;条件执行,R6+5 的值作地址,读一字节数据送
                             ;R1[7:0],R1[31:8]填 0
STRB     R0,[R1,#4]          ;存 R0[7:0]到 R1+4 的值作地址的存储器中,不回写
STRB     R0,[R3,-R8,ASR #2]  ;存 R0[7:0]到 R3-R8/4 的值作地址的存储器中
STR      R5,[R7],#-8         ;R5 字数据写入 R7 内容作地址的存储器中,R7-8 送 R7
LDR      R0,LOCALDATA        ;从标号 LOCALDATA 处,装入一个字到 R0
```

【例 3.12】　访问变量。以下程序先取得变量地址，然后读入变量，变量减量，保存。

```
NumCount1 EQU 0xc0002000              ;指出变量地址
          LDR  R0,=NumCount1          ;伪指令,装入 NumCount1 地址到 R0
          LDR  R2,[R0]                ;读出变量值到 R2
          SUB  R2,R2,#1               ;R2-1 送 R2
          STR  R2,[R0]                ;存变量
```

3.2.8　半字、带符号字节/半字传送指令（LDRH、STRH、LDRSB、LDRSH）

1. 指令编码格式

指令编码格式分为两种，一种是偏移量在指定的寄存器中，见图 3-13；另一种是把指

令中的 8 位立即数作为偏移量,见图 3-14。

31	28 27	25 24	23 22	21 20	19	16 15	12 11	8 7	6 5	4 3	0
Cond	000	P U	0	W L	Rn	Rd	0000	1	S H	1	Rm

[3:0] 偏移寄存器

[6] [5] S H

　　00=SWP指令　　01=无符号半字　　10=带符号字节　　11=带符号半字

[15:12] 源/目的寄存器

[19:16] 基址寄存器

[20] 装入/存储位

　　0=存入存储器　　1=从存储器装入

[21] 回写位

　　0=不回写　　1=写地址到基址寄存器

[23] 加/减位

　　0=从基址寄存器减偏移量　1=基址寄存器加偏移量

[24] 先/后索引位

　　0=传送后加或减偏移量　　1=先加或减偏移量再传送

[31:28] 条件域

图 3-13　半字、带符号字节/半字传送指令编码格式(寄存器偏移量)

31	28 27	25 24	23 22	21 20	19	16 15	12 11	8 7	6 5	4 3	0
Cond	000	P U	1	W L	Rn	Rd	Offset	1	S H	1	Offset

[3:0] 立即偏移量(低半字节)

[6] [5] S H

　　00=SWP指令　　01=无符号半字　　10=带符号字节　　11=带符号半字

[11:8] 立即偏移量(高半字节)

[15:12] 源/目的寄存器

[19:16] 基址寄存器

[20] 装入/存储位

　　0=存入存储器　　1=从存储器装入

[21] 回写位

　　0=不回写　　1=写地址到基址寄存器

[23] 加/减位

　　0=从基址寄存器减偏移量　1=基址寄存器加偏移量

[24] 先/后索引位

　　0=传送后加或减偏移量　　1=先加或减偏移量再传送

[31:28] 条件域

图 3-14　半字、带符号字节/半字传送指令编码格式(立即数偏移量)

2. 指令含义

半字、带符号字节/半字传送指令允许在寄存器与存储器之间装入和存储半字数据、装入带符号扩展的字节或半字数据:

LDRH 指令从存储器装入半字数据到寄存器低 16 位,高 16 位用 0 扩展;

STRH 指令保存寄存器中的低半字数据到存储器;

LDRSB 指令从存储器装入一字节数据到寄存器 bit[7:0],用符号位 bit[7]扩展寄存器的 bit[31:8];

LDRSH 指令从存储器装入半字数据到寄存器 bit[15:0],用符号位 bit[15]扩展寄存器的 bit[31:16]。

传送使用的存储器地址,由基址寄存器加或减一个偏移量计算形成。计算出的地址可以回写/不回写基址寄存器。计算地址可以在数据传送前或传送后进行。

1) 偏移量和自动索引

相对基址寄存器的偏移量,有两种指定方法,一种是指令中指定的 8 位无符号立即数作为偏移量,另一种是指令中指定寄存器 Rm,Rm 的值作为偏移量。

参见图 3-14,指令中 bit[11:8]作为 8 位偏移量的高 4 位,bit[3:0]作为低 4 位。

偏移量可以与基址寄存器 Rn 的值相加(U=1),或从基址寄存器 Rn 的值中减去(U=0)。

指令允许先计算地址(P=1)后传送;或先以基址寄存器 Rn 内容作为地址,传送数据,后修改地址(P=0)。W 位给出了一种选择,可以使用自动增量或自动减量寻址方式。当 W=1 时,自动回写,允许使用自动增量或减量;当 W=0 时,不回写,保持基址寄存器原值。

但是在后索引寻址方式(P=0),回写位 W 被认为是多余的,并且总是被设为 0。在后索引寻址方式,规定了传送数据后总是要回写基址寄存器。如果基址寄存器需要保持原值,可以通过把偏移量设置为 0 来实现。因此当选择了后索引寻址方式,回写位 W 应该设置为 0。

2) 半字装入和存储指令

指令中 S=0 且 H=1 时,指令 LDRH 读存储器半字数据装入寄存器;指令 STRH 存寄存器半字数据到存储器。当指令中 L=1 时,表示从存储器装入半字数据到目的寄存器 bit[15:0],高 16 位填 0。当指令中 L=0 时,表示把指定寄存器的 bit[15:0]的数据送存储器。

3) 带符号字节/半字数据装入指令

指令中 S=1 并且 H=0 时,LDRSB 指令装入 1 字节带符号数,并且扩展符号位。方法是将存储器读出的 1 字节数据,装入目的寄存器的 bit[7:0],bit[7]作为符号位,用这一位的值扩展到 bit[31:8]。

指令中 S=1 并且 H=1 时,LDRSH 指令装入半字带符号数,并且扩展符号位。方法是将存储器读出的半字数据,装入目的寄存器的 bit[15:0],bit[15]作为符号位,用这一位的值扩展到 bit[31:16]。

当指令中 S=1 时,指令中的 L 位不能为 0,也就是说带符号字节/半字数据,只能从存储器装入寄存器,不能从寄存器传送到存储器。

对于无符号半字和带符号半字传送指令,计算得到的存储器地址,必须是以半字为边界对齐的地址,也就是地址 A[0]必须为 0;如果 A[0]=1,操作结果不可预知。

4) 使用 R15

如果指定了 R15 作为基址寄存器 Rn,那么不应该指定地址回写。当使用 R15 作为基址寄存器时,应该知道它的值比当前指令的地址多 8 字节。

R15 不能指定作为偏移寄存器 Rm。

在半字存储指令 STRH 中,如果指定了 R15 作为源寄存器,保存的内容将是当前指令地址加 12 的值。

3. 指令汇编格式

指令汇编格式如下:

`<LDR|STR>{cond}<H|SH|SB> Rd,<address>`

其中:

LDR	表示从存储器装入寄存器。
STR	表示寄存器数据送存储器。
{cond}	表示条件码助记符。
H	表示传送半字。
SH	表示装入半字,符号扩展,只用于 LDR。
SB	表示装入字节,符号扩展,只用于 LDR。
Rd	表示寄存器编号。
<address>	有以下 5 种情况。

1) 能产生地址的表达式

汇编器将试图产生一条指令,使用 PC 作为基址寄存器,指令含有适当的立即数作为偏移量,通过计算表达式,能够确定一个地址。这是相对 PC 寻址、先索引寻址。如果该地址超过偏移量能表示的范围,产生错误。

2) 先索引寻址

有以下格式:

[Rn]	表示偏移量为 0。
[Rn,<♯expression>]{!}	其中<expression>通过计算产生一个 8 位立即数,作为字节偏移量。
[Rn,{+/-}Rm]{!}	表示 Rm 内容作为偏移量,与 Rn 加或减。

3) 后索引寻址

有以下格式:

[Rn],<♯expression>	其中<expression>通过计算产生一个 8 位立即数,作为字节偏移量。
[Rn],{+/-}Rm	表示 Rm 内容作为偏移量,与 Rn 加或减。

4) Rn 和 Rm

Rn 和 Rm 是寄存器编号。如果 Rn 指定了 R15,汇编器将从偏移量中减去 8,这是由于流水线的原因引起的。在这种情况下,不能指定回写 R15。

5) 关于{!}

如果汇编指令中出现{!},回写基址寄存器。

4. 使用举例

LDRH	R0,[R1-R2]!	;R1-R2 的值作地址,装入半字数据到 R0 低 16 位,
		;高 16 位用 0 扩展,地址回写 R1
LDRSB	R6,CONSTF	;从标号 CONSTF 处装入一字节到 R6,符号扩展
STRH	R2,[R3,#04]	;R3+04 的值作地址,存 R2 中低 16 位,不回写
LDRSB	R7,[R1],#230	;R1 内容作地址,装入 1 字节数据到 R7 低 8 位,
		;符号扩展,R1+230 回写 R1
LDRNESH	R10,[R1]	;条件执行,R1 内容作地址,装入半字数据到
		;R10 低 16 位,符号扩展
STRH	R1,[R0,#2]!	;R1 中低 16 位存 R0+2 地址中,R0+2 回写 R0

3.2.9　块数据传送指令(LDM、STM)

块数据传送指令也称为多寄存器装入/存储指令,它可以实现多个寄存器与存储器多个单元之间的数据传送。

LDM 指令从存储器装入数据到寄存器;STM 指令保存寄存器内容到存储器。允许使用一条指令传送 16 个寄存器中的任何一个子集或全部寄存器,但不允许寄存器的个数为 0。

1. 指令编码格式

块数据传送指令编码格式见图 3-15。

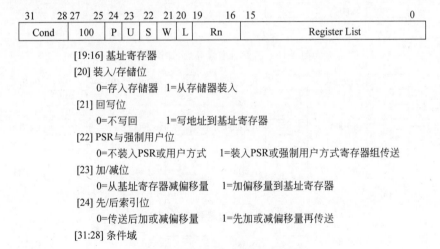

图 3-15　块数据传送指令编码格式

2. 指令含义

块数据传送指令用于装入(LDM)或存储(STM)当前方式可见寄存器组的一个子集或全部寄存器。指令支持所有可能的堆栈方式,维护满或空类型的堆栈,STM 指令操作支持存储器地址增大或减小两种方式。块数据传送指令,对于参数传送、保存和恢复现场或移动存储器中大的数据块,是非常有效的指令。

1) 寄存器列表

块数据传送指令能够引起当前寄存器分组中任何寄存器与存储器之间数据块的传送,在特权方式,程序也能够传送用户组的寄存器,详见本节后续内容。寄存器列表,由指令中的 16 位域 bit[15:0]表示,见图 3-15,指令中 16 位域的每一位对应一个寄存器,如bit[0]对应 R0,bit[0]=1 表示 R0 被传送,bit[0]=0 表示 R0 不被传送。bit[15]对应R15,依次类推。

寄存器列表可以指定寄存器组中任何一个子集或全部寄存器,但不能为空。

当 R15 被存到存储器时,保存的值是 STM 指令地址加 12 的值。

2) 寻址方式

传送地址的确定,由基址寄存器 Rn 的内容、先/后索引位(P)和加/减位(U)共同决定。对寄存器列表确定要传送的寄存器,先传送编号低的寄存器,后传送编号高的寄存器。如果寄存器列表中指定了 R15,它总是被最后传送。列表中编号低的寄存器,传送到(或来自)寻址方式确定的低的存储器地址。例如,当 Rn=0x2000 时,回写位 W=1,使用 STM 指令传送 R2、R4 和 R6 的内容到存储器,不同寻址方式传送过程分别见图 3-16～图 3-19。

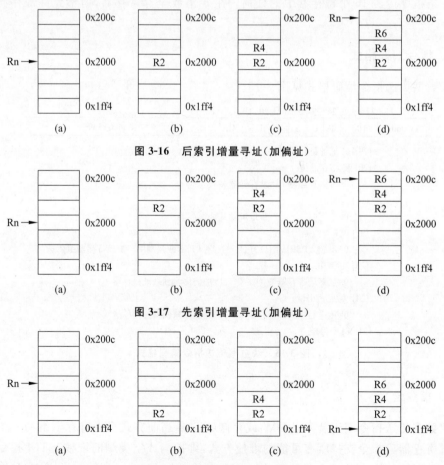

图 3-16　后索引增量寻址(加偏址)

图 3-17　先索引增量寻址(加偏址)

图 3-18　后索引减量寻址(减偏址)

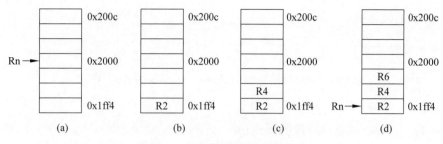

图 3-19　先索引减量寻址(减偏址)

在图 3-16～图 3-19 中给出了不同寻址方式寄存器传送的次序、地址的使用方法和传送完成后 Rn 的值。

在每一种情况下,如果回写位 W=0,Rn 将保留它的初值(0x2000)不变,除非是装入指令并且 Rn 在指令的列表中,这时 Rn 的内容由存储器读出的对应值覆盖。

3)地址对齐

地址通常应该字边界对齐。

4)S 位的使用

在 LDM/STM 指令中,当 S 位被设置,它的含义取决于 R15 是否在传送列表中以及执行的是 LDM 还是 STM 指令。如果指令在特权方式被执行,S 位才允许被设置。以下3 种情况均指在特权方式下指令执行时的含义。

(1)传送列表中有 R15 并且 S 位被设置的 LDM 指令(方式改变)。

在 R15 被装入的同时,SPSR_<mode>被传送到 CPSR,可用于异常处理的返回。

(2)传送列表中有 R15 并且 S 位被设置的 STM 指令(用户方式寄存器组传送)。

传送的寄存器是用户方式寄存器组,而不是当前方式对应的寄存器组。用于程序切换时,保存用户方式的状态(各寄存器)。使用这种机制时,不应该使用基址回写方式。

(3)传送列表中没有 R15 并且 S 位被设置(用户方式寄存器组传送)。

对于 LDM 和 STM 指令,传送的是用户方式寄存器组而不是当前方式对应的寄存器组。用于程序切换时,保存和恢复用户方式的状态(各寄存器)。使用这种机制时,不应该使用基址回写方式。

5)关于使用 R15 作为基址寄存器

LDM 和 STM 指令不应该使用 R15 作为基址寄存器。

6)基址寄存器在寄存器列表中

当指定了回写方式,在指令的第二个周期结束时,基址寄存器被回写。

对于 STM 指令,寄存器列表中的第一个寄存器在指令的第二个周期开始处被送出,写入存储器。因此 STM 指令中如果寄存器列表中含有基址寄存器,并且是第一个被保存的寄存器,那么保存到存储器的值是没有被修改过的基址寄存器的值;如果基址寄存器是列表中指定的第二个或以后的寄存器,则保存的是修改过的值。

对于 LDM 指令,总是用对应存储器单元的值装入并覆盖寄存器列表中基址寄存器的值。

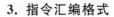

3. 指令汇编格式

指令汇编格式如下:

`<LDM|STM>{cond}<FD|ED|FA|EA|IA|IB|DA|DB>  Rn{!},<RList>{^}`

其中:

{cond}	表示条件码助记符。
Rn	表示基址寄存器编号。
\<RList\>	表示用大括号括起来的寄存器列表,如{R0,R2—R7,R10}。
{!}	表示回写与否。出现! 表示回写,指令中 W=1;否则不回写,W=0。
{^}	如果出现^表示设置 S 位,执行时装入 PC 的同时装入 CPSR,或者在特权方式时强制传送用户寄存器组。

对于 LDM/STM 指令,如果使用堆栈指针寄存器 R13 作为基址寄存器,根据不同形式的堆栈要求,指令中的后缀 FD、ED、FA 和 EA 分别表示满递减堆栈、空递减堆栈、满递增堆栈和空递增堆栈。其中 F 表示满堆栈、E 表示空堆栈、A 表示递增、D 表示递减,具体含义如下。

满堆栈:堆栈指针指向栈中最后一项。

空堆栈:堆栈指针指向栈中下一个可用空间。

递增:STM 指令使堆栈向存储器地址增大方向生长。

递减:STM 指令使堆栈向存储器地址减小方向生长。

递增或递减方式的地址修改偏移量为 4。

另外,如果 LDM/STM 指令不使用 R13 作为基址寄存器,也可以从存储器读块数据到寄存器列表或将指定的寄存器列表内容送存储器。

指令后缀 IA、IB、DA 和 DB 定义了先/后索引和增量/减量位。

其中 I 表示增量,D 表示减量,A 表示后索引,B 表示先索引。

IA、IB、DA 和 DB 分别对应后索引增量、先索引增量、后索引减量和先索引减量寻址方式,详见表 3-5。

增量或减量的地址修改偏移量为 4。

表 3-5　块数据传送指令不使用 R13 作为基址寄存器的寻址方式

指令后缀	寻址方式	地址计算方法
IA	后索引增量	存储器与寄存器之间传送一个字数据后,地址加 4
IB	先索引增量	存储器与寄存器之间传送一个字数据前,地址加 4
DA	后索引减量	存储器与寄存器之间传送一个字数据后,地址减 4
DB	先索引减量	存储器与寄存器之间传送一个字数据前,地址减 4

对于上述堆栈寻址方式和非堆栈寻址方式,寻址方式名、指令助记符以及与指令中 L、P 和 U 位的关系见表 3-6。

表 3-6　LDM/STM 指令寻址方式名及指令助记符与指令中对应位的关系

寻址方式名	堆栈寻址方式		其他寻址方式		L 位	P 位	U 位
先索引增量装入	LDMED	空递减	LDMIB	先索引增量	1	1	1
后索引增量装入	LDMFD	满递减	LDMIA	后索引增量	1	0	1
先索引减量装入	LDMEA	空递增	LDMDB	先索引减量	1	1	0
后索引减量装入	LDMFA	满递增	LDMDA	后索引减量	1	0	0
先索引增量存储	STMFA	满递增	STMIB	先索引增量	0	1	1
后索引增量存储	STMEA	空递增	STMIA	后索引增量	0	0	1
先索引减量存储	STMFD	满递减	STMDB	先索引减量	0	1	0
后索引减量存储	STMED	空递减	STMDA	后索引减量	0	0	0

4. 使用举例

```
LDMFD   SP!,{R1,R2,R3}          ;将 SP 指向的存储器单元多字数据,装入
                                ;R1、R2 和 R3,满递减堆栈,回写 SP
STMIA   R0,{R0-R15}             ;保存全部寄存器内容到 R0 指向的存储器单元,
                                ;R0 值不变
LDMFD   SP!,{R15}               ;将 SP 指向的存储器单元字数据,装入 R15,
                                ;不改变 CPSR,回写 SP
LDMFD   SP!,{R15}^              ;将 SP 指向的存储器单元字数据,装入 R15,同时
                                ;将 SPSR_<mode>的值送 CPSR,回写 SP,
                                ;只允许在特权方式使用
STMFD   R13,{R0-R14}^           ;用户方式寄存器 R0-R14 的内容存入堆栈,
                                ;只允许在特权方式使用
```

【例 3.13】　如下子程序首先在分支前保存工作寄存器 R0-R7 和连接寄存器 R14 的值到堆栈,然后 BL 指令分支到另外的程序,破坏了原 R14 的值,之后 LDMED 指令从堆栈出栈到工作寄存器 R0-R7,将原 R14 连接寄存器的值出栈到 R15(PC),实现了从这个子程序返回的目的。

```
;以下是子程序中的代码
STMED   SP!,{R0-R7,R14}         ;压栈 R0-R7 和 R14,连接寄存器 R14 的内容是调用这个
                                ;子程序的指令的下一个地址,即返回地址
  ⋮
BL      Label1                  ;分支,原 R14 的内容被破坏
  ⋮
LDMED   SP!,{R0-R7,R15}         ;出栈 R0-R7,原 R14 内容出栈到 R15,返回
```

【例 3.14】　将存储器源数据缓冲区 SrcBuff 的 8 个字传送到目的数据缓冲区 DstBuff。

```
LDR     R0,=SrcBuff             ;伪指令,取地址
```

```
LDR       R1,=DstBuff              ;伪指令,取地址
LDMIA     R0,{R2-R9}               ;R0 内容作地址,存储器数据装入 R2-R9
STMIA     R1,{R2-R9}               ;R2-R9 内容存目的地址处
```

3.2.10　单个数据交换指令(SWP)

单个数据交换指令允许寄存器与存储器之间交换字节/字数据。

SWP 指令为字交换指令,允许读出存储器中指定地址的一个字数据,装入一个寄存器,而将另一个寄存器的内容写入存储器的同一个地址中。

SWPB 指令为字节交换指令,允许读出存储器中指定地址的一字节数据,装入一个寄存器的低 8 位,而将另一个寄存器低 8 位的内容写入存储器的同一个地址中。

SWP 和 SWPB 指令中,允许两个寄存器有相同的寄存器名,这样指令的功能就变成了一个寄存器与存储器确定单元之间的字/字节数据交换。

1. 指令含义

单个数据交换指令的执行是由一个存储器读,和跟随着的一个存储器写操作共同完成的。它们被绑在一起,直到这两个操作完成前,处理器不能被中断。与此同时,存储器管理器被告知,把这两个操作看作是不可分割的。

交换的地址由基址寄存器 Rn 的内容确定。处理器首先读交换地址确定的存储器的内容,然后写源寄存器 Rm 的内容到同一内存地址单元,从存储器读出的内容保存到目的寄存器 Rd。源寄存器和目的寄存器可以指定为同一个寄存器,这时指定的寄存器的内容写入存储器,而从存储器读出的数据装入同一个寄存器。

在指令执行读和写操作期间,LOCK 信号变高,送存储器管理器,使得这两个操作被绑在一起。

交换指令中的 Rd、Rn 或 Rm 不允许指定 R15。

2. 指令汇编格式

指令汇编格式如下:

```
<SWP>{cond}{B} Rd,Rm,[Rn]
```

其中:

{cond}	表示条件码助记符。
{B}	出现 B 为字节交换,否则为字交换。
Rd、Rm、Rn	表示寄存器编号。

3. 使用举例

```
SWP    R1,R2,[R3]              ;地址在 R3 中,读存储器内容装入 R1,存 R2 的内容
                               ;到 R3 确定的存储器地址中,字交换
SWPB   R3,R4,[R5]              ;地址在 R5 中,装入一字节到 R3,存 R4[7:0]
```

　　　　　　　　　　　　　　　　　　　;到 R5 确定的存储器地址中

SWPEQ　R1,R1,[R2]　　　　　　　　　;条件执行。条件成立时,将 R1 的内容与 R2 作为

　　　　　　　　　　　　　　　　　　　;地址的存储器单元的内容作字交换

3.2.11　软件中断指令(SWI)

软件中断指令也称为软中断指令,执行 SWI 指令引起中断产生。

1. 指令编码格式

软件中断指令编码格式见图 3-20。

[31:28] 条件域

图 3-20　软件中断指令编码格式

2. 指令含义

　　软件中断指令作为一种控制方法,用来实现从用户方式进入(转换)到管理方式。在其他方式也可以使用 SWI 指令,处理器同样进入到管理方式。

　　执行 SWI 指令引起软件中断陷阱产生,这将改变处理器方式,PC 被强制成固定值 0x08,CPSR 被存到 SPSR_svc。

　　进入软件中断陷阱时,首先将 PC 值保存到 R14_svc 中,保存的 PC 值被调整到跟随在 SWI 指令后的那一个字的地址。从管理方式返回时,使用 MOVS PC,R14_svc 指令,返回到调用程序断点处并恢复 CPSR。

　　指令中的低 24 位 bit[23:0]被称为中断立即数,被处理器忽略,但是可以用来给管理方式的代码传送信息。例如,在管理方式,程序可以查找这个域,并且使用这个立即数去查找各例程的入口点,然后执行各种各样的管理功能。

　　也可以采用另一种方法给管理方式的代码传送信息,而不使用中断立即数。如在 R0 中存放请求服务的类型,要使用的参数放在其他寄存器。

　　当然,还可以使用中断立即数和寄存器共同传送信息。

3. 指令汇编格式

指令汇编格式如下:

SWI{cond} <expression>

其中:

{cond}　　　　　　表示条件码助记符。

<expression>　　将表达式计算后得到的值作为中断立即数。

4. 使用举例

1）只使用中断立即数传送信息

```
SWI  0                              ;中断立即数为 0
SWI  0x123456                       ;中断立即数为 0x123456
```

2）使用中断立即数传送中断请求类型，参数通过寄存器传送

```
MOV  R0,#34                         ;子功能号为 34
SWI  12                             ;中断类型号为 12
```

3）指令中 24 位中断立即数被忽略，由寄存器传送参数

```
MOV  R0,#12                         ;中断类型号
MOV  R1,#34                         ;子功能号
SWI  0                              ;中断立即数将被忽略
```

【例 3.15】 用 SWI 指令的 bit[23:0]给管理方式的代码传送信息。

假定由 SWI 指令 bit[23:8]表示中断类型号，进入管理方式后，由这个类型号转换成相应的地址偏移量，据此查找对应的中断例程入口地址。同时假定 bit[7:0]作为传送给管理方式的数据。

```
        SWI    InputC              ;从输入数据流中,得到下一个字符,汇编后中断
                                   ;立即数为 256
        ⋮
        SWI    Output+"B"          ;输出字符 B 到输出数据流,汇编后中断立即数为
                                   ;512+"B"。"B"作为送给管理方式的数据,
                                   ;汇编后填在指令的 bit[7:0]
        ⋮
        SWINE  Zero                ;条件执行,汇编后中断立即数为 0
        ⋮
                                   ;管理方式代码,例中只列出上述三种软件中断管理的程序结构
0x08    B      Supervisor          ;SWI 入口点。在地址 0x08 处存分支指令,
                                   ;分支到管理方式程序
        ⋮
EntryTable                         ;管理方式例程入口表,存各例程入口地址
        DCD    ZeroRtn             ;存 ZeroRtn 例程入口地址
        DCD    InputCRtn           ;存 InputCRtn 例程入口地址
        DCD    OutputRtn           ;存 OutputRtn 例程入口地址
        ⋮
Zero    EQU    0                   ;由这个数右移 8 位得到中断类型号 0
InputC  EQU    256                 ;由这个数右移 8 位得到中断类型号 1
Output  EQU    512                 ;由这个数右移 8 位得到中断类型号 2
        ⋮
Supervisor                         ;管理程序入口
```

```
            STMFD   R13,{R0-R7,R14}          ;存工作寄存器 R0-R7,存返回地址
            LDR     R0,[R14,#-4]             ;得到 SWI 指令内容
            BIC     R0,R0,0xff000000         ;清除高 8 位
            MOV     R1,R0,LSR #8             ;由指令中的中断立即数 0、256、512 右移 8 位,
                                             ;变成 0、1、2 中断类型号
            ADR     R2,EntryTable            ;例程入口表首址
            LDR     R15,[R2,R1,LSL #2]       ;R1 中断类型号 0、1、2 变成 0、4、8,加入口地址
                                             ;表首址,取出对应例程入口地址送 PC,实现分支
               ⋮
ZeroRtn                                      ;例程入口
               ⋮
            LDMFD   R13,{R0-R7,R15}^         ;恢复工作寄存器,返回并恢复处理方式

InputCRtn                                    ;例程入口
               ⋮

            LDMFD   R13,{R0-R7,R15}^         ;恢复工作寄存器,返回并恢复处理方式
OutputRtn                                    ;例程入口
               ⋮
            LDMFD   R13,{R0-R7,R15}^         ;恢复工作寄存器,返回并恢复处理方式
```

3.2.12　协处理器介绍

ARM 体系结构允许使用协处理器来扩展指令集。

常用的协处理器有控制片内功能的系统协处理器、用于浮点运算的 ARM 协处理器等。

允许各生产厂商根据需要开发自己的专用协处理器,与 ARM 处理器配合工作。

ARM 协处理器有自己专用的寄存器组。

ARM 全部协处理器指令只能与数据处理和数据传送有关。数据处理与传送指令有不同的指令格式。

ARM920T 处理器最多支持 16 个协处理器。在程序执行过程中,ARM 执行的协处理器指令,要指定某一个协处理器进行某种操作,其他协处理器将忽略这条指令。当一个协处理器硬件不能执行属于它的协处理器指令时,ARM920T 产生一个未定义指令异常中断。

对某一个协处理器来讲,并不一定用到协处理器指令中规定的所有域,协处理器具体如何定义和操作,完全由协处理器制造商自己决定。因此 ARM 协处理器指令中的协处理器寄存器标识符、操作符和操作类型(或辅助操作符),也可以有不同的含义或解释。

允许协处理器含有指令队列,队列中存放等待执行的协处理器数据操作指令,也允许协处理器和 ARM920T 并行执行不同的任务。

对于随后介绍的全部协处理器指令,如果不存在指定的协处理器,在 S3C2410A 中将引起未定义指令陷阱产生,这些协处理器指令,能够由未定义指令陷阱程序来仿真。

随后介绍的协处理器指令,指令编码格式中仅 bit[31:24]和 bit[4],以及 LDC 和 STC 指令中的 bit[7:0]对 ARM920T 是有意义的。其余位由协处理器使用。

3.2.13 协处理器数据操作指令(CDP)

协处理器数据操作指令(CDP)用于通知协处理器执行某些协处理器的内部操作。协处理器执行结果无须返回 ARM920T,ARM920T 也不用等待协处理器操作完成。

CDP 指令一般用于初始化协处理器,对 ARM 寄存器和存储器无任何影响。

CDP 指令也可以指定浮点运算协处理器对协处理器的两个寄存器中的数,进行某种浮点运算,结果放在协处理器的第三个寄存器中。

1. 指令含义

CDP 指令中指定的协处理器,将执行<expression1>域(可能也参考<expression2>域)规定的对 cn 和 cm 的操作,结果存 cd。

指令中除了 p♯用作指定协处理器号以外,其他的域可能在不同的协处理器中会重新定义它们的用途。

p♯域用于指定一个协处理器号,范围为 0~15,每个协处理器对应一个编号。除了 p♯域指定的协处理器外,其他协处理器将忽略这条协处理器指令。

2. 指令汇编格式

指令汇编格式如下:

```
CDP{cond} p#,<expression1>,cd,cn,cm{,<expression2>}
```

其中:

{cond}	表示条件码助记符。
p♯	指定的协处理器号。
<expression1>	计算后得到一个常数,作为协处理器操作码。
cd、cn 和 cm	分别代表协处理器寄存器编号。
<expression2>	计算后产生一个常数,作为协处理器辅助操作码。

3. 使用举例

```
CDP     p2,11,c2,c3,c4          ;协处理器 2 进行操作码 11 规定的动作,对 CR3
                                ;和 CR4 进行操作,结果存 CR2
CDPEQ   p3,6,c2,c3,c4,2         ;如果 Z 标志位被设置,协处理器 3 进行操作码 6
                                ;规定的动作(可能也参考辅助操作码 2),对
                                ;CR3 和 CR4 进行操作,结果存 CR2
```

3.2.14 协处理器数据传送指令(LDC、STC)

协处理器数据传送指令用于在存储器和协处理器寄存器之间直接传送数据。

1. 指令编码格式

协处理器数据传送指令编码格式见图 3-21。

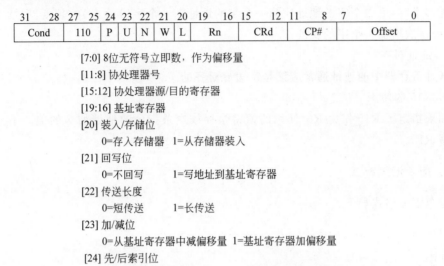

31 28	27 25	24	23	22	21	20	19 16	15 12	11 8	7 0
Cond	110	P	U	N	W	L	Rn	CRd	CP#	Offset

[7:0] 8位无符号立即数，作为偏移量

[11:8] 协处理器号

[15:12] 协处理器源/目的寄存器

[19:16] 基址寄存器

[20] 装入/存储位

  0=存入存储器　　1=从存储器装入

[21] 回写位

  0=不回写　　　1=写地址到基址寄存器

[22] 传送长度

  0=短传送　　　1=长传送

[23] 加/减位

  0=从基址寄存器中减偏移量　1=基址寄存器加偏移量

 [24] 先/后索引位

 0=传送后加或减偏移量　　　　1=先加或减偏移量再传送

[31:28] 条件域

图 3-21　协处理器数据传送指令编码格式

2. 指令含义

LDC 指令用于将存储器的一个字或多个字数据读出，送协处理器寄存器。

STC 指令用于将协处理器一个或多个寄存器的内容，送存储器。

ARM920T 提供存储器地址，协处理器提供或访问数据，并且控制传送的字数。

1) 协处理器域

指令中 CP♯域用于标识协处理器号，只有与这个域的内容相匹配的协处理器，才提供数据或访问数据。

CRd 域和 N 位信息用于协处理器，不同的协处理器可能以不同的方法解释，但是习惯上把 CRd 作为被传送的寄存器(或者在传送一个以上的数据时，作为第一个寄存器)，N 位用于选择两种传送数据长度中的一种。如 N＝0 表示传送一个寄存器的内容，而 N＝1 表示传送全部寄存器的内容。

2) 寻址方式

ARM920T 负责为传送提供存储器地址，寻址方式是单个数据传送指令寻址方式的一个子集。需要注意的是，此处立即数偏移量是 8 位宽度并且用来指定字的偏移量，而单个数据传送指令立即数偏移量是 12 位，指定的是字节偏移量。

寻址计算地址时，8 位无符号立即数偏移量左移 2 位(字地址偏移量)，与基址寄存器相加(U＝1)或从基址寄存器中减去(U＝0)；加或减的计算可以在传送前(P＝1)或传送后(P＝0)进行；计算后得到的值能够回写到基址寄存器(W＝1)或使用基址寄存器原来的值(W＝0)。需要注意的是,此处后索引寻址方式要求明确地设置 W 位,而不像 LDR 和 STR 指令,只要在后索引寻址方式总是回写基址寄存器。

在先索引方式,基址寄存器的值由偏移量修改后,作为传送第一个字的地址。如果要传送多个字,第二个字的地址比第一个字的地址高一个字(4 字节)的长度,后续字的传送,地址每次增加一个字的长度。

3) 地址对齐

基址寄存器中的地址通常应该是字边界对齐的。

4) R15 的使用

如果指定了 R15 作为 Rn,使用的值将是存放本条指令的地址加 8 的值。不允许指定回写 R15。

3. 指令汇编格式

指令汇编格式如下:

```
<LDC|STC>{cond}{L} p#,cd,<Address>
```

其中:

LDC　　　　　从存储器装入数据,直接送协处理器寄存器。

STC　　　　　从协处理器寄存器来的数据,直接存入存储器。

{cond}　　　 表示条件码助记符。

{L}　　　　　出现 L 时长传送(N＝1),否则短传送(N＝0)。

p♯　　　　　指定的协处理器编号。

cd　　　　　 协处理器寄存器编号。

＜Address＞ 可以是如下 3 种情况。

1) 由表达式(expression)产生的地址

汇编器将试图产生一条指令,用 PC 作为基址寄存器,并且使用一个适当的立即数偏移量,通过计算表达式,确定地址。这是相对 PC 寻址、先索引寻址。如果地址出了寻址范围,产生错误。

2) 先索引寻址方式指定

[Rn]　　　　　　　　　　　0 偏移量。

[Rn,＜♯expression＞]{!}　其中＜expression＞作为字节偏移量。

3) 后索引寻址方式指定

[Rn],＜♯expression＞　　　其中＜expression＞作为字节偏移量。

{!}　　　　　　　　　　　　如果出现! 表示回写基址寄存器(设置 W＝1)。

Rn　　　　　　　　　　　　ARM920T 寄存器编号。

注意:如果 Rn 指定为 R15,考虑到 ARM920T 的流水线,汇编器将从偏移值中减去 8。

另外,在指令汇编格式中,地址偏移量以字节表示,而指令编码格式中偏移量的域是以字表示,汇编器将进行调整。

4. 使用举例

```
LDC       p2,c3,table1                 ;用 PC 相对寻址,从 table1 装入一个字,
                                       ;送协处理器 2 的 CR3 寄存器
STCEQL    p3,c4,[R6,#24]!              ;条件执行,存协处理器 3 的 CR4 寄存器内容到
                                       ;存储器,地址为 R6+24 字节,回写 R6,长传送
LDC       p6,c2,[R1]                   ;读取 R1 指向的存储器单元的数据,送
                                       ;协处理器 6 的 CR2 寄存器
LDC       p5,c2,[R2,#4]                ;读 R2+4 指向的存储器单元的数据,送
                                       ;协处理器 5 的 CR2 寄存器
```

3.2.15　协处理器寄存器传送指令(MRC、MCR)

MRC 指令用于从协处理器寄存器向 ARM920T 寄存器传送信息。

MCR 指令用于从 ARM920T 寄存器向协处理器寄存器传送信息。

MRC 指令一个用处是直接传送控制信息到 ARM920T 的 CPSR 中的条件码标志,例如,在协处理器内两个浮点值比较的结果,能够传送到 CPSR。

1. 指令含义

1) 协处理器

指令中 p♯用于指定与哪一个协处理器传送数据。

＜expression1＞、cn、＜expression2＞和 cm 仅由协处理器使用,这里的解释只是习惯用法,当协处理器的功能不兼容时,也允许有其他解释。

习惯上,＜expression1＞和＜expression2＞用来指定要求协处理器执行的操作;cn 是协处理器寄存器,作为传送信息的源或目的;cm 是协处理器第二个寄存器,它可能包含一些具体处理操作,取决于指定的特殊操作。

2) R15 的使用

当 ARM920T 中 R15 作为目的操作数,由协处理器寄存器传送到 R15 时,传送的 bit[31:28]被分别复制到 CPSR 的 N、Z、C 和 V 标志位,传送的其他位被忽略,PC 和 CPSR 的其他位不受影响。

当 ARM920T 中 R15 作为源寄存器,传送到协处理器寄存器时,保存的值是 PC+12。

2. 指令汇编格式

指令汇编格式如下:

```
<MCR|MRC>{cond} p#,<expression1>,Rd,cn,cm{,<expression2>}
```

其中:

MRC　　　　　　　从协处理器传送到 ARM920T 寄存器。

MCR　　　　　　　从 ARM920T 寄存器传送到协处理器。

｛cond｝	表示条件码助记符。
p♯	指定的协处理器编号。
＜expression1＞	通过计算产生一个常数,作为协处理器操作码。
Rd	ARM920T 寄存器编号。
cn 和 cm	协处理器寄存器编号。
＜expression2＞	如果出现,通过计算得到一个常数,作为协处理器辅助操作码。

3. 使用举例

```
MRC     p1,4,R2,c4,c5           ;要求协处理器 1,对协处理器寄存器 CR4 和 CR5
                                ;执行操作 4 规定的动作,并且传送结果返回到
                                ;ARM920T 的 R2
MRCEQ   p2,8,R2,c4,c5,1         ;条件执行,要求协处理器 2,对 CR4 和 CR5 执行
                                ;操作 8(辅助操作码 1),并且传送结果返回 R2
MCR     p13,1,R6,c6,c12,6       ;要求 R6 内容送协处理器 13 的 CR6,执行操作 1
                                ;(辅助操作码 6),结果放 CR12
```

3.2.16　未定义指令

1. 指令含义

如果指令编码格式中 bit[31:28]表示的条件为真,则未定义指令执行,未定义指令陷阱将产生。

2. 指令汇编格式

汇编器没有产生这条指令的助记符,到目前为止,这条指令不被使用。将来为了某些特殊的用途,适合的助记符将被加入到汇编器。

3.3　本章小结

本章系统地讲述了在 ARM920T 处理器上使用的 ARM 指令集中指令的编码格式、指令含义、汇编格式和使用举例。

通过对本章内容的学习,要求基本掌握 ARM920T 处理器上使用的 ARM 指令集中各指令的含义和用法;能够阅读并且理解简单的由汇编指令编写的程序,能够编写简单的汇编程序。

3.4　习　　题

1. 简要回答以下关于 ARM 指令集的问题
(1) 简述 ARM 指令集的主要能力。
(2) 简述程序计数器 pc、连接寄存器 lr、堆栈指针 sp、CPSR 和 SPSR 的用法。

(3) 简述处理器如何从 ARM 状态转换到 Thumb 状态。

(4) ARM 指令对无符号数、带符号数装入字节或半字到寄存器是如何操作的?

(5) 简述 ARM 指令是如何实现条件执行的。

(6) ARM 数据处理指令在什么情况下设置 CPSR 中的条件码标志?

(7) 简述 ARM 数据处理指令如何用 5 位立即数指定移位量,如何用 Rs 指定移位量,以及对 Rm 可以做哪些移位操作。简述如何对指定的 8 位立即数进行循环右移。

(8) 简述在 ARM 状态下,在特权方式或用户方式,同样的 MSR 指令执行结果有何区别。

(9) 简述 ARM 单个数据传送指令中回写/不回写、先/后索引的含义。

(10) 简述 ARM LDM/STM 指令堆栈操作中空、满、递增、递减的含义。

(11) 简述 ARM 软件中断指令编码格式中 bit[23:0]的通常含义。

(12) 简述 ARM 协处理器指令如何指定协处理器和协处理器的寄存器、如何指定协处理器的操作。

(13) 可以与协处理器寄存器交换数据的部件有哪些?

2. 指出以下 ARM 指令格式上存在的错误

(1) STMIA　　　　R5!,{R5,R4,R9}

(2) LDMDA　　　　R2,{}

(3) LDRSB　　　　R1,[R6],R3,LSL ♯4

(4) MOVS　　　　R4,R4,RRX ♯3

(5) RSCLES　　　R0,R15,R0,LSL R4

(6) EORS　　　　R0,R15,R3,ROR R6

(7) MLA　　　　　R1,R1,R6

(8) SMULLE　　　R0,R1,R0,R5

(9) MOVS　　　　R5,R5,RRX ♯2

(10) MVN　　　　R15,R3,ASR R0

(11) MUL　　　　R15,R0,R3

3. 阅读和理解以下程序,在每条指令后写出注释

(1) 对两个 128 位的数据相加,写出数据分别存放在哪两组寄存器中,最低 32 位和最高 32 位分别存放在哪些寄存器中,加注释。

```
Addfunc  ADDS    R0,R4,R8              ;
         ADCS    R1,R5,R9             ;
         ADCS    R2,R6,R10            ;
         ADC     R3,R7,R11            ;
```

(2) 以下用 ARM 汇编指令实现 C 语句:y=(a−b)+c,此处 a、b、c 和 y 分别表示存放变量的地址,阅读并且理解程序的含义,加注释。

```
func1    ADR     R5,a                 ;
         LDR     R1,[R5]              ;
```

```
        ADR     R5,b            ;
        LDR     R2,[R5]         ;
        SUB     R4,R1,R2        ;
        ADR     R5,c            ;
        LDR     R3,[R5]         ;
        ADD     R4,R4,R3        ;
        ADR     R5,y            ;
        STR     R4,[R5]         ;
```

(3) 以下用 ARM 汇编指令实现 C 语句：x＝(a＞＞2)|(b&3)，阅读并且理解程序的含义，加注释。

```
func2   ADR     R5,a            ;
        LDR     R1,[R5]         ;
        MOV     R1,R1,LSR # 2   ;
        ADR     R5,b            ;
        LDR     R2,[R5]         ;
        AND     R2,R2,# 3       ;
        ORR     R2,R1,R2        ;
        ADR     R5,x            ;
        STR     R2,[R5]         ;
```

(4) 求整数 m 和 n 之间所有整数的累加和，假设累加和在 32 位二进制数表示的范围内，m 存放在 R0 中，n 存放在 R1 中，加注释。

```
        AREA    FUNCSUM,CODE,READONLY   ;
        EXPORT  funcsum                 ;
funcsum                                 ;
        STMFD   R13! {R4,R14}           ;
        MOV     R4,# 0                  ;
LOOP1                                   ;
        ADD     R4,R4,R0                ;
        ADD     R0,R0,# 1               ;
        CMP     R0,R1                   ;
        BLE     LOOP1                   ;
        MOV     R0,R4                   ;
        LDMFD   R13! {R4,R14}           ;
        END                             ;
```

(5) 以下用 ARM 汇编指令实现 C 语句：y＝a * (b＋c)，阅读并且理解程序的含义，加注释。

```
Func5   ADR     R4,b            ;
        LDR     R0,[R4]         ;
        ADR     R4,c            ;
        LDR     R1,[R4]         ;
```

```
        ADD     R2,R0,R1                ;
        ADR     R4,a                    ;
        LDR     R0,[R4]                 ;
        MUL     R3,R2,R0                ;
        ADR     R4,y                    ;
        STR     R3,[R4]                 ;
```

（6）以下用 ARM 汇编指令实现 C 语句：

```
if(i<j){
        y=30;
        x=k+h;
    }
else    y=k-h;
```

阅读并且理解程序的含义，加注释。

```
        ADR     R4,i                    ;
        LDR     R0,[R4]                 ;
        ADR     R4,j                    ;
        LDR     R1,[R4]                 ;
        CMP     R0,R1                   ;
        BGE     GEBLOCK                 ;

        MOV     R0,#30                  ;
        ADR     R4,y                    ;
        STR     R0,[R4]                 ;
        ADR     R4,k                    ;
        LDR     R0,[R4]                 ;
        ADR     R4,h                    ;
        LDR     R1,[R4]                 ;
        ADD     R0,R0,R1                ;
        ADR     R4,x                    ;
        STR     R0,[R4]                 ;
        B       NEXTBLOCK               ;
GEBLOCK ADR     R4,k                    ;
        LDR     R0,[R4]                 ;
        ADR     R4,h                    ;
        LDR     R1,[R4]                 ;
        SUB     R0,R0,R1                ;
        ADR     R4,y                    ;
        STR     R0,[R4]                 ;
NEXTBLOCK       ...                     ;
```

附：习题 2 答案

指出以下 ARM 指令格式上存在的错误，答案如下。

（1）R5 的值不确定。

（2）最少要有一个寄存器。

（3）只能用于 LDRB 指令。

（4）RRX 后不能跟随移位次数。

（5）不允许使用 R15。

（6）不允许使用 R15。

（7）Rd 与 Rm 不能是同一个数。

（8）RdLo、RdHi 与 Rm 必须是不同的寄存器。

（9）RRX 不允许带移位次数。

（10）不允许使用 R15。

（11）不允许使用 R15。

第 4 章

ARM 汇编语言特性与编程基础

本章主要内容如下：

(1) ARM 汇编器提供的汇编语言特性，包括行格式、预定义名和内建变量、伪指令、符号、指示符、表达式和操作符等，以及它们的使用；

(2) ARM 汇编语言编程基础，包括调用子程序、条件执行、装入常数和地址到寄存器、装入和存储多个寄存器、多路分支等内容，以及对应的程序代码。

4.1　ARM 汇编语言特性

4.1.1　行格式、预定义名和内建变量

1. 行格式

在 ARM 汇编语言模块中，源代码行的一般格式是：

{symbol}{instruction|directive|pseudo_instruction}{;comment}

也就是：

{符号} {指令|指示符|伪指令} {;注释}

上述行格式中用大括号括起来的 3 部分是可选的。如果一行中没有 symbol，那么指令|指示符|伪指令不能从第 1 列位置开始，在它们前面必须放置空格或 Tab(制表符)字符。

每一条指令的助记符可以使用全部大写或全部小写字母，但不能在同一条指令的助记符中大、小写混用。指示符必须大写。指令中每一个寄存器名能够全部大写或全部小写，但不能大、小写混用。

为了使源文件更容易读，对长度较长的行，可以分成几行输入，在每一行结尾处要放置一个"\"字符(backslash)，在"\"字符后不能跟随任何其他字符，包括不能跟随空格和 Tab 字符。汇编器把"\"看作空格或 Tab。

行长度的限制,取决于行的内容,一般在 128～255 个字符。

可以使用空行,使代码更容易读。

行格式中 symbol 通常是标号(label),在指令或伪指令前它总是标号,在某些指示符前它是表示变量或常量的符号(symbol)。

行格式中 symbol 必须从第一列开始,不能含任何如空格或 Tab 的字符,详见 4.1.3节符号命名规则部分。

在一行中出现的第一个分号";"标记注释开始,但分号出现在一个串常数内不作为注释。行的结束是注释的结束。一行如果只有注释,也是合法的行。汇编器忽略所有的注释。注释仅为了方便程序员对代码的阅读。

2. 预定义寄存器名和协处理器名

以下寄存器名和协处理器名已经由 ARM 汇编器预定义。

1) 预定义寄存器名

R0～R15 和 r0～r15(16 个通用寄存器);

a1～a4(参数、结果或临时寄存器,同 R0～R3);

v1～v8(变量寄存器,同 R4～R11);

sp 和 SP(堆栈指针寄存器,同 R13);

lr 和 LR(连接寄存器,同 R14);

pc 和 PC(程序计数器,同 R15);

sl 和 SL(栈顶指针寄存器,同 R10)。

另外,fp 和 FP(帧指针寄存器,同 R11)、ip 和 IP(过程调用中间临时寄存器,同R12)、sb 和 SB(静态基址寄存器,同 R9)也被预定义,仅用于向后兼容。

2) 预定义程序状态寄存器名

cpsr 和 CPSR;

spsr 和 SPSR。

3) 预定义浮点寄存器名

单精度浮点寄存器 f0～f7 和 F0～F7。

4) 预定义协处理器名和协处理器寄存器名

p0～p15;

c0～c15。

3. 内建变量

内建变量(built in variables)见表 4-1,它们是由 ARM 汇编器定义过的。内建变量不能用 SETA、SETL 或 SETS 指示符设置,它们能被用在表达式或条件中,如:

```
IF {ENDIAN}="big"
```

表 4-1　内建变量

内建变量	描　　　述
{PC} or .	当前指令的地址
{VAR} or @	存储区域位置计数器当前值
{TRUE}	逻辑常量真
{FALSE}	逻辑常量假
{OPT}	当前设置的列表选择值。OPT指示符能被用于保存当前列表选择,强制改变或恢复它的原值
{CONFIG}	如果汇编器在 ARM 方式,值为 32;如果汇编器在 Thumb 方式,值为 16
{ENDIAN}	如果汇编器在大端方式,值为 big;否则,值为 little
{CODESIZE}	如果正在汇编 Thumb 代码,值为 16;否则,值为 32
{CPU}	含有已选择的 cpu 名,如果没有指定 cpu,则为 generic ARM
{ARCHITECTURE}	含有已选择的 ARM 体系结构的值:3,3M,4,4T,4TxM
{PCSTOREOFFSET}	STR pc,[…]或 STM Rb,{…pc}指令地址与存出去的 pc 值之间的偏移量,与 CPU 和体系结构有关

4.1.2　ARM 伪指令与 Thumb 伪指令

　　ARM 汇编器支持 ARM 伪指令和 Thumb 伪指令,在汇编时把它们翻译成适当的 ARM 或 Thumb 指令组合。

　　全部 ARM 和 Thumb 伪指令见表 4-2。Thumb 伪指令在表中用(Thumb)标出。

　　虽然表 4-2 中 Thumb 伪指令 ADR、LDR 和 NOP 与 ARM 伪指令 ADR、LDR 和 NOP 格式完全相同,但相同的伪指令出现在程序中 Thumb 代码区,汇编器识别为 Thumb 伪指令;出现在 ARM 代码区汇编器识别为 ARM 伪指令。

表 4-2　ARM 伪指令与 Thumb 伪指令

伪指令	描　　　述	使 用 举 例	解　　　释
ADR	装入地址	ADR r4,start	将 start 对应地址装入 r4 中
ADRL	装入地址	ADRL r4,start+60000	将 start 对应地址加 60000 装入 r4 中
LDFD	装入双精度浮点数	LDFD f0,=3.12E106	装入双精度浮点数到 f0
LDFS	装入单精度浮点数	LDFS f1,=3.12E−6	装入单精度浮点数到 f1
LDR	装入常数或地址	LDR r1,=0xfff	装入常数 0xfff 到 r1
NOP	无操作	NOP	无操作
ADR	装入地址(Thumb)	ADR r4,test	将 test 对应地址装入 r4
LDR	装入常数或地址(Thumb)	LDR r2,=labelname	装入地址到 r2
MOV	寄存器之间传送(Thumb)	MOV Rd,Rs	将 Rs 内容送 Rd
NOP	无操作(Thumb)	NOP	无操作

由于 LDFD、LDFS 伪指令不太常用,这里不进行描述,有兴趣的读者可参见参考文献[1]。

1. ADR 伪指令

ADR 伪指令装入一个相对程序或相对寄存器的地址到一个寄存器。

1) 格式

```
ADR{condition} register,expression
```

其中:

register   是被装入的寄存器。

expression   是一个相对程序或相对寄存器的表达式,计算产生一个在 255B 内的
非字边界对齐的地址及一个在 1020B 内的字边界对齐的地址。
地址可以是指令或基址寄存器地址之前或之后的地址。

2) 使用

使用中,ADR 总是被汇编成一条指令。汇编器试图产生一条 ADD 或 SUB 指令,装入地址。如果不能用一条指令构造出地址,则产生错误信息,汇编失败。

如果 expression 是相对程序的,计算产生的地址必须与 ADR 伪指令在同一个代码区域。

3) 使用举例

```
Test1  MOV  r1,#0
       ADR  r2,Test1                    ;产生指令 SUB r2,pc,#0xC
```

2. ADRL 伪指令

ADRL 伪指令与 ADR 伪指令功能相似,但 ADRL 能比 ADR 装入更大的地址范围,原因是汇编时 ADRL 产生两条数据处理指令。

ADRL 伪指令格式中的 expression,计算产生一个在 64KB 内的非字边界对齐的地址,或者一个在 256KB 内的字边界对齐的地址。

使用举例

```
start  MOV  r0,#10
       ADRL r4,start+60000             ;产生指令ADD r4,pc,#0xe800
                                       ;       ADD r4,r4,#0x254
```

3. LDR 伪指令

LDR 伪指令装入一个 32 位常数值或一个地址到一个寄存器。

注意,这里仅描述 LDR 伪指令,关于 LDR 指令,请参见 3.2 节。

1) 格式

```
LDR{condition} register,=[expression|label-expression]
```

其中：

register 是被装入的寄存器。

expression 由计算产生一个数值常数，如果 expression 值在 MOV 或 MVN 指令规定的范围内，汇编器产生相应的指令；如果 expression 值不在 MOV 或 MVN 指令规定的范围内，汇编器把常数放在文字池，并且产生一个相对程序的 LDR 指令，从文字池读这个常数。

从 pc 到文字池中保存该常数的地址的偏移量必须小于 4KB。要确认在规定范围内存在一个文字池。

label-expression 是一个相对程序或外部表达式。汇编器保存 label-expression 值到一个文字池，并且产生一个相对程序的 LDR 指令，从这个文字池中装入该值。

从 pc 到文字池中保存该值的地址的偏移量必须小于 4KB。要确认在规定范围内存在一个文字池。

如果 label-expression 是一个外部表达式，或者不是当前区域的常数，汇编器在目标文件放一个连接器可识别的重定位指示符。

2）使用

使用 LDR 伪指令有两个主要目的，一是当一个立即数的值由于超了范围，不能用 MOV 和 MVN 指令装入到一个寄存器时，用 LDR 伪指令产生一个文字池常数；二是装入一个相对程序或外部的地址到一个寄存器。

3）使用举例

```
LDR  r0,=0x1ff                      ;装入 0x1ff 到 r0
LDR  r1,=label                      ;装入 label 地址到 r1
```

4. NOP 伪指令

对 NOP 伪指令，汇编器产生什么也不操作的 ARM 指令：MOV r0,r0。

5. ADR（Thumb）伪指令

ADR 伪指令装入一个相对程序或相对寄存器的地址到一个寄存器。

1）格式

```
ADR register,expression
```

其中：

register 是被装入的寄存器。

expression 是一个相对程序或相对寄存器的表达式，通过计算能产生一个字对齐的地址，范围在 +4～+1020B。expression 必须在当前文件中定义，不能在其他文件中定义。

相对寄存器的表达式，请参阅^或 MAP 指示符。

2）使用

使用中，在 Thumb 状态，ADR 只能产生字对齐的地址。要使用 ALIGN 指示符去确认 expression 是字对齐的。

若表达式是相对程序的，必须计算产生一个与 ADR 伪指令在同一个代码区域的地址。

3）使用举例

```
        ADR     r3,testexml            ;产生指令 ADD r3,pc,#nn
        ;code
        ALIGN
testexml DCW    1,2,3,4
```

6. LDR(Thumb)伪指令

LDR 伪指令装入一个 32 位常数值或一个地址到一个低寄存器中。

注意，这里仅描述 LDR 伪指令，关于 LDR 指令，请参见参考文献[1]的 3.3 节。

1）格式

```
LDR register,=[expression|label-expression]
```

其中：

register   是被装入的寄存器。LDR 仅能访问低寄存器(r0～r7)。

expression   通过计算产生一个数值常数：
                  - 如果表达式的值在 MOV 指令规定的范围内，汇编器产生指令。
                  - 如果表达式的值不在 MOV 指令规定的范围内，汇编器放置这个常数在文字池，并且产生一条相对程序的 LDR 指令，该指令能够从文字池中读这个常数。
                  从 pc 到常数的偏移量必须是正的，并且小于 1KB。要确认在规定的范围内，存在文字池。

label-expression 是一个相对程序或外部的表达式。汇编器放置 label-expression 的值在文字池，并且产生一条相对程序的 LDR 指令，该指令能够从文字池装入这个值。
                  从 pc 到文字池中保存该值地址的偏移量必须是正的，并且小于 1KB。要确认在规定的范围内，存在文字池。
                  如果 label-expression 是一个外部表达式，或没有含在当前区域中，汇编器放一个连接器可识别的重定位指示符在目标文件中。

2）使用

使用 LDR 伪指令有两个主要目的，一是当一个立即数的值由于超出 MOV 指令的范围，不能装入一个寄存器时，产生文字池常数；二是装入一个相对程序或外部的地址到一个寄存器。

3）使用举例

```
LDR   r0,=0x0ffe                    ;装入 0x0ffe 到 r0
LDR   r1,=labeladdr                 ;装入 labeladdr 地址到 r1
```

7. MOV(Thumb)伪指令

MOV 伪指令传送一个低寄存器的值到另一个低寄存器(r0～r7)。而 MOV 指令不能传送一个低寄存器的值到另一个低寄存器。

使用举例

```
MOV   Rd,Rs                         ;汇编器产生指令 ADD Rd,Rs,#0
```

8. NOP(Thumb)伪指令

对 NOP 伪指令,汇编器产生什么也不操作的 Thumb 指令：MOV r8,r8。

4.1.3　符号(symbols)与指示符(directives)

使用符号能够代表变量、地址和数值常数。符号代表地址时,也称为标号。

1. 符号命名规则

符号命名遵守以下规则。
(1) 在符号名中可以使用大、小写字母,数字字符或下划线字符。
(2) 除了局部标号外,不允许在符号名的第一个字符位置使用数字字符。
(3) 符号名中对大、小写字母是有区分的。
(4) 在符号名中所有的字符都是有意义的。
(5) 在它们的作用范围内,符号名必须是唯一的。
(6) 符号名必须不使用内建变量名、预定义寄存器名和预定义协处理器名。
(7) 符号名应该不使用与指令助记符或指示符相同的名字。
(8) 如果需要在符号名中使用更大范围的字符,使用如下举例的格式为符号名画界线：

```
|C$$code|
```

其中,两边的两条竖线不是符号的一部分,只用于为符号名画界线,它们之间不允许使用竖线、分号和换行符。

2. 变量(variables)

变量有 3 种类型：
(1) 数值；
(2) 逻辑；
(3) 串。

变量的类型不能改变,变量的值可以改变。

数值变量取值范围与数值常量或数值表达式取值范围相同,参见 4.1.9 节。

逻辑变量的值可以是{TRUE}或{FALSE}。

串变量的取值范围与串表达式的取值范围相同,参见 4.1.9 节。

使用 GBLA、GBLL、GBLS、LCLA、LCLL 和 LCLS 指示符声明符号代表的变量。

使用 SETA、SETL 和 SETS 指示符给这些变量赋值。具体用法在后续内容中介绍。

3. 汇编时串变量的替换

可以使用串变量作为汇编语言的一整行或一行的一部分。如果在某一位置使用的串变量带有 $ 作为前缀,则汇编器用串变量的值替换串变量。$ 字符通知汇编器,在检查一行的语法前替换源代码行的串。

使用'.'标记变量名结束,如果变量名后有跟随的字符,替换后跟随在串变量的值后,举例如下:

```
SUB4ff    SETS    " SUB r0,r0,#0x1f"      ;设置串变量 SUB4ff 的值,注意串中第一字符
                                          ;位置有一个空格
          $SUB4ff.00                      ;调用 SUB4ff
          ;汇编器替换后,产生
          SUB    r0,r0,#0x1f00
```

4. 标号(labels)

标号是一种符号,代表存储器中指令或数据的地址,在汇编期间通过计算,得到标号的地址。汇编器计算一个标号的地址是通过标号被定义区域的起点实现的。标号可以是相对程序、相对寄存器或绝对地址。

1) 相对程序的标号

相对程序的标号表示程序计数器 pc 加或减一个数值常数。使用这样的标号作为分支指令的目标,或访问嵌入在代码区域中少量的数据项。如果要定义相对程序的标号,可以在一条指令前放置一个标号,或者使用定义常数指示符定义。

定义常数的指示符包括:

DCB、DCD、DCDU、DCFD、DCFDU、DCFS、DCFSU、DCW 和 DCWU。

2) 相对寄存器的标号

相对寄存器的标号表示某个寄存器的内容加一个数值常数。常用于访问数据区域的数据。可以用定义常数的指示符或 MAP 指示符定义。

3) 绝对地址

绝对地址是数值常数,是在 $0 \sim 2^{32}-1$ 内的整数,它们直接给出了存储器的地址。绝对地址常用于异常处理例程和访问存储器映像的 I/O 端口。

5. 局部标号(local labels)

局部标号使用 $0 \sim 99$ 内的一个数,可以有选择地在其后跟随一个表示当前范围的

名字。

局部标号用在指令中,指出分支的目标处。它们不能用于数据。典型用法是在一段程序内用于循环和条件代码,或者局部使用的一小段程序。在宏的内部局部标号特别有用。

在同一段代码中,可以使用相同的数字命名多个局部标号。默认情况下,汇编器会查找相同数字中地址最近的局部标号,也可以通过设置选项改变查找顺序。

使用 ROUT 指示符限制了局部标号的范围,详见 4.1.4 节中 ROUT 指示符内容。

局部标号格式为:

```
n{routname}
```

其中:

n　　　　　　是 0～99 内的一个数;

{routname} 是可选择项,表示当前范围的一个名字。

引用局部标号的格式为:

```
%{F|B}{A|T}n{routname}
```

其中:

%　　　　　　表示引用;

F　　　　　　通知汇编器向前查找局部标号;

B　　　　　　通知汇编器向后查找局部标号;

A　　　　　　通知汇编器查找所有宏的级别;

T　　　　　　通知汇编器只查找宏的这一级别;

n　　　　　　表示局部标号的数值;

routname　是当前范围的名字;

如果没有指定 A 和 T,则汇编器从宏的当前级别到顶级查找,但不查找更低级别的宏。

如果没有指定 F 和 B,则汇编器先向后查找,再向前查找。

如果指定了 routname,汇编器向前查找最近的 ROUT 指示符,若 routname 与该 ROUT 定义的名称不匹配,汇编器报告错误。

使用举例:

```
            ;code
routineaB  ROUT              ;routineaB 范围开始
            ;code
            ;code
            BEQ  %4routineaB  ;引用局部标号 4,%表示引用,routineaB 为范围名
            ;code
            ;code
4routineaB ;code              ;4 为局部标号,routineaB 为范围名
            ;code
```

```
routineaC  ROUT                        ;routineaB 范围结束,routineaC 范围开始
```

6. 常量

常量由数值常量、串常量、布尔常量和字符常量组成。

1) 数值常量

数值常量是 32 位整数。程序员可以把它们看作 $0 \sim 2^{32}-1$ 内的无符号数,或 $-2^{31} \sim 2^{31}-1$ 内的带符号数。然而汇编器不区别 $-n$ 和 $2^{32}-n$。关系操作符,像 $>=$ 等,使用无符号解释,这意味着 $0>-1$ 是{FALSE}。

使用 EQU 指示符定义常量,详见 4.1.6 节中 EQU 指示符内容。定义以后,不能改变这个数值常量的值。

数值常量在汇编语言中采用以下 3 种形式:

(1) 十进制数,如 234;

(2) 十六进制数,如 0x7b 或 0x7B;

(3) n 进制数,格式为 n_xxx,n 是 $2 \sim 9$ 之间的一个基数,xxx 是这个基数下的数值,如 8_375,表示基数为 8(八进制数),数值为 375。

2) 串常量

串常量由开始和结束双引号组成,其中包含字符和空格。

如果在一个文本串中要使用双引号或 $ 符号,必须使用相同的一对字符表示。例如,如果在串中需要一个 $,必须在串中用两个 $,即 $$ 来表示。在一个串内,标准 C 语言转义序列(escape sequences)能够被使用。

3) 布尔常量

布尔常量 TRUE 和 FALSE 必须写作{TRUE}和{FALSE}。

4) 字符常量

字符常量由开始和结束单引号组成,其中包含单个字符或一个转义字符(escape character),允许使用标准 C 语言的转义字符。

使用举例:

```
anum  SETA   3500                      ;假定 anum 在以前声明过
addr  DCD    0x00ff                    ;十六进制数
      DCD    0x00FF                    ;十六进制数
      DCD    2_11000011                ;二进制数
bnum  SETA   8_74007                   ;假定 bnum 在以前声明过,八进制数
      LDR    r1,='A'                   ;字符
```

7. 指示符(directives)

ARM 汇编语言中的指示符,与 80x86 汇编语言中的某些伪指令含义基本相同,因此也有沿袭 80x86 将 ARM 指示符称为伪指令的,但在本书中称为指示符。

汇编器提供指示符用来支持:

(1) 定义数据结构和为数据分配空间;

（2）文件分隔成逻辑上的一个或多个区域；

（3）错误报告和汇编列表控制；

（4）符号定义；

（5）条件汇编和重复汇编，以及在一个文件中包含辅助文件。

指示符可以嵌套，宏定义、WHILE…WEND 循环汇编、IF…ENDIF 条件汇编、GET 或 INCLUDE 指示符能在它们自己内部嵌套，或相互嵌套，嵌套深度不超过 256。

4.1.4　与代码有关的指示符

与代码有关的指示符见表 4-3。

表 4-3　与代码有关的指示符

指示符	描　　述	使 用 举 例	解　　释
AREA	定义区域（定义段）	AREA Test,CODE, READONLY	区域名为 Test,代码,只读
CODE16	汇编成 Thumb 指令	CODE16	随后代码汇编成 Thumb 指令
CODE32	汇编成 ARM 指令	CODE32	随后代码汇编成 ARM 指令
END	源程序结束	END	汇编器不汇编 END 之后的内容
ENTRY	程序入口点	ENTRY	程序从 ENTRY 下一行执行
NOFP	禁止浮点运算	NOFP	声明源文件中不接受浮点指令
ROUT	定义局部标号使用范围	{name} ROUT	局部标号 name 使用范围在 2 个 ROUT 之间

1. AREA、ENTRY 和 END 指示符使用程序举例

例 4.1 给出了一个完整的 ARM 汇编语言模块，具体描述这 3 个指示符的含义及通常用法。

【例 4.1】　用 ARM 汇编语言编写的汇编语言模块举例。

```
        AREA    example,CODE,READONLY    ;命名代码块为 example
        ENTRY                            ;标记第一条要执行的指令
run1    MOV     r1,#20                   ;设置参数
        MOV     r2,#15
        SUB     r1,r1,r2                 ;r1=r1-r2
        ;代码
stop    MOV     r0,#0x18                 ;传送到软件中断的参数
        LDR     r1,=0x20026              ;传送到软件中断的参数,LDR 为 ARM 伪指令
        SWI     0x123456                 ;通过软件中断指令返回
        END                              ;标记文件结束
```

上述例子组成部分说明如下。

（1）定义区域的 AREA 指示符。

AREA 指示符通知汇编器,汇编一个新的代码或数据区域。区域是能被连接器 (linker)处理的、独立的、命名的、不可分的代码或数据块。单一的代码区域(area)是执行一个应用程序的最小要求。通常由两个或更多的区域组成:

- 代码(CODE)区域,通常是只读区域(READONLY);
- 数据(DATA)区域,通常是读/写区域(READWRITE)。

在 ARM 汇编语言源文件中,一个区域开始由 AREA 指示符标记。这个指示符命名区域并且设置它的属性。属性放在名字后,由逗号分开,在本例中为 CODE、READONLY。

可以为区域选择任何名字,然而,如果要使用任何非字母字符作为名字的开始,必须被括住,例如,|1_DataArea|,否则产生一个缺失 AREA 名的错误。

本例中定义了一个区域,名字为 example,这个区域属性指示含有代码并且标记为只读。

(2) 声明汇编程序入口点的 ENTRY 指示符。

ENTRY 指示符标记在一个应用程序中被执行的第一条指令。由于一个应用程序不能有一个以上的入口点,ENTRY 指示符在一个源模块中仅能出现一次。

(3) 应用程序执行。

本例中应用程序代码从标号 run1 处开始执行。

(4) 应用程序终止。

执行主代码后,通过返回控制,终止应用程序并返回到 debugger。通过使用软件中断指令实现返回。在 ARM 状态,SWI 指令中的默认参数是 0x123456,r0 的默认值为 0x18,r1 的默认值为 0x20026。

(5) 源程序结束的 END 指示符。

END 指示符通知汇编器,停止对源文件的处理。每个汇编语言源模块必须用 END 指示符结束,END 指示符必须放在单独的一行。

2. CODE32、CODE16 指示符使用程序举例

例 4.2 给出了由 ARM 状态转换到 Thumb 状态,执行 Thumb 指令的 Thumb 汇编语言模块,并且描述了 CODE32 和 CODE16 指示符的含义及用法。

【例 4.2】 Thumb 汇编语言模块的组成。

```
            AREA      addThumb,CODE,READONLY      ;命名代码块
            ENTRY                                 ;标记第一条执行的指令
            CODE32                                ;以下指令汇编成 ARM 指令
header      ADR       r0,run1+1                   ;处理器从 ARM 状态开始
            BX        r0                          ;代码用于调用 Thumb 主程序
            CODE16                                ;以下指令汇编成 Thumb 指令
run1
            MOV       r0,#101                     ;建立参数
            MOV       r1,#121
            MOV       r2,#43
```

```
            MOV       r3,#55
            BL        addfun                        ;调用子程序
stop        MOV       r0,#0x18                      ;在 Thumb 状态,传送到软件中断的参数
            LDR       r1,=0x20026
            SWI       0xAB
addfun
            ADD       r0,r0,r1                       ;子程序代码
            ADD       r0,r0,r2
            ADD       r0,r0,r3
            MOV       pc,lr                          ;从子程序返回
            END                                      ;标记文件结束
```

CODE32 和 CODE16 指示符通知汇编器,汇编后续指令成为 ARM(CODE32)或 Thumb(CODE16)指令。这两个指示符并不汇编成指令在运行时去改变处理器状态,它们仅改变汇编器状态。

在 Thumb 状态,通过返回控制,终止应用程序并返回到 debugger,注意 SWI 的默认参数是 0xAB,R0 的值是 0x18,R1 的值是 0x20026。

3. 禁止浮点运算的 NOFP 指示符

NOFP 指示符表明在一个汇编语言源文件中不接受浮点指令。

4. 定义局部标号使用范围的 ROUT 指示符

ROUT 指示符标记局部标号使用范围的界线。

1) 格式

```
{name} ROUT
```

其中:

name　　　　　　　是被指定了范围的名字。

2) 使用

在使用中,ROUT 指示符限制了局部标号的使用范围。这使得程序员容易避免偶然引用一个错误的标号这种情况的发生。如果不存在 ROUT 指示符,局部标号的使用范围是整个 AOF 区域。如果存在 ROUT 指示符,局部标号的使用范围在两个 ROUT 之间。

使用 name 选项用于保证每次引用正确的标号。如果标号名或引用标号名与 ROUT 指示符前面的名字不匹配,汇编器产生错误信息,汇编失败。

3) 使用举例

```
            ;code
test2       ROUT
            ;code
3test2      ;code                                  ;这个标号被检查
            ;code
```

```
            BEQ   %4test2                           ;这个引用被检查
            ;code
            BGE   %3                                ;不检查
            ;code
4test2      ;code                                   ;这个标号被检查
            ;code
Otherstuff ROUT                                     ;开始下一个作用范围
```

4.1.5　与数据定义有关的指示符

与数据定义有关的指示符有 DATA、DCB、DCW、DCWU、DCD、DCDU、DCFS、DCFSU、DCFD 和 DCFDU。

另外,SPACE、ALIGN、LTORG、MAP 和 FIELD 指示符与数据存储空间分配、数据区初始化有关,在此一并介绍,参见表 4-4。

表 4-4　与数据定义有关的指示符

指示符	描　述	使 用 举 例	解　释
DATA	在代码中使用数据	Thumb_Data DATA DCB 1,3,4	在代码区域中定义、分配数据
DCB/=	分配字节	Data DCB 1,"AB"	分配字节,确定初值
DCW	分配半字	Data DCW 4	半字对齐,分配半字,确定初值
DCWU	分配半字	Data DCWU 4	不要求半字对齐,分配半字,确定初值
DCD/&	分配字	Data1 DCD 1,5,20	字对齐,分配字,确定初值
DCDU	分配字	Data2 DCDU 3,5,8	不要求字对齐,分配字,确定初值
DCFS	为单精度浮点数分配存储器	DCFS 1E3,−4E−9	字对齐,分配存储器,确定初值
DCFSU	为单精度浮点数分配存储器	DCFSU 1.0,−.1	不要求字对齐,分配存储器,确定初值
DCFD	为双精度浮点数分配存储器	DCFD 1E308	字对齐,分配存储器,确定初值
DCFDU	为双精度浮点数分配存储器	DCFDU 3.1E26	不要求字对齐,分配存储器,确定初值
SPACE/%	分配数据区,初值为 0	Data3 % 255	分配 255B,内容为 0
ALIGN	边界对齐	ALIGN 16	对齐到 16B 边界
LTORG	声明文字池	LTORG	声明此处放置文字池
MAP/^	设置结构化内存表首址	MAP 0,r3	首地址为 0 加 r3 的值
FIELD/#	描述结构化内存表数据域	consta # 16	设置 consta 长度为 16B

由于 DCFS、DCFSU、DCFD 和 DCFDU 指示符不太常用,下文不进行描述,有兴趣的读者可参见参考文献[1]。

1. 在代码中使用数据的 DATA 指示符

DATA 指示符通知汇编器,这个标号是在代码中的数据标号,这意味着标号是在代码区域中的数据的地址。

1) 格式

```
label DATA
```

其中:

label   是定义数据的标号。label 和 DATA 必须在同一行。

2) 使用

使用时,如果需要在 Thumb 代码区域用到某一个数据定义指示符,如 DCD、DCB 和 DCW 定义数据时,必须使用 DATA 指示符。

如果一个标号代表在 Thumb 代码区域的数据的地址,那么 DATA 指示符标记这个标号作为指针,指向在代码区域的数据。也可以在 ARM 代码区域使用 DATA 指示符标记在代码中的数据,DATA 在汇编时被忽略。

3) 使用举例

```
            AREA      test,CODE
Thumb_Code ;code
            ;code
            MOV       pc,lr

Thumb_Data DATA
            DCB       2,5,8
```

2. 分配存储器字节的 DCB 指示符

DCB 也可以用＝指示符代替。

DCB 指示符分配一个或多个存储器中的字节,并且定义初始运行时的存储器内容。

1) 格式

```
{label} DCB expression {,expression}…
```

其中:

expression   是数值表达式,计算产生－128～255 内的一个整数,或者带引号的
                        字符串,串中的字符被顺序地装到存储器。

2) 使用

如果需要在 Thumb 代码中用 DCB 定义带标号的数据,必须使用 DATA 指示符。

如果 DCB 后跟随着指令,应该使用 ALIGN 指示符,以确认指令存放是边界对齐的。

3) 使用举例

不像 C 语言的字符串,ARM 汇编器字符串不是以 0 结束的串,用以下 DCB 可以构造一个以 0 结束的 C 语言的字符串:

```
C_string DCB "C_string",0
```

或定义一个非 0 结束的字符串:

```
Str1 DCB "this is test"
```

或用于定义数值:

```
Data1 DCB 1,2,3
```

3. 分配存储器半字的 DCW 和 DCWU 指示符

DCW 指示符分配一个或多个存储器中的半字,以 2B 边界对齐,定义初始运行时的存储器内容。DCWU 与 DCW 的区别是 DCWU 不要求以 2B 边界对齐。

1) 格式

格式分别是

```
{label} DCW expression{,expression}…
{label} DCWU expression{,expression}…
```

其中:

expression　　　是一个数值表达式,计算产生 $-32\,768 \sim 65\,535$ 内的一个整数。

2) 使用

使用时,如果需要在 Thumb 代码中用 DCW(DCWU)定义一个带标号的数据,必须使用 DATA 指示符。

如果 DCW(DCWU)后跟随着指令,应该使用 ALIGN 指示符,去确认指令存放是字边界对齐的。

为了获得 2B 边界对齐,如果需要,DCW 指示符在第 1 个定义的半字前,会插入 1B 作为填充字节,例如:

```
        AREA    TestData,DATA,READWRITE
Data2   DCB     1,2,3               ;现在不是 2B 对齐
        DCW     4                   ;在 DCW 定义的半字前,会自动插入 1B
                                    ;作为填充
```

DCWU 不插入填充字节。

3) 使用举例

```
        AREA    TestB2,DATA,READWRITE
data2   DCB     1,2,3,4,5           ;现在不是字对齐
        DCWU    -100,4              ;每个数据占 2B,无须对齐
```

4. 分配存储器字的 DCD 和 DCDU 指示符

DCD 也可以用 & 指示符代替。

DCD 指示符分配 1 个或多个存储器中的字,4B 边界对齐,并且定义初始运行时的存

储器内容。DCDU 与 DCD 的区别是 DCDU 不要求 4B 边界对齐。

1）格式

格式分别是

```
{label} DCD expression{,expression}…
{label} DCDU expression{,expression}…
```

其中：

expression　　　　　可以是数值表达式或相对程序的表达式。

2）使用

使用时，如果需要在 Thumb 代码中用 DCD(DCDU)定义一个带标号的数据，必须使用 DATA 指示符。

如果 DCDU 后面跟随着指令，应该使用 ALIGN 指示符，去确认指令存放是字边界对齐的。

为了获得 4B 边界对齐，如果需要，DCD 指示符在第 1 个定义的字前，会插入最多 3B 作为填充字节。

DCDU 不插入填充字节。

3）使用举例

DCD 使用举例：

```
data1    DCD    -100,2,512            ;定义 3 个字,含十进制数-100、2、512
data2    DCD    label6               ;定义 1 个字,含标号 label6 的地址
data3    DCD    test2+6              ;定义 1 个字,含 test2 的值+6
```

DCDU 使用举例：

```
         AREA   TestData,DATA,READWRITE
         DCB    127                  ;现在不是字对齐
data1    DCDU   -100,2,512           ;定义 3 个字,不是字对齐
```

5. 分配数据区并使其初值为 0 的 SPACE 指示符

SPACE 也可以用％指示符代替，该指示符保留存储器的一块内容设置为 0 的数据区。

1）格式

```
{label} % numeric-expression
```

其中：

numeric-expression　　　　经过计算，求出要保留的内容设置为 0 的字节个数。

2）使用

使用时，如果用 ％ 定义了标号的数据在 Thumb 代码中，必须使用 DATA 指示符。

可以使用 ALIGN 指示符去对齐跟在 ％ 指示符后的代码的存放地址。

3) 使用举例

```
        AREA   TestData,DATA,READWRITE   ;命名代码块为 TestData,属性
                                         ;为 DATA,READWRITE
data1   %  127                           ;分配 127B 内容为 0 的存储区
```

6. 边界对齐的 ALIGN 指示符

用 ALIGN 指示符在代码中对齐当前的位置到确定的边界。

1) 格式

```
ALIGN {expression{,offset-expression}}
```

其中:

expression   能够是 $2^0 \sim 2^{31}$ 中任何一个 2 的幂的值。当前的位置被对齐到下一个 2^n B 边界。如果这个参数没有指定,ALIGN 设置指令位置到下一个字边界。

offset-expression   定义从 expression 指定对齐处开始的字节偏移量。

2) 使用

在使用中,用 ALIGN 去确认代码地址被正确对齐。

当需要时,可以使用 ALIGN 去确认 Thumb 代码地址按字对齐。例如,ADR Thumb 伪指令只能装入字对齐的地址。

当数据定义指示符出现在代码区域时,需要使用 ALIGN。如数据定义指示符(DCB、DCW、DCWU、DCDU 和 SPACE)用于代码区域时,程序计数器不一定正好指到一个字边界。当汇编器遇到下一条指令助记符时,如果需要,它最多插入 3B,确认指令在 ARM 状态是字对齐,或在 Thumb 状态是半字对齐。

在 Thumb 代码中,能够使用 ALIGN 2 对齐到半字(2B)边界。

3) 使用举例

对齐到 4B 边界的 ALIGN 使用举例:

```
        AREA   Test,CODE,READONLY
start   LDR    r0,=Test1
        DCB    1                      ;没对齐到 4B
        ALIGN                         ;ALIGN 在默认参数情况下,表示对齐到 4B
                                      ;边界,确认 Test1 地址字对齐
Test1
        MOV    r1,#0xff
```

对齐到 16B 边界的 ALIGN 使用举例:

```
        AREA   Test2,CODE,ALIGN=4
sub1    ;code
        ;code
        MOV    pc,lr                  ;仅对齐到 4B 边界
```

```
        ALIGN   16                      ;现在对齐到 16B 边界
sub2    ;code
```

7. 声明文字池的 LTORG 指示符

LTORG 指示符通知汇编器,立即汇编当前的文字池。

1) 格式

```
LTORG
```

2) 使用

由 AREA 指示符定义开始的每个区域,在代码区域结尾处或汇编结尾处,即使不写出 LTORG,汇编器也执行 LTORG 指示符。

使用 LTORG 确认在 LDR、LDFD 和 LDFS 伪指令范围内,文字池被汇编。大一些的程序可能要求几个文字池。

放 LTORG 指示符应该在无条件分支或子程序返回指令之后,使处理器不会试图把常数当作指令去执行。

在文字池中,汇编器以字边界对齐数据。

3) 使用举例

```
        AREA    Example,CODE,READONLY
start   BL      func1

func1                                   ;函数体
        ;code
        LDR     r1,=0x55555555          ;产生 LDR r1,[pc,#offset to Literal Pool 1]
        ;code
        MOV     pc,lr                   ;函数结束
        LTORG                           ;文字池 1 含文字 55555555
data    %       4200                    ;在当前位置,将存储器 4200B 清 0
        END                             ;默认的文字池是空的
```

8. 定义结构化内存表的 MAP 和 FIELD 指示符

MAP 也可以用^指示符代替。FIELD 也可以用♯指示符代替。

MAP 和 FIELD 指示符用于描述结构化内存表。

1) MAP 指示符

MAP 指示符设置结构化内存表首地址在指定位置。结构化内存表定位计数器用@表示,被设置成相同地址。

(1) 格式:

```
MAP expression{,base-register}
```

其中:

expression　　　　　　是数值或相对程序的表达式：

- 如果不指定 base-register，expression 计算出的地址，是结构
  化内存表的开始地址。结构化内存表定位计数器被设成这个
  地址。
- 如果 expression 是相对程序的，必须先定义标号，后在结构化
  内存表中使用。

base-register　　　　　指定一个寄存器。如果指定了 base-register，结构化内存表开始
　　　　　　　　　　　地址是 expression 与 base-register 在运行时的值之和。
　　　　　　　　　　　指定 base-register 能够定义相对寄存器的标号。

（2）使用：

MAP 指示符可以多次使用，定义多个结构化内存表。

计数器在第一个 MAP 指示符被使用前设置为 0。

（3）使用举例：

```
MAP    0,r3
MAP    0xff,r3
^      0,r3
^      0xff,r3
```

2）FIELD 指示符

FIELD 指示符描述已经由 MAP 定义的结构化内存表中的数据域。

（1）格式：

{label} FIELD expression

其中：

label　　　　　　　　是可选择标号，如果指定，标号被赋予结构化内存表定位计数器@
　　　　　　　　　　的值。然后结构化内存表定位计数器由 expression 的值增量。

expression　　　　　通过计算产生相对结构化内存表计数器的增量的字节数。

（2）使用：

使用^指示符与♯指示符的组合来描述结构化内存表。

（3）使用举例：

使用举例 1：

如下例子表明如何用^和♯指示符定义相对寄存器标号。

```
        ^      0,r9              ;设置@为保存在 r9 中的地址
        #      4                 ;@增量为 4B
LAB     #      4                 ;设置 LAB 地址为[r9+4]，然后@增量 4B
        LDR    r0,LAB            ;相当于 LDR r0,[r9,#4]
```

使用举例 2：

```
        MAP    0x100,R0          ;设置@为 0x100+R0,也就是结构化内存表
```

```
                                            ;首地址为 0x100+R0
```

使用举例 3：

```
            MAP     0x100               ;设置@为 0x100
    consta  #       16                  ;设置 consta 长度为 16B
                                        ;位置从 0x100 开始
    constb  #       32                  ;设置 constb 长度为 32B
                                        ;位置从 0x110 开始
    x       #       256                 ;设置 x 长度为 256B
                                        ;位置从 0x130 开始
```

4.1.6 符号定义指示符

符号定义指示符包括声明并初始化变量、设置变量值的指示符和一些其他指示符。
与变量有关的指示符包括：

- 声明并初始化全局变量的 GBLA、GBLL 和 GBLS 指示符；
- 声明并初始化局部变量的 LCLA、LCLL 和 LCLS 指示符；
- 设置变量值的 SETA、SETL 和 SETS 指示符；
- 其他指示符包括 CN、CP、EQU、EXPORT 或 GLOBAL、FN、IMPORT 或 EXTERN、KEEP、RLIST 和 RN 指示符。

表 4-5 列出了上述符号定义指示符。

表 4-5 符号定义指示符

指示符	描 述	使用举例	解 释
GBLA	声明并初始化全局算术变量	GBLA objectsize	声明,初值为 0
GBLL	声明并初始化全局逻辑变量	GBLL testrun	声明,初值为{FALSE}
GBLS	声明并初始化全局串变量	GBLS str1	声明,初值为空串
LCLA	声明并初始化局部算术变量	LCLA newval	声明,初值为 0
LCLL	声明并初始化局部逻辑变量	LCLL xisodd	声明,初值为{FALSE}
LCLS	声明并初始化局部串变量	LCLS err	声明,初值为空串
SETA	设置算术变量的值	version SETA 21	可对全局、局部变量设定值
SETL	设置逻辑变量的值	Debug SETL {TRUE}	可对全局、局部变量设定值
SETS	设置串变量的值	versionSTR SETS "Version 1.0"	可对全局、局部变量设定值
CN	为协处理器寄存器定义名	power6 CN 6	定义 power6 代表协处理器寄存器 6
CP	为协处理器定义名	dmu6 CP 6	定义 dmu6 代表协处理器 6
EQU/ *	给符号名一个数值常数	num2 EQU 2	符号名 num2 指定值为 2

指示符	描 述	使 用 举 例	解 释
EXPORT/ GLOBAL	声明全局符号	EXPORT DoAdd	声明 DoAdd 是全局符号
FN	为浮点寄存器定义名	Flot6 FN 6	定义 Flot6 代表浮点寄存器 6
IMPORT/ EXTERN	声明其他文件定义的符号	IMPORT __CPP_ INITIALIZE	声明符号不在本文件中定义
KEEP	保留局部符号	KEEP Label	在目标文件符号表中,保留 Label
RLIST	定义寄存器列表名	Context RLIST {r0—r6, r8}	给寄存器 r0—r6、r8 一个名字 Context
RN	定义寄存器名	sqr2 RN 4	给寄存器 4 一个名字 sqr2

1. 声明并初始化全局变量的 GBLA、GBLL 和 GBLS 指示符

GBLA 指示符声明并初始化一个全局算术变量,取值范围与数值表达式相同。

GBLL 指示符声明并初始化一个全局逻辑变量,取值范围为{TRUE}或{FALSE}。

GBLS 指示符声明并初始化一个全局串变量,取值范围与串表达式相同。

1) 格式

格式分别是

```
GBLA variable-name
GBLL variable-name
GBLS variable-name
```

其中:

variable-name 在一个源文件中,variable-name 必须是唯一的。同时:

对 GBLA,它是算术变量名,初值为 0;

对 GBLL,它是逻辑变量名,初值为{FALSE};

对 GBLS,它是串变量名,初值为空串""。

2) 使用

使用时,上述 3 种变量使用范围被限定在含有这些变量的源文件中。

可以使用 SETA、SETL 和 SETS 指示符分别为 3 种变量设定值。

也可以在汇编器命令行选项中设置全局变量。

3) 使用举例

使用举例 1:

```
      GBLA  Test1            ;声明变量名并初始化为 0
Test1  SETA  0xff            ;设置它的值
```

使用举例 2:

```
        GBLL    Test2                   ;声明变量名并初始化为{FALSE}
Test2   SETL    {TRUE}                  ;设置它的值
        IF      Test2
        ;Test2code
        ENDIF
```

使用举例 3：

```
        GBLS    Test3                   ;声明变量名并初始化为空串
Test3   SETS    "Version 1.0"           ;设置它的值
        ;code
        INFO    0,Test3                 ;使用变量
```

2. 声明并初始化局部变量的 LCLA、LCLL 和 LCLS 指示符

局部变量仅能在一个宏内声明。

LCLA 指示符声明并初始化一个局部算术变量,取值范围与数值表达式相同。

LCLL 指示符声明并初始化一个局部逻辑变量,取值范围为{TRUE}或{FALSE}。

LCLS 指示符声明并初始化一个局部串变量,取值范围与串表达式相同。

1) 格式

格式分别是

```
LCLA variable-name
LCLL variable-name
LCLS variable-name
```

其中：

variable-name　　在含有它的宏内,名字必须是唯一的,同时：

　　　　　　　　对 LCLA,它是算术变量名,初值为 0；

　　　　　　　　对 LCLL,它是逻辑变量名,初值为{FALSE}；

　　　　　　　　对 LCLS,它是串变量名,初值为空串""。

2) 使用

使用时,上述 3 种变量被限制在含有它的宏内。

可以用 SETA、SETL 和 SETS 指示符分别为 3 种变量设定值。

3) 使用举例

使用举例 1：计算 2^n 的值,使 2^n 大于或等于给定值且 n 最小。

```
        MACRO                           ;声明宏
$rslt   NPOW2   $value                  ;宏原型行
        LCLA    newval                  ;声明局部算术变量
newval  SETA    1                       ;设置 newval 的值为 1
        WHILE   (newval<$value)         ;循环
newval  SETA    (newval:SHL:1)          ;newval * 2
                                        ;直到 newval>=$value
```

```
        WEND
$rslt   EQU     (newval)                ;用$rslt返回newval值
        MEND                            ;宏结束
```

使用举例 2：在以下程序中，如果 $x 是奇数，则汇编指定的代码。

```
        MACRO                           ;声明宏
$label cases    $x                      ;宏原型行
        LCLL    xisodd                  ;声明局部逻辑变量
xisodd SETL     $x:MOD:2=1              ;由$x设置xisodd值
$label ; code
        IF      xisodd                  ;如果$x是奇数，则汇编跟随的代码
        ; code
        ENDIF
        MEND                            ;宏结束
```

使用举例 3：局部串变量的使用。

```
        MACRO                           ;声明宏
$label message  $a                      ;宏原型行
        LCLS    err                     ;声明局部串变量
err     SETS    "error no:"             ;设定局部串变量的值
$label ; code
        INFO    0,"err":cc::STR:$a      ;使用串
        MEND                            ;宏结束
```

3. 设置变量值的 SETA、SETL 和 SETS 指示符

SETA 指示符设置局部或全局算术变量的值。
SETL 指示符设置局部或全局逻辑变量的值。
SETS 指示符设置局部或全局串变量的值。

1）格式

格式分别是

```
variable-name SETA expression
variable-name SETL expression
variable-name SETS expression
```

其中：

expression　　对 SETA，它是数值表达式；

　　　　　　　对 SETL，它是逻辑表达式；

　　　　　　　对 SETS，它是串表达式。

2）使用

使用 SETA、SETL 和 SETS 之前，必须先声明全局变量或局部变量，后设置它们

的值。

3）使用举例

```
         GBLA    TestNum
TestNum  SETA    50
         GBLL    TestDebug
TestDebug SETL   {TRUE}
         GBLS    VersionName
VersionName SETS "Version 2.5"
```

4. 为协处理器寄存器定义名的 CN 指示符

CN 指示符为协处理器寄存器定义一个名字。协处理器寄存器编号为 0～15。
使用举例

```
Test6   CN  6    ;定义 Test6 作为一个符号,代表协处理器寄存器 6
```

5. 为指定的协处理器定义名的 CP 指示符

CP 指示符为一个指定的协处理器定义一个名字,协处理器编号为 0～15。
使用举例:

```
Testcp6 CP  6    ;定义 Testcp6 作为一个符号,代表协处理器 6
```

6. 给符号名一个数值常数的 EQU 指示符

EQU 也可以用 * 指示符代替。
使用举例:

```
num2 EQU  25     ;给符号 num2 指定值为 25
```

7. 声明全局符号的 EXPORT 或 GLOBAL 指示符

GLOBAL 与 EXPORT 有相同的功能。

EXPORT 指示符声明一个符号,这个符号在别的目标文件或库文件中可以被引用,
通过连接器(linker)去分辨这个符号,达到使用的目的。

1）格式

```
EXPORT symbol {[qualifier{,qualifier}{,qualifier}]}
```

其中:

symbol   是符号名,区别大小写字母。

qualifier   可以是:
            • FPREGARGS,意味着 symbol 引用了一个函数,该函数试图传送
              在浮点寄存器中的浮点变量。

- DATA,意味着 symbol 引用了一个数据位置,而不是函数或过程的入口点。
- LEAF,表示这个函数不可以相互调用。

2）使用

使用 EXPORT 指示符,允许别的文件中的代码引用当前文件中的符号。

使用 DATA 属性,通知连接器,symbol 不是分支的目标处。

3）使用举例

```
          AREA      TestSub,CODE,READONLY
          EXPORT    DoSub                          ;函数名能被外部模块使用
            ⋮
DoSub     SUB       r1,r2,r1
```

8. 为指定的浮点寄存器定义名的 FN 指示符

FN 指示符为一个指定的浮点寄存器定义一个名字。浮点寄存器编号为 0～7。

使用举例：

```
Flot6  FN  6                            ;定义 Flot6 为一个符号,代表浮点寄存器 6
```

9. 声明其他文件定义的符号的 IMPORT 或 EXTERN 指示符

EXTERN 与 IMPORT 有相同的功能。

IMPORT 指示符提供给汇编器一个名字,声明这个名字不是在当前汇编程序中定义的。

1）格式

```
IMPORT symbol{[qualifier{,qualifier}]}
```

其中：

symbol　　　是一个符号名,定义在另外汇编过的文件、目标文件或库文件中。符号名区别大小写字母。

qualifier　　可以是：

- FPREGARGS,意味着 symbol 定义了一个函数,该函数试图传送浮点寄存器中的浮点变量;
- WEAK,表示如果这个 symbol 在别处没有定义,则阻止连接器产生一个错误信息。它也阻止连接器查找未包含的库。

2）使用

使用中,这个符号被看作是另一个文件定义的符号,它被作为程序地址对待。如果不指定[WEAK],并且在连接中没有对应的符号时,则连接器产生一个错误。

如果[WEAK]被指定,并且在连接时没有对应符号,则：

- 如果在分支或分支并且连接指令中引用,符号的值变成引用指令的地址,指令变成 B｛pc｝或 BL｛pc｝；
- 其他情况下,符号的值为 0。

程序员必须避免运行时执行 B｛pc｝或 BL｛pc｝,因为这两条指令会导致循环无法
终止。

为了访问没有定义的符号,可以使用以下代码,在运行时测试用户的环境。

3）使用举例

这个例子测试C++库是否已经被连接,然后根据测试结果条件分支。

```
AREA       Example,CODE,READONLY
IMPORT     __CPP_INITIALIZE[WEAK]     ;如果 C++库已经连接,则得到 CPP_INIT
                                      ;函数地址;否则地址为 0
LDR        r0,__CPP_INITIALIZE
CMP        r0,#0                      ;测试是否为 0
BEQ        nocplusplus                ;根据结果分支
```

10. 保留局部符号的 KEEP 指示符

KEEP 指示符通知汇编器,在目标文件符号表中,保留局部符号。

1）格式

```
KEEP {symbol}
```

其中:

symbol　　是要保留的局部符号名。如果不指定 symbol,除了相对寄存器的符号
以外,保留所有的局部符号。

2）使用

使用 KEEP 保存局部符号,能够用来帮助调试。保存的符号出现在 ARM 调试程序
(debuggers)和连接器的 map 文件中。

KEEP 中的 symbol,只能先定义,后使用。

3）使用举例

```
label   SUBS    r1,r2,r3
        KEEP    label                    ;使 label 在 debuggers 中可用
        SUB     r1,r2,r4
```

11. 定义寄存器列表名的 RLIST 指示符

RLIST 指示符给一组寄存器一个名字。

使用举例:

```
TestRlist RLIST {r0-r3,r5,r7-r10,r15}        ;列表中,寄存器编号应从小到大
```

12. 定义寄存器名的 RN 指示符

RN 指示符为一个指定的寄存器定义一个名字。

使用举例:

```
regname10    RN   10                ;定义 regname10 表示寄存器 10
sqr2         RN   4                 ;定义 sqr2 表示寄存器 4
```

4.1.7　汇编控制指示符

汇编控制指示符见表 4-6。

表 4-6　汇编控制指示符

指 示 符	描　　述	使 用 举 例	解　　释
IF/[	条件汇编,引入条件	IF 条件 　代码 1 {ELSE 　代码 2} ENDIF	汇编器根据条件成立与否,决定汇编代码 1 或代码 2
ELSE/|	条件为假		
ENDIF/]	条件汇编结束		
WHILE	重复汇编,测试条件	WHILE count<=5 　代码 1 WEND	汇编器测试 count＜＝5 成立,则重复汇编代码1,直到条件不成立
WEND	重复汇编结束		
MACRO	宏定义开始		具体内容见对应的指示符
MEND	宏定义结束		
MEXIT	从宏中退出		
INCLUDE/GET	包含源文件	INCLUDE file1.s	包含源文件 file1.s
INCBIN	包含目标/数据文件	INCBIN file1.dat	包含数据文件 file1.dat

1. 条件汇编 IF、ELSE 和 ENDIF 指示符

IF 指示符可以用 [代替;ELSE 指示符可以用 | 代替;ENDIF 指示符可以用] 代替。

IF 指示符引入一个条件,由这个条件决定是否汇编指令和/或指示符代码 1。

ELSE 指示符标记指令和/或指示符代码 2 的开始,当 IF 后的条件为假,则汇编指令和/或指示符代码 2。

ENDIF 指示符标记条件汇编结束。

1) 格式

```
IF logical-expression
指令和/或指示符代码 1
{ELSE
指令和/或指示符代码 2}
ENDIF
```

其中:

logical-expression   是一个逻辑表达式,由计算产生{TRUE}或{FALSE},也称为条件。当 IF 后 logical-expression 为真,则只汇编指令和/或指示符代码 1;否则,只汇编指令和/或指示符代码 2。当不选择 ELSE 及指令和/或指示符代码 2 时,如果 logical-expression 为真,汇编指令和/或指示符代码 1,否则,不汇编指令和/或指示符代码 1。

2）使用

汇编器根据条件决定是否汇编某一段代码。

3）使用举例

```
    GBLL    Test                        ;声明一个全局逻辑变量
        ⋮
[ Test=TRUE                             ;IF…
;指令和/或指示符代码 1
|                                       ;ELSE
;指令和/或指示符代码 2
]                                       ;ENDIF
```

2. 重复汇编 WHILE 和 WEND 指示符

WHILE 指示符测试一个条件,由这个条件决定是否汇编指令和/或指示符代码。

WEND 指示符表示指令和/或指示符代码结束,由 WHILE 再次测试条件,决定是否重复进行汇编,直到条件不成立。

1）格式

```
WHILE logical-expression
指令和/或指示符代码
WEND
```

其中:

logical-expression   是一个能求出{TRUE}或{FALSE}的表达式。

2）使用

在使用中,WHILE 和 WEND 配对使用,对指令和/或指示符代码重复汇编。重复次数可以是 0。

在 WHILE…WEND 内可以使用 IF…ENDIF。WHILE…WEND 能被嵌套使用。

3）使用举例

```
        GBLA    count
            ⋮
count   SETA 3
        WHILE   count<=5
count   SETA    count+1
        ;指令和/或指示符代码                      ;重复汇编 3 次
        WEND
```

3. 宏定义 MACRO、MEND 和退出宏 MEXIT 指示符

MACRO 指示符标记一个宏定义的开始，MEND 指示符标记这个宏定义的结束，而 MEXIT 指示符通知汇编器，从宏中退出。

1）MACRO 和 MEND 指示符

（1）格式：

```
MACRO
macro-prototype
;code
MEND
```

在 MACRO 指示符后，下一行必须跟着宏原型（macro-prototype）语句。

宏原型语句格式是：

```
{$label} macroname {$parameter1{,$parameter2}…}
```

其中：

$ label　　　是一个参数，当调用宏时，用给定的符号去替换这个参数，这个参数不是必须使用的；

macroname　是宏的名字。不能用指令或指示符名作为宏名的开始部分；

$ parameter　是一个参数，当调用宏时被替换。

（2）使用：

使用时，在宏的内部，像 $ label、$ parameter 这些参数，能够像其他变量那样，以同样的方法使用。每次宏调用（macro invocation）时，都要给它们一个新的值。参数必须使用 $，用来与其他符号区别。

$ label 是可选参数。如果宏内定义一个内部标号，$ label 是有用的。它被看作宏的一个参数。

如果使用符号｜作为变量，用于表示一个参数的默认值。如果变量被省略，用空串替换。

如果一个参数后面紧跟着文本或另一个参数，在扩展时它们之间无空格时，用"."放在它们中间。如果前面是文本后面是参数，不能使用"."。

宏定义了局部变量的使用范围。

宏能够被嵌套。

（3）使用举例：

以下例子表明宏定义、宏调用以及宏扩展（macro expansion）所产生的代码。

```
                MACRO                                      ;开始宏定义
$route          exmacro     $sp1,$sp2
                ; code
$route.loop1    ; code
                ; code
```

```
          BGE          $route.loop1
$route.loop2  ; code
          BL           $sp1
          BGT          $route.loop2
          ; code
          ADD          R0,R1,$sp2
          ; code
          MEND         ;结束宏定义

test      exmacro      prg1,R2                    ;调用宏

          ;以下是宏扩展产生的代码
          ; code
testloop1 ; code
          ; code
          BGE          testloop1
testloop2 ; code
          BL           prg1
          BGT          testloop2
          ; code
          ADD          R0,R1,R2
          ; code
          ...
```

2) MEXIT 指示符

MEXIT 用于在宏定义结束前退出。

(1) 格式:

```
MEXIT
```

(2) 使用:

在汇编期间,当需要从一个宏中退出时,使用 MEXIT 指示符。

(3) 使用举例:

```
      MACRO
$exm  macroexm  $parameter1,$parameter2
      ; code
      WHILE condition1
          ; code
          IF condition2
              ; code
              MEXIT                  ;从宏中退出
          ELSE
              ; code
          ENDIF
```

```
            WEND
            ; code
            MEND
```

4. 包含文件的 INCLUDE 和 INCBIN 指示符

GET 指示符与 INCLUDE 指示符含义相同。

INCLUDE 指示符包含一个文件在正在被汇编的文件内,所包含的文件是源文件,也要被汇编,汇编后放在当前位置。

INCBIN 指示符包含一个文件在正在被汇编的文件内,所包含的文件是目标文件或数据文件,不要汇编,放在当前位置。

1) 格式

格式分别是

```
INCLUDE filename
INCBIN filename
```

其中:

filename　　　是在汇编时被包含的文件名。汇编器允许使用 UNIX 或 MS-DOS 文件路径。

2) 使用

使用时,常常将宏定义、EQU 指示符和用 MAP 定义的结构化数据放在一个源文件中,用 INCLUDE 指示符将这个源文件包含在另一个源文件中。汇编器汇编完所包含的文件以后,继续汇编跟在 INCLUDE 指示符后的下一行。

使用 INCBIN 指示符包含可执行文件、文字池或数据。文件内容被填充到当前区域。

3) 使用举例

INCLUDE 使用举例:

```
AREA      Init,CODE,READONLY
INCLUDE   a2.s                        ;包含文件 a2.s
INCLUDE   C:\b1.s                      ;包含文件 b1.s
```

INCBIN 使用举例:

```
AREA      Init,CODE,READONLY
INCBIN    b1.dat                       ;包含文件 b1.dat
INCBIN    D:\project\a2.txt            ;包含文件 a2.txt
```

4.1.8　报告指示符

报告指示符的共同之处是使用它们能够产生一些报告信息,报告指示符见表 4-7。

表 4-7 报告指示符

指示符	描 述	使 用 举 例	解 释
ASSERT	断言	ASSERT label1<=label2	如果断言为假,汇编器产生错误信息
INFO/!	支持错误诊断	!0,"Version 1.0"	第二遍扫描时,报告版本信息
OPT	列表选择	OPT 4	在列表文件中,开始新的一页
SUBT	放置子标题	SUBT First Subtitle	在列表文件中,放置子标题
TTL	放置标题	TTL First Title	在列表文件中,放置标题

各报告指示符在编程时,一般较少使用。对这些指示符有兴趣的读者可以参见参考文献[1]。

4.1.9 表达式和操作符

表达式是符号、值、一元或二元操作符以及括号的组合,在计算时,有严格的优先级。

(1) 在括号中的表达式先计算;

(2) 按操作符的优先级进行计算;

(3) 相邻的一元操作符从右到左计算;

(4) 同优先级的二元操作符从左到右计算。

1. 串表达式

串表达式由串文字(串常量)、串变量和对串处理的操作符及括号的组合组成。

串文字由包含在双引号内的字符串组成。串文字的长度由输入行的长度限制。

对于不能被放在串文字中的字符,能够用一元操作符 :CHR: 放在串表达式中,其后允许放置整数 0~255(ASCII 字符编码)。

串表达式的长度值不能超过 512 个字符。长度可以为 0。

如果串文字中包含一个 $ 或一个双引号时,可以用 $$ 表示 $,用两个双引号表示一个双引号。

使用举例 1:

```
improb  SETS "literal":CC:(strvar2:LEFT:4)      ;设置变量 improb 的值为 literal
                                                ;并连接串变量 strvar2 最左边 4 个
                                                ;字符后形成的值
```

使用举例 2:

```
ab  SETS  "one" "double quote"        ;ab 的值为 one" double quote
cd  SETS  "one$$ dollar symbol"       ;cd 的值为 one$  dollar symbol
```

2. 数值表达式

数值表达式由表示数值常量的符号、数值变量、数值常量、二元操作符和括号的组合组成。

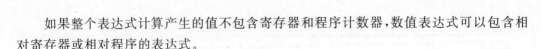

如果整个表达式计算产生的值不包含寄存器和程序计数器,数值表达式可以包含相对寄存器或相对程序的表达式。

数值表达式计算产生 32 位整数。程序员可以把它们看作 $0\sim 2^{32}-1$ 内的无符号数,或看作 $-2^{31}\sim 2^{31}-1$ 内的带符号数。然而汇编器对 $-n$ 和 $2^{32}-n$ 不进行区别。关系操作符,像$>=$等,使用无符号数的解释,因此 $0>-1$ 结果为{FALSE}。

使用举例:

```
a      SETA   256 * 256
       MOV    r1,# (a * 22)
```

3. 相对寄存器和相对程序的表达式

一个相对寄存器的表达式计算产生指定寄存器加或减一个数值常数。

一个相对程序的表达式计算产生程序计数器(pc)加或减一个数值常数。

使用举例:

```
       LDR     r4,=data+4 * n              ;n 是一个汇编时取值的变量
       ; code
       MOV     pc,lr
data   DCD     value0
       ;n-1 个 DCD 指示符
       DCD     valuen                      ;data+4 * n 指向这里
       ;更多的 DCD 指示符
```

4. 逻辑表达式

逻辑表达式由逻辑常量({TRUE}或{FALSE})、逻辑变量、布尔操作符、关系和括号的组合组成。

关系由变量、文字、常量或使用适当操作符的表达式结合在一起组成。

5. 一元操作符(unary operators)

一元操作符(也称单目运算符)有最高优先级并且首先被计算。一元操作符位于它的操作数前面,多个相邻的操作符从右到左计算。

一元操作符见表 4-8。

表 4-8　一元操作符

操 作 符	使　　用	描　　　述
?	? A	由定义符号 A 的行产生的可执行代码的字节数
BASE	:BASE:A	如果 A 是相对程序(pc)或相对寄存器的表达式:BASE 返回它的寄存器编号,常在宏中使用
INDEX	:INDEX:A	如果 A 是相对寄存器的表达式:INDEX 返回相对基址寄存器的偏移量,常在宏中使用

续表

操作符	使用	描　　述
＋ －	＋A －A	一元操作符正和负
LEN	:LEN:A	串 A 的长度
CHR	:CHR:A	ASCII 码 A 对应的一个字符的串
STR	:STR:A	返回 A 的十六进制数的串 对数值表达式,STR 返回一个 8 位的十六进制数的串; 对逻辑表达式,返回串 T 或 F
NOT	:NOT:A	对 A 按位求反
LNOT	:LNOT:A	对 A 逻辑求反
DEF	:DEF:A	如果 A 被定义了,为{TRUE};否则,为{FALSE}

6. 二元操作符(binary operators)

二元操作符(也称双目运算符)被写在一对它们要进行操作的子表达式之间。相同优先级的操作符从左到右计算。

表 4-9 中将二元操作符按优先级不同分为 6 组,1 组优先级最高,组内 ＊、/、MOD 有相同的优先级;6 组优先级最低。

表 4-9　二元操作符

优先级/分类	操作符	使用举例	说　　明	注　　释
1/乘除和取模	＊	A＊B	乘	操作符用于数值表达式
	/	A/B	除	
	MOD	A:MOD:B	B 为除数,对 A 取模	
2/串	LEFT	A:LEFT:B	取 A 串中最左边 B 个字符	A 为串,B 为数值表达式
	RIGHT	A:RIGHT:B	取 A 串中最右边 B 个字符	
	CC	A:CC:B	B 串连接到 A 串尾	A 和 B 均为串
3/移位	ROL	A:ROL:B	A 循环左移 B 位	操作符用于数值表达式,B 为移位次数
	ROR	A:ROR:B	A 循环右移 B 位	
	SHL	A:SHL:B	A 左移 B 位	
	SHR	A:SHR:B	A 右移 B 位	
4/逻辑操作、加减	AND	A:AND:B	A 和 B 按位与	操作符用于数值表达式
	OR	A:OR:B	A 和 B 按位或	
	EOR	A:EOR:B	A 和 B 按位异或	
	＋	A＋B	A 加 B	
	－	A－B	A 减 B	

续表

优先级/分类	操作符	使用举例	说　　明	注　　释
5/关系	=	A=B	判断 A=B	关系操作符作用于两个相同类型的操作数,产生一个逻辑值。操作数可以是数值、相对程序或相对寄存器、串。算术值是无符号数,因此 0>-1 的值为{FALSE}
	>	A>B	判断 A 大于 B	
	>=	A>=B	判断 A 大于或等于 B	
	<	A<B	判断 A 小于 B	
	<=	A<=B	判断 A 小于或等于 B	
	/=	A/=B	判断 A 不等于 B	
	<>	A<>B	判断 A 不等于 B	
6/布尔	LAND	A:LAND:B	A 和 B 逻辑与	A 和 B 必须是表达式,经计算产生值为{TRUE}或{FALSE}
	LOR	A:LOR:B	A 和 B 逻辑或	
	LEOR	A:LEOR:B	A 和 B 逻辑异或	

注：表 4-9 中关系操作符的两个操作数 A 和 B 如果是串,那么：
　(1) 如果串 A 是串 B 的一个子串,且串 A 是串 B 最左边的字符组成的子串,那么串 A 小于串 B 成立;
　(2) 如果串 A 左起某个字符小于串 B 中对应位置的字符,那么串 A 小于串 B 成立。

4.2　ARM 汇编语言编程基础

4.2.1　汇编语言和汇编器

1. 汇编语言

汇编语言是一种能够由 ARM 汇编器(armasm)分析和汇编,然后产生目标代码的语言。汇编语言能够是：

* ARM 汇编语言;
* Thumb 汇编语言;
* ARM 和 Thumb 混合的汇编语言。

汇编器 armasm 能够对 ARM、Thumb 汇编语言或者由它们混合的汇编语言进行汇编。

只能对 Thumb 汇编语言进行汇编的 Thumb 汇编器(tasm)不太常用,在软件开发工具包中可以找到。

可以使用任何文本编辑器输入和编辑程序代码。源程序文件名后缀对应的文件内容如表 4-10 所示。

表 4-10　源程序文件名后缀对应的文件内容

程　　序	文件名后缀	程　　序	文件名后缀
汇编	*.S	C 程序	*.C
引入(包含)文件	*.INC	头文件	*.H

连接器 armlink 能够对汇编器产生的目标文件进行连接。

2. 汇编器

armasm 是 ARM 汇编器。

4.2.2　调用子程序

在汇编语言中调用子程序使用分支并且连接指令 BL,写作:

```
BL label
```

这里 label 用作标号,在子程序的第一条指令前标出。

BL 指令保存返回地址到连接寄存器 lr,改变 pc 到子程序的地址。

子程序代码被执行后,能够使用 MOV pc,lr 指令返回。

习惯上,寄存器 r0~r3 用于存放传送到子程序的参数,从子程序返回时存放返回的结果给调用者。

例 4.3 给出的子程序,加 4 个参数的值,用 r0 返回结果,r0=r0+r1+r2+r3。

【例 4.3】　用 ARM 汇编语言编写的子程序调用程序举例。

```
        AREA    addsubrout,CODE,READONLY      ;命名代码块
        ENTRY                                 ;标记执行的第一条指令
run1    MOV     r0,#101                       ;建立参数
        MOV     r1,#121
        MOV     r2,#43
        MOV     r3,#55
        BL      addfun                        ;调用子程序
stop    MOV     r0,#0x18
        LDR     r1,=0x20026
        SWI     0x123456                      ;通过软件中断指令返回

addfun  ADD     r0,r0,r1                      ;子程序代码
        ADD     r0,r0,r2
        ADD     r0,r0,r3
        MOV     pc,lr                         ;从子程序返回
        END                                   ;标记文件结束
```

4.2.3　条件执行

用户能够使用 ARM 指令的条件执行,减少代码中分支指令的条数。

分支指令增加了代码密度和处理器的周期数。典型的情况是,每次一个分支出现时,重新填充处理器的流水线要花费多个处理器周期时间。

【例 4.4】 求欧几里得(Euclid)最大公约数。

本例中使用了两段代码,实现求欧几里得最大公约数。要注意的是如何使用条件执行去改进代码密度和执行速度。用伪代码将算法描述如下:

```
function gcd (integer a, integer b)
while (a<>b) do
    if (a>b) then
        a=a-b
    else
        b=b-a
    endif
endwhile
result=a
```

假定两个整数已经分别保存在 r0 和 r1,只用分支指令的条件执行,实现 gcd 函数的代码如下:

```
gcd
        CMP     r0,r1
        BEQ     end1
        BLT     less
        SUB     r0,r0,r1
        B       gcd
less
        SUB     r1,r1,r0
        B       gcd
end1
```

由于分支的数量,使这段代码的长度为 7 条指令。每当一个分支发生,处理器必须重填流水线,并且从一个新的位置继续。

由于 ARM 指令集条件执行的特点,能够只用 4 条指令实现 gcd 函数,并且节省了代码执行时间,代码如下:

```
gcd
        CMP     r0,r1
        SUBGT   r0,r0,r1
        SUBLT   r1,r1,r0
        BNE     gcd
```

4.2.4 装入常数到寄存器

除了可以从存储器装入 32 位数据到寄存器外,没有一条 ARM 指令能够装入一个任

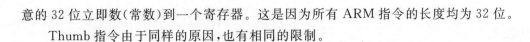

意的 32 位立即数(常数)到一个寄存器。这是因为所有 ARM 指令的长度均为 32 位。

Thumb 指令由于同样的原因,也有相同的限制。

1. 用 MOV 和 MVN 指令直接装入常数

1) 在 ARM 状态用 MOV 和 MVN 指令直接装入常数

在 ARM 状态,能够使用 MOV 和 MVN 指令,直接装入 8 位范围内的常数值到一个寄存器。

- MOV 指令能够装入任意一个 8 位的常数值,范围在 0x0～0xff。
- MVN 指令能够装入 0x0～0xff 按位求反的值,给定范围为 0xffffff00～0xffffffff。

另外,使用 MOV 或 MVN 指令时,连同使用桶形移位器(barrel shifter),能够产生一个更大范围的常数。通过指定 2～30 中的一个偶数作为移位次数,桶形移位器能够对一个 8 位的数值作循环右移。

使用一条 MOV 指令,能够装入表 4-11 中给出的一个数值到寄存器;使用 MVN 指令,能够装入这些数值按位求反的值中的某一个数;但是在这两条指令中必须指定循环右移次数。

表 4-11 ARM 状态立即数

十进制数值	等价十六进制数值	循环右移
0～255	0-0xff	不移
256,260,264,…,1020	0x100-0x3fc	右移 30 位
1024,1040,1056,…,4080	0x400-0xff0	右移 28 位
4096,4160,4224,…,16320	0x1000-0x3fc0	右移 26 位
⋮	⋮	⋮
$64 \times 2^{24}, 65 \times 2^{24}, \dots, 255 \times 2^{24}$	0x40000000-0xff000000	右移 8 位
$4 \times 2^{24}, \dots, 252 \times 2^{24}+3$	0x4000000-0xfc000003	右移 6 位
$16 \times 2^{24}, \dots, 240 \times 2^{24}+15$	0x10000000-0xf000000f	右移 4 位
$64 \times 2^{24}, \dots, 192 \times 2^{24}+63$	0x40000000-0xc000003f	右移 2 位

使用 MOV 和 MVN 指令有两种方法:

(1) 转换某一个值成为一个 8 位常数,随后跟着循环右移位数的值,例如:

```
MOV    r0,#0xff,30          ;r0=1020
```

这需要程序员事先将需要装入 r0 的常数 1020,参考 ARM 状态立即数表(表 4-11),变成一个 8 位立即数 0xff 以及右移位数 30。

(2) 允许汇编器进行转换数值的工作。如果指定了被装入的常数,如果可能,汇编器转换这个常数成为一个可接受的形式,例如:

```
MOV    r0,#0x3fc             ;r0=1020
```

如果这个常数不能被表示成一个循环右移 8 位的值或它的按位求反的值,汇编器报告错误。

表 4-12 给出一些例子,表明汇编器如何对常数进行转换。表中左列是输入到汇编器的指令,右列是汇编器产生的指令。

表 4-12　汇编器产生的常数

输入到汇编器的指令	汇编后的等价指令
MOV　r0,＃0	MOV　r0,＃0
MOV　r1,＃0xff000000	MOV　r1,＃0xff,8
MOV　r2,＃0xffffffff	MVN　r2,＃0
MVN　r3,＃1	MVN　r3,＃1
MOV　r4,＃0xfc000003	MOV　r4,＃0xff,6
MOV　r5,＃0x03fffffc	MVN　r5,＃0xff,6
MOV　r6,＃0x55555555	Error(不能被构造出等价指令)

2) 在 Thumb 状态用 MOV 指令直接装入常数

在 Thumb 状态,能够用 MOV 指令装入 0～255 中的一个常数。不能装入这个范围外的常数,这是因为:

- Thumb 的 MOV 指令,不提供在线对桶形移位器的访问。常数不能像它们在 ARM 状态一样被循环右移;
- Thumb 的 MVN 指令仅对寄存器起作用,对常数值不起作用。

对常数值,不能像它们在 ARM 状态那样,按位求反后直接装入。

如果试图使用 MOV 指令,而值超过 0～255 的范围,汇编器产生一个错误信息。

2. 用 LDR Rd,＝const 伪指令装入常数

LDR Rd,＝const 伪指令能够构造出 1 条含有 32 位常数的指令,但是这条伪指令产生的常数不能超出 MOV 和 MVN 指令规定的范围。

要注意 LDR 伪指令与 LDR 指令的区别,逗号后有"＝"的是伪指令。

LDR 伪指令为指定的常数以下述的方法产生有效的代码:

- 如果常数用 MOV 或 MVN 指令能被构造出来,汇编器产生适当的指令;
- 如果常数用 MOV 或 MVN 指令不能被构造出来,汇编器:
  把常数值放在文字池中;
  文字池是嵌入在代码中的存储器的一个区域,用于保存常数值;
  产生一条 LDR 指令,使用相对程序地址,从文字池中读这个常数。
  例如:

```
LDR  rn,[pc,#offset to literal pool]        ;从[pc+offset]地址装入寄存器 n 一个字
```

对于汇编器产生的 LDR 指令,程序员必须确认在 LDR 指令寻址范围内,存在一

个文字池。

关于文字池的放置：

汇编器在每个区域的尾端放置一个文字池。

在大的区域，默认的文字池可能超出一条或多条 LDR 指令的寻址范围。

- 在 ARM 状态，规定从 PC 到文字池中常数的偏移量 offset 必须小于 4KB；
- 在 Thumb 状态，规定从 PC 到文字池中常数的偏移量 offset 必须小于 1KB。

当一条 LDR Rd,＝const 伪指令要求常数被放在文字池中，汇编器检测某一个先前存在的文字池中的常数是否是可用的，同时检测这个文字池是否可寻址。如果上述两个条件都成立，汇编器给出常数的地址；否则，汇编器试图放置常数到下一个文字池中。如果下一个文字池超出寻址范围，汇编器产生一个错误信息。在这种情况下，程序员必须用 LTORG 指示符在代码中放置一个另外的文字池。LTORG 指示符要放置在失效的 LDR 伪指令后，在 4KB(ARM)或 1KB(Thumb)范围内。

程序员必须把文字池放置在这样一个位置，使处理器不会把这个位置文字池中的常数看作指令试图去执行。因此文字池应该放置在无条件分支指令的后边，也可以放置在一个子程序终了返回指令的后边。

例 4.5 给出文字池放置的一个实例。对于 LDR 伪指令，ARM 汇编器构造或产生的指令在注释中标出。

【例 4.5】 文字池放置实例。

```
        AREA    Literalexp,CODE,READONLY
        ENTRY                           ;标记第一条执行的指令
run1    BL      SUB1                    ;分支到第 1 个子程序
        BL      SUB2                    ;分支到第 2 个子程序
        MOV     r0,#0x18                ;设置参数
        LDR     r1,=0x20026             ;设置参数
        SWI     0x123456                ;软件中断
SUB1
        LDR     r0,=53                  ;产生指令 MOV R0,#53
        LDR     r1,=0x12345678          ;产生指令 LDR R1,[pc,#offset to
                                        ;Literal Pool 1]
        LDR     r2,=0xffffff00          ;产生指令 MVN R2,#0xff
        MOV     pc,lr
        LTORG                           ;文字池 1 含有文字 0x12345678
SUB2
        LDR     r3,=0x12345678          ;产生指令 LDR R3,[PC,#offset to
                                        ;Literal Pool 1]
        ;LDR    r4,=0x77777777          ;如果这条伪指令不被注释,会发生错误,
                                        ;原因是文字池 2 出了范围
        MOV     pc,lr
LargeTable
        %       5000                    ;从当前地址开始清零
                                        ;5000B 存储器区域
        END                             ;文字池 2 为空
```

4.2.5　装入地址到寄存器

程序中经常需要把地址装入寄存器,如装入一个串常数的地址,或一个跳转表的开始位置。

有如下两种方法实现装入地址到寄存器。

- 直接装入寄存器:通过使用 ADR 或 ADRL 伪指令去构造一个地址,这个地址通过当前 PC 或别的寄存器与偏移量形成;
- 从文字池中装入地址,文字池是用伪指令 LDR Rd,＝label 形成的。

1. 用 ADR 和 ADRL 伪指令直接装入地址

不用执行存储器访问,伪指令 ADR 和 ADRL 允许装入一个规定范围的地址。ADR 和 ADRL 采取以下两种方式中的一种。

- 相对程序表达式。相对程序表达式是一个标号(label),该标号对应一个偏移量,标号的地址是相对当前 PC 的。也就是说由当前 PC 的值加偏移量能够形成标号的地址。
- 相对寄存器表达式。相对寄存器表达式是一个标号(label),该标号对应一个偏移量,标号的地址是相对保存在一个指定的通用寄存器中的值。也就是说由指定寄存器的值加偏移量能够形成标号的地址。

汇编器转换 ADR rn,label 伪指令,产生:

- 一条 ADD 或一条 SUB 指令,指令用于装入地址,如果地址在规定范围内;
- 错误信息,如果一条指令不能达到这个地址。

偏移量的范围,对非字边界对齐的地址是 255B;对字边界对齐的地址是 1020B (255 字)。

汇编器转换 ADRL rn,label 伪指令,产生:

- 2 条数据处理指令,用于装入地址,如果地址在规定范围内;
- 错误信息,如果使用 2 条指令不能构造出这个地址。

对一个非字边界对齐的地址,ADRL 伪指令的范围是 64KB;对一个字边界对齐的地址,ADRL 伪指令的范围是 256KB。

如果汇编成功,ADRL 被汇编成 2 条指令。即使地址能够以一条指令装入,汇编器也产生 2 条指令。

装入地址超出 ADRL 伪指令规定范围的处理,在随后会讲到。

需要注意的是,ADR 或 ADRL 中用到的标号,必须与 ADR 或 ADRL 伪指令在同一个代码区域;在 Thumb 状态,ADR 只能产生字对齐的地址;ADRL 伪指令在 Thumb 代码中不允许使用,只能用于 ARM 代码。

例 4.6 给出了当汇编 ADR 和 ADRL 伪指令时,汇编器产生的代码类型。在注释中列出的指令是由汇编器产生的 ARM 指令。

【例 4.6】 用 ADR 或 ADRL 伪指令装入地址。

```
        AREA    Loadlabel, CODE,READONLY
        ENTRY                           ;标记执行的第一条指令
run1
        BL      SUBfunc                 ;分支到子程序
        MOV     r0,#0x18                ;设置常数
        LDR     r1,=0x20026
        SWI     0x123456                ;软件中断
        LTORG                           ;建立文字池
SUBfunc ADR     r0,run1                 ;产生 SUB r0,PC,#offset to run1
        ADR     r1,DataBuff             ;产生 ADD r1,PC,#offset to DataBuff
        ;ADR    r2,DataBuff+5000        ;失效,偏移量超范围,不能在 ADD 指令中
                                        ;由 operand2 表示
        ADRL    r3,DataBuff+5000        ;产生 ADD r3,PC,#offset1
                                        ;ADD r3,r3,#offset2
        MOV     pc,lr                   ;返回
DataBuff %      8500                    ;从当前位置开始,对
                                        ;存储器 8500 字节区域清零
        END
```

2. 用 ADR 伪指令实现一个跳转表

例 4.7 给出了实现一个跳转表的 ARM 代码。例中用 ADR 伪指令装入跳转表的地址。例中函数 func1 使用了 3 个自变量,并且用 r0 返回运算结果。由第 1 个自变量确定对第 2 个和第 3 个自变量进行哪些操作。

操作 0:如果自变量 1=0,那么结果=自变量 2+自变量 3;

操作 1:如果自变量 1=1,那么结果=自变量 2-自变量 3;

操作 2:如果自变量 1>1,那么结果=自变量 2 AND 自变量 3。

实现跳转表使用如下指令和汇编指示符。

(1) EQU:EQU 是汇编器的指示符,用于对一个符号给一个指定的值。在本例中,它给符号 num2 指定的值为 2。当在代码中使用到 num2 时,用 2 代替 num2。用这种方法使用 EQU,与在 C 语言中用 #define 定义常数类似。

(2) DCD:DCD 用于声明一个或多个存储的字。本例中每个 DCD 存储一段程序的首地址。

(3) LDR:本例中 LDR PC,[r3,r0,LSL #2]指令装入一个地址到 PC,这个地址是跳转表中所要求的一项,它能够:

- 将 r0 的内容乘以 4,给出一个字的偏移量;
- 加这个结果到跳转表的地址上;
- 将组合地址内容装入程序计数器。

【例 4.7】 用 ADR 伪指令实现一个跳转表。

```
        AREA    GotoList,CODE,READONLY   ;命名代码模块
num2    EQU     2                        ;跳转表中的项数
        ENTRY                            ;标记执行的第一条指令
start
        MOV     r0,#01                   ;设置 3 个参数,R0 中是自变量 1
        MOV     r1,#32                   ;自变量 2
        MOV     r2,#24                   ;自变量 3
        BL      func1                    ;调用函数
        MOV     r0,#0x18
        LDR     r1,=0x20026
        SWI     0x123456

func1                                    ;函数标号
        CMP     r0,#num2                 ;比较,看作无符号整数
        BHS     Andfunc                  ;如果 r0 高于或等于 2,那么转操作 2
        ADR     r3,Table1                ;装入跳转表地址
        LDR     pc,[r3,r0,LSL #2]        ;跳转到适当的程序
Table1
        DCD     Addfunc                  ;保存 Addfunc 地址
        DCD     Subfunc                  ;保存 Subfunc 地址
Addfunc ADD     r0,r1,r2                 ;操作 0
        MOV     pc,lr                    ;返回
Subfunc SUB     r0,r1,r2                 ;操作 1
        MOV     pc,lr                    ;返回
Andfunc AND     r0,r1,r2                 ;操作 2
        MOV     pc,lr
        END                              ;标记文件结束
```

3. 用 LDR Rd,=label 伪指令装入地址

LDR Rd,= 伪指令能够装入任意一个 32 位常数到一个寄存器,如 4.2.4 节所述。它也接受相对程序的表达式,如 label,并且 label 带有偏移量。

通过以下步骤汇编器转换 LDR Rd,=label 伪指令:

- 放 label 地址在文字池中;
- 产生一条相对程序的 LDR 指令,该指令从文字池中读出地址。

例如:

```
LDR  rn,[pc, #offset to literal pool]    ;从地址[pc+offset]装入一个字到寄存器 n
```

必须确认文字池在规定的范围内。

不像 ADR 和 ADRL 伪指令,LDR 能够使用当前区域外的标号。如果标号在当前区域外,汇编器汇编源文件时,在目标代码放一个重定位指示符。

重定位指示符告诉连接器在连接时分辨这个地址。

例 4.8 中,在注释中列出的指令是由汇编器产生的 ARM 指令。

【例 4.8】 使用 LDR 伪指令装入地址。

```
            AREA      LoadAddr, CODE,READONLY
            ENTRY                              ;标记要执行的第一条指令
run1
            BL        sub1                     ;分支到第 1 个子程序
            BL        sub2                     ;分支到第 2 个子程序
            MOV       r0,#0x18
            LDR       r1,=0x20026
            SWI       0x123456
sub1
            LDR       r0,=run1                 ;产生 LDR R0,[PC, #offset to
                                               ;Litpool 1]指令
            LDR       r1,=Databuff+12          ;产生 LDR R1,[PC, #offset to
                                               ;Litpool 1]指令
            LDR       r2,=Databuff+6000        ;产生 LDR R2,[PC, #offset to
                                               ;Litpool 1]指令
            MOV       pc,lr                    ;返回
            LTORG                              ;文字池 1(Litpool 1)
sub2
            LDR       r3,=Databuff+6000        ;产生 LDR R3,[PC, #offset to
                                               ;Litpool 1]指令
                                               ;(与前面的文字池共享)
            ;LDR      r4,=Databuff+6004        ;由于文字池 2 出了范围,如果不作注释,
                                               ;将产生错误
            MOV       pc,lr                    ;返回
Databuff %            8500                     ;从当前位置开始,将 8500B 内存区域清零
            END                                ;文字池 2 超出了上述 LDR 指令的范围
```

4. 用 LDR Rd,＝label 伪指令给出地址的串拷贝

例 4.9 给出用 ARM 代码写的串拷贝的一段程序,拷贝后用一个串覆盖另一个串,覆盖的长度为第 1 个串的长度。程序中用 LDR 伪指令从数据区域分别装入 2 个串地址。注意下述的指令或指示符。

- DCB:DCB 指示符用于定义常数的字节,能够定义一个或多个存储器字节。除了可以定义整数型值外,还可以定义串。
- LDR/STR:本程序中它们使用后索引(post_indexed)寻址方式更新它们的寄存器,例如:

```
LDRB r2,[r1],#1
```

指令用 r1 的内容作为地址,读出内容送 r2,然后 r1 内容加 1,回送 r1。

【例 4.9】　串拷贝。

```
          AREA      StrCopy,CODE,READONLY
          ENTRY                             ;标记第一条执行的指令
start     LDR       r1,=srcstr              ;第 1 个串指针
          LDR       r0,=dststr              ;第 2 个串指针
          BL        strcopy                 ;调用子程序拷贝
stop      MOV       r0,#0x18
          LDR       r1,=0x20026
          SWI       0x123456
strcopy
          LDRB      r2,[r1],#1              ;装入字节并且更新地址
          STRB      r2,[r0],#1              ;存储字节并且更新地址
          CMP       r2,#0                   ;检测为零则终止
          BNE       strcopy                 ;如不为零则继续
          MOV       pc,lr                   ;返回

          AREA      Strings, DATA, READWRITE
srcstr    DCB       "Source string-First string",0
dststr    DCB       "Destination string-Second string",0
          END
```

4.2.6　装入和存储多个寄存器指令

1. 用 LDR 和 STR 指令作块拷贝

例 4.10 是一段 ARM 代码程序,能够从数据块的源地址拷贝一组字到目的地址处,每次只拷贝一个字。

【例 4.10】　用 LDR 和 STR 指令作块拷贝。

```
          AREA      Word,CODE,READONLY      ;代码块名字
num       EQU       20                      ;被拷贝的字数
          ENTRY                             ;标记调用的第一条指令
start
          LDR       r0,=src                 ;r0=源块指针
          LDR       r1,=dst                 ;r1=目的块指针
          MOV       r2,#num                 ;r2=拷贝字数
wordcopy  LDR       r3,[r0],#4              ;从源块装入 1 个字
          STR       r3,[r1],#4              ;保存字到目的块
          SUBS      r2,r2,#1                ;计数器减 1
          BNE       wordcopy                ;r2 不为零,继续拷贝
stop      MOV       r0,#0x18
          LDR       r1,=0x20026
          SWI       0x123456

          AREA      BlockData, DATA, READWRITE
```

```
src         DCD     1,2,3,4,5,6,7,8,11,12,13,14,15,16,17,18,21,22,23,24
dst         DCD     0,0,0,0,0,0,0,0,0,0,0,0,0,0,0,0,0,0,0,0
            END
```

2. 用 LDM 和 STM 指令作块拷贝

对于例 4.10 中的块拷贝代码,如果改成使用 LDM 和 STM 指令,效率会更高。假定一次传送 8 个字,在一个被拷贝的块中 8 个字的倍数可以这样去寻找(假如 r2＝被拷贝的字数):

```
MOVS  r3,r2,LSR #3
```

指令执行后,r3 中是 8 个字的倍数,如果执行前 r2＝20,执行后 r3＝2。使用 r3 中的值,可以作为循环的控制次数,在循环中每次拷贝 8 个字。

如果被拷贝的字数小于 8,或虽然大于 8 但不是 8 的整倍数,余下的字可以这样寻找(假如 r2＝被拷贝的字数,r2 的内容允许被破坏):

```
ANDS  r2,r2,#7
```

假定指令执行前 r2＝20,执行后 r2＝4。

例 4.11 列出了重写的块拷贝模块,使用了 LDM 和 STM 指令。

【例 4.11】　用 LDM 和 STM 指令作块拷贝。

```
            AREA      Block,CODE,READONLY      ;代码块名字
num         EQU       20                       ;拷贝字数
            ENTRY                              ;标记第一条调用的指令
start
            LDR       r0,=src                  ;r0=源块指针
            LDR       r1,=dst                  ;r1=目的块指针
            MOV       r2,#num                  ;r2=拷贝字数
            MOV       sp,#0x400                ;设置堆栈指针
blockcopyMOVS         r3,r2,LSR #3             ;求 8 个字的倍数
            BEQ       copywords                ;少于 8 个字传送
            STMFD     sp!,{r4-r11}             ;保存部分工作寄存器
octcopy     LDMIA     r0!,{r4-r11}             ;从源装入 8 个字
            STMIA     r1!,{r4-r11}             ;存到目的块
            SUBS      r3,r3,#1                 ;计数器减 1(拷贝 8 个字)
            BNE       octcopy                  ;r3 不为零,继续拷贝
            LDMFD     sp!,{r4-r11}             ;恢复原来的值
copywordsANDS         r2,r2,#7                 ;零碎的字 (少于 8)拷贝
            BEQ       stop                     ;没有字需要拷贝
wordcopy    LDR       r3,[r0],#4               ;从源装入字
            STR       r3,[r1],#4               ;存到目的块
            SUBS      r2,r2,#1                 ;计数器减 1
            BNE       wordcopy                 ;r2 不为零,继续拷贝
stop        MOV       r0,#0x18
```

```
          LDR     r1,=0x20026
          SWI     0x123456

          AREA    BlockData, DATA, READWRITE
src       DCD     1,2,3,4,5,6,7,8,11,12,13,14,15,16,17,18,21,22,23,24
dst       DCD     0,0,0,0,0,0,0,0,0,0,0,0,0,0,0,0,0,0,0,0
          END
```

4.2.7　多路分支

以下代码根据 R0 中保存不同的分支索引值,分支到不同的函数。各函数入口地址分别为 Handler0,Handler1……

【例 4. 12】 多路分支。

```
; 多路分支
; 入口          : R0 保持分支索引,值为 1,2,…
          CMP     R0,#maxindex        ;比较 R0 中索引值是否在范围内
          LDRLO   PC,[PC,R0,LSL #2]   ;转换索引值为字偏移量,找到表中对应地址
                                      ;从中装入函数入口地址到 PC,跳转到该位置
          B       IndexOutOfRange     ;跳转到错误处理程序
          DCD     Handler0            ;DCD 是分配字汇编指示符,内容分别是
                                      ;各函数入口地址
          DCD     Handler1
          DCD     Handler2
          DCD     Handler3
          ⋮
```

4.3　本 章 小 结

本章系统地讲述了 ARM 汇编器提供的汇编语言特性,包括行格式、预定义名、内建变量、伪指令、符号、指示符、表达式、操作符等,以及它们的用法和使用实例;讲述了汇编语言编程基础,包括调用子程序、条件执行、装入常数和地址到寄存器、装入和存储多个寄存器、多路分支等内容,给出了使用 ARM 汇编语言编程的一些入门实例。

通过对本章内容的学习,要求基本掌握伪指令、符号、指示符和宏、表达式和操作符的含义和用法;对汇编语言源程序的结构有全面和系统的了解;能够读懂有一定难度的汇编语言源程序;能够编写汇编语言源程序。

4.4　习　　　题

1. 简要回答以下关于汇编语言的问题

(1) 在汇编语言行格式中,symbol 在指令或伪指令前通常称为什么? 在某些指示符

前通常称为什么？

（2）对某些伪指令，如何区分是 ARM 伪指令还是 Thumb 伪指令？

（3）符号与标号、标号与局部标号有哪些区别？

（4）变量有哪几种类型？

（5）举例说明如何从 ARM 指令分支到 Thumb 指令，如何从 Thumb 指令分支到 ARM 指令，写一个完整的汇编程序。

（6）编写一个完整的程序，说明程序的结构。

（7）可以在代码区域定义数据吗？ 如果可以，举例说明如何定义，要注意些什么。

（8）如何将一段代码对齐到 4B 边界？

（9）简述如何使用文字池。

（10）简述全局变量与局部变量的含义。

（11）简述条件汇编的含义和用法。

（12）简述重复汇编的含义和用法。

（13）简述宏定义、宏调用、宏扩展的含义和用法。

（14）如何在一个被汇编的文件内包含另一个源文件或目标文件？

（15）如何声明在其他文件定义的符号？

2. 查找错误、阅读和理解程序，在每条指令后写出注释

（1）在注释中指出以下汇编语句存在的错误。

```
AREA    RoutineA,CODE,READONLY                    ;
MOV     R10,#0xFF00                               ;
        MOV    R0,02                              ;
        SUB1   AND R6,#25                         ;
SEC:    MOV    R2,0xFF                            ;
        MOV    R3,0x200F                          ;
loop    MOV    R2,#2                              ;
        B      Loop                               ;
```

（2）允许 IRQ 中断、禁止 IRQ 中断，加注释。

```
ENABLE_IRQ                                        ;
        MRS    R0,CPSR                            ;
        BIC    R0,R0,#0x80                        ;
        MSR    CPSR,R0                            ;
        MOV    PC,LR                              ;
DISABLE_IRQ                                       ;
        MRS    R0,CPSR                            ;
        ORR    R0,R0,#0x80                        ;
        MSR    CPSR,R0                            ;
        MOV    PC,LR                              ;
```

（3）屏蔽 FIQ、IRQ 中断请求，用 R0 返回当前 CPSR 中的 IRQ 位的状态，加注释。

```
INTS_OFF                                    ;
            MRS     R0,CPSR                 ;
            MOV     R1,R0                   ;
            ORR     R1,R1,#0xc0             ;
            MSR     CPSR,R1                 ;
            AND     R0,R0,#0x80             ;
            MOV     PC,LR                   ;
```

(4) 串比较,两个串均是以0结束的串,加注释。

```
;入口： R0指向第一个串
;     ： R1指向第二个串
;     ： 由BL指令调用的本段代码
;出口： R0<0,如果第一个串比第二个串小
;     ： R0=0,如果第一个串与第二个串相等
;     ： R0>0,如果第一个串比第二个串大
;     ： R1、R2和R3被破坏
strcmp
            LDRB    R2,[R0],#1              ;
            LDRB    R3,[R1],#1              ;
            CMP     R2,#0                   ;
            CMPNE   R3,#0                   ;
            BEQ     return                  ;
            CMP     R2,R3                   ;
            BEQ     strcmp                  ;
return
            SUB     R0,R2,R3                ;
            MOV     PC,LR                   ;
```

(5) 用汇编语言实现块拷贝,每次拷贝48B,块大小是48的整倍数,加注释。

```
;入口：
;     ： R12指向源块的块首
;     ： R13指向目的块的块首
;     ： R14指向源块的块尾
;     ： 源块和目的块的起址是字对齐的
loop        LDMIA   R12!,{R0-R11}           ;
            STMIA   R13!,{R0-R11}           ;
            CMP     R12,R14                 ;
            BLO     loop                    ;
```

(6) 阅读以下程序,说明宏定义、宏调用和宏扩展程序中参数是如何替换的,并加注释。

宏定义：

```
            MACRO
```

```
$label      TestAndBranch  $dest,$reg,$cc

$label      CMP     $reg,#0
            B$cc    $dest
            MEND
```

宏调用：

```
test        TestAndBranch NonZero,r0,NE        ;宏调用
            ⋮
            ⋮
NonZero
```

宏扩展：

```
test        CMP     r0,#0                      ;
            BNE     NonZero                    ;
            ⋮
            ⋮
NonZero
```

第 5 章

chapter 5

存储器控制器及 Nand Flash 控制器

本章主要内容如下：

(1) S3C2410A 与存储器相关的特性，与存储器芯片连接的 S3C2410A 引脚信号，存储器总线周期，特殊功能寄存器含义，存储器组成举例；

(2) Nand Flash 芯片工作原理，Nand Flash 控制器组成、引脚信号含义、特殊功能寄存器含义及 Nand Flash 控制器与芯片连接的举例。

5.1 存储器控制器

本书中，存储器的概念与过去习惯称为内存的概念相同。嵌入式系统中存储器的控制器，通常集成在嵌入式微处理器内部。同样，S3C2410A 中也集成了存储器控制器。

5.1.1 S3C2410A 与存储器相关的特性

S3C2410A 存储器控制器提供了访问存储器的控制信号，另外 S3C2410A 还提供了与存储器相关的地址总线、数据总线等总线控制器信号。

S3C2410A 与存储器相关的特性如下：

- 通过软件选择，系统支持大/小端数据存储格式；
- 全部可寻址空间为 1GB，分为 8 个 bank(体)，每个 bank 为 128MB；
- 使用 nGCS0～nGCS7 作为对应的各 bank 选择信号；
- 系统支持存储器与 I/O 端口统一寻址，SFR Area(特殊功能寄存器区)为 I/O 端口寻址空间；
- bank0～bank7 中每个 bank 的数据总线宽度单独可编程，bank0 通过编程可以设置为 16/32 位数据总线，bank1～bank7 通过编程可以设置成 8/16/32 位数据总线；
- 每个 bank 的存储器访问周期可编程；
- bank1～bank7 支持各 bank 产生等待信号(nWAIT)，用来扩展总线周期；
- bank0～bank5 可以使用 ROM(含 EEPROM、Nor Flash 等)和 SRAM，bank6 和 bank7 可以使用 ROM/SRAM/SDRAM；

- bank0～bank6 开始地址固定,bank6 的 bank 大小可编程;
- bank7 开始地址和 bank 大小可编程;
- 对 SDRAM,在 power-down 模式,支持自己刷新(self-refresh)模式;
- 支持使用 Nor/Nand Flash、EEPROM 等作为引导 ROM。

S3C2410A Reset 后存储空间图见图 5-1。

图 5-1　S3C2410A Reset 后存储空间图

参见图 5-1,图中表示 bank6 和 bank7 实际安装的存储器容量可以各为 2MB,4MB,…,128MB。因此 bank6 的终了地址不同,bank7 的起始地址也不同,但是要求 bank6 和 bank7 实际安装的容量相同,详见表 5-1。

表 5-1　bank6/bank7 起址和终址

地址	2MB	4MB	8MB	16MB	32MB	64MB	128MB
				bank6			
起址	0x3000_0000	0x3000_0000	0x3000_0000	0x3000_0000	0x3000_0000	0x3000_0000	0x3000_0000
终址	0x301f_ffff	0x303f_ffff	0x307f_ffff	0x30ff_ffff	0x31ff_ffff	0x33ff_ffff	0x37ff_ffff
				bank7			
起址	0x3020_0000	0x3040_0000	0x3080_0000	0x3100_0000	0x3200_0000	0x3400_0000	0x3800_0000
终址	0x303f_ffff	0x307f_ffff	0x30ff_ffff	0x31ff_ffff	0x33ff_ffff	0x37ff_ffff	0x3fff_ffff

另外，图 5-1 中最上方 OM[1:0]的含义，表示在 Reset 期间，由于连接到 S3C2410A 的操作模式输入引脚 OM[1:0]逻辑电平的不同，分别表示使用 Nand Flash 作为引导 ROM 模式与否，以及在不使用 Nand Flash 作为引导 ROM 时，bank0 数据总线的宽度或测试模式，详见表 5-2。

表 5-2　OM[1:0]含义

OM1（操作模式 1）	OM0（操作模式 0）	含　　义
0	0	使用 Nand Flash 作为引导 ROM 模式
0	1	bank0 数据总线宽度为 16 位
1	0	bank0 数据总线宽度为 32 位
1	1	测试模式

对应于图 5-1 左半部，在不使用 Nand Flash 作为引导 ROM 时，需要使用 bank0（nGCS0）中安装的芯片作为引导 ROM。由于在第一次访问引导 ROM 前必须先确定 bank0 数据总线的宽度，所以 bank0 的数据总线宽度要求由 Reset 时的 OM[1:0]引脚输入逻辑电平确定，而 bank1～bank7 各个 bank 的数据总线宽度，可以通过对特殊功能寄存器编程确定。

5.1.2　与存储器芯片连接的 S3C2410A 引脚信号及使用

1. 与存储器芯片连接的 S3C2410A 引脚信号

对于存储器，S3C2410A 一般可以与 ROM（如 Nor Flash）、SRAM 和 SDRAM 芯片连接。S3C2410A 与存储器相关的引脚信号一般可以分为两组，一组是 S3C2410A 总线控制器引脚信号，另一组是 S3C2410A 存储器控制器引脚信号，分别见表 5-3 和表 5-4。

表 5-3　S3C2410A 总线控制器引脚信号

信　号	I/O	含　　义
OM[1:0]	I	在 S3C2410A 的 OM[1:0]引脚上连接上拉电阻或下拉电阻，Reset 期间逻辑电平分别表示： 00：使用 Nand Flash 引导　　　01：bank0 数据总线 16 位 10：bank0 数据总线 32 位　　　11：测试模式
ADDR[26:0]	O	地址总线 ADDR[26:0]作为各 bank 的存储器地址线
DATA[31:0]	I/O	数据总线 DATA[31:0]是双向总线，存储器读期间输入数据，存储器写期间输出数据。实际使用的总线宽度可在 8/16/32 位中选择
nGCS[7:0]	O	nGCS[7:0]（General Chip Select）作为 8 个 banks 的选择信号，某一时刻选择其中的一个有效。访问周期数和 bank 大小可编程
nWE	O	nWE（写允许）信号有效，指示当前总线周期是写周期
nOE	O	nOE（输出允许）信号有效，指示当前总线周期是读周期

信　号	I/O	含　义
nXBREQ	I	nXBREQ(Bus Hold Request,总线保持请求)信号有效,表示允许另外的总线主设备请求控制局部总线,响应信号为 nXBACK
nXBACK	O	nXBACK(Bus Hold Acknowledge,总线保持响应)信号有效,指示 S3C2410A 已经出让了局部总线控制权给另外的总线主设备
nWAIT	I	nWAIT 信号有效,表示请求扩展当前总线。只要 nWAIT 为低电平,继续扩展当前总线周期。如果系统中不使用 nWAIT 信号,该引脚接上拉电阻

注:表 5-3 中 OM[1:0]、nXBREQ、nXBACK 并未与存储器芯片连接,仅是总线控制器引脚信号。

表 5-4　S3C2410A SDRAM/SRAM 存储器控制器引脚信号

信　号	I/O	含　义
nSRAS	O	SDRAM 行地址(row address)选通
nSCAS	O	SDRAM 列地址(column address)选通
nSCS[1:0]	O	SDRAM 片选(chip select)
DQM[3:0]	O	SDRAM 数据屏蔽(data mask)
SCLK[1:0]	O	SDRAM 时钟
SCKE	O	SDRAM 时钟允许
nBE[3:0]	O	高字节/低字节允许(在 16bit SRAM 时)
nWBE[3:0]	O	写字节允许

表 5-3 中地址总线为 ADDR[26:0],而图 5-1 中地址总线为 ADDR[29:0],其中 ADDR[29:27]参与译码器产生 nGCS[7:0]或 nSCS[1:0]信号。

表 5-4 中第 3 行 nSCS1 与表 5-3 中 nGCS7 是同一个引脚 F17 发出的信号,nSCS0 与 nGCS6 是同一个引脚 F16 发出的信号。在 bank7 或 bank6 使用 SDRAM 时,从这两个引脚出来的信号为 nSCS1 和 nSCS0,当 bank7 或 bank6 使用 ROM/SRAM 时,从这两个引脚出来的信号是 nGCS7 和 nGCS6。

S3C2410A 的 A16 引脚对应的信号为表 5-4 中的 nBE3:nWBE3:DQM3,C15 引脚对应 nBE2:nWBE2:DQM2,B16 引脚对应 nBE1:nWBE1:DQM1,A17 引脚对应 nBE0:nWBE0:DQM0。同一个引脚连接不同的 ROM/SRAM/SDRAM 时,S3C2410A 发出的信号含义不同,在随后的内容中说明。

2. 地址总线与存储器芯片地址引脚的连接

对 ROM/SRAM/SDRAM,地址总线中的 ADDR[29:27]参与译码器产生 nGCS[7:0]或 nSCS[1:0]信号,某一时刻只有一个信号有效。而地址总线中的 ADDR[26:0]应该与各 bank 的存储器芯片对应引脚连接,但 ADDR1 和 ADDR0 在某个 bank 实际使用的数据总线宽度不同的情况下,可能不连接存储器芯片;并且地址总线中的 ADDR[26:0]与存储器芯片地址引脚的连接也可能不是一一对应关系,详见表 5-5。在本章,地址总线中的 ADDR[26:0] 有时也简单写作 A[26:0]。

表 5-5　地址总线与存储器芯片引脚连接方法

存储器芯片 地址引脚	某 bank 数据总线宽度为 8 位时连接的地址总线	某 bank 数据总线宽度为 16 位时连接的地址总线	某 bank 数据总线宽度为 32 位时连接的地址总线
A0	ADDR0	ADDR1	ADDR2
A1	ADDR1	ADDR2	ADDR3
A2	ADDR2	ADDR3	ADDR4
A3	ADDR3	ADDR4	ADDR5
⋮	⋮	⋮	⋮

表 5-5 中,当某 bank 数据总线宽度为 8 位时,地址总线中的 ADDR0 与芯片地址引脚 A0 连接,ADDR1 与 A1 连接,以此类推,一一对应连接。表 5-5 中当某 bank 数据总线宽度为 16 位时,地址总线中的 ADDR0 不与存储器芯片连接,而用 ADDR1 与芯片地址引脚 A0 连接。表 5-5 中当某 bank 数据总线宽度为 32 位时,地址总线中的 ADDR[1:0] 不与存储器芯片连接,而用 ADDR2 与芯片地址引脚 A0 连接。

S3C2410A 存储器是按字节编址的,也就是说存储器的一个存储单元,保存的内容为 1B;每个存储单元有一个唯一、确定的地址。为了与 8/16/32 位数据总线相适应,地址总线中的 ADDR1、ADDR0 才有表 5-5 中连接或不连接的几种情况,其含义与 80x86 中存储器数据总线宽度不同时,存储器分体、地址总线低位使用或不使用的含义是一样的。

3. 存储器数据总线宽度的确定

对不同的应用场合或设备,使用的嵌入式系统数据总线的宽度,或许有不同的要求。S3C2410A 支持 8/16/32 位数据总线宽度。同一个 bank 的数据总线宽度必须相同,不同 bank 的数据总线宽度可以不同,并且有以下特征:

- bank0 在不使用 Nand Flash 时,数据总线宽度可以选择 16 位或 32 位,由 OM[1:0] 输入引脚在 Reset 时的逻辑电平决定;
- bank1~bank7 中的每个 bank 的数据总线宽度可以分别设置,可选择 8 位、16 位或 32 位中的一种,设置方法在特殊功能寄存器中讲述。

4. bank0 与 ROM 芯片的连接

在不使用 Nand Flash 作为引导 ROM 时,参考图 5-1 左半部分,使用 bank0 作为引导 ROM 区,可以连接 Nor Flash 或 EEPROM 等。由于 Nor Flash 片内带有 SRAM 接口,因此可以直接与存储器控制器连接。另外,Nor Flash 芯片价格比 EEPROM 低,所以通常使用 Nor Flash 芯片较多。

加电之前,bank0 数据总线宽度必须通过 OM[1:0] 提前设置好,只能设置为 16 位或 32 位。另外,信号 nGCS0 作为 bank0 的选择信号。

对于图 5-2 和图 5-3,请注意地址总线、数据总线与芯片引脚连接方法的不同;区别什么情况下使用 nWE 或 nWBE[3:0]信号。

1) bank0 使用 16 位数据总线与 ROM 芯片的连接

图 5-2 表示 bank0 与一片 ROM、数据总线为 16 位时的连接。

ROM 指 Nor Flash 或 EEPROM。

2) bank0 使用 32 位数据总线与 ROM 芯片的连接

图 5-3 表示 bank0 与 4 片 ROM、数据总线为 32 位时的连接。

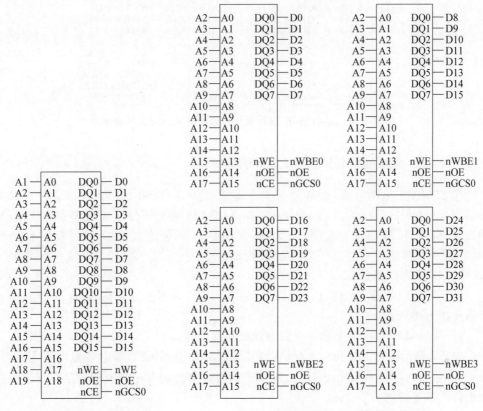

图 5-2　bank0 使用 16 位数据总线
　　　时与 ROM 芯片的连接

图 5-3　bank0 使用 32 位数据总线时与
　　　ROM 芯片的连接

5. bank1～bank7 与 SRAM 芯片的连接

图 5-4 给出了使用 2 片 SRAM、32 位数据总线,连接 bank1 的一个例子。

虽然 bank0～bank7 都允许连接 SRAM,但 bank0 实际很少连接 SRAM,而 bank6 和 bank7 常常与 SDRAM 连接。

图 5-4 中 nBE3、nBE2、nBE1 和 nBE0 分别连接芯片的 nUB 和 nLB 引脚,表示选择高字节(nUB)或低字节(nLB)。这是由于在 32 位数据总线时,一次总线访问周期可以控制只传送 1 字节、半字(2 字节)或字(4 字节)数据的原因。

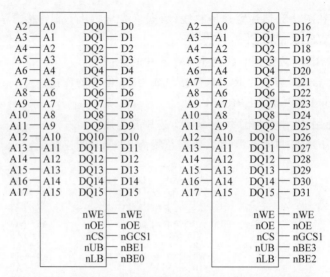

图 5-4　bank1 使用 32 位数据总线时与 SRAM 芯片的连接

6. bank6 或 bank7 与 SDRAM 芯片的连接

在 SDRAM 芯片内部,通常分为 2 个体或 4 个体,也用 bank 表示,但与存储器的 bank 不同,它们一般称为片内 bank。另外,SDRAM 地址还分行地址和列地址,行地址的长度(位数)可以与列地址的长度(位数)相等(对称地址)或不等(非对称地址)。S3C2410A 特殊功能寄存器中允许设置列地址长度,详见 5.1.4 节中 BANKCON6 和 BANKCON7 寄存器含义。

从 S3C2410A 送出的地址,高位部分连接 SDRAM 芯片的片内 bank 选择引脚 BA,具体连接方法见表 5-6。

1) SDRAM 片内 bank 选择引脚与地址总线的连接

表 5-6 给出了当 S3C2410A 存储器实际 bank 大小不同、数据总线宽度不同、芯片容量不同、芯片内部构成和使用的芯片数量不同时,片内 bank 选择使用的芯片引脚与高位地址总线连接的例子。

表 5-6　芯片内 bank 选择使用的地址总线

存储器 bank 实际大小	存储器 bank 数据总线宽度	芯片容量	芯片内部构成/使用的片数	芯片内 bank 选择使用的地址总线
8MB	16 位	64Mb	(1M×16 位×4bank)×1 片	ADDR[22:21]
16MB	32 位	64Mb	(1M×16 位×4bank)×2 片	ADDR[23:22]
32MB	32 位	64Mb	(4M×8 位×2bank)×4 片	ADDR[24]
	16 位	128Mb	(4M×8 位×4bank)×2 片	ADDR[24:23]
	32 位	128Mb	(2M×16 位×4bank)×2 片	ADDR[24:23]
	8 位	256Mb	(8M×8 位×4bank)×1 片	ADDR[24:23]
	16 位	256Mb	(4M×16 位×4bank)×1 片	ADDR[24:23]

续表

存储器 bank 实际大小	存储器 bank 数据总线宽度	芯片容量	芯片内部构成/使用的片数	芯片内 bank 选择使用的地址总线
64MB	32 位	128Mb	(4M×8 位×4bank)×4 片	ADDR[25:24]
	16 位	256Mb	(8M×8 位×4bank)×2 片	
	32 位		(4M×16 位×4bank)×2 片	
	8 位	512Mb	(16M×8 位×4bank)×1 片	
128MB	32 位	256Mb	(8M×8 位×4bank)×4 片	ADDR[26:25]
	16 位	512Mb	(16M×8 位×4bank)×2 片	
	32 位		(8M×16 位×4bank)×2 片	

表 5-6 中第一行的含义为 S3C2410A 的 bank6 或 bank7 使用 SDRAM 时,当 bank 实际大小为 8MB 时,该 bank 总线宽度为 16 位,使用的芯片容量为 64Mb,芯片内部为 1M×16 位×4bank,只用一片,那么地址总线 ADDR[22:21]与芯片的片内 bank 选择引脚 BA1、BA0 连接。具体连接见图 5-5。

表 5-6 中第 2 行的含义,解释方法同上,具体连接见图 5-6。

另外,也可以通过计算,直接算出哪几条高位地址总线应该和芯片的 bank 选择引脚连接。

例如,存储器 bank 实际大小为 32MB,32MB 寻址空间使用的地址总线为 ADDR[24:0],如果存储器芯片片内有 2 个 bank,则 bank 选择只使用一位地址总线,即最高位 ADDR[24];如果存储器芯片片内有 4 个 bank,则 bank 选择使用最高 2 位地址总线 ADDR[24:23],与芯片的 bank 选择引脚连接。读者使用这种方法可以对表 5-6 中各行进行验证。

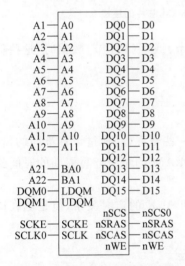

图 5-5　bank6 使用 16 位数据总线时与 SDRAM 芯片的连接

2) bank6 使用 16 位数据总线与 SDRAM 芯片的连接

图 5-5 中存储器 bank 实际大小为 8MB,使用 1 片,片内为 1M×16 位×4bank 芯片。8MB 需要 23 条地址总线,即 ADDR[22:0],其中 ADDR[22:21]与芯片 BA1、BA0 连接;由于数据总线为 16 位,所以地址总线 ADDR[0]不与芯片连接;地址总线 ADDR[12:1]分 2 次分别传送行地址信号和列地址信号。

3) bank6 使用 32 位数据总线与 SDRAM 芯片的连接

图 5-6 中存储器 bank 实际大小为 16MB,由 2 片组成,每片为 1M×16 位×4bank。由于数据总线为 32 位,所以地址总线 ADDR[1:0]不与芯片连接。

图 5-5 和图 5-6 中 DQM3、DQM2、DQM1 和 DQM0,表示对数据总线的高 8 位和低 8

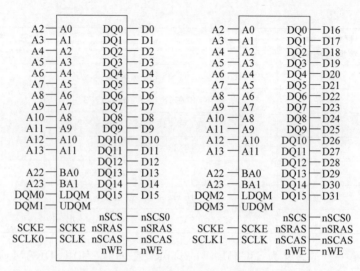

图 5-6　bank6 使用 32 位数据总线时与 SDRAM 芯片的连接

位屏蔽与否,在存储器访问周期读写 1 字节、半字(2 字节)或字(4 字节)数据时,这些信号的状态不同。

5.1.3　存储器总线周期举例

存储器控制器有 13 个特殊功能寄存器,它们中的一些寄存器,通过设置不同的值,可以允许/禁止 nWAIT;也可以改变 ROM/SRAM/SDRAM 的总线读写周期的时间长度等。

另外,虽然特殊功能寄存器不能控制 nXBREQ/nXBACK 的定时关系,但是也在这一节一并介绍。

1. nXBREQ/nXBACK 与其他信号之间的定时关系

nXBREQ 称为总线保持请求信号,低电平表示有其他总线主设备请求控制局部总线,响应信号为 nXBACK。nXBACK 称为总线保持响应信号,低电平表示 S3C2410A 允许其他总线主设备控制和占用局部总线,这时 S3C2410A 不对数据总线、地址总线和存储器控制器输出信号(SCKE、nGCS、nOE、nWE 和 nWBE)进行控制。S3C2410A 与这些总线和信号之间处于高阻状态,与 SCLK 也处于高阻状态。

当 nXBREQ 信号由低电平变为高电平,经过一个 CLK 周期,响应信号 nXBACK 也变为高电平,S3C2410A 恢复对总线和存储器控制器输出信号的控制。

图 5-7 给出了 nXBREQ/nXBACK 与其他信号之间的定时关系。

2. nWAIT 引脚信号对总线读写周期的影响

在 5.1.4 节中,通过对 BWSCON 寄存器中的 WS7,WS6,…,WS1 设置不同的值,表示允许 bank7,bank6,…,bank1 使用 WAIT(等待)功能与否。换句话说,除了 bank0 以

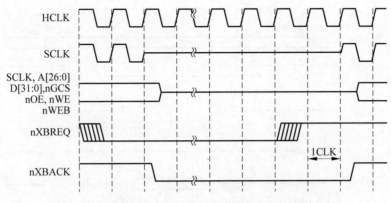

图 5-7 nXBREQ/nXBACK 与其他信号之间的定时关系

外,其他各 bank,如果存储器芯片工作速度比总线读写周期规定的时间所要求的速度慢时,存储器 bank 应该发出 nWAIT 信号到 S3C2410A,S3C2410A 在规定的存取周期(Tacc)前一个周期结束处,检测 nWAIT 信号,如果为低电平,则将相应信号扩展一个 HCLK 时长,然后继续检测 nWAIT,直到这个信号变为高电平,则不再扩展相应信号。

如图 5-8 所示,存取周期 Tacc=6,在第 5 个存取周期结束处,S3C2410A 采样 nWAIT 引脚信号,如果为低电平,则扩展相应信号。

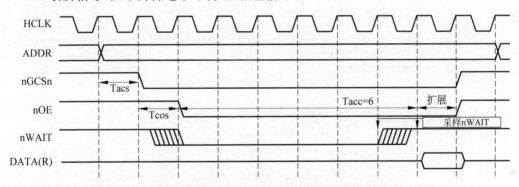

图 5-8 S3C2410A 外部 nWAIT 信号对总线读周期的影响(Tacc=6)

图 5-8 为总线读周期。nWAIT 对总线写周期的影响与图 5-8 相似,不再画出。

3. ROM/SRAM 总线读写周期定时举例

可以对存储器特殊功能寄存器设置不同的值,改变总线读写周期的定时关系。

1) ROM/SRAM 单个读周期

单个读周期指 S3C2410A 发出一次读存储器数据操作后,间隔一段时间再访问存储器。

在特殊功能寄存器中设定了具体数值以后,S3C2410A 发出的单个总线读周期信号定时关系如图 5-9 所示。

图 5-9 中 Tacs、Tcos、Tacc、Tcoh、Tcah、PMC 和 ST 的含义见表 5-7,它们的时间长度都是 HCLK 的整倍数,均可在随后讲述的特殊功能寄存器中设定它们的值。

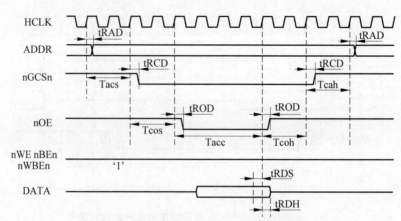

(Tacs=2, Tcos=2, Tacc=4, Tcoh=2, Tcah=2, PMC=0, ST=0)

图 5-9　ROM/SRAM 单个读周期定时图

2）ROM/SRAM 单个写周期

在特殊功能寄存器中设定了具体数值以后，S3C2410A 发出的单个总线写周期信号定时关系如图 5-10 所示。

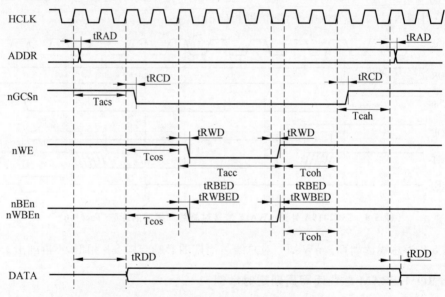

(Tacs=2, Tcos=2, Tacc=4, Tcoh=2, Tcah=2, PMC=0, ST=0)

图 5-10　ROM/SRAM 单个写周期定时图

图 5-10 中 Tacs、Tcos、Tacc、Tcoh、Tcah、PMC 和 ST 的含义，与图 5-9 中的含义相同。

3）页模式的读周期和写周期

在 5.1.4 节中，会讲到在特殊功能寄存器 BANKCON5～BANKCON0 中，允许对 ROM/SRAM 使用页模式存取。当这些寄存器中的 PMC＝00 时，表示单个读周期或写周期；而 PMC＝01/10/11 时，表示 1 页大小分别为 4/8/16 个数据。同一页中前后数据的存取周期也允许对 Tacp 设置不同的值而有所不同。页模式的读周期和写周期的定时图不再画出。

4）ROM/SRAM 总线读写周期定时参数含义

在图 5-9 和图 5-10 中，某些定时参数的时间长度值不能在存储器控制器特殊功能寄存器中设置，它们的含义见表 5-8。而图 5-9 和图 5-10 中另外一些定时参数的时间长度值可以在存储器控制器特殊功能寄存器中设置，设置方法见 5.1.4 节，它们的含义见表 5-7。

表 5-7　可以在存储器控制器特殊功能寄存器中设置的参数

符　号	参　数　含　义
Tacs	bank 选择信号 nGCSn 出现之前，地址建立时间
Tcos	输出允许信号 nOE 出现之前（或写允许信号 nWE 出现之前），nGCSn 建立时间
Tacc	存取周期
Tcoh	nOE 信号消失之后（或 nWE 信号消失之后），nGCSn 保持时间
Tcah	nGCSn 信号消失之后，地址保持时间
Tacp	配置为页模式时，同一页内前一个数据与后一个数据之间的存取周期
PMC	页模式配置，允许不使用页模式（PMC＝00），或一页为 4/8/16 个数据（PMC＝01/10/11）
ST	对应 5.1.4 节中 BWSCON 寄存器的 ST7，ST6，…，ST1，表示使用 UB/LB 与否

表 5-8　不能在存储器控制器特殊功能寄存器中设置的参数

符　号	参　数　含　义	最小值/ns	最大值/ns
tRAD	ROM/SRAM 地址（ADDR）延时	3	11/10.5
tRCD	ROM/SRAM 片选（nGCSn）延时	2	9/8.5
tROD	ROM/SRAM 输出允许（nOE）延时	2	8/7.5
tRDS	ROM/SRAM 读数据（DATA）建立时间	4	—
tRDH	ROM/SRAM 读数据（DATA）保持时间	0	—
tRBED	ROM/SRAM 字节允许（nBEn）延时	2	8/7.5
tRWBED	ROM/SRAM 写字节允许（nWBEn）延时	2	10/9.5
tRDD	ROM/SRAM 输出数据（DATA）延时	3	12/11.5
tWS	ROM/SRAM 外部等待（nWAIT）建立时间	5	—
tWH	ROM/SRAM 外部等待（nWAIT）保持时间	0	—
tRWD	ROM/SRAM 写允许（nWE）延时	2	9/8.5

表 5-8 中 tWS 和 tWH 表示图 5-8 中 nWAIT 建立、保持时间。

通过对表 5-7 中各符号表示的时间长度设置不同的值，图 5-9 和图 5-10 中的定时关系会有多种不同的组合，使 S3C2410A 能够配合具有不同定时参数的 ROM/SRAM 芯片共同工作。

4. SDRAM 总线读写周期

SDRAM 总线读写周期在 5.2.2 节中与 SDRAM 芯片一起介绍。

5.1.4　存储器控制器特殊功能寄存器

S3C2410A 支持的 bank7～bank0 中，各个 bank 访问（access）时间的长短，均可以在特殊功能寄存器中设置。

除了 bank0，bank7～bank1 数据总线的宽度外，可以在特殊功能寄存器中分别设定。另外，特殊功能寄存器中还可以设定一些其他参数。

1. 存储器控制器 13 个特殊功能寄存器

13 个特殊功能寄存器的名称、地址与 Reset 值见表 5-9。

表 5-9　存储器控制器 13 个特殊功能寄存器

寄 存 器 名	地　址	R/W	描　　述	Reset 值
BWSCON	0x48000000	R/W	数据总线宽度与等待状态控制寄存器	0x00000000
BANKCON0	0x48000004	R/W	bank0 控制寄存器	0x0700
BANKCON1	0x48000008	R/W	bank1 控制寄存器	0x0700
BANKCON2	0x4800000c	R/W	bank2 控制寄存器	0x0700
BANKCON3	0x48000010	R/W	bank3 控制寄存器	0x0700
BANKCON4	0x48000014	R/W	bank4 控制寄存器	0x0700
BANKCON5	0x48000018	R/W	bank5 控制寄存器	0x0700
BANKCON6	0x4800001c	R/W	bank6 控制寄存器	0x18008
BANKCON7	0x48000020	R/W	bank7 控制寄存器	0x18008
REFRESH	0x48000024	R/W	SDRAM 刷新控制寄存器	0xAC0000
BANKSIZE	0x48000028	R/W	确定 bank 大小等参数寄存器	0x0
MRSRB6	0x4800002c	R/W	bank6 SDRAM 模式寄存器设置寄存器	xxx
MRSRB7	0x48000030	R/W	bank7 SDRAM 模式寄存器设置寄存器	xxx

2. 数据总线宽度与等待状态控制寄存器

数据总线宽度与等待状态控制寄存器 BWSCON，可以对 bank7～bank0 设置或读取如下信息：

- 使用 UB/LB（高字节/低字节）与否；

- 支持 WAIT(等待)状态与否；
- 分别设置 bank7～bank1 的数据总线宽度(8/16/32 位)，不包括 bank0；
- 读入 bank0 数据总线宽度值。

该寄存器各位具体含义见表 5-10，其中 bit[3]在三星公司用户手册中缺少说明。

表 5-10　数据总线宽度与等待状态控制寄存器含义

BWSCON	位	描　述	初　态
ST7	[31]	确定 bank7 是使用 UB/LB 的 SRAM： 0＝不使用 UB/LB(对应引脚信号作为 nWBE[3:0])； 1＝使用 UB/LB(对应引脚信号作为 nBE[3:0])	0
WS7	[30]	这 1 位确定 bank7 允许 WAIT 状态与否： 0＝禁止 WAIT　　1＝允许 WAIT	0
DW7	[29:28]	这 2 位确定 bank7 数据总线宽度： 00＝8 位　01＝16 位　10＝32 位　11＝保留	00
ST6	[27]	确定 bank6 是使用 UB/LB 的 SRAM： 0＝不使用 UB/LB(对应引脚信号作为 nWBE[3:0])； 1＝使用 UB/LB(对应引脚信号作为 nBE[3:0])	0
WS6	[26]	这 1 位确定 bank6 允许 WAIT 状态与否： 0＝禁止 WAIT　　1＝允许 WAIT	0
DW6	[25:24]	这 2 位确定 bank6 数据总线宽度： 00＝8 位　01＝16 位　10＝32 位　11＝保留	00
ST5	[23]	确定 bank5 是使用 UB/LB 的 SRAM： 0＝不使用 UB/LB(对应引脚信号作为 nWBE[3:0])； 1＝使用 UB/LB(对应引脚信号作为 nBE[3:0])	0
WS5	[22]	这 1 位确定 bank5 允许 WAIT 状态与否： 0＝禁止 WAIT　　1＝允许 WAIT	0
DW5	[21:20]	这 2 位确定 bank5 数据总线宽度： 00＝8 位　01＝16 位　10＝32 位　11＝保留	00
ST4	[19]	确定 bank4 是使用 UB/LB 的 SRAM： 0＝不使用 UB/LB(对应引脚信号作为 nWBE[3:0])； 1＝使用 UB/LB(对应引脚信号作为 nBE[3:0])	0
WS4	[18]	这 1 位确定 bank4 允许 WAIT 状态与否： 0＝禁止 WAIT　　1＝允许 WAIT	0
DW4	[17:16]	这 2 位确定 bank4 数据总线宽度： 00＝8 位　01＝16 位　10＝32 位　11＝保留	00
ST3	[15]	确定 bank3 是使用 UB/LB 的 SRAM： 0＝不使用 UB/LB(对应引脚信号作为 nWBE[3:0])； 1＝使用 UB/LB(对应引脚信号作为 nBE[3:0])	0
WS3	[14]	这 1 位确定 bank3 允许 WAIT 状态与否： 0＝禁止 WAIT　　1＝允许 WAIT	0
DW3	[13:12]	这 2 位确定 bank3 数据总线宽度： 00＝8 位　01＝16 位　10＝32 位　11＝保留	00

BWSCON	位	描　　述	初　态
ST2	[11]	确定 bank2 是使用 UB/LB 的 SRAM： 0＝不使用 UB/LB(对应引脚信号作为 nWBE[3:0])； 1＝使用 UB/LB(对应引脚信号作为 nBE[3:0])	0
WS2	[10]	这 1 位确定 bank2 允许 WAIT 状态与否： 0＝禁止 WAIT　　　1＝允许 WAIT	0
DW2	[9:8]	这 2 位确定 bank2 数据总线宽度： 00＝8 位　01＝16 位　10＝32 位　11＝保留	00
ST1	[7]	确定 bank1 是使用 UB/LB 的 SRAM： 0＝不使用 UB/LB(对应引脚信号作为 nWBE[3:0])； 1＝使用 UB/LB(对应引脚信号作为 nBE[3:0])	0
WS1	[6]	这 1 位确定 bank1 允许 WAIT 状态与否： 0＝禁止 WAIT　　　1＝允许 WAIT	0
DW1	[5:4]	这 2 位确定 bank1 数据总线宽度： 00＝8 位　01＝16 位　10＝32 位　11＝保留	00
DW0	[2:1]	指示 bank0 数据总线宽度(只读)： 01＝16 位　10＝32 位 这些状态是通过 OM[1:0]引脚设置的	—
保留	[0]	保留	—

注：(1) 表 5-10 中 nBE[3:0]是信号 nWBE[3:0]和 nOE 逻辑与产生的。

　　(2) 在存储器控制器中各种类型的主时钟对应总线时钟。例如，SRAM 用的 HCLK、SDRAM 用的 SCLK 均与总线时钟相同。在这一章，一个时钟意味着一个总线时钟。

　　(3) 引脚编号 A16 对应的信号名为 nBE3：nWBE3：DQM3，引脚编号 C15 对应的信号名为 nBE2：nWBE2：DQM2，引脚编号 B16 对应的信号名为 nBE1：nWBE1：DQM1，引脚编号 A17 对应的信号名为 nBE0：nWBE0：DQM0。表 5-10 中"不使用 UB/LB"，含义指的是这 4 个引脚输出信号为 nWBE[3:0]；"使用 UB/LB"，含义指的是这 4 个引脚输出信号为 nBE[3:0]。

3. BANKCON0～BANKCON5 控制寄存器

BANKCON0～BANKCON5 描述使用 nGCS0～nGCS5 信号的 bank0～bank5，在读或写方式时各信号之间时间长度值的设置方法。

BANKCON0～BANKCON5 控制寄存器具体含义见表 5-11。

表 5-11　BANKCON0～BANKCON5 控制寄存器具体含义

BANKCONn （n＝0～5）	位	描　　述	初态
Tacs	[14:13]	bank 选择信号 nGCSn 出现之前，地址建立时间： 00＝0 clock　01＝1 clock　10＝2 clock　11＝4 clock	00
Tcos	[12:11]	输出允许信号 nOE 出现之前，nGCSn 建立时间： 00＝0 clock　01＝1 clock　10＝2 clock　11＝4 clock	00
Tacc	[10:8]	存取周期(如果 nWAIT 信号被使用，要求 Tacc≥4 clock)： 000＝1 clock　001＝2 clock　010＝3 clock　011＝4 clock 100＝6 clock　101＝8 clock　110＝10 clock　111＝14 clock	111

BANKCONn （n＝0~5）	位	描　　述	初态
Tcoh	[7:6]	nOE 信号消失之后,nGCSn 保持时间: 00＝0 clock　01＝1 clock　10＝2 clock　11＝4 clock	00
Tcah	[5:4]	nGCSn 信号消失之后,地址保持时间: 00＝0 clock　01＝1 clock　10＝2 clock　11＝4 clock	00
Tacp	[3:2]	在页模式时,页模式存取周期(同一页中前一个数据到后一个数据): 00＝2 clock　01＝3 clock　10＝4 clock　11＝6 clock	00
PMC	[1:0]	页模式配置: 00＝normal(1 data) 01＝4 data　10＝8 data　11＝16 data	00

注:如果 PMC＝01、10 或 11,被配置为页模式,Tacp 才有效。

4. BANKCON6 和 BANKCON7 控制寄存器

BANKCON6 和 BANKCON7 描述了使用信号 nGCS6 和 nGCS7(或 nSCS0 和 nSCS1)的 bank6 和 bank7,在读或写方式时各信号之间时间长度值的设置方法。

BANKCON6 和 BANKCON7 控制寄存器具体含义见表 5-12。

表 5-12　**BANKCON6 和 BANKCON7 控制寄存器具体含义**

BANKCONn （n＝6,7）	位	描　　述	初态
MT	[16:15]	这 2 位确定 bank6 和 bank7 存储器类型: 00＝ROM 或 SRAM　01＝保留　10＝保留　11＝SDRAM	11
存储器类型＝ROM 或 SRAM(MT＝00)使用以下 15 位			
Tacs	[14:13]	nGCSn 出现之前,地址建立时间: 00＝0 clock　01＝1 clock　10＝2 clock　11＝4 clock	00
Tcos	[12:11]	nOE 信号出现之前,nGCSn 建立时间: 00＝0 clock　01＝1 clock　10＝2 clock　11＝4 clock	00
Tacc	[10:8]	存取周期: 000＝1 clock　001＝2 clock　010＝3 clock　011＝4 clock 100＝6 clock　101＝8 clock　110＝10 clock　111＝14 clock	111
Tcoh	[7:6]	nOE 信号消失之后,nGCSn 保持时间: 00＝0 clock　01＝1 clock　10＝2 clock　11＝4 clock	00
Tcah	[5:4]	nGCSn 信号消失之后,地址保持时间: 00＝0 clock　01＝1 clock　10＝2 clock　11＝4 clock	00
Tacp	[3:2]	在页模式时,页模式存取周期(同一页中前一个数据到后一个数据): 00＝2 clock　01＝3 clock　10＝4 clock　11＝6 clock	00
PMC	[1:0]	页模式配置: 00＝normal(1 data)　01＝4 个连续的存取 10＝8 个连续的存取　11＝16 个连续的存取	00

BANKCONn（n=6,7）	位	描　　述	初态
存储器类型＝SDRAM（MT=11），使用以下 4 位			
Trcd	[3:2]	RAS 到 CAS 延时：00＝2 clock　01＝3 clock　10＝4 clock	10
SCAN	[1:0]	列地址位数：00＝8 位　　01＝9 位　　10＝10 位	00

5. SDRAM 刷新控制寄存器

SDRAM 刷新控制寄存器 REFRESH，通过设置不同的值，实现对 SDRAM 刷新控制并确定预充电时间，具体含义见表 5-13。

表 5-13　SDRAM 刷新控制寄存器具体含义

REFRESH	位	描　　述	初态
REFEN	[23]	SDRAM 刷新允许：0＝禁止　1＝允许（自己刷新/自动刷新）	1
TREFMD	[22]	SDRAM 刷新模式：0＝自动刷新　1＝自己刷新 在自己刷新时，SDRAM 控制信号被驱动为适当的电平	0
Trp	[21:20]	SDRAM RAS 预充电时间： 00＝2 clock　01＝3 clock　10＝4 clock　11＝不支持	10
Tsrc	[19:18]	SDRAM Semi Row Cycle Time： 00＝4 clock　01＝5 clock　10＝6 clock　11＝7 clock SDRAM 的 Row 周期时间（Trc）＝Tsrc＋Trp 例如，Trp＝3 clock 并且 Tsrc＝7 clock，则 Trc＝3＋7＝10 clock	11
保留	[17:16]	不使用	00
保留	[15:11]	不使用	0000
refresh counter	[10:0]	SDRAM 刷新计数值： refresh period＝$(2^{11}-\text{refresh\_count}+1)/\text{HCLK}$ 例如：如果刷新周期（refresh period）是 15.6μs，HCLK 是 60MHz， 刷新计数值计算如下：refresh count＝$2^{11}+1-60\times15.6=1113$	0

6. BANKSIZE 寄存器

BANKSIZE 寄存器主要用来设置 bank6/7 存储器实装容量（大小）等参数，具体含义见表 5-14。

7. SDRAM 模式寄存器设置寄存器（MRSR）

如果 bank6 和 bank7 使用 SDRAM 芯片，SDRAM 芯片要求在加电之后的初始化阶段，由存储器控制器发出"装入模式寄存器设置"命令。换句话说，S3C2410A 在 Reset 后，首先要通过编程方式，设置存储器控制器特殊功能寄存器中的 SDRAM 模式寄存器设置寄存器（MRSR）的初值，之后存储器控制器通过命令将这个初值送到芯片的模式寄存器。

表 5-14　BANKSIZE 寄存器具体含义

BANKSIZE	位	描　述	初态
BURST_EN	[7]	ARM 核突发操作允许/禁止：0＝禁止突发操作　1＝允许突发操作	0
保留	[6]	不使用	0
SCKE_EN	[5]	SCKE 允许/禁止控制： 0＝SDRAM SCKE 禁止　1＝SDRAM SCKE 允许	0
SCLK_EN	[4]	为了减少功耗，可以设置仅在 SDRAM 访问期间，允许 SCLK；在不访问期间，SCLK 变成低电平： 0＝SCLK 总是激活　1＝SCLK 仅在访问时激活（推荐）	0
保留	[3]	不使用	0
BK76MAP	[2:0]	bank6/7 存储器实装容量（大小）： 010＝128MB/128MB　001＝64MB/64MB　000＝32MB/32MB 111＝16MB/16MB　110＝8MB/8MB　101＝4MB/4MB 100＝2MB/2MB	010

当代码正在从 SDRAM 中取出运行时，不要对模式寄存器设置寄存器进行配置，一般情况应当在代码从 ROM 中取出时，对其进行配置。模式寄存器设置寄存器具体含义见表 5-15。

表 5-15　SDRAM 模式寄存器设置寄存器具体含义

MRSRBn（n＝6,7）	位	描　述	初态
保留	[11:10]	不使用	—
WBL	[9]	写突发长度：0＝突发（固定）　1＝保留	x
TM	[8:7]	测试模式：00＝模式寄存器设置（固定）　01、10、11＝保留	xx
CL	[6:4]	列选通到数据有效时间： 000＝1 clock　010＝2 clock　011＝3 clock　其余＝保留	xxx
BT	[3]	突发类型：0＝顺序（固定）　1＝不使用	x
BL	[2:0]	突发长度：000＝1（固定）　其他＝不使用	xxx

注：对 bank6 SDRAM 和 bank7 SDRAM，应该分别设置 MRSRB6 和 MRSRB7。

在 Power_OFF 模式，SDRAM 应该进入 SDRAM 自己刷新模式。

5.2　存储器组成举例、初始化设置程序举例

本节通过举例，具体介绍一个存储器的组成：bank0 使用 Am29LV160 Nor Flash 芯片，用作引导 ROM；bank6 使用 HY57V561620 SDRAM 芯片，保存程序和数据。存储器仅由这两个 banks 组成。

5.2.1 使用 Nor Flash 芯片作为引导 ROM

对应图 5-1 的左半部,引导 ROM 即 bank0,可以使用 Nor Flash 存储器芯片。

1. 闪存基础知识

闪速存储器(flash memory)是半导体存储器的一种,简称闪存。闪存芯片在断电后仍能保持芯片内信息不丢失,而在正常供电时,系统自身(in_system)可以擦除和写入信息。

闪存具有低功耗、大容量、擦写速度快、可整片或分扇区(块)由系统自身编程(烧写)、擦除等特点。目前常用的闪存主要有两种类型,一种是 Nor Flash(称为或非型闪存、Nor 闪存),另一种是 Nand Flash(称为与非型闪存、Nand 闪存)。

采用 Nor Flash 技术的芯片有以下特点。

- 芯片的地址线与数据线引脚是分开的,Nor Flash 芯片片内带有 SRAM 接口。凡是存储器控制器支持 SRAM 的,均可以使用 Nor Flash 芯片;
- 芯片支持以字节为单位随机读写;
- 芯片内的代码不需要复制到 SRAM、SDRAM 中再读出执行,而是可以直接从 Nor Flash 芯片中一条一条地读出执行。

由于以上特点,Nor Flash 芯片常常作为嵌入式系统的引导(启动)ROM 芯片使用。

采用 Nand Flash 技术的芯片有以下特点:

- 芯片地址线与数据线引脚是共用的,区分它们还需要一些额外的控制引脚信号。芯片接口与 ROM、SRAM 不兼容。
- 芯片不支持以字节为单位随机读写。芯片读写操作以页面为单位,页面大小一般为 512B,要修改某一字节,必须重写整个页面。擦除一般以块为单位进行。
- 芯片中的代码,需要在别的程序支持下,串行地将内容复制到 SRAM 或 SDRAM 中,然后才能一条一条取出执行,不适合直接作引导芯片,详细内容见 5.3 节。

由于以上特点,Nand Flash 芯片常常作为固态盘(电子盘、U 盘存储器)使用。

Nand Flash 存储器密度较 Nor Flash 高,Nand Flash 芯片面积更小并且价格更低。

2. Am29LV160 芯片介绍

Am29LV160 芯片是 AMD 公司生产的一种 Nor Flash 芯片,芯片引脚逻辑符号表示如图 5-11 所示,芯片引脚信号含义见表 5-16。

表 5-16 中,当 nBYTE 引脚连接低电平时,选择了字节方式,使用数据线 DQ7～DQ0,而 DQ14～DQ8 为高阻状态,地址线由 A19～A0 和 DQ15/A-1 共 21 位组成,芯片容量称为 2M×8 位。

表 5-16 中,当 nBYTE 引脚连接高电平时,选择了字方式,使用数据线 DQ14～DQ0 和 DQ15/A-1,使用地址线 A19～A0,芯片容量称为 1M×16 位。

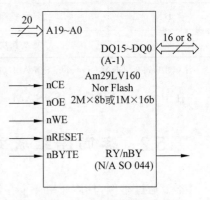

图 5-11 Am29LV160 芯片引脚
逻辑符号图

表 5-16 Am29LV160 芯片引脚信号含义

引 脚 信 号	I/O	描　　　述
A19～A0	I	20 位地址线
DQ14～DQ0	I/O	15 位数据线;字方式时,另一位数据线使用 DQ15/A-1
DQ15/A-1	I/O I	字方式时,DQ15 作为数据线使用;字节方式时,A-1 作为 21 位地址中的最低位使用,并且 DQ14～DQ8 处于高阻状态
nBYTE	I	选择 8 位(字节)或 16 位(字)方式,低电平为字节方式
nCE	I	片选信号,低电平有效
nOE	I	输出允许,低电平有效,读操作时该信号有效
nWE	I	写允许,低电平有效,编程或擦除时有效
nRESET	I	硬件复位信号,低电平有效
RY/nBY	O	表示就绪/忙状态,指示写或擦除操作是否完成,高电平为完成
Vcc	I	电源,3.0V
Vss	I	地

注:该芯片引脚信号描述中,把 16 位数据称为一个字。

Am29LV160 芯片主要有以下特点。

- 单个芯片存储容量为 16Mb,可以作为 2M×8 位或 1M×16 位使用。
- 使用单一 3V 电源供电,为了与使用 3.3V 的微处理器供电兼容,允许工作电压范围为 2.7～3.6V。片内产生的高电压支持擦除和编程操作。
- 片内内嵌算法支持自动擦除(整片或扇区)、指定地址的数据写入(编程)和校正。
- 每扇区最少能够擦写 100 万次以上,数据在常温下可保存 20 年。
- 芯片全部命令集与单电源供电闪存标准 JEDEC 兼容,支持 CFMI(Common Flash Memory Interface)特性,只需向其命令寄存器写入标准的命令字,具体编程、擦除操作由内部嵌入的算法实现。可以通过查询特定的引脚或数据线监控操作是否完成。可以对任一扇区进行读写或擦除操作。

表 5-17 给出了 Am29LV160 芯片常用操作对应的引脚信号。

表 5-17 Am29LV160 芯片常用操作对应的引脚信号

操　　作	nCE	nOE	nWE	nRESET	地址线	数据线:字节方式 DQ7～DQ0 数据线:字方式 DQ15～DQ0
读	L	L	H	H	输入	输出
写	L	H	L	H	输入	输入
备用(standby)	Vcc±0.3V	X	X	Vcc±0.3V	X	高阻
输出禁止	L	H	H	H	X	高阻
复位(reset)	X	X	X	L	X	高阻

3. Am29LV160 芯片内部功能模块

Am29LV160 芯片内部功能模块图见图 5-12。

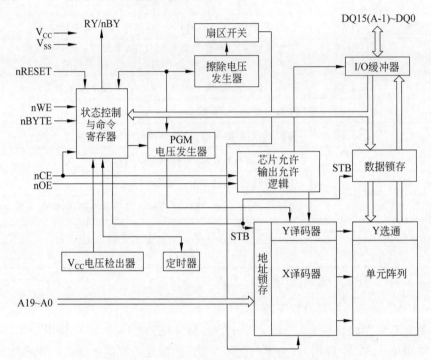

图 5-12   Am29LV160 芯片内部功能模块图

由图 5-12 可以看出,芯片使用单一电源供电,内部有擦除电压发生器和编程电压发生器,产生擦除和编程各自需要的高压。片内命令寄存器可以保存片外送来的命令,由内嵌算法,变成适当的操作。引入的地址信号锁存后,经由 X 和 Y 译码器,选中存储单元阵列中对应的单元;如果是读操作,读出数据经由数据锁存和 I/O 缓冲器,从 DQ15(A-1)~DQ0 引脚输出。

4. Am29LV160 芯片常用命令

通过写指定地址和数据命令或命令序列到芯片命令寄存器,使芯片内部开始指定的操作。表 5-18 列出了定义的部分常用合法的命令序列。写一个不正确的地址和数据,或以不正确的序列写它们,会导致进入复位(reset)。

表 5-18 中所有的地址使用 nWE 和 nCE 中后到的那个信号的下降沿锁存,而所有的数据使用 nWE 和 nCE 中先到的那个信号的上升沿锁存。

表 5-18 中地址和数据均表示十六进制数。

编程命令只能使存储单元中的 1 变为 0,而擦除命令可以使存储单元中的 0 变为 1。因此在编程以前,应该先擦除。

表 5-18 给出了部分常用命令的定义。

表 5-18　Am29LV160 芯片部分常用命令的定义

命令序列		周期数	第1 Addr	第1 Data	第2 Addr	第2 Data	第3 Addr	第3 Data	第4 Addr	第4 Data	第5 Addr	第5 Data	第6 Addr	第6 Data
读		1	RA	RD										
Reset		1	XXX	F0										
编程	Word	4	555	AA	2AA	55	555	A0	PA	PD				
	Byte		AAA		555		AAA							
整片擦除	Word	6	555	AA	2AA	55	555	80	555	AA	2AA	55	555	10
	Byte		AAA		555		AAA		AAA		555		AAA	
扇区擦除	Word	6	555	AA	2AA	55	555	80	555	AA	2AA	55	SA	30
	Byte		AAA		555		AAA		AAA		555			

表 5-18 中，X 表示不用关心；RA 表示要被读的存储器地址；RD 表示在读操作中使用 RA 地址读出的数据；PA 表示存储器中要被编程的地址；PD 表示在 PA 中要被编程的数据；SA 表示扇区地址。表 5-18 中 Word 表示 16 位二进制数。

表 5-18 中，读命令使用总线读周期，其余命令(序列)使用总线写周期。

1) 读出数据命令

表 5-18 中，命令第一行为读命令。芯片加电以后即允许读出数据。在其他操作后，如在完成片内嵌入的编程(写入数据)或嵌入的擦除算法后，也允许读出数据。

只要在总线读周期，送出地址 RA，对应单元数据 RD 就会被读出。

2) 编程命令

编程命令是向芯片内指定单元写入数据的命令序列。

编程命令对字节(Byte)和字(Word)有所不同。字节或字取决于芯片引脚 nBYTE 连接的是低电平还是高电平。当 nBYTE 连接低电平，表示芯片处于字节方式。

如在字节方式，共需要 4 个总线写周期，前 3 个总线周期出现在地址总线、数据总线上的内容分别是 AAA,AA;555,55;AAA,A0;而最后一个周期出现的是要被编程的地址 PA 和要写入该单元的数据 PD。

3) 整片擦除命令

整片擦除命令也区别字节或字方式，由表 5-18 中规定的命令序列组成。如在字方式，共需要 6 个总线写周期，出现在地址总线、数据总线上的内容分别是 555,AA;2AA,55;555,80;555,AA;2AA,55;555,10。

当按照规定的命令序列向芯片发出命令时，片内嵌入的编程或嵌入的擦除算法自动完成对应的操作。但编程(写入数据)和擦除都需要一定的时间才能完成，用户需要检测操作是否完成，除了可以检测引脚 RY/nBY 以外，常用的检测状态位有 DQ6(跳变位)、DQ7(数据查询位)和 DQ5(超时标志位)。

- DQ6(跳变位)：在编程或擦除时，对任何地址进行连续的读均引起 DQ6 连续的跳变,直到规定的操作完成才停止跳变。

- DQ7(数据查询位):在编程过程中输出的数据是写入该位数据的反码,直到操作完成时才变为写入该位的数据;在擦除时,规定操作未完成该位读出值为0,完成后读出值为1。
- DQ5(超时标志位)为1时,表示操作超时,此时应再读一次DQ7的状态,若DQ7仍不是编程写入的数据或擦除时的值1,则操作失败;否则,操作完成。

5. Am29LV160 芯片与 S3C2410A 连接举例

使用 Am29LV160 闪存芯片,作为引导 ROM,与 S3C2410A 连接举例见图 5-13。

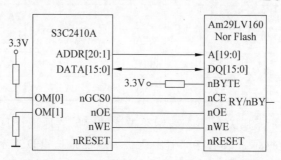

图 5-13　Am29LV160 芯片与 S3C2410A 的连接

图 5-13 中,S3C2410A 产生的选择引导 ROM(即 bank0)的信号 nGCS0,连接芯片的 nCE。图 5-13 中 nBYTE 通过电阻连接 V_{CC},因此芯片工作方式为 1M×16 位。图 5-13 中芯片的 RY/nBY 引脚没有与系统连接,可以通过软件的方法,读 DQ7、DQ6 和 DQ5 的状态,判断编程或擦除操作是否完成。

5.2.2　使用 SDRAM 芯片举例

1. SDRAM 基础知识

同步动态随机存储器(Synchronous Dynamic Random Access Memory,SDRAM)是在标准 DRAM(动态随机存储器)中加入同步控制逻辑,利用一个单一的系统时钟同步所有的地址、数据和控制信号,使 SDRAM 能够与系统工作在相同的频率上。

SDRAM 芯片由于存储密度大,读写速度快,支持突发式读写操作以及相对低廉的价格,在嵌入式系统中得到了广泛的应用。

SDRAM 芯片在嵌入式系统中常作为主存储器(内存、系统存储器)使用。由 S3C2410A 组成的系统中,SDRAM 常保存需要运行的操作系统、用户程序、数据、堆栈和文字池等,关机以后,内容丢失。

SDRAM 内部操作可以对应多个命令,不同的命令是由芯片控制引脚不同的电平决定的。常用的命令有模式寄存器设置、空操作、bank 激活、读等,详见表 5-20。对 SDRAM 的访问是由一系列的命令完成的。

SDRAM 内部可以分为多个 banks(体),每个 bank 就是一块存储区(或称为一块存储阵列),常见的 SDRAM 有 2 个或 4 个 banks。选择芯片内部某一指定的存储单元,使用的地址可以分为 bank、行、列地址三部分。

2. SDRAM 初始化、常用命令和操作介绍

1) SDRAM 初始化

SDRAM 加电之后,必须先按照规定的方式进行初始化,之后 SDRAM 才能正常工作。

初始化过程如下:加电之后,需要延时 $200\mu s$,使系统能够得到稳定的工作电压和时钟频率,这时 SDRAM 处于器件未选中或空操作状态。之后存储器控制器发出一个对片内所有 banks 预充电(precharge)的命令,接着存储器控制器发出连续 8 个自动刷新命令,SDRAM 进行 8 个刷新周期的自动刷新。自动刷新完成后,存储器控制器发出装入模式寄存器设置(Mode Register Set,MRS)命令,至此结束初始化过程。只有经过初始化过程,SDRAM 芯片才可以正常进行突发读写等操作。

2) 模式寄存器设置(MRS)

参见表 5-15,在 S3C2410A 中有两个 SDRAM 模式寄存器设置寄存器,分别对应 bank6 和 bank7。这两个寄存器中保存的参数,包括写突发长度、测试模式、CAS 潜伏时间(列选通到数据有效时间)、突发类型和突发长度,都要在初始化通过装入模式寄存器设置命令,送到 SDRAM 芯片。命令具体格式在随后介绍。

3) 预充电

预充电命令分为对指定 bank 预充电和对所有 banks 预充电两种。对指定 bank 预充电,需要指定 bank 地址;对所有 banks 预充电则不需要指定 bank 地址。

一旦某个 bank 被预充电,则 SDRAM 进入空闲状态,直到该 bank 收到读写命令或 bank/行激活命令为止。例如,指定 bank 的某行数据读取之后,该行作为工作行,与放大器处于连通状态。如果存储器控制器下一次要访问同一 bank 的不同行,必须先发出预充电命令,关闭当前工作行。SDRAM 芯片收到预充电命令,执行关闭当前工作行操作需要一定的时间,称为行预充电命令周期(Row Precharge Command Period,Trp),单位为系统时钟周期。之后,存储器控制器才可以发出打开新的行(包括 bank)的命令。

4) 自动预充电(auto precharge)

对 SDRAM 进行读,分为读命令和带自动预充电的读命令。

对 SDRAM 进行写,分为写命令和带自动预充电的写命令。

带自动预充电的读命令,执行一次突发读操作,数据传送结束后,该行自动被预充电,而不需要存储器控制器发出预充电命令。

读命令执行一次突发读操作,数据传送结束后,该行继续保持打开状态,如果下一次要访问不同的行,存储器控制器应先发出预充电命令;否则,该行将继续保持打开状态。

对 SDRAM 写与对 SDRAM 读过程类似,不再详细介绍。

5) bank/行激活和列地址送出及读(写)

从 SDRAM 中读出数据(或写入数据)之前,存储器控制器一般应先发出预充电命

令,然后发出 bank/行激活命令,同时送出 bank 地址和行地址。经过一段时间 Trcd (RAS to CAS delay,行地址到列地址时间,单位为系统时钟周期)之后,存储器控制器才可以发出读(写)命令,同时发出列地址,读出(写入)数据。被激活的行将一直保持激活状态,直到遇到预充电命令。

6) 突发传输

突发(burst)传输,也称猝发传输,这里指的是执行一次读或写命令,读或写 SDRAM 同一 bank 中同一行相邻的多个单元的数据的一种传输方式。连续传输数据的个数就是突发长度(Burst Length,BL)。在 SDRAM 中,从传输的第一个数据开始,每个系统时钟周期传输一个数据。突发传输过程中从地址总线送出的列地址保持不变。

在突发传输过程中,可以发出突发停止(burst stop)命令,停止传输。

7) 自动刷新与自己刷新

自动刷新(auto refresh)命令由存储器控制器发出,刷新地址由 SDRAM 自己产生,刷新地址会自动增加。

自己刷新(self refresh)命令分为进入自己刷新和从自己刷新退出,命令由存储器控制器发出。进入自己刷新以后,刷新过程由 SDRAM 自己进行,功耗较低。

3. HY57V561620 芯片介绍

HY57V561620 芯片是 Hynix 公司生产的一种 SDRAM 芯片,容量为 $4M \times 4banks \times 16$ 位,即 32MB。

1) HY57V561620 芯片主要特点

(1) 单一的 $3.3V \pm 0.3V$ 电源。

(2) 所有引脚与 LVTTL 接口兼容。

(3) 所有输入与输出以系统时钟上升沿为基准。

(4) 使用 UDQM、LDQM 实现数据屏蔽功能。

(5) 片内有 4 个 banks。

(6) 支持自动刷新和自己刷新。

(7) 每 64ms 有 8192 个刷新周期。

(8) 可编程的突发长度和突发类型:

- 对顺序突发传输,传输长度为 1,2,4,8 或全页;
- 对交替(interleave)突发传输,传输长度为 1,2,4,8。

(9) 行地址到列地址时间 Trcd 可编程:2 个或 3 个系统时钟周期。

(10) 读或写突发周期能被命令停止,或能被中断。

2) HY57V561620 芯片引脚

芯片引脚逻辑符号表示见图 5-14。

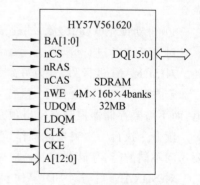

图 5-14　HY57V561620 芯片引脚逻辑符号图

图 5-14 中没有画出 VDD/VSS、VDDQ/VSSQ 和 NC 引脚,它们的含义见表 5-19。
HY57V561620 芯片引脚信号含义见表 5-19。

表 5-19　HY57V561620 芯片引脚信号含义

引脚信号	引脚信号名称	描述
CLK	时钟	系统时钟,输入。在 CLK 上升沿,所有其他输入被记录到 SDRAM 中
CKE	时钟允许	控制内部时钟信号,当 CKE 无效时,SDRAM 进入节电下的挂起或自己刷新状态
nCS	片选	片选信号 nCS 不影响 CLK、CKE、UDQM 和 LDQM 的输入,但是允许或禁止其余信号的输入
BA1、BA0	bank 地址	在 nRAS 激活期间,选择的 bank 被激活;在 nCAS 激活期间,选择的 bank 被读写
A12～A0	地址	行地址 RA12～RA0;列地址 CA8～CA0;自动预充电标志:A10
nRAS nCAS nWE	行地址选通、列地址选通、写允许	nRAS、nCAS 和 nWE 用于定义不同的操作,详见命令真值表
UDQM、LDQM	数据输入输出屏蔽	在总线读方式,控制芯片输出缓冲器;在总线写方式,屏蔽输入芯片的数据
DQ15～DQ0	数据输入输出	数据输入输出引脚
VDD/VSS	电源/地	为内部电路和输入缓冲器提供电源
VDDQ/VSSQ	输出数据电源/地	为输出缓冲器提供电源
NC	不连接	不连接

3) HY57V561620 芯片内部功能模块

HY57V561620 芯片内部功能模块图见图 5-15。

图 5-15 有 4 个 bank,每个 bank 为 4M×16 位。使用系统地址总线中的高 2 位连接 BA1、BA0,用来选择 bank3～bank0。图 5-15 中 A12～A0 分时传送行地址 RA12～ RA0,列地址 CA8～CA0,允许行、列地址长度不对称,列地址的长度要在存储器控制器 特殊功能寄存器中设定。图 5-15 中 UDQM 和 LDQM 决定访问数据是 16 位、高 8 位或 低 8 位。图 5-15 中 CKE、nCS、nRAS、nCAS 和 nWE 在时钟上升沿的状态,决定具体操 作(命令)的动作,地址线 A12～A0 和 bank 选择线在某些操作动作中,作为操作的辅助 参数输入,具体见表 5-20。

4) HY57V561620 芯片命令真值表

HY57V561620 芯片命令真值表见表 5-20。

表 5-20 中每一行命令,都是在系统时钟上升沿,由各控制信号(CKEn-1、CKEn、 nCS、nRAS、nCAS、nWE)的状态决定的。SDRAM 芯片采集这些状态并执行对应命令规 定的操作。这些状态是由存储器控制器引脚信号发出的。

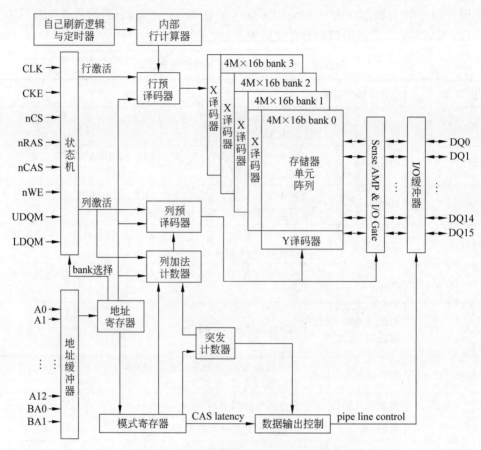

图 5-15　HY57V561620 芯片内部功能模块图

表 5-20　HY57V561620 芯片命令真值表

命　　令	CKEn-1	CKEn	nCS	nRAS	nCAS	nWE	DQM	ADDR	A10/AP	BA
模式寄存器设置	H	X	L	L	L	L	X	OP code		
空操作	H	X	H	X	X	X	X	X		
			L	H	H	H				
bank 激活	H	X	L	L	H	H	X	RA		V
读	H	X	L	H	L	H	X	CA	L	V
带自动预充电的读									H	
写	H	X	L	H	L	L	X	CA	L	V
带自动预充电的写									H	
预充电所有的 banks	H	X	L	L	H	L	X	X	H	X
预充电选择的 bank									L	V
突发停止	H	X	L	H	H	L	X	X		

续表

命 令		CKEn-1	CKEn	nCS	nRAS	nCAS	nWE	DQM	ADDR	A10/AP	BA
DQM		H	X					V	X		
自动刷新		H	H	L	L	L	H	X	X		
突发读单个写		H	X	L	L	L	H	X	A9 引脚高电平,其他引脚为操作码		
自己刷新	进入	H	L	L	L	L	H	X			
	退出	L	H	H	X	X	X	X	X		
				L	H	H	H				
预充电节电方式	进入	H	L	H	X	X	X	X	X		
				L	H	H	H				
	退出	L	H	H	X	X	X	X			
				L	H	H	H	X			
Clock 挂起	进入	H	L	H	X	X	X	X	X		
				L	V	V	V				
	退出	L	H	X				X			

注：• CKE 从低电平同步成为高电平时,带来退出自己刷新方式。
　　• 表中 X 表示无须关心,H 表示逻辑高电平,L 表示逻辑低电平,BA 表示 bank 地址,RA 表示行地址,CA 表示列地址,OP code 表示操作码。
　　• 表中 V 表示 bank 地址(由 BA1、BA0 输入)被使用。
　　• A10/AP 分别表示地址或读、写命令带自动预充电与否。

表 5-20 中命令举例说明如下。

（1）模式寄存器设置命令。

表 5-20 中第一行为模式寄存器设置命令,由控制信号决定了在模式寄存器设置命令的同时,地址线上传送的是操作码(OP code),它们的传送内容见表 5-21 和表 5-22。地址线上传送的操作码将被送往 SDRAM 的模式寄存器。

表 5-21　芯片地址线 A11～A0 传送的内容

A11～A10	A9	A8～A7	A6～A4	A3	A2～A0
保留	写入突发模式	工作模式	CAS 潜伏时间(列选通到数据有效时间 Tcl)	突发类型(BT)	突发长度(BL)

表 5-21 中 A9 对应的值通常为 0,A8 和 A7 对应的值通常为 00,其余位含义见表 5-22。

模式寄存器设置以后,随后进行的突发读或写,突发长度被确定了,所有的访问操作都以这个突发长度进行操作,不需要在突发读或写命令中指定。

（2）由存储器控制器控制完成一次突发读操作(突发长度＝1)。

由存储器控制器控制完成一次突发读操作,当突发长度＝1 时,存储器控制器发出三

表 5-22　芯片地址线 A6～A0 传送内容的含义

地 址 线	描　　　述
A6～A4	列选通到数据有效时间 Tcl　010＝2 个系统时钟　011＝3 个系统时钟　其余：保留
A3	突发类型　0＝顺序（推荐）　1＝交替（interleave）
A2～A0	突发长度　000＝1　001＝2　010＝4　011＝8　111＝页　其余：保留

个命令。先发出预充电命令，关闭先前工作的行；之后发出 bank/行激活命令，将 BA1、BA0 指定的 bank 和 A12～A0 指定的行激活；最后发出读命令（同时发出列地址、用 A10/AP 指定是否自动预充电），经过 Tcl（列选通到数据有效时间，在初始化过程时模式寄存器中已经指定过了）之后，可以从数据总线上读取 SDRAM 输出的数据。具体定时关系参见本节"6. S3C2410A SDRAM 单个读定时和单个突发读定时举例"部分。

（3）由存储器控制器控制完成一次突发读操作（突发长度＝8）。

存储器控制器发出的仍然是三个命令，与突发长度＝1 的操作完全相同，只不过在初始化过程时模式寄存器中已经指定了突发长度为 8，而不是指定突发长度为 1。具体定时关系参见本节"6. S3C2410A SDRAM 单个读定时和单个突发读定时举例"部分。

突发写操作过程与突发读操作过程类似，不再详细介绍。

4. HY57V561620 SDRAM 芯片与 S3C2410A 连接举例

S3C2410A 为 SDRAM 预留了 bank6 和 bank7 的位置，bank6 的起址为 0x30000000，在本例中，选体信号 nGCS6/nSCS0 作为 SDRAM 的片选信号。

在系统的引导 ROM 中要编写初始化存储器控制器特殊功能寄存器的代码，系统启动后存储器控制器要对 SDRAM 初始化。

图 5-16 给出了 HY57V561620 芯片与 S3C2410A 的连接实例。

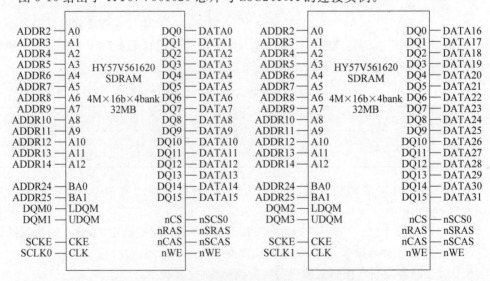

图 5-16　HY57V561620 芯片与 S3C2410A 的连接实例

图 5-16 中,地址总线 ADDR[25:24]分别与 SDRAM 的 BA1、BA0 连接,选择芯片内部的 bank3～bank0。由于数据总线为 32 位,所以地址总线 ADDR[1:0]被忽略,地址总线 ADDR[14:2]与 SDRAM 的 A[12:0]连接,传送行地址和列地址。

5. S3C2410A SDRAM 定时关系举例

下面举例说明 S3C2410A 地址、数据总线以及存储器控制器对 SDRAM 发出的控制信号,在时间上相互之间的关系和它们的含义。在图 5-17 中,首先出现的是 bank 预充电命令。之后是 bank 和 Row(行)激活命令,地址总线上出现的是行地址 RA。然后是写命令(对应 nWE＝0),A10/AP＝0 表示非自动预充电,与写命令同时出现在地址总线上的 Ca 是列地址、出现在数据总线上的是要写入指定单元的数据 Da,Da 被写入 SDRAM 芯片。之后是读命令,连续从 SDRAM 芯片读出 4 个数据送数据总线。

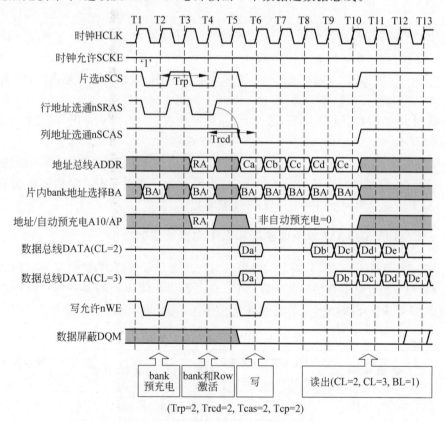

图 5-17　S3C2410A SDRAM 定时关系

图 5-17 中,BA 表示 bank 地址,RA 表示行地址,Ca、Cb、Cc、Cd、Ce 表示连续的列地址,Da 表示写入 SDRAM 芯片的数据,Db、Dc、Dd 和 De 表示从 SDRAM 芯片读出数据。另外,DATA(CL＝2)表示从列地址选通到(读出)数据有效时间为 2 个 HCLK 周期,BL＝1 表示突发长度为 1,图 5-17 中上方 T1,T2,…,T13,分别表示第 1 个时钟脉冲上升沿到第 13 个时钟脉冲上升沿。

参见表 5-20 和图 5-17,T2 上升沿锁存命令为 bank 预充电命令,因为 nSCS=0,nSRAS=0,nWE=0。这时 A10/AP=0 则预充电选择的 bank,A10/AP=1 则预充电所有的 banks。对于预充电选择的 bank,由 BA 信号指示所选择的 bank。

经过预充电时间 Trp,T4 上升沿锁存的命令为 bank 和 Row(行)激活命令,这时 bank 地址 BA 和行地址 RA 有效,A10/AP 传送的是行地址中的一位。

经过从 bank/Row 激活到写命令的时间 Trcd,对应 T6 送出了列地址 Ca、bank 选择 BA、写入的数据 Da 以及写信号 nWE。这时 A10/AP=0,表示非自动预充电,在写操作完成后不进行自动预充电。如果 A10/AP=1,则表示写操作完成后要自动预充电。另外,由于送出的列地址比较短,列地址不会使用 A10,所以使用 A10/AP 作为自动预充电指示。

在 T6 上升沿,数据总线上的数据 Da 写入 SDRAM 的 BA、RA 和 Ca 所确定的单元。

在 T7 上升沿,BA 保持原值,行地址不变,列地址锁定为 Cb,nWE=1,为读 SDRAM 命令,从 T7 到 T9,经过 2 个时钟周期(CL=2),DATA(CL=2)数据总线上出现了从 SDRAM 读出的数据 Db,随后每个时钟脉冲读出一个数据,分别是 Dc、Dd 和 De。DATA(CL=3)表示从 T7 到 T10 经过 3 个时钟周期才读出数据。

如果 SDRAM 数据线为 16 位,要读写高、低 8 位或 16 位,那么由图 5-17 中 DQM 信号进行控制。

由图 5-17 可以看出,开始一次新的写操作时,应该先对 bank 预充电,激活所选 bank 和 Row(行),然后送出列地址和写入数据,并指示是否自动预充电。对相邻连续单元进行读时,只要继续送出列地址并且 nWE=1 就可以了。

6. S3C2410A SDRAM 单个读定时和单个突发读定时举例

在图 5-18 和图 5-19 中,某些定时参数的时间长度是常数值,参数含义及时间长度见表 5-23;另外一些定时参数的时间长度,可以通过设置存储器控制器特殊功能寄存器的值而改变,或者由于 SDRAM 工作速度不同而不同,详见表 5-24。

表 5-23　SDRAM 总线定时参数

符号	参数名称	最小值/ns	最大值/ns	符号	参数名称	最小值/ns	最大值/ns
tSAD	SDRAM 地址延时	2	7/6.5	tSWD	SDRAM 写允许延时	2	6/5.5
tSCSD	SDRAM 片选延时	2	6/5.5	tSDS	SDRAM 读允许延时	4	—
tSRD	SDRAM 行激活延时	1	5/4.5	tSDH	SDRAM 读数据保持时间	0	—
tSCD	SDRAM 列激活延时	1	5/4.5	tSDD	SDRAM 输出数据延时	2	7/6.5
tSBED	SDRAM 字节允许延时	2	6/5.5	tCKED	SDRAM 时钟允许延时	2	5/4.5

表 5-24　SDRAM 总线定时关系中时间长度可变的参数

符　号	参 数 名 称（参 数 描 述）
Trcd	RAS 到 CAS 延时，从 bank/行激活到读或写（送列地址）时间，可设置
Trp	预充电时间，从预充电到其他命令时间，可设置
Tcl	列选通到数据有效时间，可设置，在表 5-15 中称为 CL
Tref	刷新周期，对所有行完成一次刷新的时间，小于等于 64ms

注：Tref 并未出现在图 5-18 和图 5-19 中。Trcd、Trp 和 Tcl 设置方法见表 5-12、表 5-13 和表 5-15。

对某些定时参数设定了具体数值后，S3C2410A 对 SDRAM 读一次的单个读定时图如图 5-18 所示。

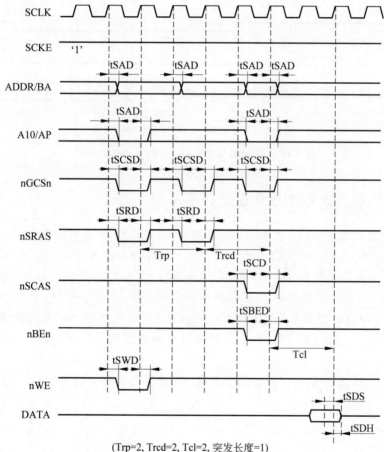

(Trp=2, Trcd=2, Tcl=2, 突发长度=1)

图 5-18　SDRAM 突发长度为 1 的单个读定时图

从图 5-18 中可以看出，读 SDRAM 数据是由三条命令组成的：预充电命令、bank/行激活命令和读命令（同时传送列地址）。

图 5-19 是突发长度为 8 的单个读定时图。

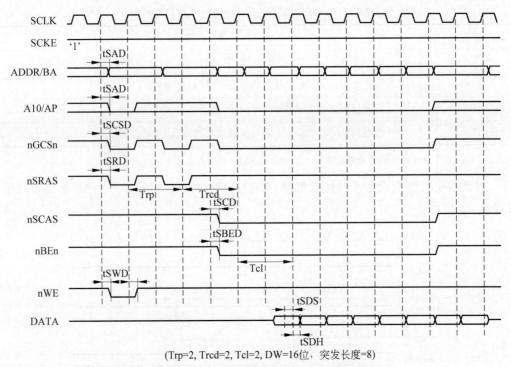

(Trp=2, Trcd=2, Tcl=2, DW=16位，突发长度=8)

图 5-19　SDRAM 突发长度为 8 的单个读定时图

5.2.3　存储器控制器初始化设置程序举例

U-Boot 是比较常用的一款装载引导程序(bootloader)，一种可用的方案是将 U-Boot 存储在 Nand Flash 中。系统启动时，S3C2410A 硬件自动读入 Nand Flash 前 4KB 内容 (bootloader 头部)，送到 bank0 的 4KB 静态存储器 SRAM 中，这其中有一段程序是对存储器控制器进行初始化设置的，也就是将事先定义好的 13 个字数据，写入 13 个特殊功能寄存器中。只有对存储器控制器进行过初始化设置以后，SDRAM 才能使用。

【**例 5.1**】　U-Boot 对 SMDK2410 评估板存储器控制器进行初始化设置的代码及注释。

说明：本段代码可以在学习过第 7 章特殊功能寄存器地址定义方法后再阅读。

```
/* Name lowlevel_init.S */
#include <config.h>
#include <version.h>

#define BWSCON0x48000000          /*定义 BWSCON 寄存器地址 */

/* BWSCON */
#define DW8          (0x0)         /*数据总线宽度 8 位对应值 */
#define DW16         (0x1)
#define DW32         (0x2)
```

```
#define WAIT          (0x1<<2)           /* 允许等待对应值 */
#define UBLB          (0x1<<3)           /* 使用 UB/LB 对应值 */

#define B1_BWSCON     (DW32)             /* bank1 数据总线宽度 */
#define B2_BWSCON     (DW16)
#define B3_BWSCON     (DW16+WAIT+UBLB)
#define B4_BWSCON     (DW16)
#define B5_BWSCON     (DW16)
#define B6_BWSCON     (DW32)
#define B7_BWSCON     (DW32)

/* BANK0CON */
#define B0_Tacs       0x0/* 0clk */
#define B0_Tcos       0x0/* 0clk */
#define B0_Tacc       0x7/* 14clk */
#define B0_Tcoh       0x0/* 0clk */
#define B0_Tah        0x0/* 0clk */
#define B0_Tacp       0x0
#define B0_PMC        0x0/* normal */

/* BANK1CON 至 BANK5CON 定义方法相同,此处省略 */

/* BANK6CON- BANK7CON */
#define B6_MT         0x3/* SDRAM */
#define B6_Trcd       0x1
#define B6_SCAN       0x1/* 9bit */

#define B7_MT         0x3/* SDRAM */
#define B7_Trcd       0x1/* 3clk */
#define B7_SCAN       0x1/* 9bit */

/* REFRESH parameter */
#define REFEN         0x1/* Refresh enable */
#define TREFMD        0x0/* CBR(CAS before RAS)/Auto refresh */
#define Trp           0x0/* 2clk */
#define Trc           0x3/* 7clk */
#define Tchr          0x2/* 3clk */
#define REFCNT        1113/* period=15.6us, HCLK=60MHz, (2048+1-15.6*60) */
/****************************************/
/* 以下汇编语言从符号 SMRDATA 处,读出第 1 个字数据,送地址 0x48000000 */
/* 读出第 2 个字数据,送地址 0x48000004 */
/* 共读出 13 个数据,分别送到存储器控制器的 13 个特殊功能寄存器 */
/* 对存储器控制器进行了初始化 */
_TEXT_BASE:
```

```
        .wordTEXT_BASE

.globl lowlevel_init
lowlevel_init:
    /* 使用从 SMRDATA 开始的 13 个字数据,对 BWSCON 开始的 13 个特殊功能寄存器进行配置 */
    /* r0 作为源指针,r1 作为目的指针,指令每执行一次,指针加 4。r2 是结束地址 */
    /* make r0 relative the current location so that it */
    /* reads SMRDATA out of FLASH rather than memory! */
    ldr    r0, =SMRDATA       /* r0=SMRDATA 地址 */
    ldr    r1, _TEXT_BASE     /* r1=_TEXT_BASE 地址,_TEXT_BASE 地址为 0x0 */
    sub    r0, r0, r1         /* r0=本段程序长度(字节数) */
    ldr    r1, =BWSCON        /* 取 BWSCON 对应地址送 r1 */
    add    r2, r0, #13 * 4    /* r2 是 SMRDATA 文字池后的下一个地址 */
0:
    ldr    r3, [r0], #4
    str    r3, [r1], #4
    cmp    r2, r0
    bne    0b                 /* 0 为局部标号,b 表示向后查找(小地址方向)局部标号 */

    /* everything is fine now */
    movpc, lr

    .ltorg
/***************************************/
/* the literal pools origin */
/* 以下定义了 13 个字数据,分别对应存储器控制器的 13 个特殊功能寄存器的初始化值 */
SMRDATA:
    .word
(0+ (B1_BWSCON<<4) + (B2_BWSCON<<8) + (B3_BWSCON<<12) + (B4_BWSCON<<16) + (B5_
BWSCON<<20) + (B6_BWSCON<<24) + (B7_BWSCON<<28))
    .word
((B0_Tacs<<13) + (B0_Tcos<<11) + (B0_Tacc<<8) + (B0_Tcoh<<6) + (B0_Tah<<4) + (B0_
Tacp<<2) + (B0_PMC))
    .word
((B1_Tacs<<13) + (B1_Tcos<<11) + (B1_Tacc<<8) + (B1_Tcoh<<6) + (B1_Tah<<4) + (B1_
Tacp<<2) + (B1_PMC))
    .word
((B2_Tacs<<13) + (B2_Tcos<<11) + (B2_Tacc<<8) + (B2_Tcoh<<6) + (B2_Tah<<4) + (B2_
Tacp<<2) + (B2_PMC))
    .word
((B3_Tacs<<13) + (B3_Tcos<<11) + (B3_Tacc<<8) + (B3_Tcoh<<6) + (B3_Tah<<4) + (B3_
Tacp<<2) + (B3_PMC))
    .word
((B4_Tacs<<13) + (B4_Tcos<<11) + (B4_Tacc<<8) + (B4_Tcoh<<6) + (B4_Tah<<4) + (B4_
```

```
Tacp<<2)+(B4_PMC))
    .word
((B5_Tacs<<13)+(B5_Tcos<<11)+(B5_Tacc<<8)+(B5_Tcoh<<6)+(B5_Tah<<4)+(B5_
Tacp<<2)+(B5_PMC))
    .word
((B6_MT<<15)+(B6_Trcd<<2)+(B6_SCAN))
    .word
((B7_MT<<15)+(B7_Trcd<<2)+(B7_SCAN))
    .word
((REFEN<<23)+(TREFMD<<22)+(Trp<<20)+(Trc<<18)+(Tchr<<16)+REFCNT)
    .word 0x32
    .word 0x30
    .word 0x30
/*END*/
```

5.3　Nand Flash 芯片工作原理

5.3.1　两种引导模式

参见图 5-1,由 S3C2410A 组成的系统有两种引导模式。一种对应图 5-1 左半部,bank0 可以使用前面讲过的 Nor Flash 芯片,Reset 后从地址 0 开始执行引导程序。另一种对应图 5-1 右半部,使用 Nand Flash 芯片,Reset 后,系统自动读出 Nand Flash 芯片前 4KB 内容,送到位于 bank0 的内部 4KB SRAM 中,执行 SRAM 中的引导程序。Nand Flash 芯片前 4KB 保存的是引导程序,后面的存储空间可以作为一般的固态盘使用。另外,bank0 中 4KB SRAM 在引导程序执行后,还可以作为通常 SRAM 使用。

5.3.2　Nand Flash 概述

与 Nor Flash 一样,Nand Flash 中保存的信息,在供电电源切断(关闭)后,能够长期保存,通常能保存 10 年。这一特点也称为不挥发、非易失性。

Nand Flash 比 Nor Flash 集成度更高,价格更低。

对 Nand Flash 的编程(写入数据)和读操作,以页为单位,擦除操作以块为单位。要改写 Nand Flash 芯片中某一个字节的内容,必须重写整个页面。

Nand Flash 芯片接口与 SRAM 不同。能够连接 SRAM 的存储器控制器,不能与 Nand Flash 连接。Nand Flash 通常需要专门的控制器与之相连。

Nand Flash 芯片通常有一个 8 位或 16 位的 I/O 端口,对 Nand Flash 芯片发送的编程、读、擦除等命令,以及指定的芯片内部地址和传输的数据都是通过 I/O 端口串行传送的。

在 Nand Flash 芯片中保存的程序,必须复制到 SRAM、SDRAM 中才能执行。

Nand Flash 芯片可靠性比 Nor Flash 低,因此在 Nand Flash 芯片中,每一页都有若干字节的备用区,但是 Nand Flash 芯片的前 4KB 区域,生产厂商还是可以保证其可靠性的,因此可以使用 Nand Flash 芯片的前 4KB 保存引导程序。

由于 Nand Flash 编程和擦除等操作较为复杂,一般需要有专门的驱动程序支持。

5.3.3　K9F2808U0C Nand Flash 芯片工作原理

K9F2808U0C 芯片是三星公司的产品,在嵌入式系统中较为常用,作为 Nand Flash 存储器使用。另外,还有 K9F2816U0C 和 K9F1208U0M 也较为常用,工作原理与 K9F2808U0C 相近。这些芯片在技术文档中,有时称芯片为设备。

1. K9F2808U0C 主要特点

K9F2808U0C 主要特点如下。

- 电源电压:2.7~3.6V,通常使用 3.3V。
- 芯片提供 8 位的 I/O 端口。
- 芯片总容量为 16MB+512KB,分为 32 768 页,1024 块。
- 页大小为 512B+16B。
- 每 32 页称为 1 块,块大小为 16KB+512B。
- 芯片内提供 512B+16B 的数据寄存器。
- 能够自动编程和擦除,编程以页为单位,擦除以块为单位。
- 对于页读出操作,随机访问一页时间最长为 $10\mu s$,页中顺序读出 1 字节时间为 50ns。通过 8 位 I/O 端口,一次可以串行读出 512B+16B。
- 典型的块擦除时间为 2ms,典型的页编程时间为 $200\mu s$。
- I/O 端口为双向,可传输命令/地址/数据。

2. 芯片引脚信号含义

K9F2808U0C 引脚排列见图 5-20,引脚信号含义见表 5-25。

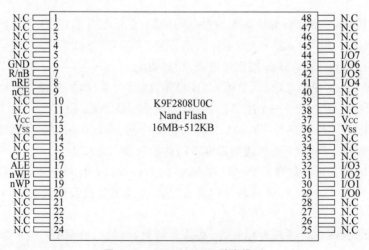

图 5-20　K9F2808U0C 引脚排列

表 5-25　K9F2808U0C 引脚信号含义

引 脚 名	引 脚 信 号 含 义
I/O0～I/O7	I/O 引脚用作输入命令/地址/数据,在读操作时输出数据。没有选中该芯片或禁止输出时,为高阻状态
CLE	命令锁存允许。当 CLE 为高电平,I/O 引脚上的命令,在 nWE 上升沿锁存到命令寄存器
ALE	地址锁存允许。当 ALE 为高电平,I/O 引脚上的地址,在 nWE 上升沿锁存到内部地址寄存器
nCE	芯片允许(片选)
nRE	读允许。nRE 输入信号,作为串行数据输出控制使用
nWE	写允许。nWE 输入控制写到 I/O 端口的命令、地址和数据
nWP	写保护。在电源加电过程中,nWP 引脚提供写/擦除保护
R/nB(Ready/Busy)	就绪/忙输出。R/nB 输出指示设备操作状态。R/nB 为低电平指示编程/擦除/随机读操作正在处理,高电平表示完成
GND(nSE)	作为输入,连到 GND 表示允许使用备用区
Vcc	设备电源
Vss	地
N.C	不连接

3. 功能框图

K9F2808U0C 功能框图见图 5-21。

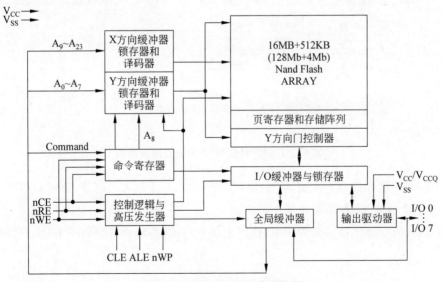

图 5-21　K9F2808U0C 功能框图

K9F2808U0C 由(128Mb＋4Mb)的存储阵列组成,其中 4Mb 为备用空间或备用区,备用空间用于存放纠错码(Error Correcting Code,ECC)校验信息和其他信息。存储阵列可以用字节表示。

- 设备(芯片)容量为 16MB＋512KB,其中 512KB 为备用空间。
- 页大小为 512B＋16B,其中 16B 为备用空间;一页也称为一行。
- 设备共有 32 768 页(行)。
- 块大小为:一块内有 32 页,设备共有 1024 块。
- 地址 A9～A23 共 15 条线,称为行线,对行(页)寻址,可寻址 32 768 页。
- 地址 A0～A8 共 9 条线,称为列线,可对一页内 512B 寻址,其中地址 A8 并没有传送,而是通过命令设置为 0 或 1。对一页内的 16B 备用空间寻址,也通过命令设置。

图 5-21 中 X 方向译码器对页(行)寻址,Y 方向译码器对页(行)内字节寻址。

图 5-21 中 I/O 缓冲器和锁存器长度为 528B,在以页为单位读或编程时,它们与存储器单元阵列某 1 页之间传送相应的数据。

图 5-21 中 I/O0～I/O7 传送命令/地址/数据。

4. 存储单元阵列结构

K9F2808U0C 存储单元阵列结构如图 5-22 所示。

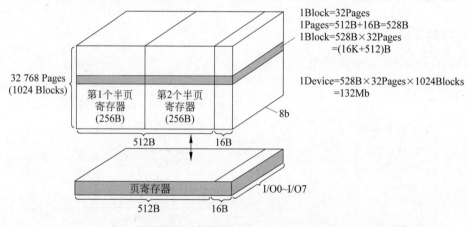

图 5-22 K9F2808U0C 存储单元阵列结构

图 5-22 中阴影部分为 1 页,大小为 512B＋16B;1 页分为三部分,分别是第 1 个半页 256B,第 2 个半页 256B 和备用区 16B。

表 5-26 表示地址信号分为 3 组,使用了 3 个总线周期,通过 I/O0～I/O7 分别传送到芯片。

表 5-26　K9F2808U0C 地址信号的传送

周期	I/O0	I/O1	I/O2	I/O3	I/O4	I/O5	I/O6	I/O7	用　　途
第 1 周期	A0	A1	A2	A3	A4	A5	A6	A7	作为列地址
第 2 周期	A9	A10	A11	A12	A13	A14	A15	A16	行(页)地址低位
第 3 周期	A17	A18	A19	A20	A21	A22	A23	L	行(页)地址高位

表 5-26 中地址 A0～A7 作为列地址,地址 A8 没有传送,通过命令能够设置为 0 或 1,由 A0～A8 可对 512B 中的字节寻址。表 5-26 中 A9～A23 可对行(页)寻址,可寻址 32 768 行(页)。最后一次传送时 I/O7 对应位必须为低电平。

5. 命令集和状态寄存器

K9F2808U0C 命令集如表 5-27 所示。

表 5-27　K9F2808U0C 命令集

功　　能	命令(第 1 周期)	命令(第 2 周期)	在忙(**Busy**)期间是否可接受命令
Read1	00h/01h	—	N
Read2(读 512～527B)	50h	—	N
Read ID	90h	—	N
Reset	FFh	—	Y
Page Program(页编程)	80h	10h	N
Block Erase(块擦除)	60h	D0h	N
Read Status(读状态)	70h	—	Y

表 5-27 中在 Read1 行,有 2 个命令 00h 和 01h,00h 命令表示读第 1 个半页(前 256B),该命令同时将地址 A8 设置为低电平;01h 命令表示读第 2 个半页(后 256B),该命令同时将地址 A8 设置为高电平。

表 5-27 中一些命令需要一个总线周期,由 Nand Flash 控制器将命令传到 Nand Flash 芯片,如 Reset、Read1、Read2 等对应的命令;另外,一些命令需要 2 个总线周期,如页编程和块擦除等对应的命令,第 1 个周期的命令用于设置(setup),第 2 个周期的命令表示开始执行。

对于读 1 页或页编程,由于寻址需要 24 条地址线,分 3 组,使用 3 个总线周期,跟在命令之后,传输到芯片。对于块擦除命令,只需要 2 个行地址周期。

在表 5-27 中最后一行,发出读状态命令之后,读回来的状态位含义见表 5-28。

表 5-28　K9F2808U0C 状态寄存器含义

对应 I/O 引脚	状　态	含　义
I/O0	编程/擦除	0 表示编程/擦除成功　1 表示失败
I/O1～I/O5	保留	0
I/O6	设备操作	0 表示忙(Busy)　1 表示就绪(Ready)
I/O7	写保护	0 表示保护　1 表示不保护

K9F2808U0C 片内含有状态寄存器,通过读出状态寄存器,可以判断编程或擦除操作是否完成、是否成功。对芯片写入 70h 命令后,下一个读周期芯片 I/O 引脚送出状态寄存器内容。

6. 读时序举例

由 Nand Flash 控制器发出不同的命令,通过 I/O 端口送到 Nand Flash 芯片,之后跟随(或不跟随)地址,Nand Flash 芯片可以完成不同的操作。

对于读操作,命令可以是 00h 或 01h,命令之后跟随列地址、页(行)地址低位、页(行)地址高位。经过一段时间,通过检查 R/nB 引脚,当 R/nB=1 时,可以从芯片读出 1 页 528B 数据,具体见图 5-23。

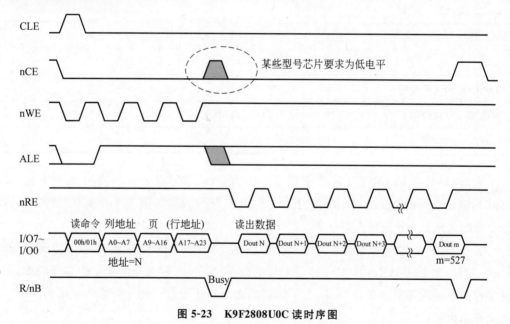

图 5-23　K9F2808U0C 读时序图

图 5-23 中由列地址为 N 和行(页)地址指定的 1 页数据,从 Nand Flash 存储阵列读出片内的数据寄存器后,I/O0～I/O7 先送出数据寄存器中这 1 页列地址 N 对应单元的数据,最后送出 N+m 对应单元的数据。

对 Nand Flash 的读写操作与对 SRAM 的读写操作不同,需要相应的算法支持。不同芯片厂商及不同型号的芯片,算法也不相同。在 Linux、μcLinux 和 RTLinux 中,算法一般在驱动程序的内存技术驱动程序(Memory Technology Driver,MTD)模块中或者在闪存转换层(Flash Translation Layer,FTL)内实现。MTD/FTL 向上将闪存设备抽象成逻辑设备(逻辑页面和块),为闪存文件系统(Flash File System,FFS)提供对物理设备操作的接口;向下实现对物理闪存设备的读写、清零、ECC 校验等操作。

5.4　Nand Flash 控制器及程序举例

5.4.1　Nand Flash 控制器

1. 概述

嵌入式系统存储器可以由 Nor Flash 和 SDRAM 构成。Nor Flash 位于 bank0,存放引导程序等,启动后可以直接从 Nor Flash 中取出指令执行;SDRAM 位于 bank6,保存运行的程序和数据。但是由于 Nor Flash 比 Nand Flash 价格高、容量低,因此当前很多嵌入式系统中使用 Nand Flash 保存引导程序,使用 SDRAM 作为 bank6,不再使用 Nor Flash。

S3C2410A 芯片内含有 Nand Flash 控制器。为了支持从 Nand Flash 芯片中的程序引导系统,S3C2410A 芯片内有一个叫作 Steppingstone(垫脚石)的内部 SRAM 缓冲区,它位于 bank0,大小为 4KB。当系统启动时,S3C2410A 自动将 Nand Flash 存储器前 4KB 内容读入 Steppingstone,然后自动从 Steppingstone 中逐条取出并执行这些引导程序。

通常引导程序要将 Nand Flash 中的其他程序复制到 SDRAM,引导程序执行后转到 SDRAM 去执行。

使用 S3C2410A 内部硬件 ECC 发生器,可以对 Nand Flash 的数据进行有效性的检验。

Nand Flash 控制器主要特性有:

- 在 Nand Flash 模式,支持对 Nand Flash 存储器读/擦除/编程;
- 支持自动引导模式,在 Reset 后,引导程序从 Nand Flash 被装入 Steppingstone,从 Steppingstone 读出并执行;
- 支持硬件 ECC 产生电路,由硬件电路产生相应信息,软件校正;
- 用作 Steppingstone 的内部 4KB SRAM 缓冲区,在从 Nand Flash 引导结束后,可以作为其他用途。

2. Nand Flash 控制器组成框图

Nand Flash 控制器组成框图见图 5-24。

图 5-24 中 Nand Flash 控制器接口信号含义见表 5-29。

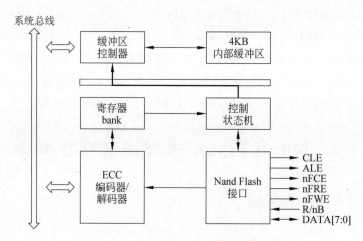

图 5-24　Nand Flash 控制器组成框图

表 5-29　Nand Flash 控制器接口信号含义

信　号	I/O	含　义
CLE	O	命令锁存允许
ALE	O	地址锁存允许
nFCE	O	Nand Flash 片选
nFRE	O	Nand Flash 读允许
nFWE	O	Nand Flash 写允许
NCON	I	Nand Flash 配置,如果不使用 Nand Flash 控制器,引脚应该接上拉电阻 0:3 步寻址　　1:4 步寻址
R/nB	I	Nand Flash Ready/Busy。如果 Nand Flash 控制器不使用该引脚,应该接上 拉电阻
DATA[7:0]	I/O	用于数据、命令和地址的传输

图 5-24 中 ECC 编码器/解码器,ECC 的含义是错误校正码(Error Correction Code)。在自动引导模式,不使用 ECC,因此 Nand Flash 的前 4KB 应该没有位错误。

另外,使用 Nand Flash 自动引导时,还要求引脚 OM[1:0]＝00,表示允许 Nand Flash 控制器自动引导模式;引脚 NCON＝0 表示对 Nand Flash 存储器地址进行 3 步寻址(用 3 个周期,分 3 次传送地址信号),NCON＝1 表示 4 步寻址。

3. Nand Flash 操作图

Nand Flash 操作图见图 5-25。

从图 5-25 中可以看出,在自动引导模式,完成 Reset 后,Nand Flash 存储器前 4KB 内容被复制到 S3C2410A 的内部 Steppingstone 中,Steppingstone 被映射到 nGCS0 的范围内。然后 CPU 从内部 Steppingstone 中取出引导代码执行。

对应图 5-25 中 Nand Flash 模式,首先通过特殊功能寄存器 NFCONF 进行 Nand Flash 配置;其次要写 Nand Flash 命令到 NFCMD 寄存器;之后送 Nand Flash 地址到

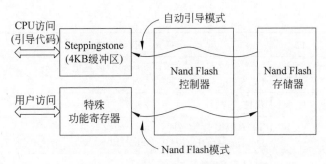

图 5-25 Nand Flash 操作图

NFADDR 寄存器；然后通过检查 NFSTAT 寄存器状态，读写数据。每次读操作前或写操作后，都应该检查 R/nB 信号。

对应图 5-25 中 Nand Flash 模式，当 S3C2410A 写数据到 Nand Flash 存储器时，ECC 电路自动产生 ECC 码；当从 Nand Flash 存储器读时，ECC 电路也会自动产生 ECC 码，用户应该与先前写入的 ECC 码进行比较。

4. 可以在特殊功能寄存器中设置时间参数

Nand Flash 存储器定时时间参数中，可以在特殊功能寄存器 NFCONF 中设置时间长度的有 TACLS、TWRPH0 和 TWRPH1，它们的定时关系和含义见图 5-26 和表 5-30。

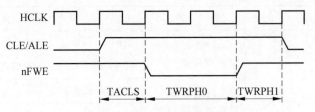

图 5-26 Nand Flash 定时关系

表 5-30 Nand Flash 控制器配置寄存器含义

NFCONF	位	描 述	初 态
允许/禁止	[15]	Nand Flash 控制器允许/禁止 0＝禁止 Nand Flash 控制器　1＝允许 Nand Flash 控制器 自动引导后，这一位被自动清 0。为了访问 Nand Flash 存储器，这一位必须被设置为 1	0
保留	[14:13]	保留	—
初始化 ECC	[12]	初始化 ECC 编码器/解码器 0：不初始化　1：初始化 S3C2410A 只支持 512B 的 ECC 检查，因此要求每 512B 设置 ECC 初始化一次	0
Nand Flash 存储器片选	[11]	Nand Flash 存储器 nFCE 控制 0：Nand Flash nFCE＝L（激活）　1：Nand Flash nFCE＝H（非激活）（自动引导后，nFCE 处于非激活）	—

续表

NFCONF	位	描　　　述	初　态
TACLS	[10:8]	CLE&ALE 持续时间(duration)设置值为 0~7 Duration＝HCLK×(TACLS＋1)	0
保留	[7]	保留	—
TWRPH0	[6:4]	TWRPH0 持续时间(duration)设置值为 0~7 Duration＝HCLK×(TWRPH0＋1)	0
保留	[3]	保留	—
TWRPH1	[2:0]	TWRPH1 持续时间(duration)设置值为 0~7 Duration＝HCLK×(TWRPH1＋1)	0

5.4.2　Nand Flash 控制器特殊功能寄存器

Nand Flash 控制器中有 6 个特殊功能寄存器。

Nand Flash 控制器配置寄存器 NFCONF,地址为 0x4E000000,可读写,Reset 值不确定,具体含义见表 5-30。

Nand Flash 控制器命令、地址、数据、状态、ECC 寄存器含义见表 5-31。

表 5-31　Nand Flash 控制器命令、地址、数据、状态、ECC 寄存器含义

寄存器名	地　　址	R/W	描　　　述	位	含　　义	初态
NFCMD	0x4E000004	R/W	Nand Flash 命令设置寄存器	[15:8]	保留	—
				[7:0]	Nand Flash 存储器命令值	0x00
NFADDR	0x4E000008	R/W	Nand Flash 地址设置寄存器	[15:8]	保留	—
				[7:0]	Nand Flash 存储器地址值	0x00
NFDATA	0x4E00000C	R/W	Nand Flash 数据寄存器	[15:8]	保留	—
				[7:0]	Nand Flash 读/编程数据: 写时为编程数据; 读时为读入数据	—
NFSTAT	0x4E000010	R	Nand Flash 操作状态寄存器	[16:1]	保留	—
				[0]	Nand Flash 存储器 Ready/Busy 状态(检查 R/nB 引脚得到)　0＝busy　1＝ready	—
NFECC	0x4E000014	R	Nand Flash ECC 寄存器	[23:16]	ECC2	—
				[15:8]	ECC1	—
				[7:0]	ECC0	—

Nand Flash 控制器的寄存器不能由 DMA 方式访问,可以使用 LDM/STM 指令访问。

5.4.3　Nand Flash 控制器与 Nand Flash 芯片连接举例

　　S3C2410A Nand Flash 控制器与 K9F2808U0C 芯片的连接如图 5-27 所示。图 5-27 中 nSE 连接到 GND,表示芯片允许使用片内备用区。

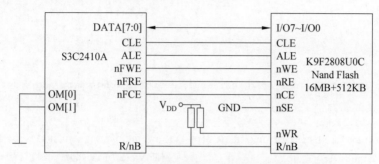

图 5-27　Nand Flash 控制器与 K9F2808U0C 芯片的连接

5.4.4　读 Nand Flash 程序举例

　　例 5.2 取自 U-Boot 的 board/up2410/nand.c,作者为程序加了注释。

　　在调用初始化程序 NF_Init()中,设置了 NFCONF 寄存器、发出了片选有效信号、发出了复位命令 0xFF。在读 Nand Flash 程序中,传送过来的参数分别是内存 buf 地址、Nand Flash 起址、读入长度。另外有些地址和参数在别的文件中定义过了。参数 Nand_SECTOR_SIZE 值为 511,即 1 页大小。

　　【例 5.2】　U-Boot 从 Nand Flash 指定地址读入指定字节送存储器程序。

　　说明:本段代码可以在学习过第 7 章后再阅读。

```
#include <common.h>
#include <s3c2410.h>
#include <config.h>

#define TACLS    0                    /*定义 TACLS 的值为 0*/
#define TWRPH0   3
#define TWRPH1   0
#define U32 unsigned int              /*定义 U32 为无符号 32 位整型数*/
extern unsigned long nand_probe(unsigned long physadr);

static void NF_Reset(void)
{                                     /*复位(Reset)Nand Flash 芯片*/
    int i;
    NF_nFCE_L();                      /*nFCE 为低电平,片选有效*/
    NF_CMD(0xFF);          /*Reset 命令 0xFF 送 NFCMD 命令设置寄存器,然后自动送芯片*/
    for(i=0;i<10;i++);                /*延时*/
    NF_WAITRB();                      /*等待 R/nB 引脚为 1,ready*/
```

```
        NF_nFCE_H();                              /* nFCE 为高电平,片选信号变为无效 */
}
void NF_Init(void)
{                                                 /* 初始化 */
    rNFCONF= (1<<15)|(1<<14)|(1<<13)|(1<<12)|(1<<11)|(TACLS<<8)|(TWRPH0<<4)|
    (TWRPH1<<0);                                  /* 设置配置寄存器 NFCONF */
    NF_Reset();                                   /* 复位(Reset) */
}


int nand_read_whole(unsigned char * buf, unsigned long start_addr, int size)
{
    int i, j;
    if((start_addr & NAND_BLOCK_MASK)||(size & NAND_BLOCK_MASK))
        return 1;                                 /* 判断 Nand Flash 起址、长度合法 */
    NF_nFCE_L();                                  /* 片选 nFCE 为低电平,有效 */
    for(i=0; i<10; i++);                          /* 延时 */
    i=start_addr;                                 /* Nand Flash 起址 */
    while(i<start_addr+size) {
        rNFCMD=0;                                 /* 命令为 0,读(Read 1) */
        rNFADDR=i & 0xff;                         /* 分离、送出低 8 位地址 A0~A7 */
        rNFADDR=(i>>9) & 0xff;                    /* 分离、送出地址 A9~A16 */
        rNFADDR=(i>>17) & 0xff;                   /* 分离、送出地址 A17~A24 */
        rNFADDR=(i>>25) & 0xff;                   /* 分离、送出地址 A25,其余位为 0 */
        NF_WAITRB();                              /* 等待 R/nB 引脚为 1,ready */

        for(j=0; j<NAND_SECTOR_SIZE; j++, i++) {
            * buf=(rNFDATA & 0xff);               /* 读 1 字节数据送内存 buf */
            buf++;                                /* 修改 buf 地址,重复读 1 页 */
        }
    }
    NF_nFCE_H();                                  /* 片选信号 nFCE 为高电平,无效 */
    return 0;
}
```

5.5 本 章 小 结

本章讲述了存储器控制器和 Nand Flash 控制器两部分内容。

对于存储器控制器,通过讲述存储器控制器引脚信号和总线控制器引脚信号的含义、存储器总线周期,以及 Nor Flash 芯片工作原理和引脚信号含义、SDRAM 芯片工作原理和引脚信号含义,具体说明了如何组成一个存储器系统。另外,对于存储器控制器特殊功能寄存器中每一位的含义,结合组成的存储器系统,说明了它们的具体用法。

对于 Nand Flash 控制器,首先具体介绍了一个 Nand Flash 芯片的工作原理和引脚信号,然后讲述了 Nand Flash 控制器的引脚信号、特殊功能寄存器各位的含义,最后给出了一个具体的 Nand Flash 控制器与芯片连接的实例。

5.6 习 题

1. 对于存储器控制器,简要回答以下问题:

(1) S3C2410A 存储器可以分为几个 banks? 每个 bank 容量为多少 MB? 各个 banks 用哪些信号作为选体信号?

(2) 简述 OM[1:0]输入信号不同组合时的含义。

(3) SDRAM 可以用于哪几个 banks?

(4) 每个 bank 的数据总线宽度可以单独设置,还是所有的 banks 只能设置为同一种宽度? 如何设置? bank0 的数据总线宽度可以选择哪几位? 其他 bank 呢?

(5) 引导程序一般应存放在哪一个 bank? 使用 ROM 或 SRAM 还是 SDRAM?

(6) 运行的程序,包括操作系统、用户程序以及数据、堆栈一般使用哪一个 bank?

(7) 外部等待信号能够扩展 ROM/SRAM 的总线周期吗? 能够扩展 bank0 中 ROM 的总线周期吗?

(8) S3C2410A 实际使用多少条地址线对存储器寻址? 可寻址空间为多少 MB? nGCS0~nGCS7 由哪几条地址线译码产生?

(9) 特殊功能寄存器占用地址范围为多少 MB? 需要外接存储器芯片实现吗?

(10) S3C2410A 采用存储器与 I/O 端口统一编址,还是独立编址的寻址方法? nGCS0~nGCS7 可以作为选择外设端口的信号使用吗?

(11) S3C2410A 存储器要求每个 bank 都安装吗? 必须安装哪几个 banks? 每个 bank 实际安装的容量可以不同吗? 每个 bank 实际安装的容量可以小于 128MB 吗?

(12) 对 bank0,如何配置数据总线宽度?

(13) 为什么数据总线 8 位时,芯片地址线与地址总线一一对应,而数据总线为 16 位时,芯片地址线 A0 与地址总线中的 A1 连接?

(14) SDRAM 片内一般分为 2 个 banks 或 4 个 banks,对于一个 1M×8 位×2banks 芯片,使用哪一条地址总线信号作为片内 bank 选择信号?

(15) SDRAM 行、列地址线位数可以不同吗? 在哪一个特殊功能寄存器中设置?

(16) 复位后 S3C2410A 执行的第一条指令从哪一个地址中取出?

(17) ROM/SRAM 读写定时参数可以设置吗?

(18) 外部 nWAIT 是如何扩展读写总线周期的?

(19) Nor Flash 和 Nand Flash 中哪一种可以直接作为引导 ROM 使用? 哪一种与 SRAM 有相同的芯片接口?

(20) 简述 Am29LV160 闪存芯片的特点。

(21) 用 2 片 Am29LV160 芯片作为 S3C2410A bank0 存储器,使用 32 位数据总线,画图连接地址总线、数据总线和必要的控制线。

(22) 加电以后,可以给出地址直接读 Am29LV160 任意一单元的内容吗?

(23) 可以对 Am29LV160 某地址中的一字节数据编程吗? 还是必须以扇区为单位编程?

(24) 擦除 Am29LV160 芯片中某一扇区要发出哪些编程命令? 如何指定要擦除的扇区? 如何检查扇区擦除是否已经完成?

(25) 简述 HY57V561620 芯片内部组成和工作原理。

(26) 简述 SDRAM 初始化过程,简述模式寄存器设置可以指定哪些参数。

(27) 简述 SDRAM 预充电、自动预充电的含义。

(28) 简述 SDRAM 读数据操作由哪几个命令组成(上一次 SDRAM 操作不带自动预充电,本次从预充电开始)。

(29) 简述突发传输的含义。突发传输长度如何指定? 只在初始化时指定一次,还是每次传输都要指定一次?

(30) 简述 HY57V561620 芯片中,CKE、BA1、BA0、UDQM、LDQM 引脚信号的含义。

(31) 简述 HY57V561620 芯片命令真值表的含义。

(32) 用 2 片 HY57V561620 芯片为 S3C2410A 设计 bank6 和 bank7 存储器,使用 16 位数据总线,画图连接地址总线、数据总线和必要的控制线。

2. 对于 Nand Flash 控制器,简要回答以下问题:

(1) 参考图 5-1 右半部,简述使用 Nand Flash 进行引导的过程。

(2) 使用 Nand Flash 进行引导,Reset 后需要用户编程读出引导程序,还是系统自动读出?

(3) Nand Flash 除了在前 4KB 保存引导程序外,在后面的存储区还可以保存其他信息吗?

(4) Nand Flash 编程、读出以什么为单位? 擦除呢?

(5) 命令、状态、地址和数据通过什么端口与 Nand Flash 芯片进行传送?

(6) K9F2808U0C 芯片内部存储容量为多少? 需要多少条地址线?

(7) K9F2808U0C 芯片内部分为多少页? 使用哪些地址线寻址? 1 页大小有多少字节? 页内寻址需要多少条地址线? 1 块有多少页?

(8) 地址线通常需要几个总线周期才能传到 Nand Flash 芯片? 如果 Nand Flash 芯片容量为 64MB,需要几个总线周期?

(9) 简述 Nand Flash 操作状态寄存器的含义。

(10) 简述 Nand Flash 控制器工作过程、特殊功能寄存器含义。

第 6 章

时钟与电源管理、DMA 与总线优先权

本章主要内容如下：

（1）功耗管理、时钟与电源管理概述，包括时钟发生器、电源管理、时钟与电源管理特殊功能寄存器。其中，包含了时钟与电源管理用到的引脚信号、电源用到的引脚。

（2）S3C2410A DMA 概述，包括存储器到外设 DMA 传输举例等；DMA 操作，包括选择硬件 DMA 请求或软件 DMA 请求，硬件 DMA 请求源的选择、有限状态机、外部DMA 请求/响应协议和 DMA 传输举例等；DMA 特殊功能寄存器；总线优先权。

6.1 功耗管理、时钟与电源管理概述

6.1.1 CMOS 电路的功耗与功耗管理基础

1. CMOS 电路中电源的功耗

CMOS 电路可以在一个很大的电压伏值范围内工作，也可以在一个很大的时钟频率范围内工作。CMOS 门电路的电源功耗（power consumption）简称功耗。功耗由静态功耗与动态功耗组成，静态功耗指泄漏电流，动态功耗指门电路开关过程电容充放电的功耗。动态功耗与电源电压及开关频率有关。

功耗与加在门电路上的电源电压的平方成正比。例如，门电路如果既可以在 5V 又可以在 3.3V 电压下工作，那么在 3.3V 下工作的功耗是在 5V 下工作的功耗的 $3.3^2/5^2 = 0.436$ 倍。

功耗与加在门电路上的时钟信号的开关频率成正比。例如，门电路在 50MHz、25MHz 下，均能够满足运行任务对时间的要求，那么在 25MHz 下工作的功耗是在 50MHz 下工作的功耗的 25/50＝0.5 倍。

功耗与泄漏电流的大小有关。泄漏电流的功耗比较小。消除泄漏电流的唯一方法是切断为门电路供电的电源。

2. 设计嵌入式微处理器时对减少功耗的考虑

1）降低 CMOS 嵌入式微处理器核的供电电源电压

例如，从出现较早的嵌入式微处理器 S3C44B0X（核电压 2.5V），到之后出现的

S3C2410A(核电压 1.8V/2.0V),以及出现较晚的 S3C2440A(核电压 1.2V/1.3V),到出现更晚的 OMAP3530(核电压 0.8～1.35V),嵌入式微处理器核的供电电源电压一直在降低。

核指的是嵌入式微处理器芯片内的处理器核,如 S3C2440A/S3C2410A 片内的 ARM920T。

嵌入式微处理器芯片片内其他电路模块的供电电源电压,近年来一直都是下降的,从 3.3V 下降到 3.0V、2.5V、1.8V 等,其目的主要是为了降低功耗以及降低产生的热能。

2) 提供由软件对功耗进行动态管理的功能

常用的嵌入式微处理器已经提供了在程序运行时,由软件对微处理器功耗进行动态管理的功能。方法是通过对时钟和电源的动态管理,实现对功耗的动态管理,也称为电压和频率的动态调整(Dynamic Voltage and Frequency Scaling,DVFS)。

功耗管理遵循的一个基本原则是"够用就行",也就是说微处理器时钟频率能够满足运行任务对时间的要求就行;任务用不到的功能模块可以切离或休眠,甚至断电等。

3. 时钟与电源管理的常用方法

(1) 动态调整主时钟的频率。假定知道设备在晚间运行的任务较少而白天的任务较多,程序可以在晚间将主时钟的频率调慢而在白天调快。

(2) 切断到核的时钟信号。如果事先知道某一段时间没有运行的任务,程序可以切断到核的时钟信号,使核进入空闲状态。需要时通过某一个外部事件如中断或报警,唤醒核。

(3) 切断微处理器片内用不到的外设、接口、控制器的时钟。由于嵌入式微处理器片内有众多外设、接口、控制器,对于某一个具体应用方案,它们可能不会被全部使用,程序可以切断到那些不使用的外设、接口、控制器的时钟信号。

(4) 调整主时钟频率与不同外设、接口、控制器时钟频率的时钟比。由于不同应用方案对片内外设、接口、控制器运行的速率会有不同的要求,通过调整主时钟频率与它们的时钟频率的比例,能够找到一个最佳的功耗方案。

(5) 切断到微处理器片内的、除了唤醒逻辑以外的模块的电源(使泄漏电流为 0),需要时再唤醒它们(加电)。

需要注意的是,切断电源与切断时钟信号,唤醒后恢复运行,需要花费额外的时间及功耗。

6.1.2　S3C2410A 时钟与电源管理、功耗管理概述

1. 时钟与电源管理概述

S3C2410A 片内集成了时钟与电源管理模块,该模块由三部分组成:时钟控制、USB控制和电源控制。

时钟与电源管理有以下特点。

时钟与电源管理模块内有两个锁相环(Phase Locked Loop,PLL),一个称为主锁相环(MPLL),产生 3 种时钟信号:FCLK 用于 ARM920T;HCLK 用于 AHB 总线设备和 ARM920T;PCLK 用于 APB 总线设备。另一个称为 USB 锁相环(UPLL),产生的时钟信号 UCLK(48MHz)用于 USB。

FCLK 在 S3C2410A 内核供电电源为 2.0V 时,最高频率为 266MHz;内核供电电源为 1.8V 时,最高频率为 200MHz。

电源管理有 4 种模式,分别是 NORMAL、SLOW、IDLE 和 Power_OFF。

(1) NORMAL 模式:在这种模式下,只允许用户通过软件控制片内外设的时钟信号接通或切断。例如,UART2 如果不使用,可以通过软件切断它的时钟信号,以减少功耗。

(2) SLOW 模式:SLOW 模式不使用主锁相环,SLOW 模式使用外部频率较低的时钟(XTIpll 或 EXTCLK)经过分频后直接作为 FCLK。在这种模式下,功耗仅取决于外部时钟的频率。

(3) IDLE 模式:在这种模式下,只切断了到 ARM920T 的时钟 FCLK,到所有片内外设或控制器的时钟信号仍然接通。计算功耗时应减去 ARM920T 的功耗。任何到 CPU 的中断请求,能够将 CPU 从 IDLE 模式中唤醒。

(4) Power_OFF 模式:在这种模式下,除了唤醒逻辑外,S3C2410A 片内电源被切断。为了能够激活 Power_OFF 模式,S3C2410A 要求有两个单独的电源供电,一个给唤醒逻辑,另一个给包含 CPU 在内的内部逻辑供电,并且这一路电源应该能够被控制,使它的电源能够被接通或切断。从 Power_OFF 模式中被唤醒,使用外部中断请求 EINT [15:0]或 RTC 报警中断。

S3C2410A 时钟与电源管理模块有多种功耗管理方案,使得对于确定的应用方案能够有最优的功耗管理方案与之对应。

2. 功耗管理举例

S3C2410A 时钟与电源管理模块中的 MPLL,在外接时钟源频率已经固定的情况下(如 12MHz),通过软件设置特殊功能寄存器 MPLLCON 中主、预、后分频控制为不同的值,可以使锁相环在程序运行过程中,输出的时钟频率发生改变。如从 266MHz 变成 150MHz,或从 150MHz 变成 200MHz,实现动态频率调整。

用于 USB 的时钟频率,即 UPLL 的输出,通常使用 48MHz,不改变。

虽然 S3C2410A 在内核电源为 2.0V 时,MPLL 产生的时钟频率最高为 266MHz,但是对于某些应用场合,如果事先能够确定它的工作频率,如 100MHz 已经满足系统要求,那么在初始化阶段,通过设定锁相环对应的参数,可以使其启动后就工作在较低的频率。

S3C2410A 为了支持软件对功耗的管理,在 NORMAL 模式,还可以通过对时钟控制寄存器 CLKCON 设置不同的值,把不使用的外设或控制器所连接的时钟信号切断,以节省功耗。

在 IDLE 模式,S3C2410A 可以停止到 ARM920T 的时钟。在 Power_OFF 模式,可以切断除唤醒逻辑外的 ARM920T 和全部片内外设的电源,降低系统的功耗。

S3C2410A 中,FCLK 是主时钟,可以由软件调节时钟分频比,产生不同频率的

HCLK 和 PCLK,以适应不同的应用方案,减少功耗。

6.1.3 时钟与电源管理用到的 S3C2410A 引脚信号

表 6-1 列出了部分 S3C2410A 的引脚信号及它们的含义,它们是时钟与电源管理所用到的。另外,将 Reset 相关引脚信号也一并放在这里介绍。

表 6-1 Reset、时钟与电源管理引脚信号含义

信 号	I/O	描 述
nRESET	ST	nRESET 挂起当前进程中的操作,使 S3C2410A 进入 Reset 状态。在此期间,当处理器电源稳定后,nRESET 必须保持最少 4 个 FCLK 时长的低电平
nRSTOUT	O	外部设备 Reset 控制:nRSTOUT＝nRESET & nWDTRST & SW_RESET
PWREN	O	用于控制 S3C2410A 内核 1.8V/2.0V 电源接通/切断的信号
nBATT_FLT	I	检测电池状态的输入引脚。在 Power_OFF 模式,如果电池容量低的状态出现时,将阻止唤醒操作。如果这个引脚不使用,应接 3.3V
OM[3:2]	I	OM[3:2]确定使用的时钟源: OM[3:2]＝00,MPLL 使用晶振信号,UPLL 使用晶振信号; OM[3:2]＝01,MPLL 使用晶振信号,UPLL 使用 EXTCLK; OM[3:2]＝10,MPLL 使用 EXTCLK,UPLL 使用晶振信号; OM[3:2]＝11,MPLL 使用 EXTCLK,UPLL 使用 EXTCLK
EXTCLK	I	片外时钟源,用法见本表 OM[3:2]一栏。如果不使用,接 3.3V
XTIpll	AI	晶振信号输入,用法见本表 OM[3:2]一栏。如果不使用,接 3.3V
XTOpll	AO	晶振信号输出,用法见本表 OM[3:2]一栏。如果不使用,悬空
MPLLCAP	AI	连接 MPLL(主锁相环)的滤波电容,片外接 5pF 电容
UPLLCAP	AI	连接 UPLL(USB 锁相环)的滤波电容,片外接 5pF 电容
XTIrtc	AI	连接 RTC 的 32.768kHz 晶振输入信号。如果不使用,接 1.8V
XTOrtc	AO	连接 RTC 的 32.768kHz 晶振输出信号。如果不使用,悬空
CLKOUT[1:0]	O	时钟输出信号。MISCCR 寄存器的 CLKSEL1、CLKSEL0,分别选择 MPLL CLK、UPLL CLK、FCLK、HCLK、PCLK 或 DCLK[1:0],作为 CLKOUT[1:0]的输出。详见 7.3.2 节

注:ST 表示信号翻转,O 表示输出,I 表示输入,AI 表示模拟输入,AO 表示模拟输出。

6.2　时钟发生器

6.2.1 时钟发生器模块图

时钟发生器模块图见图 6-1。

图 6-1 中,主时钟源来自 S3C2410A 片外晶振(由 XTIpll 和 XTOpll 引脚接入)或片外时钟(由 EXTCLK 接入)。时钟发生器内部 OSC 电路是振荡放大器,与片外晶振连

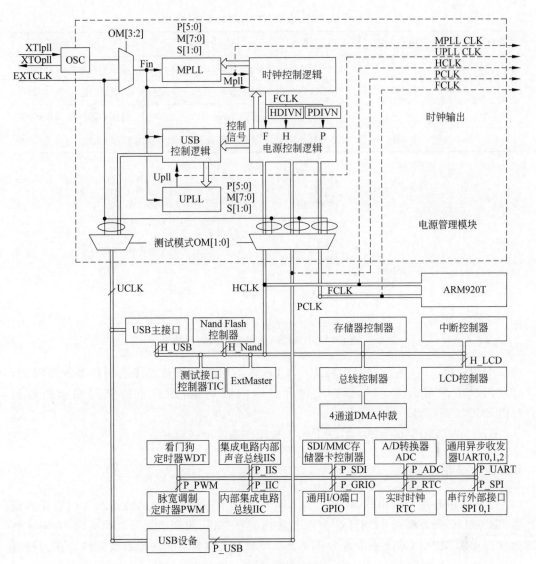

图 6-1　时钟发生器模块图

接。主锁相环 MPLL 和 USB 锁相环 UPLL 能够产生 S3C2410A 要求的高频时钟。

6.2.2　时钟源的选择

　　系统启动时,在 nRESET 上升沿,连接到 S3C2410A 模式控制引脚 OM[3:2]的状态,被自动锁存到微处理器内部。由 OM[3:2]的状态,决定 S3C2410A 使用的时钟源,详见表 6-2。

　　图 6-2 给出了 OM[3:2]＝00 和 11 时,S3C2410A 片外时钟源的连接方法。图 6-2 中,晶振频率范围为 10～20MHz,常用 12MHz 的;电容可用 15～22pF 的。

　　参见图 6-1,虽然在启动后 MPLL 就接通(ON 状态),但是 MPLL 的输出 Mpll,在软件写一个合法的设置值到 MPLL 控制寄存器 MPLLCON 以前,不会作为系统时钟。在

表 6-2　启动时时钟源的选择

OM[3:2]	MPLL 状态	UPLL 状态	主时钟源	USB 时钟源
00	ON	ON	晶振(XTIpll、XTOpll)	晶振(XTIpll、XTOpll)
01	ON	ON	晶振(XTIpll、XTOpll)	EXTCLK
10	ON	ON	EXTCLK	晶振(XTIpll、XTOpll)
11	ON	ON	EXTCLK	EXTCLK

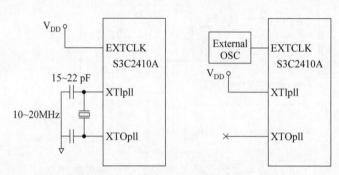

图 6-2　S3C2410A 片外时钟源的连接

合法的值设置以前,从外部晶振或 EXTCLK 来的时钟源将被直接地用作系统的时钟。即使用户不需要改变 MPLLCON 寄存器中的默认值,用户也应该写相同的值到 MPLLCON 寄存器。

另外,当 OM[1:0]=11 时,OM[3:2]被用作确定测试模式。

6.2.3　锁相环

图 6-1 中有两个锁相环,MPLL 和 UPLL。它们的输入信号见表 6-2,可以选择晶振或 EXTCLK,频率常为 12MHz。MPLL 输出信号 Mpll 的频率是可以改变的,方法是通过在寄存器 MPLLCON 中设置 MDIV、PDIV 和 SDIV 为不同的值而实现的。在内核电源电压为 2.0V 时,MPLL 输出信号 Mpll 的频率最高为 266MHz。UPLL 输出信号 Upll 的频率也可以调整,方法是通过在 UPLL 控制寄存器 UPLLCON 中设置 MDIV、PDIV 和 SDIV 为不同的值而实现的。

MPLLCON、UPLLCON 寄存器的值,在程序运行中可以随时修改,用于实现动态调整时钟频率的目的。通常 UPLL 输出时钟频率要求为 48MHz,一般不改变。

图 6-1 中,MPLL 和 UPLL 旁边的 P[5:0]、M[7:0]和 S[1:0]与 PDIV(预分频控制)、MDIV(主分频控制)和 SDIV(后分频控制)分别对应。

如果已知主锁相环 MPLL 输入 Fin 的频率以及 MDIV、PDIV 和 SDIV 的值,输出 Mpll 的频率计算见式 6-1。

$$Mpll=(m\times Fin)/(p\times 2^s) \tag{6-1}$$

式 6-1 中,m=MDIV+8,p=PDIV+2,s=SDIV。

Upll 频率的计算方法与 Mpll 相同。

【**例 6.1**】 对 MPLL，已知 Fin＝12MHz，MDIV＝161，PDIV＝3，SDIV＝1，计算 Mpll 频率；对 UPLL，已知 Fin＝12MHz，MDIV＝120，PDIV＝2，SDIV＝3，计算 Upll 频率。

$$Mpll＝((161＋8)×12)/(5×2^1)＝202.80(MHz)$$
$$Upll＝((120＋8)×12)/(4×2^3)＝48.00(MHz)$$

对于特殊功能寄存器 MPLLCON 和 UPLLCON 中的 MDIV、PDIV 和 SDIV，三星公司给出了一组推荐值，使得输出频率可以选择 45.00MHz、50.70MHz、56.25MHz…202.80MHz、266.00MHz，以至最高达 270.00MHz。表 6-3 是从这组推荐值中选出的几个数据，供参考。

表 6-3　推荐 MDIV、PDIV 和 SDIV 取值

输 入 频 率	输 出 频 率	MDIV	PDIV	SDIV	注
12.00MHz	45.00MHz	82(0x52)	1	3	
12.00MHz	48.00MHz	120(0x78)	2	3	用于 USB
12.00MHz	101.25MHz	127(0x7f)	2	2	
12.00MHz	152.00MHz	68(0x44)	1	3	
12.00MHz	202.80MHz	161(0xa1)	3	1	
12.00MHz	266.00MHz	125(0x7d)	1	1	

另外，MPLL 和 UPLL 需要分别在 S3C2410A 芯片外各连接 1 个 5pF 电容。参见表 6-1，在引脚 MPLLCAP 和 UPLLCAP 与地之间各连接 1 个 5pF 电容。

在实际对 MPLL 设置 MDIV、PDIV 和 SDIV 参数时，还要求满足以下关系：

FCLK 频率＞＝3 倍晶振频率或 3 倍 EXTCLK 频率

6.2.4　时钟控制逻辑

1. 时钟控制逻辑的功能

时钟控制逻辑确定被使用的时钟源。例如，是使用 MPLL 的时钟 Mpll，还是直接使用外部时钟 XTIpll 或 EXTCLK。另外，当 MPLL 被设置一个新的频率值时，时钟控制逻辑依据锁定时间计数寄存器 LOCKTIME 中设定的锁定时间参数，自动插入锁定时间。在锁定时间，FCLK 不输出时钟脉冲，维持低电平，直到锁定时间结束，以新的频率输出的信号稳定后，才输出 FCLK。

在 NORMAL 模式，通过改变 MPLLCON 寄存器中的 MDIV、PDIV 和 SDIV（简称 PMS）参数值，使时钟 FCLK 变慢，依据 LOCKTIME 寄存器中 M_LTIME 锁定时间参数，自动插入锁定时间的图例见图 6-3。

在加电 Reset 和从 Power_OFF 模式中唤醒时，时钟控制逻辑也使用锁定时间参数，自动插入锁定时间。

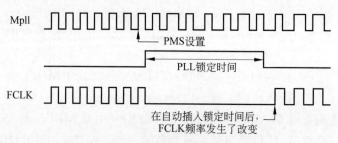

图 6-3　通过设置 PMS 参数使 FCLK 变慢

2. 加电 Reset

参见图 6-1,加电 Reset 后,由于 MPLL、UPLL 还不稳定,在软件将一个新的设置值写到 MPLLCON 寄存器以前,Fin 被送到时钟控制逻辑,代替 Mpll,直接作为 FCLK。因此即使用户在加电 Reset 后,不需要改变保留在 MPLLCON、UPLLCON 寄存器中的默认值,也应该通过软件写相同的值到 MPLLCON、UPLLCON 寄存器,之后经过自动插入锁定时间,MPLL 的输出 Mpll(而不是 Fin)经过时钟控制逻辑输出作为 FCLK。FCLK 的频率与加电 Reset 后通过软件写到 MPLLCON 寄存器的设置值相对应。同样,UPLL 的输出频率也与加电 Reset 后通过软件写到 UPLLCON 寄存器的设置值相对应。

3. 在 NORMAL 模式改变 MPLLCON、UPLLCON 中的设置值

S3C2410A 允许在 NORMAL 模式,由运行的程序,改变 MPLLCON、UPLLCON 寄存器中 MDIV、PDIV 和 SDIV 的设置值。改变之后,经过锁定时间,输出时钟的频率被改变。新的频率值与新写入 MPLLCON、UPLLCON 中的 MDIV、PDIV 和 SDIV 参数值对应,见图 6-3。

4. USB 时钟控制

USB 主接口和设备接口需要 48MHz 的时钟。S3C2410A 中 UPLL 能够产生 48MHz 的时钟。在 UPLLCON 寄存器中相应的参数被设置后,UPLL 产生的 48MHz 的时钟作为 UCLK,见表 6-4。

表 6-4　USB 时钟控制

条　　件	UPLL 状态	UCLK 状态
在 Reset 后	ON	使用 XTIpll 或 EXTCLK
在 UPLLCON 寄存器中参数设置后	ON	在锁定时间为低电平,在锁定时间后为 48MHz
通过 CLKSLOW 寄存器,切断 UPLL	OFF	使用 XTIpll 或 EXTCLK
通过 CLKSLOW 寄存器,接通 UPLL	ON	48MHz

5. 分频比

FCLK 也称为主时钟,通过在时钟分频控制寄存器 CLKDIVN 中对 HDIVN1、HDIVN 和 PDIVN 设置不同的值,可以改变 FCLK、HCLK、PCLK 之间频率的比值,见表 6-5。

表 6-5　FCLK、HCLK 和 PCLK 的分频比

HDIVN1	HDIVN	PDIVN	分　频　比	FCLK	HCLK	PCLK
0	0	0	1∶1∶1(默认)	FCLK	FCLK	FCLK
0	0	1	1∶1∶2	FCLK	FCLK	FCLK/2
0	1	0	1∶2∶2	FCLK	FCLK/2	FCLK/2
0	1	1	1∶2∶4(推荐)	FCLK	FCLK/2	FCLK/4
1	0	0	1∶4∶4	FCLK	FCLK/4	FCLK/4

FCLK 在 NORMAL 模式,与 MPLL 输出时钟 Mpll 相同;在 SLOW 模式,FCLK＝(XTIpll 或 EXTCLK)/分频因子。分频因子在 CLKSLOW 寄存器中设定。

FCLK 用于 ARM920T;HCLK 用于 ARM920T 和 AHB 总线,如存储器控制器、中断控制器、LCD 控制器等,详见图 6-1;PCLK 用于 APB 总线,如片内外设 WDT、IIS、IIC、PWM 定时器等,详见图 6-1。

设定了 MPLLCON、UPLLCON 寄存器中的 MDIV、PDIV 和 SDIV 值以后,接着应该设定 CLKDIVN 寄存器中的 HDIVN1、HDIVN 和 PDIVN 值,在 PLL 锁定时间以后,CLKDIVN 寄存器中设置的值是有效的。对于 Reset 和改变电源管理模式,CLKDIVN 中的值也是有效的。

通过设置不同的分频比,对一个具体的应用方案会有一个最佳的时钟频率对应方案,可以达到节省功耗的目的。

6.3　电源管理

6.3.1　电源管理模式的转换

通过软件,电源管理模块能够控制系统的时钟,可以减少 S3C2410A 的功耗。

S3C2410A 有 4 种电源管理模式,分别是 NORMAL、SLOW、IDLE 和 Power_OFF。不允许在这 4 种模式中自由转换,合法的转换见图 6-4。

对于 4 种电源管理模式中的每一种,连接 S3C2410A 中各模块的时钟或电源的状态,见表 6-6。

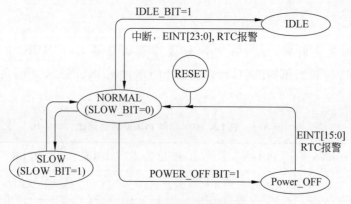

图 6-4 电源管理状态图

表 6-6 4 种电源管理模式下各模块时钟或电源的状态

模 式	ARM920T	连接到 AHB 上的模块/WDT[1]	电源管理模块	GPIO 模块	RTC	连接到 APB 上的模块及 USBH/LCD/Nand[2]
NORMAL	允许	允许	允许	可选	允许	可选
IDLE	禁止	允许	允许	可选	允许	可选
SLOW	允许	允许	允许	可选	允许	可选
Power_OFF	切断电源	切断电源	等待唤醒事件	先前状态	允许	切断电源

注：(1) 不包括 USB host、LCD 控制器和 Nand Flash 控制器。
(2) WDT 除外，供 CPU 访问的 RTC 接口包含在内。
(3) 可选的含义为"允许"或"禁止"。
(4) RTC 为实时时钟，使用独立的 32.768kHz 时钟，独立的供电电源。

6.3.2 4 种电源管理模式

1. NORMAL 模式

在 NORMAL 模式，全部片内外设，以及包含电源管理模块在内的基本模块，如 ARM920T、总线控制器、存储器控制器、中断控制器、DMA 和外部总线控制器等，全部可以操作，这时功耗最大。这种模式允许用户通过软件控制连接每一个片内外设的时钟接通或切断，以减少功耗。在时钟控制寄存器 CLKCON 中可以设置不同的值，能够切断或接通某一个或某几个片内外设的时钟。

2. IDLE 模式

如果将时钟控制寄存器 CLKCON[2]设置为 1，S3C2410A 经过一定的延时，进入 IDLE 模式。

在 IDLE 模式，到 ARM920T 的时钟 FCLK 被停止。但是到总线控制器、存储器控制器、中断控制器和电源管理模块的时钟仍接通；到片内外设的时钟仍接通。在 IDLE 模式,计算功耗时应减去 ARM920T 的功耗。当 EINT[23:0]或 RTC 报警中断或其他中断激活时,退出 IDLE 模式。

3. SLOW 模式

SLOW 模式是一种非锁相环模式。

在 SLOW 模式,由于使用了比较慢的时钟,能够减少 S3C2410A 的功耗。在 SLOW 模式,MPLL 应该被切断,计算功耗时应减去 MPLL 的功耗。虽然 UPLL 也可以被切断,但是 USB 使用的 UCLK 要求为 48MHz 的时钟,通常并不切断 UPLL。只有在 SLOW 模式,才允许切断或接通 MPLL 或 UPLL。

在 SLOW 模式,FCLK 由输入时钟 XTIpll 或 EXTCLK 经过 n 分频产生,而不是经过 MPLL。FCLK、HCLK、PCLK 之间的分频比由 SLOW 时钟控制寄存器 CLKSLOW 中的 SLOW_VAL 和时钟分频控制寄存器 CLKDIVN 中的 HDIVN、PDIVN 共同确定,见表 6-7。

表 6-7　由输入时钟和分频比确定的 SLOW 模式下的各时钟频率

SLOW_VAL	FCLK	HCLK		PCLK		UCLK /MHz
		选择 1/1 (HDIVN=0)	选择 1/2 (HDIVN=1)	选择 1/1 (PDIVN=0)	选择 1/2 (PDIVN=1)	
000	输入时钟/1	输入时钟/1	输入时钟/2	HCLK	HCLK/2	48
001	输入时钟/2	输入时钟/2	输入时钟/4	HCLK	HCLK/2	48
010	输入时钟/4	输入时钟/4	输入时钟/8	HCLK	HCLK/2	48
011	输入时钟/6	输入时钟/6	输入时钟/12	HCLK	HCLK/2	48
100	输入时钟/8	输入时钟/8	输入时钟/16	HCLK	HCLK/2	48
101	输入时钟/10	输入时钟/10	输入时钟/20	HCLK	HCLK/2	48
110	输入时钟/12	输入时钟/12	输入时钟/24	HCLK	HCLK/2	48
111	输入时钟/14	输入时钟/14	输入时钟/28	HCLK	HCLK/2	48

注:表中输入时钟指 XTIpll 或 EXTCLK。

在 SLOW 模式,MPLL 应该被切断,以减少功耗。在处于 SLOW 模式,并且 MPLL 处于切断状态,如果要从 SLOW 模式改变电源管理模式到 NORMAL 模式时,MPLL 需要时钟稳定时间。因此要自动插入一段时钟锁定时间等待时钟稳定。MPLL 稳定时间要根据锁定时间计数寄存器 LOCKTIME 的值,由内部逻辑自动插入。MPLL 稳定时间在 MPLL 接通后最少需要 $150\mu s$。

通过同时改变 CLKSLOW 寄存器中的 SLOW_BIT 和 MPLL_OFF 都为 0,能够从 SLOW 模式切换到 NORMAL 模式,FCLK 的频率在锁定时间后被改变并稳定地输出,见图 6-5。

允许设置 CLKSLOW 寄存器中的 SLOW_BIT=1,进入 SLOW 模式,但并不切断 MPLL(MPLL_OFF=0)。在 SLOW_BIT=1 并且 MPLL_OFF=1 时(SLOW 模式,切

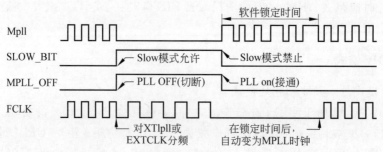

图 6-5　从 SLOW 模式切换到 NORMAL 模式

断 MPLL)，允许先将 MPLL 接通(MPLL_OFF＝0)，后退出 SLOW 模式(SLOW_BIT＝0)进入 NORMAL 模式。

4. Power_OFF 模式

1) Power_OFF 模式

将时钟控制寄存器 CLKCON[3]设置为 1，能够控制 S3C2410A 进入 Power_OFF 模式。

在 Power_OFF 模式，S3C2410A 输出引脚 PWREN 为低电平，用它作为控制信号，可以从片外切断给 S3C2410A 供电的电源。因此，S3C2410A 中除了唤醒逻辑外，ARM920T 和其他内部逻辑都不会有功耗。为了能够激活 Power_OFF 模式，S3C2410A 要求有两个独立的电源(S3C2410A 还有与 Power_OFF 无关的其他电源，另述)。其中一个用于唤醒逻辑，另一个给其他内部逻辑和 ARM920T 供电，并且后一个电源应该在 S3C2410A 芯片外部，能够通过 S3C2410A 的 PWREN 引脚低电平控制切断供电，高电平控制接通供电。

从 Power_OFF 模式中唤醒，使用 EINT[15:0]或 RTC 报警中断激活信号。

进入 Power_OFF 模式前，GPIO 控制器、中断屏蔽寄存器、USB 控制器、LCD 控制器、TLB 以及 SDRAM 自己刷新方式等都要配置适当的参数。

从 Power_OFF 模式唤醒后，也应该对相关的控制器和特殊功能寄存器配置适当的参数。

2) Power_OFF 模式下 S3C2410A 部分引脚状态

在 Power_OFF 模式，S3C2410A 的 GPIO、功能输出和功能输入引脚状态，见表 6-8。

表 6-8　Power_OFF 模式下 S3C2410A 部分引脚状态

引 脚 类 型	引 脚 举 例	在 Power_OFF 模式引脚状态
GPIO 输出引脚	GPB0：输出	输出(使用 GPIO 数据寄存器的值)
GPIO 输入引脚	GPB0：输入	输入
GPIO 双向引脚	GPG6：SPIMOSI	输入
功能输出引脚	nGCS0	输出(保持最后的输出电平)
功能输入引脚	nWAIT	输入

3）Power_OFF 模式对电源的控制

在 Power_OFF 模式，仅 VDDi、VDDiarm、VDDi_MPLL、VDDi_UPLL 电源能被切断，切断是由 S3C2410A 输出引脚 PWREN 控制的。如果 PWREN 信号为高电平，由外部电压调节器提供这 4 个电源；如果 PWREN 信号为低电平，切断这 4 个电源，见图 6-6。

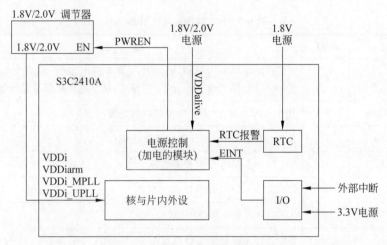

图 6-6　Power_OFF 模式对电源的控制

图 6-6 中，虽然 VDDi、VDDiarm、VDDi_MPLL、VDDi_UPLL 能够被切断，但是其他电源引脚必须供电。

4）用于唤醒的 EINT[15:0]

仅在如下条件出现时，能够从 Power_OFF 模式中将 S3C2410A 唤醒：

- 表示中断请求的电平信号（高或低），或边沿信号（上升沿、下降沿或既有上升沿又有下降沿）出现；
- 在 GPIO 控制寄存器中，EINTn 引脚已经被配置作为 EINT 使用；
- nBATT_FLT 引脚必须是高电平。

一旦唤醒后，对应的 EINTn 引脚将不被用作唤醒。这意味着引脚又能够作为外部中断请求引脚。

5）电池失效信号（nBATT_FLT）

S3C2410A 输入引脚 nBATT_FLT 的信号为高电平时，表示外接电池容量正常；为低电平时，表示外接电池容量太低。

当 S3C2410A 不在 Power_OFF 模式时，nBATT_FLT 引脚作为中断请求引脚使用，低电平触发中断请求。

当 S3C2410A 在 Power_OFF 模式时，nBATT_FLT 为低电平表示电池容量太低，这时 nBATT_FLT 将阻止从 Power_OFF 模式中唤醒，任何唤醒源都被 nBATT_FLT 屏蔽。

6）ADC Power Down

在 ADC 特殊功能寄存器 ADCCON 中，有一个附加的 Power Down（备用模式选择

STDBM)位，如果 S3C2410A 进入 Power_OFF 模式，那么 ADC 应该进入它自己的
Power Down(备用 Standby)模式。

6.3.3　S3C2410A 电源引脚

S3C2410A 电源引脚连接的电源电压和电源的用途见表 6-9。

表 6-9　S3C2410A 电源引脚

信　号	I/O	描　述
VDDalive	P	S3C2410A Reset 模块和端口状态寄存器电源(1.8V/2.0V)。无论在 NORMAL 模式或 Power_OFF 模式，这个电源应该总是被提供
VDDi/VDDiarm	P	用于 S3C2410A CPU 内核逻辑的电源(1.8V/2.0V)
VSSi/VSSiarm	P	用于 S3C2410A CPU 内核逻辑的地
VDDi_MPLL	P	S3C2410A MPLL 模拟和数字电源(1.8V/2.0V)
VSSi_MPLL	P	S3C2410A MPLL 模拟和数字地
VDDOP	P	S3C2410A I/O 端口电源(3.3V)
VDDMOP	P	S3C2410A 存储器 I/O 电源。3.3V：SCLK 最高至 133MHz
VSSMOP	P	S3C2410A 存储器 I/O 地
VSSOP	P	S3C2410A I/O 端口地
RTCVDD	P	RTC 电源(1.8V，不支持 2.0V 或 3.3V)，如果不使用 RTC，这个引脚必须连接到适当的电源
VDDi_UPLL	P	S3C2410A UPLL 模拟和数字电源(1.8V/2.0V)
VSSi_UPLL	P	S3C2410A UPLL 模拟和数字地
VDDA_ADC	P	S3C2410A ADC 电源(3.3V)
VSSA_ADC	P	S3C2410A ADC 地

注：表 6-9 中 I/O 列的 P 表示连接电源。

6.4　时钟与电源管理特殊功能寄存器及初始设置程序举例

6.4.1　时钟与电源管理特殊功能寄存器

时钟与电源管理共有 6 个特殊功能寄存器。

1. 6 个特殊功能寄存器的名称、地址及 Reset 值

6 个特殊功能寄存器的名称、地址及 Reset 值，见表 6-10。

表 6-10　时钟与电源管理 6 个特殊功能寄存器

寄 存 器 名	地　　　址	R/W	描　　　述	Reset 值
LOCKTIME	0x4C000000	R/W	锁定时间计数寄存器	0x00FFFFFF
MPLLCON	0x4C000004	R/W	MPLL 控制寄存器	0x0005C080
UPLLCON	0x4C000008	R/W	UPLL 控制寄存器	0x00028080
CLKCON	0x4C00000C	R/W	时钟控制寄存器	0x7FFF0
CLKSLOW	0x4C000010	R/W	SLOW 时钟控制寄存器	0x00000004
CLKDIVN	0x4C000014	R/W	时钟分频控制寄存器	0x00000000

2. 锁定时间计数寄存器

锁定时间计数寄存器 LOCKTIME,分别保存用于 UPLL 和 MPLL 的锁定时间计数值,含义见表 6-11。

表 6-11　锁定时间计数寄存器含义

LOCKTIME	位	描　　　述	初　　态
U_LTIME	[23:12]	用于 UCLK 的 UPLL 锁定时间计数值(U_LTIME>150μs)	0xFFF
M_LTIME	[11:0]	用于 FCLK、HCLK 和 PCLK 的 MPLL 锁定时间计数值(M_LTIME>150μs)	0xFFF

3. MPLL 及 UPLL 控制寄存器

MPLL 及 UPLL 控制寄存器,即 MPLLCON/UPLLCON,含义见表 6-12。

表 6-12　MPLL 及 UPLL 控制寄存器含义

MPLLCON/UPLLCON	位	描　　　述	初　　态
MDIV	[19:12]	主分频控制	0x5C/0x28
PDIV	[9:4]	预分频控制	0x08/0x08
SDIV	[1:0]	后分频控制	0x0/0x0

注:当需要同时设置 MPLL 及 UPLL 控制寄存器的值时,应先设置 UPLL 控制寄存器的值,间隔一段时间(约为 7 条 NOP 伪指令对应的时间长度)后,再设置 MPLL 控制寄存器的值。

4. 时钟控制寄存器

时钟控制寄存器根据设置的不同值,允许/禁止 PCLK 或 HCLK 时钟信号连接到某一确定的模块;控制进入 Power_OFF 或 IDLE 模式与否。

时钟控制寄存器 CLKCON 含义见表 6-13。

表 6-13 时钟控制寄存器 CLKCON 含义

CLKCON	位	描　　述		初态
SPI	[18]	控制 PCLK 到 SPI 模块	0＝禁止　1＝允许	1
IIS	[17]	控制 PCLK 到 IIS 模块	0＝禁止　1＝允许	1
IIC	[16]	控制 PCLK 到 IIC 模块	0＝禁止　1＝允许	1
ADC(含触摸屏)	[15]	控制 PCLK 到 ADC 模块	0＝禁止　1＝允许	1
RTC	[14]	控制 PCLK 到 RTC 控制模块,即使这 1 位被清除为 0,RTC 定时器仍运行	0＝禁止　1＝允许	1
GPIO	[13]	控制 PCLK 到 GPIO 模块	0＝禁止　1＝允许	1
UART2	[12]	控制 PCLK 到 UART2 模块	0＝禁止　1＝允许	1
UART1	[11]	控制 PCLK 到 UART1 模块	0＝禁止　1＝允许	1
UART0	[10]	控制 PCLK 到 UART0 模块	0＝禁止　1＝允许	1
SDI	[9]	控制 PCLK 到 SDI 模块	0＝禁止　1＝允许	1
PWMTIMER	[8]	控制 PCLK 到 PWMTIMER 模块	0＝禁止　1＝允许	1
USB device	[7]	控制 PCLK 到 USB 设备模块	0＝禁止　1＝允许	1
USB host	[6]	控制 HCLK 到 USB 主模块	0＝禁止　1＝允许	1
LCDC	[5]	控制 HCLK 到 LCDC 模块	0＝禁止　1＝允许	1
Nand Flash 控制器	[4]	控制 HCLK 到 Nand Flash 控制器模块	0＝禁止　1＝允许	1
POWER_OFF	[3]	控制 S3C2410A Power_OFF 模式 0＝禁止　1＝进入 Power_OFF 模式		0
IDLE BIT	[2]	进入 IDLE 模式。这 1 位不能被自动清除 0＝禁止　1＝进入 IDLE 模式		0
保留	[1]	保留		0
SM_BIT	[0]	特殊模式,0 为推荐值		0

5. SLOW 时钟控制寄存器

SLOW 时钟控制寄存器 CLKSLOW,含义见表 6-14。

表 6-14 SLOW 时钟控制寄存器含义

CLKSLOW	位	描　　述	初态
UCLK_ON	[7]	0：UCLK ON(UPLL 也被接通,并且自动插入锁定时间) 1：UCLK OFF(UPLL 也被切断)	0
保留	[6]	保留	—
MPLL_OFF	[5]	0：MPLL 被接通。过了 PLL 稳定时间后,SLOW_BIT 能够被清零 1：MPLL 被切断。只有 SLOW_BIT＝1 时,MPLL 才能被切断	0

续表

CLKSLOW	位	描　述	初态
SLOW_BIT	[4]	0：FCLK＝Mpll 1：SLOW 模式 　FCLK＝(XTIpll 或 EXTCLK)/(2×SLOW_VAL) (SLOW_VAL＞0) 　FCLK＝XTIpll 或 EXTCLK (SLOW_VAL＝0)	0
保留	[3]	保留	—
SLOW_VAL	[2:0]	当 SLOW_BIT＝1 时,SLOW_VAL 作为慢时钟的分频因子	0x4

6. 时钟分频控制寄存器

时钟分频控制寄存器 CLKDIVN,含义见表 6-15。

表 6-15　时钟分频控制寄存器含义

CLKDIVN	位	描　述	初态
HDIVN1	[2]	0：保留　　1：HCLK＝FCLK/4　PCLK＝FCLK/4 注：如果这 1 位为 1,HDIVN 和 PDIVN 必须设置为 0	0
HDIVN	[1]	0：HCLK＝FCLK　1：HCLK＝FCLK/2	0
PDIVN	[0]	0：PCLK＝HCLK　1：PCLK＝HCLK/2	0

6.4.2　初始设置程序举例

加电 Reset 后,最先运行的装载引导程序,如 U-Boot,对时钟与电源管理特殊功能寄存器进行初始设置,代码见例 6.2。

例 6.2 中,首先对各寄存器不同的域(位)定义了不同的数值,然后设置了 LOCKTIME、MPLLCON、UPLLCON 寄存器的值,其余 3 个寄存器可以使用 Reset 后硬件自动产生的默认值,暂不进行软件设置。

【例 6.2】　U-Boot 对 SMDK2410 评估板时钟与电源管理特殊功能寄存器进行初始设置的代码。

```
/* u-boot */
/* .../board/smdk2410/smdk2410.c */

#include <common.h>
#include <s3c2410.h>

DECLARE_GLOBAL_DATA_PTR;

#define FCLK_SPEED 1

#if FCLK_SPEED==0          /* Fout=203MHz, Fin=12MHz for Audio */
#define M_MDIV    0xC3
```

```
#define M_PDIV      0x4
#define M_SDIV      0x1
#elif FCLK_SPEED==1          /* Fout=202.8MHz,参见例 6.1 */
#define M_MDIV      0xA1     /* MDIV=161 */
#define M_PDIV      0x3      /* PDIV=3 */
#define M_SDIV      0x1      /* SDIV=1 */
#endif

#define USB_CLOCK 1

#if USB_CLOCK==0
#define U_M_MDIV  0xA1
#define U_M_PDIV  0x3
#define U_M_SDIV  0x1
#elif USB_CLOCK==1           /* (72+8) * 12/((3+2) * 2²)=48MHz */
#define U_M_MDIV  0x48       /* MDIV=72 */
#define U_M_PDIV  0x3        /* PDIV=3 */
#define U_M_SDIV  0x2        /* SDIV=2 */
#endif

static inline void delay(unsigned long loops)
{
    /* 延时程序,省略 */
}

int board_init(void)
{
    S3C24X0_CLOCK_POWER * const clk_power=S3C24X0_GetBase_CLOCK_POWER();
    S3C24X0_GPIO * const gpio=S3C24X0_GetBase_GPIO();

    /* 设置锁定时间计数寄存器的值 */
    clk_power->LOCKTIME=0xFFFFFF;

    /* 设置 MPLL 控制寄存器的值 */
    clk_power->MPLLCON=((M_MDIV<<12)+(M_PDIV<<4)+M_SDIV);

    /* some delay between MPLL and UPLL */
    delay(4000);

    /* 设置 UPLL 控制寄存器的值 */
    clk_power->UPLLCON=((U_M_MDIV<<12)+(U_M_PDIV<<4)+U_M_SDIV);

    /* some delay between MPLL and UPLL */
    delay(8000);
```

```
    /*设置 I/O 端口等,省略*/

    return 0;
}
...
```

6.5　DMA

6.5.1　DMA 概述

参见图 2-1(S3C2410A 组成框图),S3C2410A 支持一个 4 通道的 DMA 控制器,
DMA 控制器位于 AHB 与 APB 之间。每个通道能够处理如下 4 种情况:

(1) 传输数据的源和目的设备都连接在 AHB;

(2) 传输数据的源设备连接在 AHB,而目的设备连接在 APB;

(3) 传输数据的源设备连接在 APB,而目的设备连接在 AHB;

(4) 传输数据的源和目的设备都连接在 APB。

本章将连接在 AHB、APB 上的控制器简称为设备。

连接在 AHB 和 APB 上的设备见图 2-1。

图 2-1 中并不是所有连接在 AHB 和 APB 上的设备都可以使用 DMA 方式,具体哪
些可用或不可用,在后续各设备对应章节中会讲到。

DMA 主要优点是传输数据不需要 CPU 介入。

DMA 操作能够以 3 种方式启动:软件、片内外设请求或 S3C2410A 片外 DMA 请求
引脚信号。

6.5.2　存储器到外设 DMA 传输举例

1. DMA 传输举例

如存储器(内存)某缓冲区的数据,要读出传输到某外设(接口),与 DMA 传输相关的
事项如下:

- DMA 传输前要确定使用的 DMA 通道、初始参数设置,如果 DMA 传输结束需要
  进入中断处理,则需要考虑中断处理程序在存储器的定位;
- 确定由外设提出 DMA 请求,还是由软件提出 DMA 请求(本例中由外设提出);
- CPU 运行其他程序,外设随机提出 DMA 请求,DMA 控制器控制读存储器数据,
  送外设(接口);
- 全部数据传输完成,DMA 发中断请求,中断服务程序进行处理(例如用新数据填
  写内存缓冲区、设置新的 DMA 初始参数以及清除相应的中断登记位等);也可以
  通过查询 DMA 状态,确定数据传输是否完成。

2. DMA 初始参数设置与状态寄存器

假定使用 DMA 通道 0,那么以下所有参数都要送到通道 0 的特殊功能寄存器。可以读出通道 0 的状态寄存器,判断通道 0 处于就绪/忙状态、判断传输计数当前值。

1) 源地址

由于是从存储器某缓冲区读出数据,送某外设(接口),所以存储器缓冲区的起始地址作为源地址,要送到 DMA 通道 0 的初始源(地址)寄存器 DISRC0。DMA 自动将 DISRC0 的值送到通道 0 的当前源(地址)寄存器 DCSRC0,具体内容参见 6.7.1 节第 1 部分。在 DMA 传输过程中,由当前源(地址)寄存器 DCSRC0 提供存储器的访问地址。每次传输后,只修改当前源(地址)寄存器 DCSRC0 的值,不修改初始源(地址)寄存器 DISRC0 的值。在全部传输结束后,如果处于自动重装方式,在下一个 DMA 请求出现时,DMA 自动将初始源(地址)寄存器 DISRC0 的值送到当前源(地址)寄存器 DCSRC0,指示下一次传输存储器缓冲区的起始地址。

2) 目的地址

本例中,目的地址指的是某外设(接口)的端口地址,是从内存读出数据送往的目的地址,是目的区的一个起始地址,这个地址要送到 DMA 通道 0 的初始目的(地址)寄存器 DIDST0。DMA 自动将 DIDST0 的值送到通道 0 的当前目的(地址)寄存器 DCDST0,具体内容参见 6.7.1 节第 3 部分。在 DMA 传输过程中,由当前目的(地址)寄存器 DCDST0 提供外设(接口)的端口地址,传输后只修改当前目的(地址)寄存器 DCDST0 的值,不修改初始目的(地址)寄存器 DIDST0。如果处于自动重装方式,全部数据传输结束后,在下一个 DMA 请求出现时,DMA 自动将初始目的(地址)寄存器 DIDST0 的值送到当前目的(地址)寄存器 DCDST0。

3) 传输计数

由存储器缓冲区数据个数(字节数),通过计算得到一个传输计数值,这个值也称为传输节拍数,送到通道 0 的控制寄存器 DCON0 的 TC 域,称为初始传输计数值。DMA 自动将 TC 域的值送到通道 0 的状态寄存器 DSTAT0 的 CURR_TC 域,称为传输计数当前值,具体内容参见 6.7.1 节第 5 部分和第 6 部分。DMA 传输过程中只有 CURR_TC 域的值每次减 1。在自动重装方式,全部数据传输结束后,在下一个 DMA 请求出现时,DMA 自动将初始传输计数 TC 的值送 CURR_TC 域。

初始传输计数值的计算与数据尺寸、Unit/Burst 和存储器缓冲区大小有关。

数据尺寸(data size),是指一个读或写周期 DMA 传输的数据是字节/半字/字中的哪一种长度,可以通过控制寄存器 DCON0[21:20]设置。

单个/突发(Unit/Burst),是指 DMA 一次不可分开的读写操作(也称为原子操作)传输几个数据,可以通过 DCON0[28]设置。Unit 对应 1 个数据,Burst 对应 4 个数据。例如,数据尺寸如果选择了字节,则 Unit 指 1 个原子操作从存储器读 1B 数据,写外设(接口);而 Burst 指 1 个原子操作从存储器分别读 4B 数据,然后将这 4B 数据分别写外设。数据尺寸如果选择了字,则 Unit 指 1 个原子操作传输 1 个字数据,而 Burst 指 1 个原子操作传输 4 个字数据。

因此,初始传输计数值 TC 的计算,是由存储器缓冲区字节数,除以数据尺寸对应的字节数(1 或 2 或 4),再除以 Unit/Burst 对应的数(1 或 4)得到的。

传输计数不区分源或目的,共用 1 个计数器。

4) 初始源、初始目的控制寄存器

初始源控制寄存器,通过设置不同的参数值,控制源(设备)连接到 AHB 还是 APB。本例中存储器控制器连接在 AHB,应该将 DISRCC0[1]设置为 0。

在初始源控制寄存器中还可以选择当前源地址是增量还是固定不变。

本例中选择增量,应该将 DISRCC0[0]设置为 0。增量值与数据尺寸(data size)有关,字节/半字/字尺寸分别对应 1/2/4。假如数据尺寸为字,在 Unit 模式,每个读周期后,当前源(地址)寄存器内容加 4;在 Burst 模式,每个读周期后,当前源(地址)寄存器内容加 4,4 个连续突发读后,当前源(地址)寄存器内容共加 16。

初始目的控制寄存器,控制目的设备连接到 AHB 还是 APB。本例假定连接到 APB,应该将 DIDSTC0[1]设置为 1。

在初始目的控制寄存器中还可以选择当前目的(地址)是增量还是固定不变。本例中选择增量,应该将 DIDSTC0[0]设置为 0。

在初始源、初始目的控制寄存器中,还可以选择当前源(地址)、当前目的(地址)是固定不变方式。对于固定不变方式,如果源选择了存储器,那么在 Burst 模式,在 1 个原子操作期间,每次读存储器后当前源(地址)是增量改变的,1 个原子操作结束时,当前源(地址)恢复成它的第 1 次读操作使用的地址值。如果当前目的(地址)选择了固定不变方式,在 Burst 模式,含义同源选择了固定不变方式一样。

5) DMA 控制寄存器

每个通道有 1 个 DMA 控制寄存器,通道 0 的为 DCON0。通过程序可以分别选择:请求/握手(Demand/Handshake)模式;使用 AHB/APB 时钟同步;传输计数当前值 CURR_TC 为 0 时产生中断与否;Unit/Burst 模式;Single/Whole 服务模式;DMA 请求源对应的设备;软硬件 DMA 请求;自动重装与否;数据尺寸,并可设置初始传输计数 TC 值。

6) 屏蔽触发寄存器

每个通道有 1 个屏蔽触发寄存器,通道 0 的是 DMASKTRIG0,可以用于停止 DMA 操作、设置通道 0 ON/OFF、触发软件 DMA 请求。

7) 状态寄存器

每个通道有 1 个状态寄存器,通道 0 的是 DSTAT0,保存就绪/忙(Ready/Busy)状态,保存传输计数当前值 CURR_TC。CURR_TC 在每个原子操作结束时减 1。

6.5.3　DMA 用到的 S3C2410A 引脚信号

S3C2410A 芯片引脚信号 nXDREQ[1:0]为输入信号,可以分别外接 2 路 DMA 请求信号；芯片引脚信号 nXDACK[1:0]为输出信号，输出对 nXDREQ[1:0]产生的 DMA 响应信号。

6.6　DMA 操作

6.6.1　硬件 DMA 请求与软件 DMA 请求

S3C2410A 可以使用片外 DMA 请求引脚信号 nXDREQ[1:0]、片内外设和软件方式启动 DMA 操作，前 2 种称为硬件 DMA 请求，后 1 种称为软件 DMA 请求。

1. 选择硬件 DMA 请求或软件 DMA 请求

DMA 控制寄存器 DCONn 中的 SWHW_SEL 域控制选择硬件 DMA 请求还是软件 DMA 请求。当 DCONn[23]=0 时为软件请求模式，通过设置 DMA 屏蔽触发寄存器 DMASKTRIGn 的 SW_TRIG 位，能够触发 DMA 请求；当 DCONn[23]=1 时为硬件请求模式，需要通过 DCONn[26:24]选择 DMA 请求源，由这个请求源提出 DMA 请求。

2. 硬件 DMA 请求源的选择

DMA 控制器的每个通道，如果在 DMA 控制寄存器中选择了使用硬件请求模式（DCONn[23]=1），那么可以从 5 个请求源中选出 1 个作为请求源，具体见表 6-16。

如果选择软件请求模式，表 6-16 中的硬件请求源没有意义。

表 6-16　硬件请求模式每个通道可选择的请求源

通　道	请求源 0	请求源 1	请求源 2	请求源 3	请求源 4
Ch-0	nXDREQ0	UART0	SDI	Timer	USB 设备 EP1
Ch-1	nXDREQ1	UART1	IISSDI	SPI0	USB 设备 EP2
Ch-2	IISSDO	IISSDI	SDI	Timer	USB 设备 EP3
Ch-3	UART2	SDI	SPI1	Timer	USB 设备 EP4

表 6-16 中 nXDREQ0 和 nXDREQ1 表示 S3C2410A 片外引脚 DMA 请求信号，IISSDO 和 IISSDI 表示 IIS 发送和接收产生的 DMA 请求。

6.6.2　用于 DMA 操作的有限状态机

DMA 使用 3 个状态的有限状态机（Finite State Machine，FSM）实现它的操作，3 个状态分别描述如下。

State-1　作为初始状态，DMA 等待 DMA 请求。如果出现 DMA 请求，进入 State-2。在 State-1 中，DMA ACK 和 INT REQ 为 0（无效）。

State-2　在这个状态，DMA ACK 变为 1（有效），并且把 DMA 控制寄存器的 DCONn[19:0]的初始传输计数值装入 DMA 状态寄存器 DSTATn 的传输计数当前值

CURR_TC 域。DMA ACK 保持 1(有效),直到它被清除为止。

State-3　在这个状态,处理 DMA 原子操作(最基本的操作、不可分开的操作)的子有限状态机(sub-FSM)被启动。子有限状态机从源地址读数据,然后写数据到目的地址。在这个操作中,数据尺寸(size)和传输个数(Unit/Burst)被考虑。这个操作一直重复,在全部服务(whole service)模式,直到 CURR_TC 计数器变为 0;在单个服务(single service)模式,只执行一次。当子有限状态机结束每个原子操作时,主有限状态机(即有限状态机)的 CURR_TC 进行减法计数。当 CURR_TC 变为 0 并且寄存器 DCONn[29] 中断设置位被设置成 1 时,主有限状态机发出 INT REQ(有效)信号。如果遇到以下条件中的一个,DMA ACK 被清除(无效):

- 在全部服务模式,CURR_TC 变成 0;
- 在单个服务模式,原子操作结束。

在单个服务模式,主有限状态机的这 3 个状态被执行,然后停止,等待下一个 DMA 请求。如果出现 DMA 请求,重复上述 3 个状态。因此,对每个原子操作,DMA ACK 先有效,然后无效。在全部服务模式,主有限状态机在 State-3 等待,直到 CURR_TC 变为 0。因此,DMA ACK 在全部传输期间有效,而当 CURR_TC=0 时无效。

然而,仅在 CURR_TC 变为 0 时 INT REQ 有效,与当前服务是单个服务模式或全部服务模式无关。

6.6.3　外部 DMA 请求/响应协议

有 3 种外部 DMA 请求/响应协议类型,分别是:
- 单个服务请求(single service demand)模式;
- 单个服务握手(single service handshake)模式;
- 全部服务握手(whole service handshake)模式。

1. 基本 DMA 定时

DMA 服务意味着在 DMA 操作中,执行一对读和写周期,并且读和写周期被看作一个不可分开的 DMA 操作。图 6-7 表示 S3C2410A 在 DMA 操作中的基本定时关系。

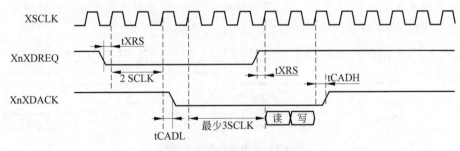

图 6-7　基本 DMA 定时图

图 6-7 中,XnXDREQ 和 XnXDACK 在 3 种模式(单个服务请求、单个服务握手和全部服务握手)的建立时间(setup time,如 tXRS)是相同的;延迟时间(delay time,如

tCADL、tCADH)是相同的。在 XnXDREQ 经过建立时间、经过 2 个同步时钟后，XnXDACK 有效；XnXDACK 有效后，DMA 请求总线，如果得到总线，则执行 DMA 操作（读周期/写周期）。当 DMA 操作完成后，XnXDACK 无效。

2. 请求(demand)/握手(handshake)模式

请求和握手模式与 XnXDREQ 和 XnXDACK 之间的协议有关。

1) 请求模式

在请求模式，当 XnXDREQ 有效时，经过 2 个同步时钟，XnXDACK 有效。从 XnXDACK 有效开始，最少经过 3 个时钟，传输一次数据(如果处于 Unit 传输模式，则读一次、写一次)。传输数据的尺寸可以是字节/半字/字 3 种格式中的一种。一次数据传输完，即使 XnXDREQ 有效，XnXDACK 仍被释放(高电平)。此时如果 DMA 控制器检查到 XnXDREQ 仍然有效(低电平)，则将 XnXDACK 变为有效(低电平)，立即开始下一次传输。

请求模式只要 XnXDREQ 有效，能够传输多次。

请求模式信号关系图见图 6-8。

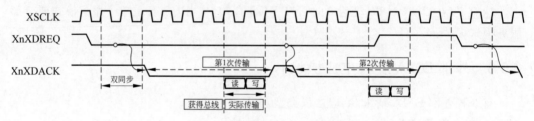

图 6-8 请求模式信号关系图

2) 握手模式

在握手模式，一次数据传输后，DMA 控制器只有在 XnXDREQ 撤销(高电平)后，经过 2 个时钟，XnXDACK 才无效(高电平)。仅在 XnXDREQ 再次有效(低电平)，才开始下一次传输。传输后，如果 XnXDREQ 一直有效，则 XnXDACK 一直为低电平，直到 XnXDREQ 撤销。

握手模式 XnXDREQ 有效一次，只能传输一次，但是如果请求信号有效时间太短，也可能没有传输，握手模式信号关系图见图 6-9。

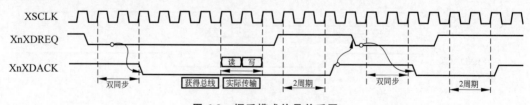

图 6-9 握手模式信号关系图

对 S3C2410A 片外 DMA 请求，推荐使用握手模式，不使用请求模式。

通过对 DMA 控制寄存器 DCONn[31]位设置不同的值，能够指定请求模式或握手模式。

3. 单个服务/全部服务模式

在单个服务模式,每次原子传输(Unit 模式传输 1 次,Burst 模式 4 个突发读,之后 4 个突发写)后,DMA 停止,等待下一个 DMA 请求。

在全部服务模式,1 个 DMA 请求出现,进行原子传输,重复原子传输,直到当前传输计数值 CURR_TC 达到 0 为止。在这种模式下,只要有 1 个 DMA 请求,就可以传输全部数据。

在全部服务模式,当每次原子传输后,DMA 将释放总线,然后自动重新获得总线,从而避免了独占总线使其他总线主设备无法获得总线带来的问题。重新获得总线并不要求重新激活 DMA 请求。

通过对 DMA 控制寄存器 DCONn[27]位设置不同的值,可以指定单个或全部服务模式。

6.6.4　Unit/Burst 传输、数据尺寸与自动重装

1. Unit/Burst 传输

Unit 传输的含义是 1 次传输由 1 个读周期和 1 个写周期组成。

Burst 传输的含义是 1 次传输由 4 个连续的读周期和 4 个连续的写周期组成。

在 Unit 或 Burst 传输期间,DMA 稳固地保持总线,其他总线主设备不能得到总线。

S3C2410A DMA Burst 传输信号关系图见图 6-10。

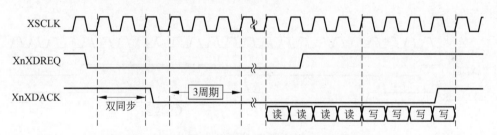

图 6-10　S3C2410A DMA Burst 传输信号关系图

通过指定 DMA 控制寄存器 DCONn[28]位不同的值,能够确定是 Unit 还是 Burst 传输。

2. 数据尺寸

数据尺寸,是指每个读(写)周期,DMA 传输的数据宽度。只能选择使用字节/半字/字 3 种宽度中的一种。通过对 DMA 控制寄存器 DCONn[21:20]位进行不同的设置,可以指定不同的数据尺寸。

3. 自动重装

DMA 控制寄存器 DCONn[22]为自动重装选择位,当这 1 位设置为 0 时,允许自动重装。

当传输全部结束,在 DMA 状态寄存器中的传输计数当前值 CURR_TC 变为 0 时,如果允许自动重装,则在下一个 DMA 请求出现时,进行自动重装,将初始源(地址)寄存器的值、初始目的(地址)寄存器的值和初始传输计数 TC 的值,分别送到 DMA 当前源(地址)寄存器、当前目的(地址)寄存器和传输计数当前值 CURR_TC 域中。

自动重装的用途有两个。一是当某一通道进行多次传输时,如果每一次传输源、目的起始地址固定不变、传输数据个数不变时,使用自动重装方式可以免去每次传输前用程序将相同的数据再次写入 DMA 的初始源、初始目的(地址)寄存器和 DMA 控制寄存器初始传输计数 TC 域的过程。另外,当某一通道正在传输时,程序可以改变下一次要传输的初始源、初始目的(地址)和初始传输计数 TC 域的计数值,在本次传输结束后,下一个 DMA 请求出现时,DMA 会自动重装到当前源、当前目的(地址)寄存器和传输计数当前值 CURR_TC 域中。

6.6.5 外部 DMA 请求/响应协议传输举例

1. 单个服务、请求模式、Unit 传输

在单个服务模式,每次 Unit 传输,需要检查 XnXDREQ 是有效的。在请求模式下,只要 XnXDREQ 有效,操作将继续,读和写操作被看作不可分开的一对操作被执行,具体见图 6-11。

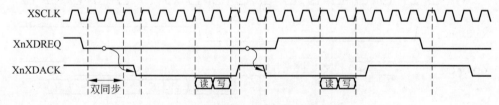

图 6-11   单个服务、请求模式、Unit 传输

2. 单个服务、握手模式、Unit 传输

单个服务、握手模式、Unit 传输见图 6-12。

图 6-12 中,有一次 DMA 请求,传输一次。

3. 全部服务、握手模式、Unit 传输

全部服务、握手模式、Unit 传输见图 6-13。

图 6-13 中,有一次 DMA 请求,传输多次,直到 CURR_TC 为 0 时停止。

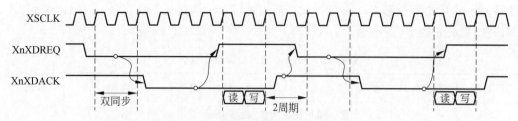

图 6-12 单个服务、握手模式、Unit 传输

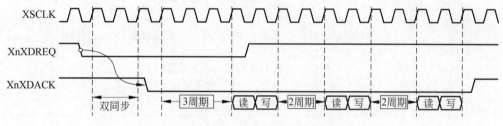

图 6-13 全部服务、握手模式、Unit 传输

6.7 DMA 特殊功能寄存器及测试程序举例

6.7.1 DMA 特殊功能寄存器

DMA 控制器共有 36 个特殊功能寄存器,每个 DMA 通道有 9 个寄存器。每个通道中 6 个寄存器控制 DMA 传输,另外 3 个监控 DMA 控制器的状态。

1. DMA 初始源(地址)寄存器

4 个通道的 DMA 初始源(地址)寄存器的名称分别为 DISRC0、DISRC1、DISRC2 和 DISRC3;对应地址分别为 0x4B000000、0x4B000040、0x4B000080 和 0x4B0000C0;可读写;Reset 后初值全部为 0;分别存放各通道要传输的源数据的基本地址(起始地址),具体见表 6-17。

表 6-17　DMA 初始源(地址)寄存器含义

DISRCn(n=0,1,2,3)	位	描　　　述	初　　态
S_ADDR	[30:0]	要传输的源数据的基本地址(起始地址),只有当 CURR_SRC 为 0 并且 DMA ACK 为 1 时,这些值将被装到 CURR_SRC 中(当前源地址寄存器)	0x00000000

2. DMA 初始源控制寄存器

4 个通道的 DMA 初始源控制寄存器的名称分别为 DISRCC0、DISRCC1、DISRCC2 和 DISRCC3;对应地址分别为 0x4B000004、0x4B000044、0x4B000084 和 0x4B0000C4;可

读写；Reset 后初值全部为 0；分别存放各通道源（设备）连接的总线、传输后地址增加与否等信息，见表 6-18。

表 6-18　DMA 初始源控制寄存器含义

DISRCCn(n=0,1,2,3)	位	描　述	初态
LOC	[1]	这 1 位用于选择源（设备）的位置 0：源（设备）连接在 AHB　1：源（设备）连接在 APB	0
INC	[0]	这 1 位用于选择当前源地址增加与否 0＝增加　1＝固定不变 如果这 1 位为 0，在 Burst 或 Unit 传输模式，每一次传输后，以数据尺寸（data size）增加地址； 如果这 1 位为 1，传输后不改变地址 （在 Burst 传输模式，传输期间地址是增加的。但是传输后，地址被恢复成它的第 1 次传输时用到的值）	0

3. DMA 初始目的（地址）寄存器

4 个通道的 DMA 初始目的（地址）寄存器的名称分别为 DIDST0、DIDST1、DIDST2 和 DIDST3；对应地址分别为 0x4B000008、0x4B000048、0x4B000088 和 0x4B0000C8；可读写；Reset 后初值全部为 0；分别存放各通道要传输的目的基本地址（起始地址），见表 6-19。

表 6-19　DMA 初始目的（地址）寄存器含义

DIDSTn(n=0,1,2,3)	位	描　述	初态
D_ADDR	[30:0]	要传输的目的基本地址（起始地址），只有当 CURR_DST 为 0 并且 DMA ACK 为 1 时，这些值将被装到 CURR_DST 中（当前目的地址寄存器）	0x00000000

4. DMA 初始目的控制寄存器

4 个通道的 DMA 初始目的控制寄存器的名称分别为 DIDSTC0、DIDSTC1、DIDSTC2 和 DIDSTC3；对应地址分别为 0x4B00000C、0x4B00004C、0x4B00008C 和 0x4B0000CC；可读写；Reset 后初值全部为 0；分别存放各通道目的（设备）连接的总线、传输后地址增加与否等信息，见表 6-20。

表 6-20　DMA 初始目的控制寄存器含义

DIDSTCn(n=0,1,2,3)	位	描　述	初态
LOC	[1]	该位用于选择目的（设备）的位置 0：目的（设备）连接在 AHB　1：目的（设备）连接在 APB	0

续表

DIDSTCn(n=0,1,2,3)	位	描　述	初态
INC	[0]	该位用于选择当前目的地址增加与否 0＝增加　1＝固定不变 如果该位为 0,在 Burst 或 Unit 传输模式,每一次传输后,以数据尺寸增加地址; 如果该位为 1,传输后不改变地址 (在 Burst 传输模式,传输期间地址是增加的。但是传输后,地址被恢复成它的第 1 次传输时用到的值)	0

5. DMA 控制寄存器

4 个通道的 DMA 控制寄存器的名称分别为 DCON0、DCON1、DCON2 和 DCON3;对应地址分别为 0x4B000010、0x4B000050、0x4B000090 和 0x4B0000D0;可读写;Reset后初值全部为 0;分别存放各通道的控制信息,见表 6-21。

表 6-21　DMA 控制寄存器含义

DCONn (n=0,1,2,3)	位	描　述	初态
DMD_HS	[31]	选择请求模式或握手模式 0:请求模式　1:握手模式	0
SYNC	[30]	选择 DREQ/DACK 同步 0:DREQ 和 DACK 被同步到 PCLK(APB 时钟) 1:DREQ 和 DACK 被同步到 HCLK(AHB 时钟) 对于连接到 AHB 上的设备,这 1 位必须设置为 1; 对于连接到 APB 上的设备,这 1 位必须设置为 0; 对于连接到 S3C2410A 片外的设备,取决于这个设备要与 AHB还是 APB 同步,由此来设置这 1 位	0
INT	[29]	对于 CURR_TC,允许/禁止中断的设置 0:禁止由 CURR_TC 产生中断,用户只能通过查询状态寄存器来看传输计数值 1:允许由 CURR_TC 产生中断,条件是全部传输完成,CURR_TC 变为 0 时	0
TSZ	[28]	选择一次原子传输的传输尺寸(transfer size)(与执行每次 DMA 操作占有的总线有关) 0:一次 Unit 传输被执行 1:一次长度为 4 的 Burst(突发)传输被执行	0
SERVMODE	[27]	选择服务模式 0:选择单个服务模式　1:选择全部服务模式	0

DCONn (n=0,1,2,3)	位	描　述	初态
HWSRCSEL	[26:24]	为每个 DMA 通道选择 DMA 请求源。仅当 DCONn[23]选择了硬件请求模式后,这些位才有意义 DCON0:000:nXDREQ0;001:UART0;010:SDI; 　　　　011:Timer 100:USB 设备 EP1 DCON1:000:nXDREQ1;001:UART1;010:IISSDI; 　　　　011:SPI0;100:USB 设备 EP2 DCON2:000:IISSDO;001:IISSDI;010:SDI; 　　　　011:Timer;100:USB 设备 EP3 DCON3:000:UART2;001:SDI;010:SPI1; 　　　　011:Timer;100:USB 设备 EP4	00
SWHW_SEL	[23]	选择 DMA 源是软件请求模式,还是硬件请求模式 0:软件请求模式,通过设置 DMASKTRIGn 屏蔽触发寄存器的 SW_TRIG 位,触发 DMA 请求 1:硬件请求模式,由 DCONn[26:24]选择 DMA 请求源,触发 DMA 操作	0
RELOAD	[22]	自动重装 ON/OFF 选择 0:自动重装 ON,在传输计数当前值(CURR_TC)变为 0 时(例如,所有要求的传输被执行完),自动重装 1:自动重装 OFF,在当前传输计数值(CURR_TC)变为 0 时,DMA 通道(DMA REQ)被切断。通道 ON/OFF 位(DMASKTRIGn[1])被设置为 0,表示切断 DMA 请求	0
DSZ	[21:20]	选择被传输的数据尺寸 00=字节　01=半字　10=字　11=保留	00
TC	[19:0]	初始传输计数(或传输的节拍数、次数)值 实际传输字节数由以下等式计算: 实际传输字节数=DSZ×TSZ×TC 式中,DSZ 可以是字节、半字或字(对应 1,2,4);TSZ 可以是 Unit 或 Burst(对应 1,4)。 这个值在 DMA ACK 为 1 并且 CURR_SRC 为 0 时,装入 CURR_TC	00000h

6. DMA 状态寄存器

4 个通道的 DMA 状态寄存器的名称分别为 DSTAT0、DSTAT1、DSTAT2 和 DSTAT3;对应地址分别为 0x4B000014、0x4B000054、0x4B000094 和 0x4B0000D4;只读;Reset 后初值全部为 0;分别存放各通道就绪/忙状态和传输计数当前值,见表 6-22。

7. DMA 当前源(地址)寄存器

4 个通道的 DMA 当前源(地址)寄存器的名称分别为 DCSRC0、DCSRC1、DCSRC2

和 DCSRC3；对应地址分别为 0x4B000018、0x4B000058、0x4B000098 和 0x4B0000D8；只读；Reset 后初值全部为 0；分别存放各通道当前源地址，见表 6-23。

表 6-22　DMA 状态寄存器含义

DSTATn (n＝0,1,2,3)	位	描　　述	初　态
STAT	[21:20]	DMA 控制器状态 00：指示 DMA 控制器为就绪状态，可以处理另一个 DMA 请求 01：指示 DMA 控制器正忙于传输	00
CURR_TC	[19:0]	传输计数当前值 传输计数当前值最初被设置成对应 DMA 控制寄存器 DCONn [19:0]的值，每个原子传输结束，减去 1	00000h

表 6-23　DMA 当前源（地址）寄存器含义

DCSRCn(n＝0,1,2,3)	位	描　　述	初　态
CURR_SRC	[30:0]	DMAn 当前源地址	0x00000000

8. DMA 当前目的（地址）寄存器

4 个通道的 DMA 当前目的（地址）寄存器的名称分别为 DCDST0、DCDST1、DCDST2 和 DCDST3；对应地址分别为 0x4B00001C、0x4B00005C、0x4B00009C 和 0x4B0000DC；只读；Reset 后初值全部为 0；分别存放各通道当前目的地址，见表 6-24。

表 6-24　DMA 当前目的（地址）寄存器含义

DCDSTn(n＝0,1,2,3)	位	描　　述	初　态
CURR_DST	[30:0]	DMAn 当前目的地址	0x00000000

9. DMA 屏蔽触发寄存器

4 个通道的 DMA 屏蔽触发寄存器的名称分别为 DMASKTRIG0、DMASKTRIG1、DMASKTRIG2 和 DMASKTRIG3；对应地址分别为 0x4B000020、0x4B000060、0x4B0000A0 和 0x4B0000E0；可读写；Reset 后初值全部为 0；分别控制各通道停止、通道 ON/OFF 以及用于软件请求模式的 DMA 触发器，见表 6-25。

表 6-25　DMA 屏蔽触发寄存器含义

DMASKTRIGn (n＝0,1,2,3)	位	描　　述	初　态
STOP	[2]	停止 DMA 操作 1：只要当前原子传输结束，DMA 就停止；如果当前不是运行在 　原子传输，则立即停止。CURR_TC 将被清除为 0	0

续表

DMASKTRIGn （n＝0,1,2,3）	位	描　　述	初态
ON_OFF	[1]	DMA 通道 ON/OFF 位 0：DMA 通道被断开(OFF)，到这个通道的 DMA 请求被忽略 1：DMA 通道被接通(ON)，到这个通道的 DMA 请求被处理 当 DCONn[22]位被设置为"非自动重装"并且 CURR_TC 达到 0 时，这 1 位自动变为 0。如果 STOP 位为1，这 1 位在当前原子传输完成后，立即变为 0 注意：在 DMA 操作期间，这一位不应该手动改变，它仅可以通过 DCONn[22]或 STOP 位去改变	0
SW_TRIG	[0]	软件请求模式 DMA 通道的触发器 1：表示请求 DMA 操作 注：只有软件请求模式被选择(DCONn[23])并且通道 ON_OFF 位被设置为1(通道 ON)时，这个触发器才起作用。当 DMA 操作开始，这 1 位被自动清为 0	0

注：可以随时改变 DISRC 寄存器、DIDST 寄存器的值和 DCON 寄存器 TC 域的值。这些改变仅在当前传输结束后(如 CURR_TC 变为 0)起作用。而对于其他寄存器或域，模式改变后立即起作用。

6.7.2　存储器到存储器 DMA 传输测试程序举例

例 6.3 中代码取自 S3C2410A DMA 测试程序，该程序对 DMA 4 个通道存储器到存储器传输进行测试。为简单起见，例 6.3 中只保留了通道 0 的测试代码，增加了注释。

【例 6.3】　以下 DMA 存储器到存储器传输测试程序中，对源数据区每个字单元赋值无符号 32 位(U32)二进制数 i~0x55aa5aa5，并计算累加和；DMA 传输开始前，对传输结束标志 dmaDone 赋值 0；软件请求触发 DMA 传输；由 DMA 传输结束引起的中断服务程序给 dmaDone 赋值 1；程序然后计算目的数据区的累加和，与源数据区累加和比较，输出测试结果。注意：例 6.3 中的代码只是测试程序的一个片段。

说明：本段代码可以在学习过第 7 章后再阅读。

```
/*******************************************
NAME: dma.c
DESC: DMA 存储器到存储器传输测试
*******************************************/

#include <string.h>
#include "def.h"
#include "option.h"
#include "2410addr.h"
#include "2410lib.h"
#include "2410slib.h"
```

```
static void __irq Dma0Done(void);        //DMA0 传输结束中断处理函数
static void __irq Dma1Done(void);
static void __irq Dma2Done(void);
static void __irq Dma3Done(void);
void DMA_M2M(int ch,int srcAddr,int dstAddr,int tc,int dsz,int burst);

typedef struct tagDMA
{
    volatile U32 DISRC;        //0x0,寄存器偏移量地址,下同
    volatile U32 DISRCC;       //0x4
    volatile U32 DIDST;        //0x8
    volatile U32 DIDSTC;       //0xc
    volatile U32 DCON;         //0x10
    volatile U32 DSTAT;        //0x14
    volatile U32 DCSRC;        //0x18
    volatile U32 DCDST;        //0x1c
    volatile U32 DMASKTRIG;    //0x20
}DMA;

static volatile int dmaDone;        //定义变量 dmaDone,作为 DMA 传输结束标志

void Test_DMA(void)
{
    //DMA 通道 0,源地址 (非 Cache 区),目的地址 (非 Cache 区),传输计数值,字节/半字/字,
Unit/Burst;以下给出通道 0 的 6 种不同测试方式
    DMA_M2M(0,_NONCACHE_STARTADDRESS,_NONCACHE_STARTADDRESS+0x800000,0x80000,
0,0); //byte,unit
    DMA_M2M(0,_NONCACHE_STARTADDRESS,_NONCACHE_STARTADDRESS+0x800000,0x40000,
1,0); //halfword,unit
    DMA_M2M(0,_NONCACHE_STARTADDRESS,_NONCACHE_STARTADDRESS+0x800000,0x20000,
2,0); //word,unit
    DMA_M2M(0,_NONCACHE_STARTADDRESS,_NONCACHE_STARTADDRESS+0x800000,0x20000,
0,1); //byte,burst
    DMA_M2M(0,_NONCACHE_STARTADDRESS,_NONCACHE_STARTADDRESS+0x800000,0x10000,
1,1); //halfword,burst
    DMA_M2M(0,_NONCACHE_STARTADDRESS,_NONCACHE_STARTADDRESS+0x800000, 0x8000,
2,1); //word,burst

    //DMA 通道 1-DMA 通道 3省略

}
//以下参数为通道号,源地址,目的地址,传输计数值,字节/半字/字,Unit/Burst
void DMA_M2M(int ch,int srcAddr,int dstAddr,int tc,int dsz,int burst)
{
```

```
int i,time;
//定义 2 个无符号 32 位整数变量,分别用于保存源/目的数据区累加和
volatile U32 memSum0=0,memSum1=0;
DMA * pDMA;
int length;

length=tc * (burst ? 4:1) * ((dsz==0)+(dsz==1) * 2+(dsz==2) * 4);
                            //计算传输字节数

Uart_Printf("[DMA%d MEM2MEM Test]\n",ch);

switch(ch)                  //此处假定通道号 ch 为 0
{
case 0:
  pISR_DMA0=(int)Dma0Done;      //DMA0 传输结束中断处理函数入口地址赋值
  rINTMSK&=~(BIT_DMA0);         //中断屏蔽寄存器 INT_DMA0 位设为允许服务,参见 7.7 节
  pDMA=(void * )0x4b000000;     //DMA 寄存器基地址
  break;
  //case 1-case 3 省略
}

Uart_Printf("DMA%d %8xh->%8xh,size=%xh(tc=%xh),dsz=%d,burst=%d\n",ch,
    srcAddr,dstAddr,length,tc,dsz,burst);

Uart_Printf("Initialize the src.\n");   //初始化源数据区(包括计算累加和)

for(i=srcAddr;i<(srcAddr+length);i+=4)
{
  * ((U32 * )i)=i^0x55aa5aa5;            //按位加,4 字节结果存源数据区
  memSum0+=i^0x55aa5aa5;                 //计算累加和
}

Uart_Printf("DMA%d start\n",ch);        //输出:DMA 某一通道开始传输

dmaDone=0;                              //传输结束标志,结束为 1;传输开始前设置为 0

pDMA->DISRC=srcAddr;                    //源地址送寄存器
pDMA->DISRCC=(0<<1)|(0<<0);             //设置 DISRCC 寄存器,inc,AHB(增量,连接 AHB)
pDMA->DIDST=dstAddr;                    //目的地址送寄存器
pDMA->DIDSTC=(0<<1)|(0<<0);             //设置 DIDSTC 寄存器,inc,AHB(增量,连接 AHB)
pDMA->DCON=tc|(1<<31)|(1<<30)|(1<<29)|(burst<<28)|(1<<27)|\
        (0<<23)|(1<<22)|(dsz<<20)|(tc);
//握手,AHB 时钟,允许中断,Unit/Burst,全部服务/软件请求,非自动重装,字节/半
//字/字,传输计数值
```

```
    pDMA->DMASKTRIG=(1<<1)|1;        //DMA on, SW_TRIG(软件请求触发 DMA,开始传输)

    Timer_Start(3);          //128μs resolution,启动定时器,用于计算 DMA 传输时间
    while(dmaDone==0);       //只有 DMA 传输结束产生中断请求,中断函数使 dmaDone 为 1,
                             //否则在此等待
    time=Timer_Stop();       //停止计数器

    Uart_Printf("DMA transfer done. time=%f, %fMB/S\n",(float)time/ONESEC3,
        length/((float)time/ONESEC3)/1000000.);
    rINTMSK=BIT_ALLMSK;      //屏蔽中断请求

    for(i=dstAddr;i<dstAddr+length;i+=4)        //计算目的数据区累加和
    {
    //此处疑源代码有误,应该从目的数据区读出数据计算累加和
      memSum1+=*((U32 *)i)=i^0x55aa5aa5;
    }
    //输出源数据区累加和,目的数据区累加和,DMA 传输测试结果
    Uart_Printf("memSum0=%x,memSum1=%x\n",memSum0,memSum1);
    if(memSum0==memSum1)
    Uart_Printf("DMA test result----------------------O.K.\n");
    else
    Uart_Printf("DMA test result-------------------ERROR!!! \n");

}

static void __irq Dma0Done(void)        //DMA0 传输结束中断处理函数(中断服务程序)
{
    ClearPending(BIT_DMA0);//清除源登记寄存器、中断登记寄存器 DMA0 对应位,参见 7.7 节
    dmaDone=1;               //设置传输结束标志为 1
}

//static void __irq Dma1Done(void)-static void __irq Dma3Done(void)省略
//end
```

6.8 总线优先权

　　S3C2410A 片内总线仲裁逻辑确定总线主设备(bus master)的优先权,仲裁逻辑支持轮转优先权和固定优先权相结合的优先权模式。

　　总线主设备的含义是指那些能够提出总线请求,并且能够占用总线的设备,包括 ARM920T 内核等。

　　S3C2410A 总线主设备共有 7 个,其中 DMA0～DMA3 看作一个。在 Reset 后,除了 DMA0～DMA3 处于轮转优先权模式外,其余处于固定优先权模式。SDRAM 刷新控制

器优先权最高,ARM920T优先权最低。7个总线主设备的优先权如下:

(1) SDRAM刷新控制器;

(2) LCD_DMA;

(3) DMA0、DMA1、DMA2和DMA3;

(4) USB host DMA;

(5) 外部总线主设备;

(6) 测试接口控制器(Test Interface Controller,TIC);

(7) ARM920T;

(8) 保留。

6.9 本章小结

本章主要讲述了S3C2410A时钟与电源管理、DMA与总线优先权两部分内容。

在时钟与电源管理部分,主要讲述了时钟与电源管理概述,包括功耗管理概述和相关引脚信号含义;时钟发生器,包括结构框图、如何选择时钟源、锁相环和时钟控制逻辑;电源管理,包括4种电源管理模式,电源用到的引脚;时钟与电源管理特殊功能寄存器。要求读者通过学习时钟与电源管理,对一个具体的应用方案,能够设计出一个低功耗的时钟与电源管理方案。

在DMA与总线优先权部分,主要讲述了DMA概述,包括存储器到外设DMA传输举例等;DMA操作,包括硬件DMA请求或软件DMA请求的选择、硬件DMA请求源的选择、有限状态机、外部DMA请求/响应协议传输举例;DMA特殊功能寄存器;总线优先权。要求读者能够掌握DMA传输过程基本原理,能够根据需要设置特殊功能寄存器的各种参数。

6.10 习 题

1. 对于时钟与电源管理,简要回答以下问题:

(1) 时钟与电源管理模块在S3C2410A片内还是片外?这个模块由哪几部分组成?

(2) 时钟与电源管理模块两个锁相环的名称分别叫什么?它们能够产生哪些时钟信号?这些信号分别用于哪些部件?

(3) 说出4种电源管理模式的名称。

(4) 哪种模式可以切断到ARM920T的时钟FCLK?哪种模式可以切断那些不使用的片内外设的时钟?

(5) 哪种模式能够切断S3C2410A的片内电源?

(6) 从IDLE和Power_OFF模式中唤醒,使用的唤醒信号有哪些不同?

(7) 哪两个因素对功耗影响最大?

(8) 举例说明S3C2410A通过哪些方法可以减少功耗。

（9）在外接时钟源频率固定的情况下，程序运行中可以通过软件调节锁相环 MPLL 的输出频率吗？

（10）如何为 S3C2410A 选择时钟源？

（11）每次 Reset 后，必须设置 MPLLCON 寄存器吗？

（12）在哪个寄存器中设置哪些参数，可以改变锁相环 MPLL 的输出频率？ UPLL 的输出频率一般为多少兆赫（MHz）？

（13）MPLL 和 UPLL 在 S3C2410A 片外需要分别外接一个多大容量的电容？

（14）哪些场合会使用到锁定时间参数？

（15）只有在哪种电源管理模式下，才允许改变 MPLL 的输出频率？

（16）通过设置不同的分频比，FCLK、HCLK 和 PCLK 频率有不同的比值，可以在程序运行过程中设置分频比吗？ 设置不同的分频比，能够减少系统的功耗吗？

（17）在 4 种电源管理模式中，Reset 后进入什么模式？ 从 SLOW 模式退出，进入什么模式？

（18）如何进入 IDLE 模式？ 在 IDLE 模式，是切断了到 ARM920T 的电源还是时钟？

（19）在 SLOW 模式，FCLK 时钟如何产生？ 它也要经过分频吗？ 如何确定 FCLK、HCLK 和 PCLK 之间的分频比？

（20）如何进入 SLOW 模式？ 如何进入 Power_OFF 模式？

（21）在 Power_OFF 模式，S3C2410A 使用哪一个引脚信号，控制片外电源的接通或切断？ 能够控制哪几个电源引脚？

（22）简述 nBATT_FLT 引脚输入信号的含义。

2. 对于 DMA 与总线优先权，简要回答以下问题：

（1）S3C2410A 片内有几个 DMA 控制器？ 有几个 DMA 通道？ 可以进行数据传输的设备连接在哪些总线上？

（2）DMA 操作能够以哪几种方式启动？

（3）S3C2410A 片外 DMA 请求、响应使用哪些引脚信号？

（4）如何确定 DMA 传输全部结束？

（5）解释以下寄存器或寄存器域的含义和用途：

初始源（地址）寄存器，当前源（地址）寄存器，初始目的（地址）寄存器，当前目的（地址）寄存器，DCONn 的 TC 域，DSTATn 的 CURR_TC 域。

（6）在自动重装允许（ON）情况下，什么条件下发生自动重装操作？ 使用到哪些寄存器或寄存器的域？

（7）解释数据尺寸的含义。

（8）解释 Unit/Burst 的含义。

（9）初始传输计数值 TC 是如何计算出来的？

（10）如何控制由软件产生 DMA 请求？ 如何触发软件 DMA 请求？

（11）如何控制由硬件产生 DMA 请求？ 可选择的硬件 DMA 请求源有哪些？

（12）简述有限状态机 3 个状态中每个状态的操作。

（13）简述请求/握手两种模式的区别。

（14）简述单个服务/全部服务两种模式的区别。

（15）如何控制源设备连接在 AHB 或 APB？如何控制目的设备连接在 AHB 或 APB？

（16）如何控制允许/禁止 DMA 产生中断请求？

（17）如何确定 DMA 控制器的状态是就绪或忙？

（18）传输计数当前值对产生中断请求有何影响？

（19）简述总线主设备有哪几个，采用哪几种优先权模式。

第 7 章

chapter 7

I/O 端口及中断控制器

本章主要内容如下:

(1) S3C2410A I/O 端口概述,I/O 端口控制,I/O 端口特殊功能寄存器,I/O 端口程序举例。在 I/O 端口特殊功能寄存器中,除了讲述 GPA~GPH 对应的寄存器外,还讲述了杂项控制寄存器、与外部中断有关的寄存器等内容;

(2) S3C2410A 中断控制器概述,中断控制器操作、中断源及中断优先权产生模块,中断控制器特殊功能寄存器,中断程序举例。

7.1 I/O 端口

7.1.1 I/O 端口概述

I/O 端口(Input/Output Port),也称为输入输出端口。I/O 端口控制器位于 S3C2410A 内部。

1. I/O 端口概述

S3C2410A 有 117 个多功能输入输出端口引脚,分为如下 8 个端口。

- 端口 A(GPA):23 个输出引脚的端口。
- 端口 B(GPB):11 个输入输出引脚的端口。
- 端口 C(GPC):16 个输入输出引脚的端口。
- 端口 D(GPD):16 个输入输出引脚的端口。
- 端口 E(GPE):16 个输入输出引脚的端口。
- 端口 F(GPF):8 个输入输出引脚的端口。
- 端口 G(GPG):16 个输入输出引脚的端口。
- 端口 H(GPH):11 个输入输出引脚的端口。

上述 GPA~GPH 中的 GP 表示 General Purpose(通用)。

上述 8 个端口,也称通用输入输出(General Purpose Input Output,GPIO)端口。

每个端口,与 3、4 个寄存器相关,这些寄存器称为端口寄存器组。如端口 B,有端口 B 引脚配置寄存器 GPBCON、端口 B 数据寄存器 GPBDAT、端口 B 上拉(电阻)允许/禁止控制寄存器 GPBUP 和一个保留寄存器。对于端口 B 数据寄存器 GPBDAT,如果这个端口被配置成输入端口,那么对应引脚输入的状态,自动地保留在这个寄存器中。CPU 读 GPBDAT 寄存器中的数据就相当于读对应引脚的状态。如果这个端口被配置成输出端口,那么 CPU 写入数据寄存器 GPBDAT 的数据,被自动地从对应引脚输出。端口除了可以配置为输入输出外,还可以配置为某种 S3C2410A 事先定义好的功能,如端口 B 的一些引脚可以用作 S3C2410A 外部 DMA 请求（nXDREQ0、nXDREQ1）和响应（nXDACK0、nXDACK1）信号。在端口 B 引脚配置寄存器 GPBCON 中设置不同的值,选择了端口 B 数据寄存器作为输入输出或某种功能被使用。端口上拉（电阻）允许/禁止寄存器 GPBUP 中的值,选择了连接到端口 B 引脚的上拉（电阻）功能允许或禁止。

对于可能遇到的各种各样的系统配置和设计要求,每个端口可以由软件方便地设置。要求在运行主程序前,对被使用的每个引脚,定义使用哪一种功能或定义作为输入输出使用。

为了避免出现问题,初始引脚状态被适当地配置。

初始引脚状态在 7.3.1 节各引脚配置寄存器中,以信号名带有下划线来表示。

2. 其他寄存器概述

在 7.3.2 节,讲述了特殊功能寄存器中的另外一些寄存器,这些寄存器控制某些时钟信号、外部中断请求信号的方式、外部中断屏蔽与否等。包括杂项控制寄存器 MISCCR、DCLK 控制寄存器 DCLKCON、外部中断控制寄存器 EXTINT0～EXTINT2、外部中断滤波寄存器 EINTFLT2 和 EINTFLT3、外部中断屏蔽寄存器 EINTMASK、外部中断登记寄存器 EINTPEND 和通用状态寄存器 GSTATUS0～GSTATUS4。每个寄存器的具体含义见 7.3.2 节。

7.1.2　与 I/O 端口及其他寄存器相关的 S3C2410A 引脚信号

1. 与 I/O 端口相关的 S3C2410A 引脚信号

端口 A～端口 H 的数据寄存器 GPADAT～GPHDAT,与 S3C2410A 的 117 个引脚相关,每个引脚可以设置的具体功能及对应的引脚信号见 7.3.1 节。

2. 与其他寄存器相关的 S3C2410A 引脚信号

1) 杂项控制寄存器 MISCCR

在杂项控制寄存器 MISCCR 中,对下述引脚规定了它们的信号方式。

* SCKE、SCLK1 和 SCLK0 引脚信号,S3C2410A 输出,在 Power_OFF 模式用于保护 SDRAM。在寄存器 MISCCR 中规定了它们输出信号的方式,见表 7-24,参考表 5-4。
* nRSTOUT 为外部设备 Reset 引脚信号,S3C2410A 输出,由 nRESET ＆ nWDTRST（看门狗 Reset）＆ SW_RESET（软件 Reset）形成,在寄存器 MISCCR 中可以设置软件 Reset,见表 7-24,参考表 6-1。

- CLKOUT1、CLKOUT0 是 S3C2410A 输出信号,信号源可由寄存器 MISCCR 控制,分别从 6 个时钟信号中各选择 1 个作为输出,见表 7-24,参考表 6-1。
- 引脚 DATA[15:0]、DATA[31:16]由寄存器 MISCCR 规定了允许/禁止使用上拉电阻,见表 7-24,参考表 5-3。

2) DCLK 控制寄存器 DCLKCON

只有在杂项控制寄存器 MISCCR 中,用 CLKSEL1、CLKSEL0 选择了 S3C2410A 的 CLKOUT1、CLKOUT0 输出引脚使用 DCLK1、DCLK0 作为信号源,那么 DCLKCON 中的参数才起作用。这些参数设置 DCLKn 信号高、低电平的时间长度、DCLKn 的分频值等内容,见表 7-24 和表 7-25。

3) 外部中断控制寄存器 EXTINT0～EXTINT2

EINT0～EINT23 是 S3C2410A 外部中断请求信号输入引脚,在外部中断控制寄存器 EXTINT0～EXTINT2 中,可以设置请求信号方式(低电平、高电平、下降沿、上升沿、2 个沿),见表 7-26、表 7-27 和表 7-28。

4) 外部中断滤波寄存器 EINTFLT2 和 EINTFLT3

EINTFLT2 和 EINTFLT3 规定了 S3C2410A 外部中断请求输入引脚 EINT16～EINT23,所使用的滤波宽度和可选择的滤波时钟。

5) 外部中断屏蔽寄存器 EINTMASK

对 S3C2410A 外部中断请求引脚 EINT23～EINT4,规定了哪一个被屏蔽或允许中断。

6) 外部中断登记寄存器 EINTPEND

对 S3C2410A 外部中断请求引脚 EINT23～EINT4 请求信号登记,1 为有请求。

7) 通用状态寄存器 GSTATUS0～GSTATUS4

这些寄存器中,可以读取的 S3C2410A 的引脚状态有:

- nWAIT,存储器要求等待(扩展当前总线周期)信号,输入,见表 7-33,参考表 5-3。
- NCON,Nand Flash 配置状态,输入,见表 7-33,参考表 5-29。
- RnB,Nand Flash Ready/Busy 输入信号,见表 7-33,参考表 5-29。
- nBATT_FLT,电池状态引脚输入信号,见表 7-33,参考表 6-1。

7.2 I/O 端口控制

1. 端口引脚配置寄存器 GPACON～GPHCON

在 S3C2410A 中,很多引脚有多种功能。因此对每个引脚,要求确定哪一种功能被选择。端口引脚配置寄存器 GPACON～GPHCON 确定每个引脚的功能。

如果 GPF0～GPF7 和 GPG0～GPG7 在 Power_OFF 模式用作唤醒信号,那么这些端口应该配置成中断模式。

2. 端口数据寄存器 GPADAT～GPHDAT

如果端口被配置为输出端口，数据应该写到端口数据寄存器的对应位；如果端口被配置为输入端口，数据应该从端口数据寄存器的对应位读出。

3. 端口上拉（电阻）允许/禁止寄存器 GPBUP～GPHUP

端口上拉（电阻）允许/禁止寄存器也称为端口上拉允许/禁止寄存器。

端口上拉（电阻）允许/禁止寄存器控制每个端口上拉电阻允许/禁止。当对应位为 0 时，引脚的上拉电阻被允许；当对应位为 1 时，上拉电阻被禁止。

4. 杂项控制寄存器

杂项（miscellaneous）控制寄存器对数据总线端口 DATA[31:16]、DATA[15:0]上拉电阻、USB pad 和 CLKOUT 等进行选择。

5. 外部中断控制寄存器 EXTINTn 和外部中断滤波寄存器 EINTFLTn

S3C2410A 的 24 个外部中断可以由各种信号方式提出请求。由 EXTINTn 寄存器配置的外部中断请求信号方式有低电平触发、高电平触发、下降沿触发、上升沿触发以及 2 个沿都触发。

8 个外部中断引脚有数字滤波，参见 7.3.2 节外部中断滤波寄存器 EINTFLT2 和 EINTFLT3。

只有 16 个 EINT 引脚 EINT[15:0]在 Power_OFF 模式可以用作唤醒源。

6. Power_OFF 模式与 I/O 端口

在 Power_OFF 模式，所有 GPIO 寄存器值被保留。

外部中断屏蔽寄存器 EINTMASK 不能阻止从 Power_OFF 模式中唤醒。但是，如果 EINTMASK 正屏蔽着 EINT[15:4]中的一个，虽然唤醒能够被操作，但源登记寄存器 SRCPND 中的 EINT4_7 和 EINT8_23 位，在刚刚唤醒后将不设置为 1。

7.3 I/O 端口特殊功能寄存器

7.3.1 端口 A～端口 H 寄存器组

1. 端口 A 寄存器组

端口 A 寄存器组共有 4 个寄存器。第一个是端口 A 引脚配置寄存器 GPACON，地址为 0x56000000，可读写，Reset 值为 0x7FFFFF。第二个是端口 A 数据寄存器 GPADAT，地址为 0x56000004，可读写，Reset 值未定义。其余两个寄存器保留未用。端口 A 寄存器组各寄存器具体含义见表 7-1 和表 7-2。

表 7-1 端口 A 引脚配置寄存器含义

GPACON	位	描 述	GPACON	位	描 述
GPA22	[22]	0＝输出　1＝nFCE	GPA10	[10]	0＝输出　1＝ADDR25
GPA21	[21]	0＝输出　1＝nRSTOUT	GPA9	[9]	0＝输出　1＝ADDR24
GPA20	[20]	0＝输出　1＝nFRE	GPA8	[8]	0＝输出　1＝ADDR23
GPA19	[19]	0＝输出　1＝nFWE	GPA7	[7]	0＝输出　1＝ADDR22
GPA18	[18]	0＝输出　1＝ALE	GPA6	[6]	0＝输出　1＝ADDR21
GPA17	[17]	0＝输出　1＝CLE	GPA5	[5]	0＝输出　1＝ADDR20
GPA16	[16]	0＝输出　1＝nGCS5	GPA4	[4]	0＝输出　1＝ADDR19
GPA15	[15]	0＝输出　1＝nGCS4	GPA3	[3]	0＝输出　1＝ADDR18
GPA14	[14]	0＝输出　1＝nGCS3	GPA2	[2]	0＝输出　1＝ADDR17
GPA13	[13]	0＝输出　1＝nGCS2	GPA1	[1]	0＝输出　1＝ADDR16
GPA12	[12]	0＝输出　1＝nGCS1	GPA0	[0]	0＝输出　1＝ADDR0
GPA11	[11]	0＝输出　1＝ADDR26			

注：表中带下划线的信号一方面表示初始引脚状态，另一方面表示可配置的引脚功能。7.3.1节内均以此方法
表示。
表中 nRSTOUT＝nRESET & nWDTRST & SW_RESET(见 MISCCR[16])。

表 7-2 端口 A 数据寄存器含义

GPADAT	位	描 述
GPA[22:0]	[22:0]	当该端口被配置为输出端口时，引脚状态与这个寄存器中的对应位相同；当该端口被配置为功能引脚时，读入值未定义

2. 端口 B 寄存器组

端口 B 寄存器组共有 4 个寄存器。第一个是端口 B 引脚配置寄存器 GPBCON，地址为 0x56000010，可读写，Reset 值为 0x0。第二个是端口 B 数据寄存器 GPBDAT，地址为 0x56000014，可读写，Reset 值未定义。第三个是端口 B 上拉允许/禁止寄存器 GPBUP，地址为 0x56000018，可读写，Reset 值为 0x0。第四个寄存器保留未用。端口 B 寄存器组各寄存器具体含义见表 7-3、表 7-4 和表 7-5。

表 7-3 端口 B 引脚配置寄存器含义

GPBCON	位	描 述			
GPB10	[21:20]	00＝输入	01＝输出	10＝nXDREQ0	11＝保留
GPB9	[19:18]	00＝输入	01＝输出	10＝nXDACK0	11＝保留
GPB8	[17:16]	00＝输入	01＝输出	10＝nXDREQ1	11＝保留
GPB7	[15:14]	00＝输入	01＝输出	10＝nXDACK1	11＝保留

GPBCON	位	描　述			
GPB6	[13:12]	00＝输入	01＝输出	10＝<u>nXBREQ</u>	11＝保留
GPB5	[11:10]	00＝输入	01＝输出	10＝<u>nXBACK</u>	11＝保留
GPB4	[9:8]	00＝输入	01＝输出	10＝<u>TCLK0</u>	11＝保留
GPB3	[7:6]	00＝输入	01＝输出	10＝<u>TOUT3</u>	11＝保留
GPB2	[5:4]	00＝输入	01＝输出	10＝<u>TOUT2</u>	11＝保留
GPB1	[3:2]	00＝输入	01＝输出	10＝<u>TOUT1</u>	11＝保留
GPB0	[1:0]	00＝输入	01＝输出	10＝<u>TOUT0</u>	11＝保留

表 7-4　端口 B 数据寄存器含义

GPBDAT	位	描　述
GPB[10:0]	[10:0]	当该端口被配置为输入端口时,从输入引脚来的外部信号能够从这个寄存器的对应位读出。当该端口被配置为输出端口时,写到这个寄存器的数据能被送到对应的引脚。当该端口被配置为功能引脚时,读入值未定义

表 7-5　端口 B 上拉允许/禁止寄存器含义

GPBUP	位	描　述
GPB[10:0]	[10:0]	0:连接到对应端口引脚的上拉功能被允许　1:上拉功能被禁止

3. 端口 C 寄存器组

端口 C 寄存器组共有 4 个寄存器。第一个是端口 C 引脚配置寄存器 GPCCON,地址为 0x56000020,可读写,Reset 值为 0x0。第二个是端口 C 数据寄存器 GPCDAT,地址为 0x56000024,可读写,Reset 值未定义。第三个是端口 C 上拉允许/禁止寄存器 GPCUP,地址为 0x56000028,可读写,Reset 值为 0x0。第四个寄存器保留未用。端口 C 寄存器组各寄存器具体含义见表 7-6、表 7-7 和表 7-8。

表 7-6　端口 C 引脚配置寄存器含义

GPCCON	位	描　述			
GPC15	[31:30]	00＝输入	01＝输出	10＝<u>VD[7]</u>	11＝保留
GPC14	[29:28]	00＝输入	01＝输出	10＝<u>VD[6]</u>	11＝保留
GPC13	[27:26]	00＝输入	01＝输出	10＝<u>VD[5]</u>	11＝保留
GPC12	[25:24]	00＝输入	01＝输出	10＝<u>VD[4]</u>	11＝保留
GPC11	[23:22]	00＝输入	01＝输出	10＝<u>VD[3]</u>	11＝保留
GPC10	[21:20]	00＝输入	01＝输出	10＝<u>VD[2]</u>	11＝保留

续表

GPCCON	位	描　述			
GPC9	[19:18]	00＝输入	01＝输出	10＝VD[1]	11＝保留
GPC8	[17:16]	00＝输入	01＝输出	10＝VD[0]	11＝保留
GPC7	[15:14]	00＝输入	01＝输出	10＝LCDVF2	11＝保留
GPC6	[13:12]	00＝输入	01＝输出	10＝LCDVF1	11＝保留
GPC5	[11:10]	00＝输入	01＝输出	10＝LCDVF0	11＝保留
GPC4	[9:8]	00＝输入	01＝输出	10＝VM	11＝保留
GPC3	[7:6]	00＝输入	01＝输出	10＝VFRAME	11＝保留
GPC2	[5:4]	00＝输入	01＝输出	10＝VLINE	11＝保留
GPC1	[3:2]	00＝输入	01＝输出	10＝VCLK	11＝保留
GPC0	[1:0]	00＝输入	01＝输出	10＝LEND	11＝保留

表 7-7　端口 C 数据寄存器含义

GPCDAT	位	描　述
GPC[15:0]	[15:0]	当该端口被配置为输入端口时，从输入引脚来的外部信号能够从这个寄存器的对应位读出。当该端口被配置为输出端口时，写到这个寄存器的数据能被送到对应的引脚。当该端口被配置为功能引脚时，读入值未定义

表 7-8　端口 C 上拉允许/禁止寄存器含义

GPCUP	位	描　述
GPC[15:0]	[15:0]	0：连接到对应端口引脚的上拉功能被允许　1：上拉功能被禁止

4. 端口 D 寄存器组

端口 D 寄存器组共有 4 个寄存器。第一个是端口 D 引脚配置寄存器 GPDCON，地址为 0x56000030，可读写，Reset 值为 0x0。第二个是端口 D 数据寄存器 GPDDAT，地址为 0x56000034，可读写，Reset 值未定义。第三个是端口 D 上拉允许/禁止寄存器 GPDUP，地址为 0x56000038，可读写，Reset 值为 0xF000。第四个寄存器保留未用。端口 D 寄存器组各寄存器具体含义见表 7-9、表 7-10 和表 7-11。

表 7-9　端口 D 引脚配置寄存器含义

GPDCON	位	描　述			
GPD15	[31:30]	00＝输入	01＝输出	10＝VD23	11＝nSS0
GPD14	[29:28]	00＝输入	01＝输出	10＝VD22	11＝nSS1
GPD13	[27:26]	00＝输入	01＝输出	10＝VD21	11＝保留

GPDCON	位	描　　述			
GPD12	[25:24]	00＝输入	01＝输出	10＝VD20	11＝保留
GPD11	[23:22]	00＝输入	01＝输出	10＝VD19	11＝保留
GPD10	[21:20]	00＝输入	01＝输出	10＝VD18	11＝保留
GPD9	[19:18]	00＝输入	01＝输出	10＝VD17	11＝保留
GPD8	[17:16]	00＝输入	01＝输出	10＝VD16	11＝保留
GPD7	[15:14]	00＝输入	01＝输出	10＝VD15	11＝保留
GPD6	[13:12]	00＝输入	01＝输出	10＝VD14	11＝保留
GPD5	[11:10]	00＝输入	01＝输出	10＝VD13	11＝保留
GPD4	[9:8]	00＝输入	01＝输出	10＝VD12	11＝保留
GPD3	[7:6]	00＝输入	01＝输出	10＝VD11	11＝保留
GPD2	[5:4]	00＝输入	01＝输出	10＝VD10	11＝保留
GPD1	[3:2]	00＝输入	01＝输出	10＝VD9	11＝保留
GPD0	[1:0]	00＝输入	01＝输出	10＝VD8	11＝保留

表 7-10　端口 D 数据寄存器含义

GPDDAT	位	描　　述
GPD[15:0]	[15:0]	当该端口被配置为输入端口时,从输入引脚来的外部信号能够从这个寄存器的对应位读出。当该端口被配置为输出端口时,写到这个寄存器的数据能被送到对应的引脚。当该端口被配置为功能引脚时,读入值未定义

表 7-11　端口 D 上拉允许/禁止寄存器含义

GPDUP	位	描　　述
GPD[15:0]	[15:0]	0：连接到对应端口引脚的上拉功能被允许　1：上拉功能被禁止 (GPD[15:12]在初始条件为上拉禁止状态)

5. 端口 E 寄存器组

端口 E 寄存器组共有 4 个寄存器。第一个是端口 E 引脚配置寄存器 GPECON,地址为 0x56000040,可读写,Reset 值为 0x0。第二个是端口 E 数据寄存器 GPEDAT,地址为 0x56000044,可读写,Reset 值未定义。第三个是端口 E 上拉允许/禁止寄存器 GPEUP,地址为 0x56000048,可读写,Reset 值为 0x0。第四个寄存器保留未用。端口 E 寄存器组各寄存器具体含义见表 7-12、表 7-13 和表 7-14。

表 7-12 端口 E 引脚配置寄存器含义

GPECON	位	描 述			
GPE15	[31:30]	00＝输入	01＝输出(开漏输出)	10＝IICSDA	11＝保留
GPE14	[29:28]	00＝输入	01＝输出(开漏输出)	10＝IICSCL	11＝保留
GPE13	[27:26]	00＝输入	01＝输出	10＝SPICLK0	11＝保留
GPE12	[25:24]	00＝输入	01＝输出	10＝SPIMOSI0	11＝保留
GPE11	[23:22]	00＝输入	01＝输出	10＝SPIMISO0	11＝保留
GPE10	[21:20]	00＝输入	01＝输出	10＝SDDAT3	11＝保留
GPE9	[19:18]	00＝输入	01＝输出	10＝SDDAT2	11＝保留
GPE8	[17:16]	00＝输入	01＝输出	10＝SDDAT1	11＝保留
GPE7	[15:14]	00＝输入	01＝输出	10＝SDDAT0	11＝保留
GPE6	[13:12]	00＝输入	01＝输出	10＝SDCMD	11＝保留
GPE5	[11:10]	00＝输入	01＝输出	10＝SDCLK	11＝保留
GPE4	[9:8]	00＝输入	01＝输出	10＝I2SSDO	11＝I2SSDI
GPE3	[7:6]	00＝输入	01＝输出	10＝I2SSDI	11＝nSS0
GPE2	[5:4]	00＝输入	01＝输出	10＝CDCLK	11＝保留
GPE1	[3:2]	00＝输入	01＝输出	10＝I2SSCLK	11＝保留
GPE0	[1:0]	00＝输入	01＝输出	10＝I2SLRCK	11＝保留

表 7-13 端口 E 数据寄存器含义

GPEDAT	位	描 述
GPE[15:0]	[15:0]	当该端口被配置为输入端口时,从输入引脚来的外部信号能够从这个寄存器的对应位读出。当该端口被配置为输出端口时,写到这个寄存器的数据能被送到对应的引脚。当该端口被配置为功能引脚时,读入值未定义

表 7-14 端口 E 上拉允许/禁止寄存器含义

GPEUP	位	描 述
GPE[15:0]	[15:0]	0：连接到对应端口引脚的上拉功能被允许 1：上拉功能被禁止

6. 端口 F 寄存器组

端口 F 寄存器组共有 4 个寄存器。第一个是端口 F 引脚配置寄存器 GPFCON,地址为 0x56000050,可读写,Reset 值为 0x0。第二个是端口 F 数据寄存器 GPFDAT,地址为 0x56000054,可读写,Reset 值未定义。第三个是端口 F 上拉允许/禁止寄存器 GPFUP,地址为 0x56000058,可读写,Reset 值为 0x0。第四个寄存器保留未用。端口 F 寄存器组各寄存器具体含义见表 7-15、表 7-16 和表 7-17。

表 7-15　端口 F 引脚配置寄存器含义

GPFCON	位	描　述			
GPF7	[15:14]	00＝输入	01＝输出	10＝EINT7	11＝保留
GPF6	[13:12]	00＝输入	01＝输出	10＝EINT6	11＝保留
GPF5	[11:10]	00＝输入	01＝输出	10＝EINT5	11＝保留
GPF4	[9:8]	00＝输入	01＝输出	10＝EINT4	11＝保留
GPF3	[7:6]	00＝输入	01＝输出	10＝EINT3	11＝保留
GPF2	[5:4]	00＝输入	01＝输出	10＝EINT2	11＝保留
GPF1	[3:2]	00＝输入	01＝输出	10＝EINT1	11＝保留
GPF0	[1:0]	00＝输入	01＝输出	10＝EINT0	11＝保留

表 7-16　端口 F 数据寄存器含义

GPFDAT	位	描　述
GPF[7:0]	[7:0]	当该端口被配置为输入端口时,从输入引脚来的外部信号能够从这个寄存器的对应位读出。当该端口被配置为输出端口时,写到这个寄存器的数据能被送到对应的引脚。当该端口被配置为功能引脚时,读入值未定义

表 7-17　端口 F 上拉允许/禁止寄存器含义

GPFUP	位	描　述
GPF[7:0]	[7:0]	0：连接到对应端口引脚的上拉功能被允许　1：上拉功能被禁止

7. 端口 G 寄存器组

端口 G 寄存器组共有 4 个寄存器。第一个是端口 G 引脚配置寄存器 GPGCON,地址为 0x56000060,可读写,Reset 值为 0x0。第二个是端口 G 数据寄存器 GPGDAT,地址为 0x56000064,可读写,Reset 值未定义。第三个是端口 G 上拉允许/禁止寄存器 GPGUP,地址为 0x56000068,可读写,Reset 值为 0x0。第四个寄存器保留未用。端口 G 寄存器组各寄存器具体含义见表 7-18、表 7-19 和表 7-20。

表 7-18　端口 G 引脚配置寄存器含义

GPGCON	位	描　述			
GPG15	[31:30]	00＝输入	01＝输出	10＝EINT23	11＝nYPON
GPG14	[29:28]	00＝输入	01＝输出	10＝EINT22	11＝YMON
GPG13	[27:26]	00＝输入	01＝输出	10＝EINT21	11＝nXPON
GPG12	[25:24]	00＝输入	01＝输出	10＝EINT20	11＝XMON
GPG11	[23:22]	00＝输入	01＝输出	10＝EINT19	11＝TCLK1
GPG10（允许 5V 输入）	[21:20]	00＝输入	01＝输出	10＝EINT18	11＝保留

续表

GPGCON	位	描 述			
GPG9（允许 5V 输入）	[19:18]	00＝输入	01＝输出	10＝EINT17	11＝保留
GPG8（允许 5V 输入）	[17:16]	00＝输入	01＝输出	10＝EINT16	11＝保留
GPG7	[15:14]	00＝输入	01＝输出	10＝EINT15	11＝SPICLK1
GPG6	[13:12]	00＝输入	01＝输出	10＝EINT14	11＝SPIMOSI1
GPG5	[11:10]	00＝输入	01＝输出	10＝EINT13	11＝SPIMISO1
GPG4	[9:8]	00＝输入	01＝输出	10＝EINT12	11＝LCD_PWREN
GPG3	[7:6]	00＝输入	01＝输出	10＝EINT11	11＝nSS1
GPG2	[5:4]	00＝输入	01＝输出	10＝EINT10	11＝nSS0
GPG1	[3:2]	00＝输入	01＝输出	10＝EINT9	11＝保留
GPG0	[1:0]	00＝输入	01＝输出	10＝EINT8	11＝保留

表 7-19　端口 G 数据寄存器含义

GPGDAT	位	描　　述
GPG[15:0]	[15:0]	当该端口被配置为输入端口时，从输入引脚来的外部信号能够从这个寄存器的对应位读出。当该端口被配置为输出端口时，写到这个寄存器的数据能被送到对应的引脚。当该端口被配置为功能引脚时，读入值未定义

表 7-20　端口 G 上拉允许/禁止寄存器含义

GPGUP	位	描　　述
GPG[15:0]	[15:0]	0：连接到对应端口引脚的上拉功能被允许　　1：上拉功能被禁止（GPG[15:11]在初始条件为上拉禁止状态）

8. 端口 H 寄存器组

端口 H 寄存器组共有 4 个寄存器。第一个是端口 H 引脚配置寄存器 GPHCON，地址为 0x56000070，可读写，Reset 值为 0x0。第二个是端口 H 数据寄存器 GPHDAT，地址为 0x56000074，可读写，Reset 值未定义。第三个是端口 H 上拉允许/禁止寄存器 GPHUP，地址为 0x56000078，可读写，Reset 值为 0x0。第四个寄存器保留未用。端口 H 寄存器组各寄存器具体含义见表 7-21、表 7-22 和表 7-23。

表 7-21　端口 H 引脚配置寄存器含义

GPHCON	位	描　　述			
GPH10	[21:20]	00＝输入	01＝输出	10＝CLKOUT1	11＝保留
GPH9	[19:18]	00＝输入	01＝输出	10＝CLKOUT0	11＝保留
GPH8	[17:16]	00＝输入	01＝输出	10＝UEXTCLK	11＝保留

GPHCON	位	描　述			
GPH7	[15:14]	00＝输入	01＝输出	10＝RXD2	11＝nCTS1
GPH6	[13:12]	00＝输入	01＝输出	10＝TXD2	11＝nRTS1
GPH5	[11:10]	00＝输入	01＝输出	10＝RXD1	11＝保留
GPH4	[9:8]	00＝输入	01＝输出	10＝TXD1	11＝保留
GPH3	[7:6]	00＝输入	01＝输出	10＝RXD0	11＝保留
GPH2	[5:4]	00＝输入	01＝输出	10＝TXD0	11＝保留
GPH1	[3:2]	00＝输入	01＝输出	10＝nRTS0	11＝保留
GPH0	[1:0]	00＝输入	01＝输出	10＝nCTS0	11＝保留

表 7-22　端口 H 数据寄存器含义

GPHDAT	位	描　述
GPH[10:0]	[10:0]	当该端口被配置为输入端口时,从输入引脚来的外部信号能够从这个寄存器的对应位读出。当该端口被配置为输出端口时,写到这个寄存器的数据能被送到对应的引脚。当该端口被配置为功能引脚时,读入值未定义

表 7-23　端口 H 上拉允许/禁止寄存器含义

GPHUP	位	描　述
GPH[10:0]	[10:0]	0：连接到对应端口引脚的上拉功能被允许　　1：上拉功能被禁止

7.3.2　其他寄存器

1. 杂项控制寄存器

杂项控制寄存器中的一些位用来对 USB 主机和 USB 设备进行控制;另外一些位用于保护 SDRAM,以及对数据总线上拉电阻允许/禁止等进行控制。

杂项控制寄存器 MISCCR,地址为 0x56000080,可读写,Reset 值为 0x10330。杂项控制寄存器具体含义见表 7-24。

表 7-24　杂项控制寄存器含义

MISCCR	位	描　述
保留	[21:20]	保留为 00
nEN_SCKE	[19]	0：SCKE＝Normal　　1：SCKE＝低电平 在 Power_OFF 模式用于保护 SDRAM
nEN_SCLK1	[18]	0：SCLK1＝SCLK　　1：SCLK1＝低电平 在 Power_OFF 模式用于保护 SDRAM

MISCCR	位	描 述
nEN_SCLK0	[17]	0：SCLK0＝SCLK　　　1：SCLK0＝低电平 在 Power_OFF 模式用于保护 SDRAM
nRSTCON	[16]	nRSTOUT 软件控制(SW_RESET)，由软件控制复位： 0：nRSTOUT＝0　1：nRSTOUT＝1(当 nRESET＝1 并且 nWDTRST＝1)
保留	[15:14]	保留为 00
USBSUSPND1	[13]	USB 端口 1 模式：　　0＝Normal　　　1＝挂起
USBSUSPND0	[12]	USB 端口 0 模式：　　0＝Normal　　　1＝挂起
保留	[11]	保留为 0
CLKSEL1	[10:8]	CLKOUT1 输出信号源选择： 000＝MPLL CLK　　001＝UPLL CLK　　010＝FCLK 011＝HCLK　　100＝PCLK　　101＝DCLK1　　11x＝保留
保留	[7]	保留为 0
CLKSEL0	[6:4]	CLKOUT0 输出信号源选择： 000＝MPLL CLK　　001＝UPLL CLK　　010＝FCLK 011＝HCLK　　100＝PCLK　　101＝DCLK0　　11x＝保留
USBPAD	[3]	如果 USBPAD＝1，则 2 个 USB host 端口都作为 USB host 端口 0＝use pads related USB for USB device 1＝use pads related USB for USB host
保留	[2]	保留为 0
SPUCR_L	[1]	DATA[15:0]端口上拉电阻：　　0＝允许　　　1＝禁止
SPUCR_H	[0]	DATA[31:16]端口上拉电阻：　　0＝允许　　　1＝禁止

注：CLKOUT1、CLKOUT0 仅作为备用，用于监视内部时钟(On/Off 状态或频率)使用。

2. DCLK 控制寄存器

DCLK 控制寄存器 DCLKCON，地址为 0x56000084，可读写，Reset 值为 0x0。DCLK 控制寄存器具体含义见表 7-25。

表 7-25 DCLK 控制寄存器含义

DCLKCON	位	描 述
DCLK1CMP	[27:24]	DCLK1 比较(Compare)值时钟反转值(<DCLK1DIV) 如果 DCLK1CMP 为 n，低电平时间为(n＋1)，高电平时间为 ((DCLK1DIV＋1)－(n＋1))，见图 7-1
DCLK1DIV	[23:20]	DCLK1 分频值：DCLK1 频率＝源时钟/(DCLK1DIV＋1)
保留	[19:18]	00
DCLK1SelCK	[17]	选择 DCLK1 源时钟：0＝PCLK　　　1＝UCLK(USB)
DCLK1EN	[16]	DCLK1 允许：0＝禁止　　　1＝允许

续表

DCLKCON	位	描 述
保留	[15:12]	0000
DCLK0CMP	[11:8]	DCLK0 比较(Compare)值时钟反转值(<DCLK0DIV) 如果 DCLK0CMP 为 n,低电平时间为(n+1),高电平时间为 ((DCLK0DIV+1)−(n+1)),见图 7-1
DCLK0DIV	[7:4]	DCLK0 分频值:DCLK0 频率=源时钟/(DCLK0DIV+1)
保留	[3:2]	00
DCLK0SelCK	[1]	选择 DCLK0 源时钟:0=PCLK　　1=UCLK(USB)
DCLK0EN	[0]	DCLK0 允许:0=禁止　　1=允许

DCLKCON 寄存器定义 DCLK0、DCLK1 信号,这两个信号用作外部源时钟,DCLKn 信号的低电平、高电平时间长度的关系见图 7-1。

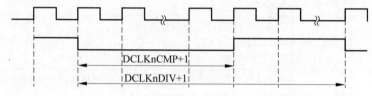

图 7-1　DCLKn 信号的高、低电平长度的关系

只有当 CLKOUT[1:0]被设置成发送 DCLKn 信号时,DCLKCON 才能够实际操作。

3. 外部中断控制寄存器组

外部中断控制寄存器组共有 3 个寄存器,寄存器名分别为 EXTINT0、EXTINT1 和 EXTINT2;地址分别为 0x56000088、0x5600008C 和 0x56000090;可读写;Reset 值均为 0。

外部中断控制寄存器组,能够配置 24 个外部中断源中的每一个提出中断请求信号的方式,包括电平方式和边沿方式,同时也配置了信号的极性。

为了识别电平中断,对 EINT[15:0]中的 EXTINTn 引脚合法的逻辑电平必须保持最少 40ns 以上。

外部中断控制寄存器组中各寄存器具体含义见表 7-26、表 7-27 和表 7-28。

表 7-26　外部中断控制寄存器 0 含义

EXTINT0	位	描 述
EINT7	[30:28]	设置 EINT7 的信号方式:　　　000=低电平　　　001=高电平 01x=下降沿触发　　10x=上升沿触发　　11x=2 个沿都触发
EINT6	[26:24]	设置 EINT6 的信号方式:　　　000=低电平　　　001=高电平 01x=下降沿触发　　10x=上升沿触发　　11x=2 个沿都触发

EXTINT0	位	描 述
EINT5	[22:20]	设置 EINT5 的信号方式： 000＝低电平 001＝高电平 01x＝下降沿触发 10x＝上升沿触发 11x＝2 个沿都触发
EINT4	[18:16]	设置 EINT4 的信号方式： 000＝低电平 001＝高电平 01x＝下降沿触发 10x＝上升沿触发 11x＝2 个沿都触发
EINT3	[14:12]	设置 EINT3 的信号方式： 000＝低电平 001＝高电平 01x＝下降沿触发 10x＝上升沿触发 11x＝2 个沿都触发
EINT2	[10:8]	设置 EINT2 的信号方式： 000＝低电平 001＝高电平 01x＝下降沿触发 10x＝上升沿触发 11x＝2 个沿都触发
EINT1	[6:4]	设置 EINT1 的信号方式： 000＝低电平 001＝高电平 01x＝下降沿触发 10x＝上升沿触发 11x＝2 个沿都触发
EINT0	[2:0]	设置 EINT0 的信号方式： 000＝低电平 001＝高电平 01x＝下降沿触发 10x＝上升沿触发 11x＝2 个沿都触发

表 7-27 外部中断控制寄存器 1 含义

EXTINT1	位	描 述
保留	[31]	保留
EINT15	[30:28]	设置 EINT15 的信号方式： 000＝低电平 001＝高电平 01x＝下降沿触发 10x＝上升沿触发 11x＝2 个沿都触发
保留	[27]	保留
EINT14	[26:24]	设置 EINT14 的信号方式： 000＝低电平 001＝高电平 01x＝下降沿触发 10x＝上升沿触发 11x＝2 个沿都触发
保留	[23]	保留
EINT13	[22:20]	设置 EINT13 的信号方式： 000＝低电平 001＝高电平 01x＝下降沿触发 10x＝上升沿触发 11x＝2 个沿都触发
保留	[19]	保留
EINT12	[18:16]	设置 EINT12 的信号方式： 000＝低电平 001＝高电平 01x＝下降沿触发 10x＝上升沿触发 11x＝2 个沿都触发
保留	[15]	保留
EINT11	[14:12]	设置 EINT11 的信号方式： 000＝低电平 001＝高电平 01x＝下降沿触发 10x＝上升沿触发 11x＝2 个沿都触发
保留	[11]	保留
EINT10	[10:8]	设置 EINT10 的信号方式： 000＝低电平 001＝高电平 01x＝下降沿触发 10x＝上升沿触发 11x＝2 个沿都触发
保留	[7]	保留
EINT9	[6:4]	设置 EINT9 的信号方式： 000＝低电平 001＝高电平 01x＝下降沿触发 10x＝上升沿触发 11x＝2 个沿都触发
保留	[3]	保留
EINT8	[2:0]	设置 EINT8 的信号方式： 000＝低电平 001＝高电平 01x＝下降沿触发 10x＝上升沿触发 11x＝2 个沿都触发

表 7-28　外部中断控制寄存器 2 含义

EXTINT2	位	描　述
FLTEN23	[31]	EINT23 滤波允许：　　　　0＝禁止　　　　1＝允许
EINT23	[30:28]	设置 EINT23 的信号方式：　　　000＝低电平　　　001＝高电平 01x＝下降沿触发　　　10x＝上升沿触发　　　11x＝2 个沿都触发
FLTEN22	[27]	EINT22 滤波允许：　　　　0＝禁止　　　　1＝允许
EINT22	[26:24]	设置 EINT22 的信号方式：　　　000＝低电平　　　001＝高电平 01x＝下降沿触发　　　10x＝上升沿触发　　　11x＝2 个沿都触发
FLTEN21	[23]	EINT21 滤波允许：　　　　0＝禁止　　　　1＝允许
EINT21	[22:20]	设置 EINT21 的信号方式：　　　000＝低电平　　　001＝高电平 01x＝下降沿触发　　　10x＝上升沿触发　　　11x＝2 个沿都触发
FLTEN20	[19]	EINT20 滤波允许：　　　　0＝禁止　　　　1＝允许
EINT20	[18:16]	设置 EINT20 的信号方式：　　　000＝低电平　　　001＝高电平 01x＝下降沿触发　　　10x＝上升沿触发　　　11x＝2 个沿都触发
FLTEN19	[15]	EINT19 滤波允许：　　　　0＝禁止　　　　1＝允许
EINT19	[14:12]	设置 EINT19 的信号方式：　　　000＝低电平　　　001＝高电平 01x＝下降沿触发　　　10x＝上升沿触发　　　11x＝2 个沿都触发
FLTEN18	[11]	EINT18 滤波允许：　　　　0＝禁止　　　　1＝允许
EINT18	[10:8]	设置 EINT18 的信号方式：　　　000＝低电平　　　001＝高电平 01x＝下降沿触发　　　10x＝上升沿触发　　　11x＝2 个沿都触发
FLTEN17	[7]	EINT17 滤波允许：　　　　0＝禁止　　　　1＝允许
EINT17	[6:4]	设置 EINT17 的信号方式：　　　000＝低电平　　　001＝高电平 01x＝下降沿触发　　　10x＝上升沿触发　　　11x＝2 个沿都触发
FLTEN16	[3]	EINT16 滤波允许：　　　　0＝禁止　　　　1＝允许
EINT16	[2:0]	设置 EINT16 的信号方式：　　　000＝低电平　　　001＝高电平 01x＝下降沿触发　　　10x＝上升沿触发　　　11x＝2 个沿都触发

4. 外部中断滤波寄存器组

外部中断滤波寄存器组共有 4 个寄存器，前两个保留未用。后两个寄存器分别是 EINTFLT2 和 EINTFLT3；地址分别是 0x5600009C 和 0x560000A0；可读写；Reset 值均为 0x0。

2 个外部中断滤波寄存器控制 8 个外部中断 EINT[23:16]使用的滤波时钟和滤波宽度。

外部中断滤波寄存器组中各寄存器具体含义见表 7-29 和表 7-30，表中 OSC_CLK 即图 6-1 中的 XTIpll。

5. 外部中断屏蔽寄存器

外部中断屏蔽寄存器名为 EINTMASK，地址为 0x560000A4，可读写，Reset 值为 0x00FFFFF0。

表 7-29　外部中断滤波寄存器 2 含义

EINTFLT2	位	描述
FLTCLK19	[31]	EINT19 滤波时钟：0＝PCLK　1＝EXTCLK/OSC_CLK(由 OM[3:2] 引脚选择)
EINTFLT19	[30:24]	EINT19 滤波宽度
FLTCLK18	[23]	EINT18 滤波时钟：0＝PCLK　1＝EXTCLK/OSC_CLK(由 OM[3:2] 引脚选择)
EINTFLT18	[22:16]	EINT18 滤波宽度
FLTCLK17	[15]	EINT17 滤波时钟：0＝PCLK　1＝EXTCLK/OSC_CLK(由 OM[3:2] 引脚选择)
EINTFLT17	[14:8]	EINT17 滤波宽度
FLTCLK16	[7]	EINT16 滤波时钟：0＝PCLK　1＝EXTCLK/OSC_CLK(由 OM[3:2] 引脚选择)
EINTFLT16	[6:0]	EINT16 滤波宽度

表 7-30　外部中断滤波寄存器 3 含义

EINTFLT3	位	描述
FLTCLK23	[31]	EINT23 滤波时钟：0＝PCLK　1＝EXTCLK/OSC_CLK(由 OM[3:2] 引脚选择)
EINTFLT23	[30:24]	EINT23 滤波宽度
FLTCLK22	[23]	EINT22 滤波时钟：0＝PCLK　1＝EXTCLK/OSC_CLK(由 OM[3:2] 引脚选择)
EINTFLT22	[22:16]	EINT22 滤波宽度
FLTCLK21	[15]	EINT21 滤波时钟：0＝PCLK　1＝EXTCLK/OSC_CLK(由 OM[3:2] 引脚选择)
EINTFLT21	[14:8]	EINT21 滤波宽度
FLTCLK20	[7]	EINT20 滤波时钟：0＝PCLK　1＝EXTCLK/OSC_CLK(由 OM[3:2] 引脚选择)
EINTFLT20	[6:0]	EINT20 滤波宽度

外部中断屏蔽寄存器能够对 20 个外部中断源 EINT[23:4]分别进行屏蔽,含义见表 7-31。

表 7-31　外部中断屏蔽寄存器含义

EINTMASK	位	描述	EINTMASK	位	描述
EINT23	[23]	0＝允许中断　1＝屏蔽	EINT19	[19]	0＝允许中断　1＝屏蔽
EINT22	[22]	0＝允许中断　1＝屏蔽	EINT18	[18]	0＝允许中断　1＝屏蔽
EINT21	[21]	0＝允许中断　1＝屏蔽	EINT17	[17]	0＝允许中断　1＝屏蔽
EINT20	[20]	0＝允许中断　1＝屏蔽	EINT16	[16]	0＝允许中断　1＝屏蔽

续表

EINTMASK	位	描 述	EINTMASK	位	描 述
EINT15	[15]	0＝允许中断　1＝屏蔽	EINT8	[8]	0＝允许中断　1＝屏蔽
EINT14	[14]	0＝允许中断　1＝屏蔽	EINT7	[7]	0＝允许中断　1＝屏蔽
EINT13	[13]	0＝允许中断　1＝屏蔽	EINT6	[6]	0＝允许中断　1＝屏蔽
EINT12	[12]	0＝允许中断　1＝屏蔽	EINT5	[5]	0＝允许中断　1＝屏蔽
EINT11	[11]	0＝允许中断　1＝屏蔽	EINT4	[4]	0＝允许中断　1＝屏蔽
EINT10	[10]	0＝允许中断　1＝屏蔽	保留	[3:0]	0
EINT9	[9]	0＝允许中断　1＝屏蔽			

6. 外部中断登记寄存器

外部中断登记寄存器 EINTPEND 供 20 个外部中断 EINT[23:4]使用。用户能够清除 EINTPEND 寄存器某一指定位,方法是通过给寄存器对应位写 1。

外部中断登记寄存器(external interrupt pending register)也称为外部中断未决寄存器。

外部中断登记寄存器地址为 0x560000A8,可读写,Reset 值为 0x0。

外部中断登记寄存器具体含义见表 7-32。

表 7-32　外部中断登记寄存器含义

EINTPEND	位	描 述	EINTPEND	位	描 述
EINT23	[23]	0＝无请求　1＝有请求	EINT12	[12]	0＝无请求　1＝有请求
EINT22	[22]	0＝无请求　1＝有请求	EINT11	[11]	0＝无请求　1＝有请求
EINT21	[21]	0＝无请求　1＝有请求	EINT10	[10]	0＝无请求　1＝有请求
EINT20	[20]	0＝无请求　1＝有请求	EINT9	[9]	0＝无请求　1＝有请求
EINT19	[19]	0＝无请求　1＝有请求	EINT8	[8]	0＝无请求　1＝有请求
EINT18	[18]	0＝无请求　1＝有请求	EINT7	[7]	0＝无请求　1＝有请求
EINT17	[17]	0＝无请求　1＝有请求	EINT6	[6]	0＝无请求　1＝有请求
EINT16	[16]	0＝无请求　1＝有请求	EINT5	[5]	0＝无请求　1＝有请求
EINT15	[15]	0＝无请求　1＝有请求	EINT4	[4]	0＝无请求　1＝有请求
EINT14	[14]	0＝无请求　1＝有请求	保留	[3:0]	0
EINT13	[13]	0＝无请求　1＝有请求			

7. 通用状态寄存器组

通用状态寄存器组由 5 个寄存器 GSTATUS0～GSTATUS4 组成;地址分别为

0x560000AC、0x560000B0、0x560000B4、0x560000B8 和 0x560000BC;前两个寄存器为只读,后 3 个为可读写寄存器;Reset 值分别为未定义、0x32410000、0x1、0x0 和 0x0。

通用状态寄存器组中各寄存器具体含义见表 7-33、表 7-34、表 7-35、表 7-36 和表 7-37。

表 7-33　通用状态寄存器 0 含义

GSTATUS0	位	描　　述	GSTATUS0	位	描　　述
nWAIT	[3]	nWAIT 引脚状态	RnB	[1]	R/nB 引脚状态
NCON	[2]	NCON 引脚状态	nBATT_FLT	[0]	nBATT_FLT 引脚状态

表 7-34　通用状态寄存器 1 含义

GSTATUS1	位	描　　述
CHIP ID	[31:0]	ID 寄存器＝0x32410002　（芯片 ID 号）

表 7-35　通用状态寄存器 2 含义

GSTATUS2	位	描　　述
WDTRST	[2]	看门狗定时器 Reset 时这 1 位被设置为 1,通过对这 1 位写 1 来清除设置的位
OFFRST	[1]	从 Power_OFF 模式唤醒后这 1 位被设置为 1,通过对这 1 位写 1 来清除设置的位
PWRST	[0]	如果这 1 位被设置为 1,进入加电 Reset,通过对这 1 位写 1 来清除设置的位

表 7-36　通用状态寄存器 3 含义

GSTATUS3	位	描　　述
INFORM	[31:0]	信息寄存器。由 nRESET 或看门狗定时器清除该寄存器,否则保留数据值

表 7-37　通用状态寄存器 4 含义

GSTATUS4	位	描　　述
INFORM	[31:0]	信息寄存器。由 nRESET 或看门狗定时器清除该寄存器,否则保留数据值

7.4　I/O 端口程序举例

在嵌入式系统中能够使用 C 语言对特殊功能寄存器进行读写,特殊功能寄存器位于 S3C2410A 片内。每个特殊功能寄存器都有一个固定地址,通常要在 .H 文件中映射特殊功能寄存器的地址。方法是对每个特殊功能寄存器对应的地址,用预处理命令 define 加以定义。

下面映射方法一的代码取自 μC/OS-Ⅱ 的 gpio.h,方法二的代码取自 Linux 的 arch-s3c2410/s3c2410.h。

方法一：

   ⋮

```
#define __REG(x)              (*(volatile unsigned int*)(x))
   ⋮
#define GPIO_CTL_BASE         0x56000000
#define bGPIO(p)              __REG(GPIO_CTL_BASE+(p))
#define rMISCCR               bGPIO(0x80)
//相当于#define rMISCCR (*(volatile unsigned int*)(0x56000000+0x80))
//下同
#define rDCLKCON              bGPIO(0x84)
#define rEXTINT0              bGPIO(0x88)
   ⋮
#define rGSTATUS3             bGPIO(0xb8)
#define rGSTATUS4             bGPIO(0xbc)

#define rGPACON               bGPIO(0x00)
#define rGPADAT               bGPIO(0x04)
#define rGPBCON               bGPIO(0x10)
   ⋮
#define rGPHCON               bGPIO(0x70)
#define rGPHDAT               bGPIO(0x74)
#define rGPHUP                bGPIO(0x78)
```

方法二：

```
#define GPIO_CTL_BASE         0x56000000
#define bGPIO(p)              __REG(GPIO_CTL_BASE+(p))
#define MISCCR                bGPIO(0x80)
#define DCLKCON               bGPIO(0x84)
#define EXTINT0               bGPIO(0x88)
   ⋮
#define GSTATUS3              bGPIO(0xb8)
#define GSTATUS4              bGPIO(0xbc)

#define GPACON                bGPIO(0x00)
#define GPADAT                bGPIO(0x04)
#define GPBCON                bGPIO(0x10)
   ⋮
#define GPHCON                bGPIO(0x70)
#define GPHDAT                bGPIO(0x74)
#define GPHUP                 bGPIO(0x78)
```

以下程序是 μC/OS-Ⅱ环境下，针对某开发板具体配置，设置 I/O 端口的一个例子。请读者根据 I/O 端口设置的数据，说出开发板的配置。

```
rGPACON=0x5ef7ff;
rGPBCON=0x155559;
```

```
rGPBUP=0x7ff;
rGPCCON=0xaaaa55aa;
rGPCUP=0xffff;
rGPDCON=0xaaaaaaaa;
rGPDUP=0xffff;
rGPECON=0xaaaaaaaa;
rGPEUP=0xffff;
rGPFCON=0x55aa;
rGPFUP=0xff;
rGPGCON=0xff4affb9;
rGPGUP=0xffff;
rGPGDAT=rGPGDAT & 0xffef;
rGPHCON=0x2afaaa;
rGPHUP=0x7ff;
```

【例7.1】 以下举例程序中,端口E、端口F作为普通 I/O 端口使用,其中端口E的 GPE3 引脚输出控制一个 LED 指示灯、GPE4 引脚输出控制一个蜂鸣器,如图 7-2 所示; 端口F用作并行数据输入,若端口F对应的引脚上有一位是低电平时,则蜂鸣器发声, LED 灯亮。

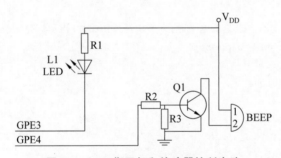

图 7-2 LED 指示灯和蜂鸣器控制电路

程序代码如下:

```
#include"reg2410.h"
#include"isr.h"

//端口E的 GPE4 用作蜂鸣器输出控制端,宏定义定义了蜂鸣器的开、关,高电平为鸣叫
#define beepon()          {rGPEDAT=rGPEDAT | 0x0010;}
#define beepoff()         {rGPEDAT=rGPEDAT & 0xffef;}

//端口E的 GPE3 用作 LED 输出控制端,宏定义定义了 LED 指示灯的亮、灭,低电平为亮
#define ledlight()        {rGPEDAT=rGPEDAT & 0xfff7;}
#define ledclear()        {rGPEDAT=rGPEDAT | 0x0008;}

//*****************************************************************
//函数名:main()
```

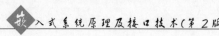
```
//参  数:无
//返回值:无
//**********************************************************************
void main(void)
{
    INT16U temp;
//定义变量用来判断端口 F 的输入是否有变化
    INT8U oldportf=0xff,newportf;

//初始化端口 E,使 GPE4、GPE3 为输出
    rGPECON=((rGPECON | 0x00000140) & 0xfffffd7f);
    beepoff();                               //关蜂鸣器

//初始化端口 F,使所有位均为输入
    rGPFCON=rGPFCON & 0x0000;

//读端口 F,用于判断输入的变化
    newportf=rGPFDAT;
    while(1)
    {
//若端口 F 的引脚上有一位是低电平时,则蜂鸣器发声,LED 指示灯亮
        If(newportf!=oldportf)
        {
          ledlight();
          beepon();
          delay(3000);                       //延时
          beepoff();
          ledclear();
        }
    }
}
```

7.5 中断控制器概述

S3C2410A 片内的中断控制器,接收来自 56 个中断源的中断请求。这些中断源由 S3C2410A 外部中断请求引脚和片内外设提供。片内外设包括 DMA 控制器、UART、IIC 等。在这些中断源中,UARTn 的 INT_ERRn、INT_RXDn 和 INT_TXDn 经过逻辑或以后送到中断控制器,作为 INT_UARTn。EINT4~EINT7、EINT8~EINT23 经过逻辑或以后送到中断控制器,作为 EINT4_7 和 EINT8_23。

当从片内外设和外部中断请求引脚接收到多个中断请求时,中断控制器经过仲裁处理后,向 ARM920T 内核请求 FIQ 或 IRQ 中断。

仲裁处理取决于硬件优先权逻辑,并且仲裁结果写入中断登记寄存器 INTPND

(interrupt pending register)。用这种方法可以帮助用户,告知在多个中断请求源中,哪一个经过仲裁并送到 ARM920T 内核。

图 7-3 是中断处理示意图。

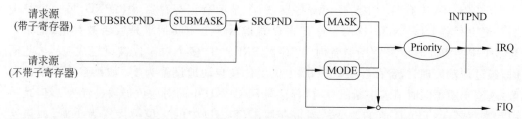

请求源
(带子寄存器)

请求源
(不带子寄存器)

图 7-3 中断处理示意图

有了中断请求,请求源的保存可以分为两种。一种是带子请求寄存器的,如 UARTn 的 INT_ERRn、INT_RXDn 和 INT_TXDn,有了中断请求,请求源要保存在子源登记寄存器 SUBSRCPND 中;另一种是不带子请求寄存器的,如 INT_DMA3,有了中断请求,请求源要保存在源登记寄存器 SRCPND 中。对于带子请求寄存器的,还要检查中断子屏蔽寄存器 INTSUBMSK 是否对某一个子请求源进行了屏蔽,只有不屏蔽,才能在源登记寄存器 SRCPND 中对应位置 1。之后,一个或多个中断请求要判断是否被屏蔽;是 IRQ 模式还是 FIQ 模式;如果是 IRQ 模式还要判断多个中断请求的优先权;最后以 IRQ 或 FIQ 请求送 ARM920T 内核。

外部中断 EINT4~EINT7、EINT8~EINT23 的请求,要在外部中断登记寄存器 EINTPEND 中保存,检查外部中断屏蔽寄存器 EINTMASK 是否屏蔽,如果不屏蔽,才能送到源登记寄存器 SRCPND 的对应位 EINT4_7、EINT8_23。

中断控制器用到的 S3C2410A 引脚信号有 EINT0~EINT23 和 nBATT_FLT。

7.6 中断控制器操作、中断源及中断优先权

7.6.1 中断控制器操作

1. 程序状态寄存器(PSR)中的 F 位和 I 位

如果 ARM920T CPU 中的 PSR 的 F 位被设置为 1,CPU 不接受来自中断控制器的快速中断请求(Fast Interrupt Request,FIQ)。同样,如果 I 位被设置为 1,CPU 不接受来自中断控制器的中断请求(Interrupt Request,IRQ)。因此,通过清除 PSR 的 F 位或 I 位为 0,同时设置中断屏蔽寄存器 INTMSK 的对应位为 0,送到中断控制器的中断请求才能被处理。

2. 中断模式

ARM920T 有两种类型的中断模式: FIQ 或 IRQ,所有的中断源在中断请求时,要确定该中断源被设置成哪一种模式。中断模式寄存器 INTMOD 中的每 1 位,指示一个中

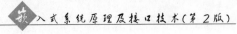

断源被设置成哪一种模式。所有中断源中,只有一个可以设置成 FIQ 模式。

3. 中断登记寄存器

S3C2410A 中有两个中断登记寄存器,一个是源登记寄存器 SRCPND,另一个是中断登记寄存器 INTPND。这两个登记寄存器指示一个中断请求是或否被登记(记录)。当多个中断源同时请求中断服务时,寄存器 SRCPND 多个对应位被设置成 1。与此同时,经过仲裁处理后,寄存器 INTPND 中仅 1 位被自动地设置为 1。如果多个中断被屏蔽,这些中断源同时请求中断服务时,寄存器 SRCPND 中的对应位仍被设置为 1,但是不引起寄存器 INTPND 值的改变。当寄存器 INTPND 中的 1 位被设置为 1 时,如果这 1 位对应 IRQ 请求,并且 PSR 中的 I 位为 0;或者这 1 位对应 FIQ 请求,并且 PSR 中的 F 位为 0,就会进入相应的中断服务程序。

寄存器 SRCPND 和 INTPND 能被读或写,中断服务程序必须清除相应的登记位,方法是通过写 1 到 SRCPND 的对应位,能够将该位清零。然后再写 1 到 INTPND 的对应位,能够将 INTPND 的对应位清零。

中断登记寄存器(interrupt pending register)也称为中断未决寄存器。

4. 中断屏蔽寄存器

中断屏蔽寄存器 INTMSK 中的某 1 位被设置为 1,指示对应的中断已经被屏蔽(禁止)。如果寄存器 INTMSK 中的某 1 位为 0,这 1 位对应的中断源产生的中断请求,通常将被服务。

如果寄存器 INTMSK 中的某 1 位为 1,并且该位对应的中断源产生了中断请求,源登记寄存器 SRCPND 中对应的源登记位将被置 1。

7.6.2 中断源

中断控制器支持的 56 个中断源如表 7-38 所示。

表 7-38 中断控制器支持的 56 个中断源

源	描　　述	仲裁器组	源	描　　述	仲裁器组
INT_ADC	ADC EOC 和触摸屏中断(INT_ADC/INT_TC)	ARB5	保留	保留	ARB4
INT_RTC	RTC 报警中断	ARB5	INT_UART1	UART1 中断(ERR、TXD 和 RXD)	ARB4
INT_SPI1	SPI1 中断	ARB5	INT_SPI0	SPI0 中断	ARB4
INT_UART0	UART0 中断(ERR、TXD 和 RXD)	ARB5	INT_SDI	SDI 中断	ARB3
INT_IIC	IIC 中断	ARB4	INT_DMA3	DMA 通道 3 中断	ARB3
INT_USBH	USB 主中断	ARB4	INT_DMA2	DMA 通道 2 中断	ARB3
INT_USBD	USB 设备中断	ARB4	INT_DMA1	DMA 通道 1 中断	ARB3

源	描　　述	仲裁器组	源	描　　述	仲裁器组
INT_DMA0	DMA 通道 0 中断	ARB3	INT_TICK	实时时钟节拍中断	ARB1
INT_LCD	LCD 中断（INT_FrSyn 和 INT_FiCnt）	ARB3	nBATT_FLT	电池失效中断	ARB1
			保留	保留	ARB1
INT_UART2	UART2 中断（ERR、TXD 和 RXD)	ARB2	EINT8_23	外部中断 8-23	ARB1
INT_TIMER4	定时器 4 中断	ARB2	EINT4_7	外部中断 4-7	ARB1
INT_TIMER3	定时器 3 中断	ARB2	EINT3	外部中断 3	ARB0
INT_TIMER2	定时器 2 中断	ARB2	EINT2	外部中断 2	ARB0
INT_TIMER1	定时器 1 中断	ARB2	EINT1	外部中断 1	ARB0
INT_TIMER0	定时器 0 中断	ARB2	EINT0	外部中断 0	ARB0
INT_WDT	看门狗定时器中断	ARB1			

注：表 7-38 中，LCD 中断源是按两种中断源（INT_FrSyn 和 INT_FiCnt）统计的，所以共有 56 个中断源。在第 2 章中，将这两个中断源看作一个，故中断源个数为 55 个。

表 7-38 中第 4 个中断源 INT_UART0 的描述栏内容"UART0 中断（ERR、TXD 和 RXD)"，表示 1 个中断源 INT_UART0 有 3 个子中断源 INT_ERR0、INT_TXD0 和 INT_RXD0，参见 7.7 节子源登记寄存器。

7.6.3　中断优先权产生模块

用于 32 个中断请求的优先权逻辑由 7 个仲裁器（arbiter）组成，其中 6 个为第一级仲裁器，一个为第二级仲裁器，如图 7-4 所示。

在图 7-4 中，每个仲裁器，根据优先权寄存器 PRIORITY 中的 1 位仲裁模式控制（ARB_MODE）和 2 位选择控制信号（ARB_SEL）中的值，以如下方式，处理连接在仲裁器上的 6 个中断请求，参见表 7-39。

表 7-39　ARB_SEL 值确定的优先权次序

ARB_SEL 值	优先权次序
00b	REQ0、REQ1、REQ2、REQ3、REQ4、REQ5
01b	REQ0、REQ2、REQ3、REQ4、REQ1、REQ5
10b	REQ0、REQ3、REQ4、REQ1、REQ2、REQ5
11b	REQ0、REQ4、REQ1、REQ2、REQ3、REQ5

从表 7-39 可以看出，每个仲裁器的 REQ0 总是有最高优先权，REQ5 总是有最低优先权。通过改变 ARB_SEL 的值，能够使 REQ1～REQ4 的优先权实现轮转。

如果 ARB_MODE 位被设置为 0，ARB_SEL 位的值不会被自动改变，使得优先权操

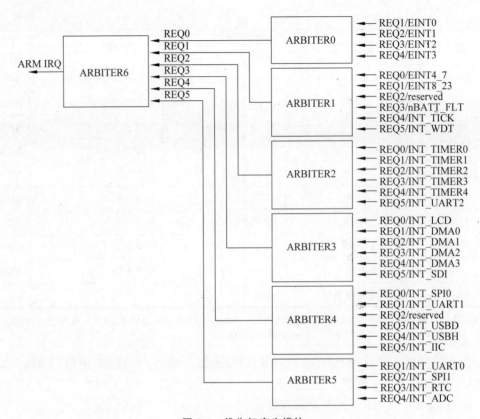

图 7-4　优先权产生模块

作以固定优先权模式操作(需要注意的是,即使在这种模式,仍然可以手动改变 ARB_SEL 的值)。如果 ARB_MODE 位被设置为 1,ARB_SEL 位的值以轮转方式被自动地改变。例如,如果 REQ1 被服务,ARB_SEL 位被自动地改变成 01b,把 REQ1 的优先权变为最低。ARB_SEL 被改变的详细规则如下:

- 如果 REQ0 或 REQ5 被服务,ARB_SEL 位的值保持不变;
- 如果 REQ1 被服务,ARB_SEL 位的值改变成 01b;
- 如果 REQ2 被服务,ARB_SEL 位的值改变成 10b;
- 如果 REQ3 被服务,ARB_SEL 位的值改变成 11b;
- 如果 REQ4 被服务,ARB_SEL 位的值改变成 00b。

7.7　中断控制器特殊功能寄存器

　　中断控制器特殊功能寄存器可以分为两组,一组由源登记寄存器、中断模式寄存器、中断屏蔽寄存器、优先权寄存器和中断登记寄存器组成。另一组由中断偏移寄存器、子源登记寄存器和中断子屏蔽寄存器组成。

　　来自中断源的所有中断请求,都要在源登记寄存器中被登记(记录)。根据中断模式寄存器,它们被分为两组:快速中断请求 FIQ 和中断请求 IRQ。对于同时来的多个 IRQ

请求,仲裁器依优先权寄存器的设置进行仲裁。

1. 源登记寄存器

源登记寄存器 SRCPND 由 32 位组成,其中每一位与一个中断源相对应。在 SRCPND 中,EINT4_7、EINT8_23 和 INT_UARTn 等各被看作一个中断源。如果对应的中断源产生了中断请求,这一位被自动设置为 1,并且等待中断请求被服务。源登记寄存器指示哪一个中断源正在等待中断请求被服务。SRCPND 寄存器中的每一位,自动地由中断源设置,而不考虑在中断屏蔽寄存器 INTMSK 中的屏蔽位。另外,SRCPND 寄存器不受中断控制器优先权逻辑的影响。

对于每一个中断源,有一个对应的中断服务程序。中断服务程序应该将 SRCPND 寄存器中与这个中断源相对应的那一位清除为 0,表示这一次中断请求,已经由中断服务程序处理过了。将 SRCPND 寄存器的对应位清除为 0,使得从相同的中断源产生的新的中断请求,能够被正确地处理。如果中断服务程序没有清除这一位而返回,中断控制器以为从相同的源来了另一次中断请求。

清除 SRCPND 寄存器中对应位的时间,取决于用户的需求。如果用户希望马上从相同的中断源接受另一个合法的中断请求,用户应该先清除这一位,然后进行中断服务的其他处理。

用户通过写一个数据到 SRCPND 寄存器,可以将 SRCPND 的指定位由 1 清除为 0。写入数据的某一位的值为 1,将 SRCPND 寄存器对应位的 1 清除为 0。写入数据的某一位的值为 0,SRCPND 寄存器对应位的值保持不变。

源登记寄存器 SRCPND 地址为 0x4A000000,可读写,Reset 值为 0x00000000,含义见表 7-40。

表 7-40 源登记寄存器含义

SRCPND	位	描 述	SRCPND	位	描 述
INT_ADC	[31]	中断请求:0=无 1=有	INT_DMA2	[19]	中断请求:0=无 1=有
INT_RTC	[30]	中断请求:0=无 1=有	INT_DMA1	[18]	中断请求:0=无 1=有
INT_SPI1	[29]	中断请求:0=无 1=有	INT_DMA0	[17]	中断请求:0=无 1=有
INT_UART0	[28]	中断请求:0=无 1=有	INT_LCD	[16]	中断请求:0=无 1=有
INT_IIC	[27]	中断请求:0=无 1=有	INT_UART2	[15]	中断请求:0=无 1=有
INT_USBH	[26]	中断请求:0=无 1=有	INT_TIMER4	[14]	中断请求:0=无 1=有
INT_USBD	[25]	中断请求:0=无 1=有	INT_TIMER3	[13]	中断请求:0=无 1=有
保留	[24]	不使用	INT_TIMER2	[12]	中断请求:0=无 1=有
INT_UART1	[23]	中断请求:0=无 1=有	INT_TIMER1	[11]	中断请求:0=无 1=有
INT_SPI0	[22]	中断请求:0=无 1=有	INT_TIMER0	[10]	中断请求:0=无 1=有
INT_SDI	[21]	中断请求:0=无 1=有	INT_WDT	[9]	中断请求:0=无 1=有
INT_DMA3	[20]	中断请求:0=无 1=有	INT_TICK	[8]	中断请求:0=无 1=有

SRCPND	位	描　述	SRCPND	位	描　述
nBATT_FLT	[7]	中断请求：0＝无　1＝有	EINT3	[3]	中断请求：0＝无　1＝有
保留	[6]	不使用	EINT2	[2]	中断请求：0＝无　1＝有
EINT8_23	[5]	中断请求：0＝无　1＝有	EINT1	[1]	中断请求：0＝无　1＝有
EINT4_7	[4]	中断请求：0＝无　1＝有	EINT0	[0]	中断请求：0＝无　1＝有

2. 中断模式寄存器

中断模式寄存器 INTMOD 由 32 位组成,它们中的每一位对应一个中断源。在 INTMOD 中,EINT4_7、EINT8_23 和 INT_UARTn 等各被看作一个中断源。如果某一位被设置为 1,对应的中断以 FIQ 模式被处理。如果某一位被设置为 0,对应的中断以 IRQ 模式被处理。

在中断控制器中,只有一个中断源能够以 FIQ 模式被服务,也就是说,INTMOD 寄存器中,只有 1 位能够被设置为 1。

中断模式寄存器 INTMOD 地址为 0x4A000004,可读写,Reset 值为 0x00000000,含义见表 7-41。

表 7-41　中断模式寄存器含义

INTMOD	位	描　述	INTMOD	位	描　述
INT_ADC	[31]	0＝IRQ　1＝FIQ	INT_UART2	[15]	0＝IRQ　1＝FIQ
INT_RTC	[30]	0＝IRQ　1＝FIQ	INT_TIMER4	[14]	0＝IRQ　1＝FIQ
INT_SPI1	[29]	0＝IRQ　1＝FIQ	INT_TIMER3	[13]	0＝IRQ　1＝FIQ
INT_UART0	[28]	0＝IRQ　1＝FIQ	INT_TIMER2	[12]	0＝IRQ　1＝FIQ
INT_IIC	[27]	0＝IRQ　1＝FIQ	INT_TIMER1	[11]	0＝IRQ　1＝FIQ
INT_USBH	[26]	0＝IRQ　1＝FIQ	INT_TIMER0	[10]	0＝IRQ　1＝FIQ
INT_USBD	[25]	0＝IRQ　1＝FIQ	INT_WDT	[9]	0＝IRQ　1＝FIQ
保留	[24]	不使用	INT_TICK	[8]	0＝IRQ　1＝FIQ
INT_UART1	[23]	0＝IRQ　1＝FIQ	nBATT_FLT	[7]	0＝IRQ　1＝FIQ
INT_SPI0	[22]	0＝IRQ　1＝FIQ	保留	[6]	不使用
INT_SDI	[21]	0＝IRQ　1＝FIQ	EINT8_23	[5]	0＝IRQ　1＝FIQ
INT_DMA3	[20]	0＝IRQ　1＝FIQ	EINT4_7	[4]	0＝IRQ　1＝FIQ
INT_DMA2	[19]	0＝IRQ　1＝FIQ	EINT3	[3]	0＝IRQ　1＝FIQ
INT_DMA1	[18]	0＝IRQ　1＝FIQ	EINT2	[2]	0＝IRQ　1＝FIQ
INT_DMA0	[17]	0＝IRQ　1＝FIQ	EINT1	[1]	0＝IRQ　1＝FIQ
INT_LCD	[16]	0＝IRQ　1＝FIQ	EINT0	[0]	0＝IRQ　1＝FIQ

3. 中断屏蔽寄存器

中断屏蔽寄存器 INTMSK 由 32 位组成,它们中的每一位对应一个中断源。在 INTMSK 中,EINT4_7、EINT8_23 和 INT_UARTn 等各被看作一个中断源。如果某一位被设置为 1,CPU 不为这个中断源产生的中断请求服务,即使在这种情况下,源登记寄存器 SRCPND 的对应位仍被设置为 1。如果某一位被设置为 0,中断请求能被服务。

中断屏蔽寄存器 INTMSK 地址为 0x4A000008,可读写,Reset 值为 0xFFFFFFFF,含义见表 7-42。

表 7-42 中断屏蔽寄存器含义

INTMSK	位	描 述	INTMSK	位	描 述
INT_ADC	[31]	0=允许服务 1=屏蔽	INT_UART2	[15]	0=允许服务 1=屏蔽
INT_RTC	[30]	0=允许服务 1=屏蔽	INT_TIMER4	[14]	0=允许服务 1=屏蔽
INT_SPI1	[29]	0=允许服务 1=屏蔽	INT_TIMER3	[13]	0=允许服务 1=屏蔽
INT_UART0	[28]	0=允许服务 1=屏蔽	INT_TIMER2	[12]	0=允许服务 1=屏蔽
INT_IIC	[27]	0=允许服务 1=屏蔽	INT_TIMER1	[11]	0=允许服务 1=屏蔽
INT_USBH	[26]	0=允许服务 1=屏蔽	INT_TIMER0	[10]	0=允许服务 1=屏蔽
INT_USBD	[25]	0=允许服务 1=屏蔽	INT_WDT	[9]	0=允许服务 1=屏蔽
保留	[24]	不使用	INT_TICK	[8]	0=允许服务 1=屏蔽
INT_UART1	[23]	0=允许服务 1=屏蔽	nBATT_FLT	[7]	0=允许服务 1=屏蔽
INT_SPI0	[22]	0=允许服务 1=屏蔽	保留	[6]	不使用
INT_SDI	[21]	0=允许服务 1=屏蔽	EINT8_23	[5]	0=允许服务 1=屏蔽
INT_DMA3	[20]	0=允许服务 1=屏蔽	EINT4_7	[4]	0=允许服务 1=屏蔽
INT_DMA2	[19]	0=允许服务 1=屏蔽	EINT3	[3]	0=允许服务 1=屏蔽
INT_DMA1	[18]	0=允许服务 1=屏蔽	EINT2	[2]	0=允许服务 1=屏蔽
INT_DMA0	[17]	0=允许服务 1=屏蔽	EINT1	[1]	0=允许服务 1=屏蔽
INT_LCD	[16]	0=允许服务 1=屏蔽	EINT0	[0]	0=允许服务 1=屏蔽

4. 优先权寄存器

优先权寄存器 PRIORITY,地址为 0x4A00000C,可读写,Reset 值为 0x7F,含义见表 7-43。

表 7-43　优先权寄存器含义

PRIORITY	位	描　述		初态
ARB_SEL6	[20:19]	仲裁器 6 组优先权次序设置： 01＝REQ 0-2-3-4-1-5　　10＝REQ 0-3-4-1-2-5	00＝REQ 0-1-2-3-4-5 11＝REQ 0-4-1-2-3-5	0
ARB_SEL5	[18:17]	仲裁器 5 组优先权次序设置： 01＝REQ 2-3-4-1　　　　10＝REQ 3-4-1-2	00＝REQ 1-2-3-4 11＝REQ 4-1-2-3	0
ARB_SEL4	[16:15]	仲裁器 4 组优先权次序设置： 01＝REQ 0-2-3-4-1-5　　10＝REQ 0-3-4-1-2-5	00＝REQ 0-1-2-3-4-5 11＝REQ 0-4-1-2-3-5	0
ARB_SEL3	[14:13]	仲裁器 3 组优先权次序设置： 01＝REQ 0-2-3-4-1-5　　10＝REQ 0-3-4-1-2-5	00＝REQ 0-1-2-3-4-5 11＝REQ 0-4-1-2-3-5	0
ARB_SEL2	[12:11]	仲裁器 2 组优先权次序设置： 01＝REQ 0-2-3-4-1-5　　10＝REQ 0-3-4-1-2-5	00＝REQ 0-1-2-3-4-5 11＝REQ 0-4-1-2-3-5	0
ARB_SEL1	[10:9]	仲裁器 1 组优先权次序设置： 01＝REQ 0-2-3-4-1-5　　10＝REQ 0-3-4-1-2-5	00＝REQ 0-1-2-3-4-5 11＝REQ 0-4-1-2-3-5	0
ARB_SEL0	[8:7]	仲裁器 0 组优先权次序设置： 01＝REQ 2-3-4-1　　　　10＝REQ 3-4-1-2	00＝REQ 1-2-3-4 11＝REQ 4-1-2-3	0
ARB_MODE6	[6]	仲裁器 6 组优先权轮转允许：　0＝优先权不轮转　　1＝优先权轮转允许		1
ARB_MODE5	[5]	仲裁器 5 组优先权轮转允许：　0＝优先权不轮转　　1＝优先权轮转允许		1
ARB_MODE4	[4]	仲裁器 4 组优先权轮转允许：　0＝优先权不轮转　　1＝优先权轮转允许		1
ARB_MODE3	[3]	仲裁器 3 组优先权轮转允许：　0＝优先权不轮转　　1＝优先权轮转允许		1
ARB_MODE2	[2]	仲裁器 2 组优先权轮转允许：　0＝优先权不轮转　　1＝优先权轮转允许		1
ARB_MODE1	[1]	仲裁器 1 组优先权轮转允许：　0＝优先权不轮转　　1＝优先权轮转允许		1
ARB_MODE0	[0]	仲裁器 0 组优先权轮转允许：　0＝优先权不轮转　　1＝优先权轮转允许		1

5. 中断登记寄存器

中断登记寄存器 INTPND 32 位中的每一位,表示是否有对应的中断请求。如果有中断请求,表示该中断请求没有被屏蔽并且等待中断被服务,也表示在同时提出中断请求的一个或多个中断源中,有最高的优先权。由于 INTPND 寄存器位于优先权逻辑之后,因此仅一位能够被设置为 1,并且作为 IRQ 请求送到 CPU。在 IRQ 中断服务程序中,用户可以读 INTPND 寄存器,确定这 32 个中断源中哪一个中断源应该被服务。

像源登记寄存器 SRCPND 一样,中断服务程序在清除了 SRCPND 寄存器后,必须清除 INTPND 寄存器。方法是通过写一个数据到 INTPND 寄存器去清除某一位。数据中对应 INTPND 寄存器某一位的值为 1,INTPND 对应位被清除为 0；数据中对应 INTPND 寄存器某一位的值为 0,INTPND 对应位的值被保留。

中断登记寄存器 INTPND 地址为 0x4A000010,可读写,Reset 值为 0x00000000,含义见表 7-44。

表 7-44 中断登记寄存器含义

INTPND	位	描　　述	INTPND	位	描　　述
INT_ADC	[31]	中断请求：0＝无　1＝有	INT_UART2	[15]	中断请求：0＝无　1＝有
INT_RTC	[30]	中断请求：0＝无　1＝有	INT_TIMER4	[14]	中断请求：0＝无　1＝有
INT_SPI1	[29]	中断请求：0＝无　1＝有	INT_TIMER3	[13]	中断请求：0＝无　1＝有
INT_UART0	[28]	中断请求：0＝无　1＝有	INT_TIMER2	[12]	中断请求：0＝无　1＝有
INT_IIC	[27]	中断请求：0＝无　1＝有	INT_TIMER1	[11]	中断请求：0＝无　1＝有
INT_USBH	[26]	中断请求：0＝无　1＝有	INT_TIMER0	[10]	中断请求：0＝无　1＝有
INT_USBD	[25]	中断请求：0＝无　1＝有	INT_WDT	[9]	中断请求：0＝无　1＝有
保留	[24]	不使用	INT_TICK	[8]	中断请求：0＝无　1＝有
INT_UART1	[23]	中断请求：0＝无　1＝有	nBATT_FLT	[7]	中断请求：0＝无　1＝有
INT_SPI0	[22]	中断请求：0＝无　1＝有	保留	[6]	不使用
INT_SDI	[21]	中断请求：0＝无　1＝有	EINT8_23	[5]	中断请求：0＝无　1＝有
INT_DMA3	[20]	中断请求：0＝无　1＝有	EINT4_7	[4]	中断请求：0＝无　1＝有
INT_DMA2	[19]	中断请求：0＝无　1＝有	EINT3	[3]	中断请求：0＝无　1＝有
INT_DMA1	[18]	中断请求：0＝无　1＝有	EINT2	[2]	中断请求：0＝无　1＝有
INT_DMA0	[17]	中断请求：0＝无　1＝有	EINT1	[1]	中断请求：0＝无　1＝有
INT_LCD	[16]	中断请求：0＝无　1＝有	EINT0	[0]	中断请求：0＝无　1＝有

注：（1）如果 FIQ 模式中断出现，INTPND 寄存器对应位不改变，INTPND 寄存器仅用于 IRQ 模式中断请求。
　　（2）INTPND 寄存器的某一位如果是 1，要通过对这一位写入 1，才能将该位清除为 0。

6. 中断偏移寄存器

中断偏移寄存器 INTOFFSET 中的值是偏移值，表明了 IRQ 模式的哪一个中断请求记录在 INTPND 寄存器中。通过清除 SRCPND 和 INTPND 寄存器中相关的登记位，INTOFFSET 中的对应值能够被自动清除。

中断偏移寄存器 INTOFFSET 地址为 0x4A000014，只读，Reset 值为 0x00000000，含义见表 7-45。

7. 子源登记寄存器

子源登记寄存器（sub source pending register）SUBSRCPND 中的每一位，指示对应的中断源有无中断请求。当某一位为 1 时，表示有中断请求；为 0 时，无中断请求。

用户通过对 SUBSRCPND 寄存器中的某一位写入 1，可以将这一位的值清除为 0；对某一位写入 0，这一位的值保持不变。

表 7-45　中断偏移寄存器含义

中 断 源	偏移值	中 断 源	偏移值	中 断 源	偏移值	中 断 源	偏移值
INT_ADC	31	INT_UART1	23	INT_UART2	15	nBATT_FLT	7
INT_RTC	30	INT_SPI0	22	INT_TIMER4	14	保留	6
INT_SPI1	29	INT_SDI	21	INT_TIMER3	13	EINT8_23	5
INT_UART0	28	INT_DMA3	20	INT_TIMER2	12	EINT4_7	4
INT_IIC	27	INT_DMA2	19	INT_TIMER1	11	EINT3	3
INT_USBH	26	INT_DMA1	18	INT_TIMER0	10	EINT2	2
INT_USBD	25	INT_DMA0	17	INT_WDT	9	EINT1	1
保留	24	INT_LCD	16	INT_TICK	8	EINT0	0

注：FIQ 模式中断不影响 INTOFFSET 寄存器，INTOFFSET 寄存器只用于 IRQ 模式中断。

某些片内外设，如表 7-40 中的中断源 INT_UART2，是由 SUBSRCPND 寄存器中 3 个中断源 INT_ERR2、INT_TXD2、INT_RXD2 经过逻辑或产生的。

子源登记寄存器 SUBSRCPND 地址为 0x4A000018，可读写，Reset 值为 0x00000000，含义见表 7-46。

表 7-46　子源登记寄存器含义

SUBSRCPND	位	描　述	SUBSRCPND	位	描　述
保留	[31:11]	不使用	INT_ERR1	[5]	中断请求：0=无　1=有
INT_ADC	[10]	中断请求：0=无　1=有	INT_TXD1	[4]	中断请求：0=无　1=有
INT_TC	[9]	中断请求：0=无　1=有	INT_RXD1	[3]	中断请求：0=无　1=有
INT_ERR2	[8]	中断请求：0=无　1=有	INT_ERR0	[2]	中断请求：0=无　1=有
INT_TXD2	[7]	中断请求：0=无　1=有	INT_TXD0	[1]	中断请求：0=无　1=有
INT_RXD2	[6]	中断请求：0=无　1=有	INT_RXD0	[0]	中断请求：0=无　1=有

8. 中断子屏蔽寄存器

中断子屏蔽寄存器(Interrupt Sub Mask Register)INTSUBMSK 11 位中的每一位，对应一个中断源。如果某一位被设置为 1，来自对应中断源的中断请求不能被 CPU 服务(屏蔽)，在这种情况下，子源登记寄存器 SUBSRCPND 对应位仍被设置为 1；如果某一位被设置为 0，中断请求通常能被服务。

中断子屏蔽寄存器 INTSUBMSK 地址为 0x4A00001C，可读写，Reset 值为 0x7FF，含义见表 7-47。

表 7-47 中断子屏蔽寄存器含义

INTSUBMSK	位	描　述	INTSUBMSK	位	描　述
保留	[31:11]	不使用	INT_ERR1	[5]	0＝允许服务　1＝屏蔽
INT_ADC	[10]	0＝允许服务　1＝屏蔽	INT_TXD1	[4]	0＝允许服务　1＝屏蔽
INT_TC	[9]	0＝允许服务　1＝屏蔽	INT_RXD1	[3]	0＝允许服务　1＝屏蔽
INT_ERR2	[8]	0＝允许服务　1＝屏蔽	INT_ERR0	[2]	0＝允许服务　1＝屏蔽
INT_TXD2	[7]	0＝允许服务　1＝屏蔽	INT_TXD0	[1]	0＝允许服务　1＝屏蔽
INT_RXD2	[6]	0＝允许服务　1＝屏蔽	INT_RXD0	[0]	0＝允许服务　1＝屏蔽

7.8　中断程序举例

【例 7.2】 对于某公司生产的 S3C2410X 开发板,假设 4 个开关分别连接到 S3C2410X (S3C2410X 与 S3C2410A 功能完全相同)芯片的 GPF0/GPF2/GPG3/GPG11 4 个引脚, 这 4 个引脚设置为中断请求引脚,与中断请求和中断处理相关的内容如下。

(1) 中断初始化。

中断初始化函数中与本例对应的 C 语言代码如下:

```
rGPFCON|=2<<0|2<<4;              //设置 GPF0、GPF2 为 EINT0、EINT2 功能
rGPGCON|=2<<6|2<<22;            //设置 GPG3、GPG11 为 EINT11、EINT19 功能
rINTMOD=0;                      //中断模式寄存器设置为 0,所有中断均为 IRQ 类型
rEXTINT0|=4<<0|4<<8;            //设置 EINT0、EINT2 上升沿触发
rEXTINT1|=4<<12;               //设置 EINT11 上升沿触发
rEXTINT2|=4<<12;               //设置 EINT19 上升沿触发
rEINTMASK&=~(1<<11|1<<19);     //EINT11、EINT19 对应屏蔽位置 0,允许服务
rINTMSK&=~(1<<0|1<<2|1<<5);    //EINT0、EINT2、EINT8_23 对应屏蔽位置 0,允许服务
//假定中断优先权寄存器的值使用已经设定过的值,此处不再设置
```

(2) 中断请求。

一旦这 4 个中断请求引脚出现一个或多个中断请求,则:

- 如果 EINT0 或 EINT2 有请求,源登记寄存器 SRCPND[0]或 SRCPND[2]被自动置 1;
- 如果 EINT11 或 EINT19 有请求,外部中断登记寄存器 EINTPEND[11]或 EINTPEND[19]被自动置 1,并且源登记寄存器 SRCPND[5]被自动置 1;
- 由于这些中断都没有被屏蔽,经过优先权仲裁器,优先权最高的中断请求,在中断登记寄存器 INTPND 中的对应位被置 1,中断偏移寄存器 INTOFFSET 中自动被设置相应的偏移量;
- 作为 IRQ 请求送 ARM920T 内核;
- ARM920T CPU 的当前程序状态寄存器 CPSR 中如果 I 位为 0 时,表示允许 IRQ

中断,当前正在执行的指令执行结束后,CPU 响应 IRQ 请求。

(3) 中断响应。

在中断响应过程,ARM920T CPU 响应过程如下:

- 将 PC+4 的值保存到 IRQ 方式下的连接寄存器 LR 中,返回时用;
- 将当前程序状态寄存器 CPSR 内容保存到 IRQ 方式下的保留程序状态寄存器 SPSR 中;
- 强制设置程序状态寄存器的方式位 CPSR[4:0]为 10010,系统进入 IRQ 方式;
- 强制设置程序状态寄存器的 T 状态位 CPSR[5]为 0,系统进入 ARM 状态;
- 强制设置程序状态寄存器的 IRQ 禁止位 CPSR[7]为 1,禁止 CPU 再次响应 IRQ 请求;
- 通常(没采用高向量地址配置)将 IRQ 异常入口地址 0x00000018 送程序计数器 PC。此后程序从 0x00000018 处执行,分支到 IRQ 中断服务程序。

发生异常后,异常入口地址及这些地址中存放的指令见表 7-48,表中对应 IRQ 的入口地址 0x00000018 内,存放的是分支指令 B HandlerIRQ,HandlerIRQ 通常是 IRQ 中断服务程序的入口地址。

表 7-48　异常入口地址及指令

异　　　　常	入 口 地 址	指　　　　令
Reset(复位)	0x00000000	B ResetHandler
Undefined instruction(未定义指令)	0x00000004	B HandlerUndef
Software interrupt(软件中断)	0x00000008	B HandlerSWI
Abort(prefetch)(指令预取中止)	0x0000000C	B HandlerPabort
Abort(data)(数据中止)	0x00000010	B HandlerDabort
保留	0x00000014	B.
IRQ(中断请求)	0x00000018	B HandlerIRQ
FIQ(快速中断请求)	0x0000001C	B HandlerFIQ

然而,由于表 7-48 中分支指令 B 的分支范围为±32MB,当中断服务程序在内存中保存后,如果首地址离异常入口地址较远,超过±32MB 时,需要增加一段代码。这段代码应该与异常入口地址较近,并且能够分支到异常(中断)服务程序。如对于中断请求 IRQ,有以下代码:

```
HandlerIRQ                    ;标号,程序入口,由 0x00000018 中 B HandlerIRQ
                              ;指令分支到此处
    SUB    SP,SP,#4           ;修改栈指针,在栈顶留出 4 字节空间,后续指令
                              ;STR R0,[SP,#4]将 R0 内容填入
    STMFD SP!,{R0}            ;保存工作寄存器 R0 内容
    LDR    R0,=HandleIRQ      ;取出保存 HandleIRQ 异常向量的表地址
    LDR    R0,[R0]            ;表地址的内容,即 HandleIRQ 地址,送 R0
```

```
    STR    R0,[SP,#4]           ;R0 的值,即 HandleIRQ 地址,存堆栈
    LDMFD  SP!,{R0,PC}          ;恢复工作寄存器 R0 内容;出栈
                                ;HandleIRQ 地址到 PC,实现分支
```

上述代码中的 HandleIRQ 是 IRQ 中断服务程序的入口地址,各异常(中断)服务程序的入口地址在异常向量表中已经定义。

```
;异常向量表
HandleReset      #4           ;Reset 异常服务程序入口地址,占 4 字节
HandleUndef      #4
HandleSWI        #4
HandlePabort     #4
HandleDabort     #4
HandleReserved   #4
HandleIRQ        #4           ;IRQ 中断服务程序入口地址,占 4 字节
HandleFIQ        #4
```

(4)中断向量表。

进入 IRQ 中断服务程序后,要区分是哪个中断源提出了请求,并且应该转到对应的服务程序。

中断登记寄存器 INTPND 的 32 位对应 32 个中断源,有 32 段服务程序与之相对应。用 32 段服务程序中每段程序的起始地址,可以建立一个表,称为中断向量表。中断向量表如下:

```
;中断向量表
HandleEINT0      #4           ;HandleEINT0 是 EINT0 中断源对应的程序入口地址,长度为 4 字节
HandleEINT1      #4
HandleEINT2      #4
HandleEINT3      #4
HandleEINT4_7    #4           ;HandleEINT4_7 是 EINT4~EINT7 中断源对应的程序入口地址,
                             ;进入该程序,还要根据外部中断登记寄存器 EINTPEND 区分 4 个
                             ;中断源中哪一个提出了中断请求
    ⋮
HandleINT_ADC #4
```

(5)IRQ 中断服务程序。

在 IRQ 中断服务程序中,要根据中断偏移寄存器值并结合中断向量表,转到中断请求对应的服务程序,部分汇编语言程序如下:

```
IsrIRQ                        ;标号
    SUB SP,SP,#4              ;修改栈指针,在栈顶留出 4 字节空间
    STMFD SP!{R8-R9}          ;保存 R8,R9
    LDR R9,=INTOFFSET         ;取中断偏移寄存器 INTOFFSET 地址
    LDR R9,[R9]               ;读中断偏移寄存器值
    LDR R8,=HandleEINT0       ;取中断向量表首地址
```

```
ADD R8,R8,R9,LSL #2          ;由中断偏移寄存器 INTOFFSET 中偏移量乘以 4,加
                             ;中断向量表首地址,得到对应中断在向量表中的地址
LDR R8,[R8]                  ;从向量表中取中断请求对应的服务程序入口地址到 R8
STR R8,[SP,#8]               ;R8 存堆栈
LDMFD SP!,{R8-R9,PC}         ;从堆栈将原 R8(对应中断入口地址)内容送 PC,
                             ;转移到对应中断服务程序,同时出栈 R8,R9
```

以上程序是由中断偏移寄存器 INTOFFSET 中的偏移量(与中断源对应的偏移值),乘以 4,加上中断向量表的首地址(＝HandleEINT0),得到某一中断服务程序在向量表中的表地址。

对于中断登记寄存器 INTPND 中 EINT4_7、EINT8_23、INT_ADC、INT_UART0、INT_UART1 和 INT_UART2 对应的中断请求,还需要进一步查询外部中断登记寄存器 EINTPEND 和子源登记寄存器 SUBSRCPND,才能确定哪一个中断源产生了请求,转到对应的服务程序。

上述代码的入口地址,即标号 IsrIRQ 的地址,由以下 3 条指令事先填充到异常向量表中 HandleIRQ 占用的单元。

```
LDR R0,=HandleIRQ            ;异常向量表的地址
LDR R1,=IsrIRQ               ;IRQ 中断服务程序的地址
STR R1,[R0]                  ;填充异常向量表
```

同样的道理,中断向量表中各单元,也需要事先填充对应程序的入口地址。

在退出 IRQ 中断服务程序前,要清除源登记寄存器 SRCPND、中断登记寄存器 INTPND 中的对应位。还要考虑清除外部中断登记寄存器 EINTPEND 或子源登记寄存器 SUBSRCPND 中的对应位,部分 C 语言代码如下:

```
rEINTPEND|=rEINTPEND;        //清零外部中断登记寄存器对应位
rSRCPND|=1<<which_int;       //清零源登记寄存器对应位
rINTPND|=1<<which_int;       //清零中断登记寄存器对应位
```

由于本例中没有使用子源登记寄存器 SUBSRCPND,不必对其清零。

(6) 中断返回。

IRQ 中断服务程序执行结束时,应返回到被中断的程序的断点处,执行下述 SUBS 或 LDMFD 指令,ARM920T CPU 根据指令的不同,有选择地执行以下操作:

- 将保存在 IRQ 方式下的连接寄存器 LR 的值,减去 4 送 PC;
- 将 IRQ 方式下的保留程序状态寄存器 SPSR 的内容,送当前程序状态寄存器 CPSR;
- 如果进入 IRQ 中断服务程序后保存了部分通用寄存器的值在栈中,即所谓的保护现场,那么从中断返回前要恢复这些值,即所谓的恢复现场。

从中断返回的第一种方法是,如果在 IRQ 中断服务程序中,连接寄存器 LR 的值没有被改变过,并且保护现场、恢复现场指令已经执行过了,那么可以用一条指令从中断返回。

```
SUBS PC,LR,#4          ;IRQ方式下的连接寄存器内容减4,是中断返回的地址,送PC,
                       ;实现返回;SUBS中的S表示将IRQ方式下的SPSR寄存器内容
                       ;送CPSR寄存器
```

从中断返回的另一种方法是:如果在中断响应后,先计算出返回地址,然后保存现场和返回地址……,恢复现场并将返回地址送PC,部分汇编语言程序如下:

```
;中断响应后的代码
    SUB LR,LR,4            ;计算得到返回地址
    STMFD SP!,{R0-R12,LR}  ;将R0-R12,LR内容存堆栈,保护现场和连接寄存器内容
    ⋮
;从中断返回指令
    LDMFD SP!,{R0-R12,PC}^ ;从堆栈出栈到R0-R12;压栈时的LR内容出栈到PC,
                          ;实现中断返回;SPSR寄存器内容送CPSR寄存器
```

【例 7.3】　以下代码前面的是 μC/OS-II 中与中断处理有关的预处理命令和几个函数,最后一段程序是 Linux 中的代码,请读者仔细阅读并理解其含义。

```
    ⋮
#define INTERRUPT_BASE     0x4a000000
#define rSRCPND     __REG(INTERRUPT_BASE)          //源登记寄存器
#define rINTMOD     __REG(INTERRUPT_BASE+0x4)       //中断模式寄存器
#define rINTMSK     __REG(INTERRUPT_BASE+0x8)       //中断屏蔽寄存器
#define rPRIORITY   __REG(INTERRUPT_BASE+0xc)       //中断优先权寄存器
#define rINTPND     __REG(INTERRUPT_BASE+0x10)      //中断登记寄存器
#define rINTOFFSET  __REG(INTERRUPT_BASE+0x14)      //中断偏移寄存器
#define rSUBSRCPND  __REG(INTERRUPT_BASE+0x18)      //子源登记寄存器
#define rINTSUBMSK  __REG(INTERRUPT_BASE+0x1c)      //中断子屏蔽寄存器

/* Interrupt Controller */
#define IRQ_EINT0      0    /* External interrupt 0 */
    ⋮
#define IRQ_EINT4_7    4    /* External interrupt 4~7 */
#define IRQ_EINT8_23   5    /* External interrupt 8~23 */
    ⋮
#define IRQ_UART2      15   /* UART 2 interrupt */
    ⋮
#define IRQ_UART1      23   /* UART1 interrupt */
    ⋮
#define IRQ_UART0      28   /* UART0 interrupt */
    ⋮
#define IRQ_ADCTC      31   /* ADC EOC interrupt */
#define NORMAL_IRQ_OFFSET 32

/* External Interrupt */
#define IRQ_EINT4           (0+NORMAL_IRQ_OFFSET)
```

```
          ⋮
#define IRQ_EINT8            (4+NORMAL_IRQ_OFFSET)
          ⋮
#define IRQ_EINT23           (19+NORMAL_IRQ_OFFSET)

#define SHIFT_EINT4_7        IRQ_EINT4_7
#define SHIFT_EINT8_23       IRQ_EINT8_23
#define EXT_IRQ_OFFSET       (20+NORMAL_IRQ_OFFSET)

/* sub Interrupt */
#define IRQ_RXD0             (0+EXT_IRQ_OFFSET)
#define IRQ_TXD0             (1+EXT_IRQ_OFFSET)
#define IRQ_ERR0             (2+EXT_IRQ_OFFSET)
          ⋮
#define IRQ_ERR1             (5+EXT_IRQ_OFFSET)
          ⋮
#define IRQ_ERR2             (8+EXT_IRQ_OFFSET)
          ⋮
#define IRQ_ADC_DONE         (10+EXT_IRQ_OFFSET)

#define EINT_OFFSET(x)       ((x)-NORMAL_IRQ_OFFSET+4)
#define SUBIRQ_OFFSET(x)     ((x)-EXT_IRQ_OFFSET)
//清零源登记寄存器、中断登记寄存器对应位
#define ClearPending(x)do{\
                rSRCPND=(1u<<(x));rINTPND=rINTPND;}while(0)

//0<=irq<=31,响应中断后,清零源登记寄存器、中断登记寄存器对应位
static void ack_irq(unsigned int irq)
{
    rSRCPND=(1<<irq);
    rINTPND=(1<<irq);
}

static void mask_irq(unsigned int irq)          //屏蔽irq位对应的中断
{
    rINTMSK |=(1<<irq);
}
static void unmask_irq(unsigned int irq)        //irq位对应的中断允许服务
{
    rINTMSK &=~(1<<irq);
}

//清零外部中断登记寄存器某一位和源登记寄存器、中断登记寄存器对应位
static void EINT4_23ack_irq(unsigned int irq)
```

```
{
    irq=EINT_OFFSET(irq);                           //求外部中断登记寄存器的偏移量
    rEINTPEND=(1<<irq);

    if(irq <EINT_OFFSET(IRQ_EINT8)) {
            ClearPending(SHIFT_EINT4_7);
    } else {
            ClearPending(SHIFT_EINT8_23);
    }
}


//外部中断屏蔽寄存器某一位对应的中断被屏蔽
static void EINT4_23mask_irq(unsigned int irq)
{
    irq=EINT_OFFSET(irq);
    rEINTMASK |=(1<<irq);
}


static void EINT4_23unmask_irq(unsigned int irq)  //允许 EINT4_23 服务
{
    rEINTMASK &=~(1<<EINT_OFFSET(irq));

    if(irq <IRQ_EINT8) {
        rINTMSK &=~(1<<SHIFT_EINT4_7);
    } else {
        rINTMSK &=~(1<<SHIFT_EINT8_23);
    }
}


//清零子源登记寄存器、源登记寄存器、中断登记寄存器对应位
static void SUB_ack_irq(unsigned int irq)
{
    rSUBSRCPND=(1<<SUBIRQ_OFFSET(irq));

    if(irq<=IRQ_ERR0){
            ClearPending(IRQ_UART0);
    }else if(irq<=IRQ_ERR1){
            ClearPending(IRQ_UART1);
    }else if(irq<=IRQ_ERR2){
            ClearPending(IRQ_UART2);
    } else {/ * if( irq<=IRQ_ADC_DONE ) { * /
            ClearPending(IRQ_ADCTC);
    }
}


static void SUB_mask_irq(unsigned int irq)          //中断子屏蔽寄存器对应位被屏蔽
```

```
{
    rINTSUBMSK |=(1<<SUBIRQ_OFFSET(irq));
}
```

//以下是 Linux 中的代码
```
void __init s3c2410_init_irq(void) {          //中断初始化部分代码
    ⋮
    /* 屏蔽全部 IRQs */
    INTMSK=0xffffffff;
    INTSUBMSK=0x7ff;
    EINTMASK=0x00ffffff0;

/* all IRQs are IRQ, not FIQ    0: IRQ mode    1: FIQ mode */
    INTMOD=0x00000000;

    /* 清零　源/中断/子源/外部中断　登记寄存器 */
    SRCPND=0xffffffff;
    INTPND=0xffffffff;
    SUBSRCPND=0x7ff;
    EINTPEND=0x00ffffff0;
    ⋮
}
```

7.9　本章小结

本章讲述了 S3C2410A 中的 I/O 端口和中断控制器。

在 I/O 端口部分，主要讲述了 I/O 端口概述；I/O 端口控制；I/O 端口特殊功能寄存器和 I/O 端口程序举例。

在 I/O 端口特殊功能寄存器中，除了讲述 A 组端口～H 组端口的端口配置寄存器外、端口数据寄存器和端口上拉（电阻）允许/禁止寄存器外，还讲述了杂项控制寄存器、外部中断控制寄存器、外部中断滤波寄存器、外部中断屏蔽寄存器和通用状态寄存器等内容。

在中断控制器部分，主要讲述了中断控制器概述；中断控制器操作、中断源及中断优先权产生模块；中断控制器特殊功能寄存器；中断控制器程序举例。

要求读者掌握 I/O 端口引脚输入输出和不同功能的设置方法；掌握中断控制器的操作和特殊功能寄存器的设置方法。

7.10　习　　题

1. 对于 I/O 端口，简要回答以下问题：

（1）S3C2410A 有多少个 I/O 端口？使用了多少个多功能输入输出引脚？

(2) 通常每组端口由哪几个寄存器组成？每个寄存器的主要用途有哪些？

(3) 对于端口 B 寄存器组,如何将端口 B 数据寄存器配置为输入端口？

(4) 对于端口 B 寄存器组,哪些信号为初始引脚状态确定的信号？

(5) 在哪个寄存器中能够对 DATA[31:16]、DATA[15:0] 端口上拉电阻允许/禁止进行配置？

(6) 在哪个寄存器中能够对 EINT[7:0] 的信号方式进行设置？

(7) 外部中断请求 EINT[7:0]、EINT[15:8] 的信号方式有哪几种？

(8) 外部中断屏蔽寄存器可以对哪些中断源进行屏蔽？

(9) 两个外部中断滤波寄存器可以对哪些外部中断源使用的滤波时钟和宽度进行控制？

(10) 简述外部中断登记寄存器 EINTPEND 的用途。

(11) 简述 GSTATUS0 寄存器各位的含义。

2. 对于中断控制器,简要回答以下问题:

(1) 在子源登记寄存器 SUBSRCPND 中,可以记录哪些中断请求？它们分别对应源登记寄存器 SRCPND 中的哪几个中断请求？

(2) 中断子屏蔽寄存器 INTSUBMSK 可以对哪些中断请求屏蔽？中断屏蔽寄存器 INTMSK 可以对哪些中断请求屏蔽？这两个屏蔽寄存器有什么不同？

(3) 如何将一个中断源设置为 FIQ 模式？中断模式寄存器 INTMOD 中允许多少个中断源设置为 FIQ 模式？

(4) 简述 ARM920T CPU 中的 CPSR 的 F 位、I 位的含义。

(5) 简述源登记寄存器 SRCPND、中断登记寄存器 INTPND 有哪些相同和不同之处？

(6) 在源登记寄存器 SRCPND 中,EINT8_23 作为一个请求源,中断服务程序如何区别是哪一个外部中断请求引脚提出了中断请求？也就是说通过查询哪个寄存器可以确定外部中断请求引脚提出了中断请求？(提示: 使用 EINTPEND 寄存器)

(7) 对于源登记寄存器 SRCPND 中的 EINT4_7,中断服务程序如何区别是哪一个外部中断请求引脚提出了中断请求？

(8) 中断屏蔽寄存器 INTMSK 的 Reset 值是多少？也就是说 Reset 后,对各个中断源是屏蔽的还是允许服务？

(9) 优先权寄存器 PRIORITY 可以对几个仲裁器设定优先权次序？

(10) 允许优先权轮转与优先权不轮转的主要区别有哪些？

(11) REQ0 和 REQ5 的优先权总是固定的吗？REQ1、REQ2、REQ3 和 REQ4 的优先权次序可以设定吗？

(12) 在优先权寄存器 PRIORITY 中,如果仲裁器 6 组优先权轮转允许(ARB_MODE6=1),并且仲裁器 6 组优先权次序设置(ARB_SEL6=00)为 REQ0-1-2-3-4-5,响应完 REQ0 中断请求后,ARB_SEL6 的值自动发生变化吗？ARB_SEL6 的值是多少？

(13) 为什么在中断服务程序中要清除源登记寄存器 SRCPND 和中断登记寄存器 INTPND 中的对应位？如何清除？

（14）在什么情况下,中断服务程序中清除子源登记寄存器 SUBSRCPND 的对应位? 如何清除?

（15）在什么情况下,中断服务程序中清除外部中断登记寄存器 EINTPEND 的对应位? 如何清除?

（16）说出下列两组寄存器中每一组寄存器内各寄存器的含义和区别。

① 源登记寄存器 SRCPND、中断登记寄存器 INTPND、子源登记寄存器 SUBSRCPND、外部中断登记寄存器 EINTPEND。

② 中断屏蔽寄存器 INTMSK、中断子屏蔽寄存器 INTSUBMSK、外部中断屏蔽寄存器 EINTMASK。

第8章

PWM定时器、实时时钟及看门狗定时器

本章主要内容如下:

(1) S3C2410A PWM(脉宽调制)定时器概述,PWM定时器操作,PWM定时器特殊功能寄存器,PWM定时器应用举例。在PWM定时器操作中,详细讲述了自动重装与双缓冲、手动更新、脉宽调制、输出电平控制、死区发生器、DMA请求模式等内容。

(2) S3C2410A RTC(实时时钟)概述,RTC组成与操作,RTC特殊功能寄存器,RTC程序举例。在RTC组成与操作中,详细讲述了闰年产生器、读写寄存器、后备电池、报警功能、节拍时间中断等内容。

(3) S3C2410A看门狗定时器(WDT)概述,看门狗定时器操作,看门狗定时器特殊功能寄存器,看门狗定时器程序举例。

8.1 PWM定时器

8.1.1 PWM定时器概述

1. 定时器模块

参见图8-1,S3C2410A有5个16位的定时器。定时器0～3带有脉宽调制(Pulse Width Modulation,PWM)功能,这4个定时器的输出信号连接到S3C2410A的TOUT0～TOUT3引脚,输出波形的频率和占空比可编程控制。定时器4是一个内部定时器,没有PWM功能,输出信号不连接到S3C2410A引脚。定时器0有一个死区发生器(dead zone generator),能够用于对大电流设备进行控制。

定时器0和1共用一个8位预分频器(prescaler),定时器2～4共用另一个8位预分频器。定时器计数时钟信号来源于时钟分频器(clock divider),通过编程能够选择时钟分频器的1/2、1/4、1/8、1/16分频信号或选择使用TCLK0、TCLK1。8位预分频器是可编程的,根据保存在定时器配置寄存器TCFG0中的预分频值,对PCLK分频。定时器配置寄存器TCFG1为每个定时器选择时钟分频信号(1/2、1/4、1/8、1/16)或选择TCLK0、TCLK1。

S3C2410A片内定时器,支持自动重装模式(一次定时结束,以重装值开始下一次定

时)或一次脉冲模式(一次定时结束,停止定时器)。

定时器模块图见图 8-1。

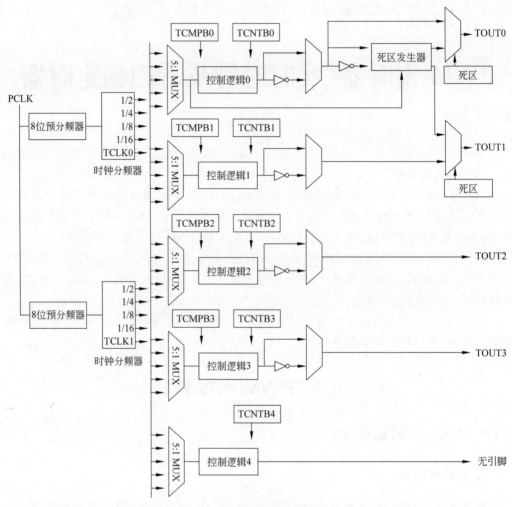

图 8-1　定时器模块图

2. 定时器寄存器组成和定时器主要操作过程

除了定时器 4 外,定时器 0～3 中每个定时器内部,都有下述寄存器。

(1) 定时器计数缓冲器寄存器 TCNTBn,程序可读写,用于保存定时器计数初值。在手动更新(manual update)允许时,将这个初值送到定时器计数寄存器 TCNTn,在 TCNTn 中进行递减计数操作。当自动重装(auto reload)允许时,一次计数结束(TCNTn 递减计数达到 0 时),自动将 TCNTBn 的值装到 TCNTn。

TCNTBn 值的不同,决定了输出信号 TOUTn 频率的不同。

(2) 定时器比较缓冲器寄存器 TCMPBn,程序可读写,用于保存定时器比较初值。在手动更新允许时,将这个初值送到定时器比较寄存器 TCMPn。当执行计数的 TCNTn

的值与 TCMPn 的值相等时,计数器输出信号 TOUTn 电平由低变高。当自动重装允许时,一次计数结束(TCNTn 递减计数达到 0 时),自动将 TCMPBn 的值装到 TCMPn。

TCMPBn 的值,被用作脉宽调制,即在输出信号 TOUTn 频率不变时,对每个输出脉冲低电平、高电平占用时间的调制,也称为输出信号占空比的调制。

(3) 定时器计数寄存器 TCNTn,是内部寄存器,程序不可读写。TCNTn 也称为减法计数器、倒计数器或递减计数器。定时器的计数操作在 TCNTn 中执行。TCNTn 计数时钟信号来源于时钟分频器。当 TCNTn 一次计数结束,或产生 DMA 请求,或产生中断请求,由编程决定。当一次计数结束,如果自动重装允许时,TCNTBn 值送 TCNTn、TCMPBn 值送 TCMPn,开始下一次计数;如果自动重装禁止,则计数器停止。

(4) 定时器比较寄存器 TCMPn,是内部寄存器,程序不可读写。在计数过程中,一旦 TCNTn 的值与 TCMPn 的值相等,计数器输出 TOUTn 电平由低变高。

(5) 定时器计数观察寄存器 TCNTOn,程序可读。在计数过程中,如果希望读出 TCNTn 的值,只能通过读出 TCNTOn 实现,不能直接读 TCNTn 的值。

要使定时器 0~3 运行,主要操作包括通过编程先送出计数值到 TCNTBn,送出比较值(脉宽调制值)到 TCMPBn。当设置为手动更新允许时,定时器自动将 TCNTBn、TCMPBn 的内容送 TCNTn、TCMPn。然后设置启动定时器(TCON 寄存器对应的 start/stop 位为 1),则 TCNTn 开始递减计数。计数过程中当 TCNTn 的值与 TCMPn 的值相等时,输出信号 TOUTn 的电平由低变高。如果允许自动重装,当 TCNTn 计数达到 0 时,进行重装,同时产生中断请求或 DMA 请求,再开始下一次定时。如果不允许自动重装,则定时器停止。

在计数过程中,可以给 TCNTBn 和 TCMPBn 装入一个新的值,在自动重装方式,新的值只能用于下一次定时,对当前正在进行的定时操作,不产生影响。

定时器 4 除了没有 TCMPB4 和 TCMP4 寄存器外,其他寄存器与定时器 0~3 相同。定时器 4 不能进行脉宽调制,只能通过对 TCNTB4 设置不同的值,改变输出信号的频率。

3. PWM 定时器用到的 S3C2410A 引脚信号

PWM 定时器输出信号,作为 S3C2410A 的 TOUT0~TOUT3 引脚信号。

可以将 S3C2410A 引脚引入的时钟源 TCLK1、TCLK0,作为定时器的时钟信号。

8.1.2　PWM 定时器操作

1. 基本定时操作

基本定时操作见图 8-2。

图 8-2 中,从左到右为定时器设置的参数和命令以及进行的操作(参考特殊功能寄存器):

(1) 设置 TCNTBn=3,TCMPBn=1,手动更新位设置为 1,自动重装设置为 1(允许自动重装)。由于手动更新位为 1,TCNTBn 值送 TCNTn,TCMPBn 值送 TCMPn。设

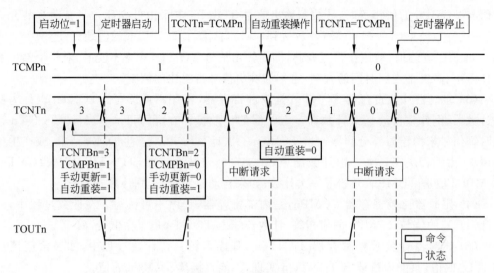

图 8-2　基本定时操作

置定时器控制寄存器 TCON 中对应的启动位 start/stop＝1,开始定时。

　　(2) 在定时过程中,设置 TCNTBn＝2,TCMPBn＝0,手动更新＝0,自动重装＝1。由于手动更新＝0,TCNTBn 和 TCMPBn 的值不会立即装入 TCNTn 和 TCMPn;由于自动重装＝1,在本次定时结束时(TCNTn＝0),将 TCNTBn 值装到 TCNTn、TCMPBn 值装到 TCMPn。

　　(3) 当 TCNTn 计数值为 1 时,与 TCMPn 值相等,TOUTn 输出信号电平从低变高。

　　(4) 当 TCNTn 计数值为 0 时,定时器 n 发出中断请求(或 DMA 请求)。由于允许自动重装,经过一个节拍时间,TCNTBn、TCMPBn 的值装到 TCNTn、TCMPn 寄存器。重装后立即开始另一次定时。

　　(5) 设置自动重装位为 0,禁止自动重装。

　　(6) 这次计数(TCNTn＝2,TCMPn＝0)过程中,当 TCNTn 计数值为 0 时,与 TCMPn 值相等,TOUTn 输出信号电平从低变高。由于 TCNTn＝0,定时器 n 发出中断请求(或 DMA 请求)。由于禁止了自动重装,所以定时器停止了操作。

2. 自动重装与双缓冲

　　S3C2410A PWM 定时器有双缓冲功能,也就是说有两个缓冲器,定时器计数缓冲器寄存器 TCNTBn 和定时器比较缓冲器寄存器 TCMPBn。使用这两个缓冲器寄存器,在不停止当前计数操作的情况下,允许改变下一次定时操作将要使用的重装值。因此,虽然新的计数值和比较值在当前时刻被设置,但是当前计数操作仍能正确地完成。

　　图 8-3 是双缓冲功能的一个举例,图中省略了 TCMPBn 寄存器的值。

　　如果 TCNTBn 被读,读出值不能指示计数器当前计数状态,而是下一次定时要使用的重装值。

　　当 TCNTn 的值计数达到 0 时,如果允许自动重装,则 TCNTBn、TCMPBn 的值分别装到 TCNTn、TCMPn 中,开始下一次定时操作。如果禁止自动重装,则不发生重装操

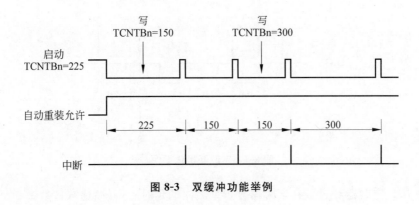

图 8-3　双缓冲功能举例

作,定时器停止。

3. 定时器初始使用手动更新位和反相器位

当 TCNTn 在递减计数过程中,一旦达到 0 时,如果定时器控制寄存器 TCON 允许该定时器自动重装,会出现自动重装操作。而 TCNTn 和 TCMPn 的初值,必须由用户(程序)事先设置,在这种情况下,通过设置定时器控制寄存器 TCON 中某一定时器的手动更新位为 1,初值从 TCNTBn 和 TCMPBn 装到 TCNTn 和 TCMPn。

以下步骤描述了如何启动定时器开始定时。

(1) 写初值到 TCNTBn 和 TCMPBn。

(2) 在定时器控制寄存器 TCON 中,设置对应定时器的手动更新位为 1,之后定时器自动将 TCNTBn 和 TCMPBn 值送 TCNTn 和 TCMPn。推荐同时配置反相器 on/off 位,决定输出 TOUTn 是否经过反相器。

(3) 在定时器控制寄存器 TCON 中设置对应定时器的 start/stop 位为 1,启动该定时器开始定时。同时要清零手动更新位。

如果在定时过程中要强制停止定时器(TCON 中某一定时器 start/stop 位设置为 0),那么 TCNTn 保留了计数值,定时器不产生重装操作。之后如果要设置一个新的计数值,要使用手动更新方式。

4. 定时器操作举例

定时器操作举例见图 8-4。

图 8-4 中,每一阶段的参数设置、操作过程或产生的结果用"1,2,…,11"的形式表示,与下文(1)、(2)、…、(11)的文字说明对应。其余数字表示对应的设定值。

(1) 设置 TCNTBn 值为 320(100+220),TCMPBn 为 220。设置允许自动重装功能,设置手动更新位为 1,配置反相器位为 on 或 off。由于设置了手动更新位,所以 TCNTBn 的值送 TCNTn,TCMPBn 的值送 TCMPn。

然后,设置 TCNTBn 和 TCMPBn 的值分别为 160(80+80)和 80,作为下一次重装值。

(2) 设置对应定时器 start/stop 位为 1,倘若手动更新位已设置为 0,反相器为 off,自

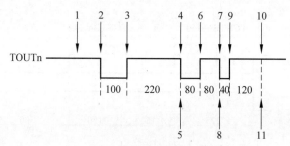

图 8-4　定时器操作举例

动重装位为 1,定时器经过了在定时器分辨率之内的延时后,开始递减计数。

(3) 当 TCNTn 与 TCMPn 的值相等时,TOUTn 逻辑电平从低变为高。

(4) 当 TCNTn 的值达到 0 时,产生中断请求(非 DMA 模式),产生自动重装操作,将 TCNTBn 和 TCMPBn 的值分别装入到 TCNTn 和 TCMPn。

(5) 在中断服务程序中,TCNTBn 和 TCMPBn 的值,分别被设置成 160(40+120)和 120,下一次定时使用。

(6) 当 TCNTn 与 TCMPn 的值相等时,TOUTn 逻辑电平从低变为高。

(7) 当 TCNTn 的值达到 0 时,产生自动重装操作。

(8) 在中断服务程序中,禁止自动重装和中断请求,使得下一次定时结束,能够停止定时器。

(9) 当 TCNTn 与 TCMPn 值相等时,TOUTn 逻辑电平从低变为高。

(10) 当 TCNTn 的值达到 0 时,不重装,定时器停止。

(11) 不产生中断请求。

5. 脉宽调制

脉宽调制(Pulse Width Modulation,PWM)功能通过使用 TCMPBn 寄存器来实现,而 PWM 的频率由 TCNTBn 寄存器的值确定。换句话说,PWM 定时器输出信号 TOUTn 的频率由 TCNTBn 寄存器的值确定,而输出信号 TOUTn 的占空比由 TCMPBn 寄存器的值确定。

图 8-5 通过举例,表明了 TCMPBn 的值越小,TOUTn 输出高电平的时间越短,输出低电平的时间越长;而 TCMPBn 的值越大,TOUTn 输出高电平的时间越长,输出低电平的时间越短。如果输出反相器接通(on),那么上述 TCMPBn 的值,增加/减少应该反过来。

由于双缓冲的特点,用于下一个 PWM 周期的 TCMPBn 值,在当前周期任意时刻能够被写入,可以在 ISR 或其他程序中写入。

6. 输出电平控制

如图 8-6 所示,反相器设定为 off 或 on,其输出信号 TOUTn 的波形高低电平正好相反。假定反相器设定为 off,下文描述了使 TOUTn 保持高电平或低电平的方法。

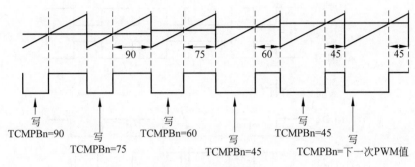

图 8-5　脉宽调制举例

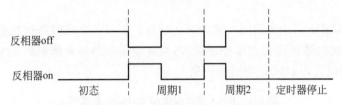

图 8-6　反相器 on/off 输出 TOUTn 波形示例

（1）当自动重装位设定为 off(不重装)，在 TCNTn 计数值达到 0 时，TOUTn 变为高电平，定时器停止(推荐使用)。

（2）通过清除定时器控制寄存器 TCON 中某一定时器的 start/stop 位为 0，定时器停止定时。如果 TCNTn≤TCMPn，则 TOUTn 为高电平；如果 TCNTn>TCMPn，则 TOUTn 为低电平。

（3）通过在定时器控制寄存器 TCON 中设置反相器 on/off 位，TOUTn 输出电平能够被反相。

7. 死区发生器(dead zone generator)

使用 PWM 对大电流设备进行控制时，常常用到死区(dead zone)功能。死区功能在切断一个开关设备和接通另一个开关设备之间，允许插入一个时间间隙。在这个时间间隙，禁止两个开关设备同时被接通，即使接通非常短的时间也不允许。

当定时器死区功能被允许时，输出波形见图 8-7。

图 8-7 中，TOUT0 是 PWM 输出，nTOUT0 是 TOUT0 反相输出。如果死区功能被允许，TOUT0 和 nTOUT0 的输出波形分别是 TOUT0_DZ 和 nTOUT0_DZ，nTOUT0_DZ 通过 TOUT1 引脚输出，见图 8-1。

在死区区间 TOUT0_DZ 和 nTOUT0_DZ 绝不会同时接通。

8. DMA 请求模式

定时器在每段指定时间后(一次定时结束)能够产生 DMA 请求信号。定时器保持 DMA 请求信号 nDMA_REQ 为低，直到定时器收到响应信号 nDMA_ACK 为止。定时器收到响应信号后，使 DMA 请求信号变高。在定时器配置寄存器 TCFG1 中，通过设置

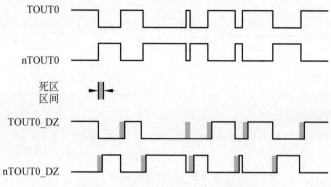

图 8-7　死区功能被允许时的波形图

DMA 模式位,能够确定产生 DMA 请求的定时器。如果一个定时器被配置为 DMA 请求模式,那么这个定时器将不再产生中断请求,而其他定时器通常能够产生中断请求。

DMA 模式配置和 DMA/中断操作见表 8-1。

表 8-1　DMA 模式配置和 DMA/中断操作

DMA 模式	DMA 请求	Timer0 中断	Timer1 中断	Timer2 中断	Timer3 中断	Timer4 中断
0000	不选择	ON	ON	ON	ON	ON
0001	Timer0	OFF	ON	ON	ON	ON
0010	Timer1	ON	OFF	ON	ON	ON
0011	Timer2	ON	ON	OFF	ON	ON
0100	Timer3	ON	ON	ON	OFF	ON
0101	Timer4	ON	ON	ON	ON	OFF
0110	不选择	ON	ON	ON	ON	ON

图 8-8 表明,定时器 3 一旦设置为 DMA 模式,将不产生中断请求。定时器 3 的 DMA 请求和响应时间关系,也在图 8-8 中给出。

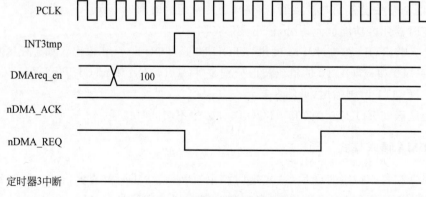

图 8-8　定时器 3 DMA 模式操作

8.1.3　PWM定时器特殊功能寄存器

1. 定时器配置寄存器 0

定时器配置寄存器 0，即 TCFG0，用于对两个 8 位预分频器配置，并且设置死区长度，其地址为 0x51000000，可读写，Reset 值为 0x00000000，含义见表 8-2。

表 8-2　定时器配置寄存器 0 含义

TCFG0	位	描　　述	初　态
保留	[31:24]		0x00
死区长度	[23:16]	这 8 位确定死区长度。死区长度中一个单位时间,等于定时器 0 的一个单位时间	0x00
Prescaler1	[15:8]	这 8 位确定定时器 2~4 的预分频值	0x00
Prescaler0	[7:0]	这 8 位确定定时器 0 与 1 的预分频值	0x00

定时器输入时钟频率＝PCLK/{prescaler 值＋1}/{divider 值}

{prescaler 值}＝0~255

{divider 值}＝2、4、8、16，参见表 8-3 中 MUX4~MUX0。

2. 定时器配置寄存器 1

定时器配置寄存器 1，即 TCFG1，用于选择 DMA 请求通道和选择各定时器 MUX（多路开关）的输入，其地址为 0x51000004，可读写，Reset 值为 0x00000000，含义见表 8-3。

表 8-3　定时器配置寄存器 1 含义

TCFG1	位	描　　述	初　态
保留	[31:24]		00000000
DMA 模式	[23:20]	选择 DMA 请求通道: 0000=不选(全部为中断)　0001=Timer0　0010=Timer1 0011=Timer2　0100=Timer3　0101=Timer4　0110=不选	0000
MUX4	[19:16]	为 PWM 定时器 4 选择 MUX 输入:　　0000=1/2 0001=1/4　0010=1/8　0011=1/16　01xx=外部 TCLK1	0000
MUX3	[15:12]	为 PWM 定时器 3 选择 MUX 输入:　　0000=1/2 0001=1/4　0010=1/8　0011=1/16　01xx=外部 TCLK1	0000
MUX2	[11:8]	为 PWM 定时器 2 选择 MUX 输入:　　0000=1/2 0001=1/4　0010=1/8　0011=1/16　01xx=外部 TCLK1	0000
MUX1	[7:4]	为 PWM 定时器 1 选择 MUX 输入:　　0000=1/2 0001=1/4　0010=1/8　0011=1/16　01xx=外部 TCLK0	0000
MUX0	[3:0]	为 PWM 定时器 0 选择 MUX 输入:　　0000=1/2 0001=1/4　0010=1/8　0011=1/16　01xx=外部 TCLK0	0000

3. 定时器控制寄存器

定时器控制寄存器,即 TCON,用于对各定时器的自动重装 on/off、手动更新与否、启动/停止和输出反相器 on/off 进行设置,其地址为 0x51000008,可读写,Reset 值为 0x00000000,含义见表 8-4。

表 8-4 定时器控制寄存器含义

TCON	位	描　　述	初态
Timer4 自动重装 on/off	[22]	确定 Timer4 自动重装 on/off:0=off　1=on	0
Timer4 手动更新(注)	[21]	确定 Timer4 手动更新:0=无操作　1=更新	0
Timer4 start/stop(启动/停止)	[20]	确定 Timer4 start/stop:0=stop　1=start	0
Timer3 自动重装 on/off	[19]	确定 Timer3 自动重装 on/off:0=off　1=on	0
Timer3 输出反相器 on/off	[18]	确定 Timer3 输出反相器 on/off:0=off　1=on	0
Timer3 手动更新(注)	[17]	确定 Timer3 手动更新:0=无操作　1=更新	0
Timer3 start/stop(启动/停止)	[16]	确定 Timer3 start/stop:0=stop　1=start	0
Timer2 自动重装 on/off	[15]	确定 Timer2 自动重装 on/off:0=off　1=on	0
Timer2 输出反相器 on/off	[14]	确定 Timer2 输出反相器 on/off:0=off　1=on	0
Timer2 手动更新(注)	[13]	确定 Timer2 手动更新:0=无操作　1=更新	0
Timer2 start/stop(启动/停止)	[12]	确定 Timer2 start/stop:0=stop　1=start	0
Timer1 自动重装 on/off	[11]	确定 Timer1 自动重装 on/off:0=off　1=on	0
Timer1 输出反相器 on/off	[10]	确定 Timer1 输出反相器 on/off:0=off　1=on	0
Timer1 手动更新(注)	[9]	确定 Timer1 手动更新:0=无操作　1=更新	0
Timer1 start/stop(启动/停止)	[8]	确定 Timer1 start/stop:0=stop　1=start	0
保留	[7:5]	保留	
死区允许	[4]	确定死区操作:0=禁止　1=允许	0
Timer0 自动重装 on/off	[3]	确定 Timer0 自动重装 on/off:0=off　1=on	0
Timer0 输出反相器 on/off	[2]	确定 Timer0 输出反相器 on/off:0=off　1=on	0
Timer0 手动更新(注)	[1]	确定 Timer0 手动更新:0=无操作　1=更新	0
Timer0 start/stop(启动/停止)	[0]	确定 Timer0 start/stop:0=stop　1=start	0

注:在下一次写 TCNTBn、TCMPBn 时,这一位应该已经被清除。

4. 定时器计数缓冲器寄存器、比较缓冲器寄存器和计数观察寄存器

定时器 0~4 都有计数缓冲器寄存器 TCNTBn 和计数观察寄存器 TCNTOn,定时器 4 没有比较缓冲器寄存器,定时器 0~3 有比较缓冲器寄存器 TCMPBn。除了地址不同以外,各定时器对应的寄存器含义相同,如表 8-5 和表 8-6 所示。

表 8-5　TCNTBn、TCMPBn、TCNTOn 地址及 Reset 值

寄存器名	地　址	R/W	描　　　述	Reset 值
TCNTB0	0x5100000C	R/W	定时器 0 计数缓冲器寄存器	0x0000
TCMPB0	0x51000010	R/W	定时器 0 比较缓冲器寄存器	0x0000
TCNTO0	0x51000014	R	定时器 0 计数观察寄存器	0x0000
TCNTB1	0x51000018	R/W	定时器 1 计数缓冲器寄存器	0x0000
TCMPB1	0x5100001C	R/W	定时器 1 比较缓冲器寄存器	0x0000
TCNTO1	0x51000020	R	定时器 1 计数观察寄存器	0x0000
TCNTB2	0x51000024	R/W	定时器 2 计数缓冲器寄存器	0x0000
TCMPB2	0x51000028	R/W	定时器 2 比较缓冲器寄存器	0x0000
TCNTO2	0x5100002C	R	定时器 2 计数观察寄存器	0x0000
TCNTB3	0x51000030	R/W	定时器 3 计数缓冲器寄存器	0x0000
TCMPB3	0x51000034	R/W	定时器 3 比较缓冲器寄存器	0x0000
TCNTO3	0x51000038	R	定时器 3 计数观察寄存器	0x0000
TCNTB4	0x5100003C	R/W	定时器 4 计数缓冲器寄存器	0x0000
TCNTO4	0x51000040	R	定时器 4 计数观察寄存器	0x0000

表 8-6　TCNTBn、TCMPBn、TCNTOn 含义

寄存器名	位	描　　　述	初　态
TCNTBn	[15:0]	为定时器设置计数缓冲器寄存器的值	0x0000
TCMPBn	[15:0]	为定时器设置比较缓冲器寄存器的值	0x0000
TCNTOn	[15:0]	定时器计数观察值	0x0000

8.1.4　PWM 定时器应用举例

【例 8.1】　当 PCLK＝66.5MHz 时,选择不同的时钟分频(1/2、1/4、1/8、1/16)输入,分别计算定时器最小分辨率、最大分辨率及最大定时区间。

参见 8.1.3 节中定时器配置寄存器 TCFG0 的内容,根据定时器输入时钟频率计算式,计算结果见表 8-7。

定时器分辨率(resolution)在这里的含义是指输入到定时器计数寄存器 TCNTn 的一个计数脉冲的时间。因此,当预分频值＝0 时,一个计数脉冲的时间最短,称为最小分辨率;而预分频值＝255 时,一个计数脉冲的时间最长,称为最大分辨率。

最大定时区间指的是,在最大分辨率的情况下,当 TCNTBn 设置为 65 535 时,定时所需时间。

表 8-7　定时器最小、最大分辨率及最大定时区间

4 位时钟分频选择	最小分辨率 (prescaler 值＝0)	最大分辨率 (prescaler 值＝255)	最大定时区间 (TCNTBn＝65 535)
1/2(PCLK＝66.5MHz)	0.0300μs(33.2500MHz)	7.6992μs(129.8828kHz)	0.5045sec
1/4(PCLK＝66.5MHz)	0.0601μs(16.6250MHz)	15.3984μs(64.9414kHz)	1.0091sec
1/8(PCLK＝66.5MHz)	0.1203μs(8.3125MHz)	30.7968μs(32.4707kHz)	2.0182sec
1/16(PCLK＝66.5MHz)	0.2406μs(4.1562MHz)	61.5936μs(16.2353kHz)	4.0365sec

以表 8-7 第 1 行为例,计算如下:

(1) 最小分辨率:

定时器输入时钟的频率 ＝ PCLK/{prescaler 值＋1}/{divider 值}

＝ 66.5(MHz)/{0＋1}/{2} ＝ 33.2500(MHz)

一个计数脉冲的时间 ＝ 1/33.2500(MHz) ＝ 0.0300(μs)

(2) 最大分辨率:

定时器输入时钟的频率＝PCLK/{255＋1}/{2}＝66.5(MHz)/256/2

＝129.8828(kHz)

一个计数脉冲的时间＝1/129.8828(kHz)＝7.6992(μs)

(3) 最大定时区间:

由于 TCNTBn＝65 535,计数到 0 共 65 536 个计数脉冲,

所以 65 536×7.6992(μs)＝0.5045(sec)。

【例 8.2】　下面给出使用 C 语言编写的,对定时器 0/1/2/3 测试的程序片段,假定程序中用到的寄存器地址在别的程序中已定义过,定时器产生中断后的处理程序这里没有列出。

```
/********************************
* PWM Timer TOUT0/1/2/3 test *
********************************/
Void Test_Timer(Void)
{
  int save_B,save_PB;
  save_B=rGPBCON;              //保留
  save_PB=rGPBUP;             //保留
  rGPBCON=0x2aaaaa;           //端口 B 配置为 TOUT0/1/2/3
  rGPBUP|=0x0f;               //端口 B 配置上拉电阻允许/禁止

  Uart_Printf("要退出测试模式,按任意键!/n");
  rTCFG0=0x0000101;           //Prescaler0/1=1,Dead Zone Length=0
  rTCFG1=0x0;                 //Interrupt,Diviter=1/2
                              //Timer Clock=(PCLK/(1+1))/2
  rTCNTB0=1000;               //设置计数缓冲器寄存器初值
  rTCNTB1=1000;
```

```
    rTCNTB2=1000;
    rTCNTB3=1000;
    rTCMPB0=1000-700;              //设置比较缓冲器寄存器初值
    rTCMPB1=1000-700;              //TOUTn 低电平=700,高电平=300
    rTCMPB2=1000-700;
    rTCMPB3=1000-700;
    rTCON=0x0aaa0a;                //Timer0/1/2/3 自动重装,输出反相器 off
                                   //手动更新=1,停止定时器,禁止死区
    rTCON=0x099909;                //Timer0/1/2/3 自动重装,输出反相器 off
                                   //手动更新=0,启动定时器,禁止死区
    Uart_Getch();                  //等待串口输入
    rTCON=0x0;                     //停止定时器
    rGPBCON=save_B;                //恢复
    rGPBUP=save_PB;                //恢复
}
    /* PWM Timer TOUT0/1/2/3 test END */
```

8.2 实时时钟

8.2.1 RTC 概述

S3C2410A 芯片内部有一个实时时钟(Real Time Clock,RTC)模块,当系统电源闭合时,使用系统提供的电源,当系统电源切断时,由后备电池为 RTC 模块供电。无论系统加电或切断电源,RTC 都在运行;可以对 RTC 设定报警时间。使用 STRB/LDRB 指令,可以在 RTC 和 CPU 之间传送 8 位 BCD 码的数据,包括秒、分、时、日、星期、月、年。RTC 模块使用 32.768kHz 的外部晶振工作。

RTC 作为系统时钟使用,也能够执行报警功能、产生节拍时间中断。

主要特点如下:

- 使用 BCD 码表示秒、分、时、日、星期、月、年;
- 有闰年产生器;
- 报警功能:有报警中断或从 Power_OFF 模式中唤醒功能;
- 解决了 2000 年问题;
- 独立的电源引脚(RTCVDD);
- 支持毫秒级节拍时间中断,可用于 RTOS 内核;
- 支持秒进位复位功能。

RTC 用到的 S3C2410A 引脚信号有:

外接晶振引脚信号 XTIrtc、XTOrtc 和外接电源引脚 RTCVDD(1.8V)。

8.2.2 RTC 组成与操作

RTC 组成框图见图 8-9。

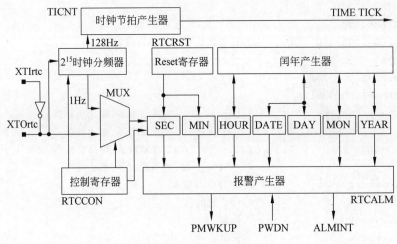

图 8-9   RTC 组成框图

1. 闰年产生器

闰年产生器基于从 BCDDATE、BCDMON、BCDYEAR 来的数据,确定每个月的最后一天是 28、29、30 或 31 日。一个 8 位的计数器只能表示 2 位 BCD 数字,因此它不能确定 00(年的最低 2 位数字)年是闰年或不是闰年。为了解决这一问题,在 S3C2410A 的 RTC 模块中有一个硬件逻辑支持 2000 年作为闰年。要注意 1900 年不是闰年而 2000 年是闰年。因此在 S3C2410A 中,2 位 BCD 码的 00 代表 2000 年,而不是 1900 年。

2. 读写寄存器

RTCCON 控制寄存器位[0]必须被设置为 1,然后才可以写 RTC 模块中的寄存器。如果这一位被设置为 0,不能写入 RTC 模块中的寄存器。为了显示秒、分、时、日、星期、月、年,CPU 应该分别读以下寄存器数据: BCDSEC、BCDMIN、BCDHOUR、BCDDATE、BCDDAY、BCDMON、BCDYEAR。当秒寄存器 BCDSEC 读出值为 0 时,用户程序应该重读一次这些寄存器。例如,第一次读出值是某一年的 12 月 31 日 23 时 59 分,这时读出秒值如果是 1~59 秒,不需要重读;如果读出秒值是 0,可能是 23 时 59 分 0 秒,也可能是 23 时 59 分 59 秒以后的 0 秒。因此秒值为 0 时,需要重读这些寄存器。

3. 后备电池

当系统电源切断时,通过 RTC 引脚提供电源到 RTC 模块,RTC 逻辑由后备电池驱动。这时 CPU 接口与 RTC 的逻辑被阻塞,后备电池仅驱动晶振电路和 BCD 计数器,使 BCD 计数器功耗为最小。

4. 报警功能

在 Power_OFF 模式或 Normal 操作模式,RTC 在规定的时间产生一个报警信号。

在 Normal 操作模式,报警中断 ALMINT 被激活;在 Power_OFF 模式,像 ALMINT 一样,电源管理唤醒信号 PMWKUP 也能够被激活。RTC 报警控制寄存器 RTCALM,确定报警允许/禁止和报警时间设定条件。

5. 节拍时间(tick time)中断

RTC 节拍时间被用作中断请求。节拍时间计数寄存器 TICNT 有 1 位中断允许位和 7 位节拍时间计数值位。计数值达到 0 时,节拍时间中断出现。中断周期计算如下:

$$Period = (n+1)/128(second)$$

式中,n 为节拍时间计数值,为 1~127。

RTC 时间节拍(time tick)可以被用作 RTOS 内核的时间节拍。如果时间节拍是由 RTC 时间节拍产生的,RTOS 与时间相关的功能将总是与实时时钟同步。

6. 进位复位功能(Round Reset Function)

进位复位功能由 RTC 进位复位寄存器 RTCRST 实现。产生秒进位的边界(30、40 或 50 秒)可以选择,在进位复位后,秒的值被设置为 0。例如,如果当前时间是 23:37:47,并且设置进位边界为 40 秒,则进位复位功能改变当前时间为 23:38:00。

7. 32.768kHz 外接晶振连接举例

图 8-10 是使用 32.768kHz 晶振作为 RTC 单元晶振电路的一个实例。

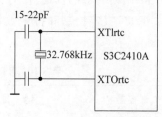

图 8-10　RTC 单元晶振电路

8.2.3　RTC 特殊功能寄存器

1. RTC 控制寄存器

RTC 控制寄存器 RTCCON 由 4 位组成,位[0]即 RTCEN 用作控制禁止/允许对 RTC 寄存器的写入,而其他 3 位 CLKSEL、CNTSEL、CLKRST 用于测试。

在系统复位后,RTCEN 位应该被设置为 1,这一位控制 CPU 和 RTC 之间的全部接口,使 RTC 控制程序能够读写 RTC 寄存器。

在电源切离前,RTCEN 位应该被清零,用来防止意外造成的写 RTC 各寄存器。

RTCCON 寄存器地址、Reset 值及各位含义见表 8-8 和表 8-9。

表 8-8　RTC 控制寄存器地址及 Reset 值

寄存器名	地　　　址	R/W	描　　　述	Reset 值
RTCCON	0x57000040(小端) 0x57000043(大端)	R/W (以字节)	RTC 控制寄存器	0x0

表 8-9　RTC 控制寄存器各位含义

RTCCON	位	描　　述	初态
CLKRST	[3]	RTC 时钟计数复位：0＝不复位　1＝复位	0
CNTSEL	[2]	BCD 计数选择： 0＝合并 BCD 计数器　1＝保留（Separate BCD counters）	0
CLKSEL	[1]	BCD 时钟选择： 0＝XTIrtc $1/2^{15}$ 分频时钟　1＝保留（XTIrtc 时钟仅用于测试）	0
RTCEN	[0]	RTC 写允许/禁止位： 0＝禁止　1＝允许	0

注：全部 RTC 寄存器必须以字节为单位访问。

2. RTC 报警控制和报警数据寄存器

RTC 报警控制寄存器 RTCALM,确定允许/禁止报警和报警时间。在 Power_OFF 模式,通过 ALMINT 和 PMWKUP,RTCALM 寄存器产生报警信号,参见图 8-9。在 Normal 操作模式,仅通过 ALMINT 产生报警信号。

RTC 报警控制和报警数据寄存器地址及 Reset 值见表 8-10,寄存器各位的含义见表 8-11。

表 8-10　RTC 报警控制和报警数据寄存器地址及 Reset 值

寄存器名	地　　址	R/W	描　　述	Reset 值
RTCALM	0x57000050(小端) 0x57000053(大端)	R/W(以字节)	RTC 报警控制寄存器	0x00
ALMSEC	0x57000054(小端) 0x57000057(大端)	R/W(以字节)	报警秒数据寄存器	0x00
ALMMIN	0x57000058(小端) 0x5700005B(大端)	R/W(以字节)	报警分数据寄存器	0x00
ALMHOUR	0x5700005C(小端) 0x5700005F(大端)	R/W(以字节)	报警时数据寄存器	0x00
ALMDATE	0x57000060(小端) 0x57000063(大端)	R/W(以字节)	报警日数据寄存器	0x01
ALMMON	0x57000064(小端) 0x57000067(大端)	R/W(以字节)	报警月数据寄存器	0x01
ALMYEAR	0x57000068(小端) 0x5700006B(大端)	R/W(以字节)	报警年数据寄存器	0x00

3. RTC 进位复位寄存器

RTC 进位复位寄存器 RTCRST,Reset 值为 0x0,地址及各位含义见表 8-12。

表 8-11　　RTC 报警控制和报警数据寄存器各位含义

寄存器名	字　段	位	描　　述	初态
RTCALM	保留	[7]		0
	ALMEN	[6]	报警总允许：　0＝禁止　　1＝允许	0
	YEAREN	[5]	年报警允许：　0＝禁止　　1＝允许	0
	MONREN	[4]	月报警允许：　0＝禁止　　1＝允许	0
	DATEEN	[3]	日报警允许：　0＝禁止　　1＝允许	0
	HOUREN	[2]	时报警允许：　0＝禁止　　1＝允许	0
	MINEN	[1]	分报警允许：　0＝禁止　　1＝允许	0
	SECEN	[0]	秒报警允许：　0＝禁止　　1＝允许	0
ALMSEC	保留	[7]		0
	SECDATA 高位	[6:4]	秒报警 BCD 值，从 0 到 5	000
	SECDATA 低位	[3:0]	秒报警 BCD 值，从 0 到 9	0000
ALMMIN	保留	[7]		0
	MINDATA 高位	[6:4]	分报警 BCD 值，从 0 到 5	000
	MINDATA 低位	[3:0]	分报警 BCD 值，从 0 到 9	0000
ALMHOUR	保留	[7:6]		00
	HOURDATA 高位	[5:4]	时报警 BCD 值，从 0 到 2	00
	HOURDATA 低位	[3:0]	时报警 BCD 值，从 0 到 9	0000
ALMDATE	保留	[7:6]		00
	DATEDATA 高位	[5:4]	日报警 BCD 值，从 0 到 3	00
	DATEDATA 低位	[3:0]	日报警 BCD 值，从 0 到 9	0001
ALMMON	保留	[7:5]		000
	MONDATA 高位	[4]	月报警 BCD 值，从 0 到 1	0
	MONDATA 低位	[3:0]	月报警 BCD 值，从 0 到 9	0001
ALMYEAR	YEARDATA	[7:0]	年报警 BCD 值，从 00 到 99	0x00

表 8-12　　RTC 进位复位寄存器地址及各位含义

寄存器名	地　　址	R/W	字　段	位	描　　述	初态
RTCRST	0x5700006C(小端) 0x5700006F(大端)	R/W(以字节)	SRSTEN	[3]	秒进位复位允许： 0＝禁止　　1＝允许	0
			SECCR	[2:0]	秒进位产生边界： 011＝超过 30s 100＝超过 40s 101＝超过 50s	000

注：如果秒进位产生边界设定值为 000、001、010、110 或 111，不产生秒进位，但是秒的值能够被复位。

4. 节拍时间计数寄存器

节拍时间计数寄存器 TICNT，Reset 值为 0x00，地址及各位含义见表 8-13。

表 8-13   节拍时间计数寄存器地址及各位含义

寄存器名	地　　址	R/W	字　段	位	描　　述	初态
TICNT	0x57000044(小端) 0x57000047(大端)	R/W (以字节)	TICK INT ENABLE	[7]	节拍时间中断允许： 0=禁止　1=允许	0
			TICK TIME COUNT	[6:0]	节拍时间计数值 1～127。减法计数器。在计数期间用户不能读计数器值	0000000

5. 秒、分、时、日、星期、月、年数据寄存器

可以对这些寄存器设置当前时间和日期，读取当前时间和日期。

这些寄存器使用 BCD 值，Reset 值未定义，地址及各位含义见表 8-14。

表 8-14   秒、分、时、日、星期、月、年数据寄存器地址及各位含义

寄存器名	地　　址	R/W	字　段	位	描　　述	初态
BCDSEC 秒数据寄存器	0x57000070(小端) 0x57000073(大端)	R/W (以字节)	保留	[7]		—
			SECDATA 高位	[6:4]	秒 BCD 值，从 0 到 5	—
			SECDATA 低位	[3:0]	秒 BCD 值，从 0 到 9	—
BCDMIN 分数据寄存器	0x57000074(小端) 0x57000077(大端)	R/W (以字节)	保留	[7]		—
			MINDATA 高位	[6:4]	分 BCD 值，从 0 到 5	—
			MINDATA 低位	[3:0]	分 BCD 值，从 0 到 9	—
BCDHOUR 时数据寄存器	0x57000078(小端) 0x5700007B(大端)	R/W (以字节)	保留	[7:6]		—
			HOURDATA 高位	[5:4]	时 BCD 值，从 0 到 2	—
			HOURDATA 低位	[3:0]	时 BCD 值，从 0 到 9	—
BCDDATE 日数据寄存器	0x5700007C(小端) 0x5700007F(大端)	R/W (以字节)	保留	[7:6]		—
			DATEDATA 高位	[5:4]	日 BCD 值，从 0 到 3	—
			DATEDATA 低位	[3:0]	日 BCD 值，从 0 到 9	—

续表

寄存器名	地 址	R/W	字 段	位	描 述	初态
BCDDAY 星期 数据寄存器	0x57000080(小端) 0x57000083(大端)	R/W (以字节)	保留	[7:3]		—
			DAYDATA	[2:0]	星期 BCD 值,从 1 到 7	—
BCDMON 月 数据寄存器	0x57000084(小端) 0x57000087(大端)	R/W (以字节)	保留	[7:5]		—
			MONDATA 高位	[4]	月 BCD 值,从 0 到 1	—
			MONDATA 低位	[3:0]	月 BCD 值,从 0 到 9	—
BCDYEAR 年 数据寄存器	0x57000088(小端) 0x5700008B(大端)	R/W (以字节)	YEARDATA	[7:0]	年 BCD 值,从 00 到 99	—

表 8-14 中 BCDDAY 寄存器的值表示星期几,通常 BCDDAY＝1 表示星期日,
BCDDAY＝2 表示星期一,以此类推。

8.2.4 RTC 程序举例

【例 8.3】 下面给出了使用 C 语言编写的读 RTC 日期和时间的程序片段。

```
/* Real Time Clock */
/* Registers */
#define bRTC(Nb)        __REG(0x57000000+ (Nb))
    ⋮
#define BCDSEC        bRTC(0x70)
#define BCDMIN        bRTC(0x74)
#define BCDHOUR       bRTC(0x78)
#define BCDDATE       bRTC(0x7c)
#define BCDDAY        bRTC(0x80)
#define BCDMON        bRTC(0x84)
#define BCDYEAR       bRTC(0x88)
    ⋮
#ifndef BCD_TO_BIN                    //BCD 码变成二进制数
#define BCD_TO_BIN(val)    ((val)=((val)&15)+((val)>>4)*10)
#endif

#ifndef BIN_TO_BCD                    //二进制数变成 BCD 码
#define BIN_TO_BCD(val)    ((val)=(((val)/10)<<4)+(val)%10)
#endif

#ifndef RTC_LEAP_YEAR                 //闰年
#define RTC_LEAP_YEAR      2000
#endif
```

```
extern spinlock_t rtc_lock;
/* 读 RTC 日期、时间 */
unsigned long s3c2410_get_rtc_time(void)
{
    unsigned int year,mon,day,hour,min,sec;

    spin_lock_irq(&rtc_lock);
read_rtc_bcd_time:
    year=BCDYEAR;
    mon=BCDMON;
    //day=BCDDAY;
    day=BCDDATE;
    hour=BCDHOUR;
    min=BCDMIN;
    sec=BCDSEC;
    if (sec==0) {
        /* If BCDSEC is zero,reread all bcd registers. */
        goto read_rtc_bcd_time;            //当秒=0,循环。程序可改为只再读一次
    }
    spin_unlock_irq(&rtc_lock);

    BCD_TO_BIN(year);
    BCD_TO_BIN(mon);
    BCD_TO_BIN(day);
    BCD_TO_BIN(hour);
    BCD_TO_BIN(min);
    BCD_TO_BIN(sec);

    year+=RTC_LEAP_YEAR;

    return (mktime(year,mon,day,hour,min,sec));
}
```

8.3　看门狗定时器

8.3.1　看门狗定时器概述

看门狗定时器(Watch Dog Timer,WDT)简称看门狗,属于定时器中的一种。

1. 一般看门狗定时器概述

一般看门狗定时器,通常可以由程序控制允许/禁止看门狗定时器,允许即启动定时

器,禁止即停止定时器。看门狗定时器内部最少有一个计数寄存器,执行计数操作。使用时应该由程序给这个计数寄存器设定一个计数初值,然后允许看门狗定时器(启动),来一个计数脉冲,计数寄存器计一次数。对于减法计数器,当减到 0 时,产生一个定时输出信号,通常把这个定时输出信号作为内部 Reset 信号使用,重新启动控制器(指 CPU 中的控制器)。

有的看门狗定时器可以选择,当计数值减到 0 时,选择不产生内部 Reset 信号,而是产生中断请求信号。这时看门狗定时器的作用,与一般定时器的作用相同。在选择看门狗定时器产生中断请求时,为了使定时器能够实现定时数据的自动重装功能,看门狗定时器内部还有一个定时器数据寄存器。在计数寄存器减到 0 产生中断请求的同时,看门狗定时器自动将定时器数据寄存器内的值,装到计数寄存器,开始下一次定时。只要不禁止(停止)看门狗定时器,定时器一直运行下去。

简单地说,使用看门狗定时器,目的是当运行的程序受到了干扰,发生了死循环,或者由于运行的程序内部事先未发现的错误,导致程序不是按照程序员预定的运行路线运行时,看门狗定时器能够重新启动控制器。

用户程序中使用看门狗定时器,一种方法是在用户的主程序中,初始化时给看门狗定时器设置初值并允许(启动)看门狗定时器,然后每隔一段程序,给看门狗定时器重置一次计数值,也称喂狗。设置的初值和重置的计数值,要经过计算,并留有一定的余量,确保在每一段程序的运行时间内,看门狗定时器不会计数到 0 并产生Reset 信号。换句话说,每段程序运行的时间要小于看门狗定时器的定时时间。这样,只要程序在程序员预定的运行路线运行时,就不会重启控制器。当程序脱离了运行路线,并且不再产生喂狗操作,定时器计数到 0 时,产生 Reset 信号,重启控制器。

2. S3C2410A 看门狗定时器概述

S3C2410A 片内有一个看门狗定时器模块,当控制器的操作受到像噪音或系统错误的干扰时,看门狗定时器能够重新启动控制器操作;这个定时器也能被用作一个通常的16 位间隔时间定时器,产生中断请求。

看门狗定时器用于重启控制器时,在看门狗定时器计数寄存器 WTCNT 中执行计数操作,当允许看门狗定时器时(WTCON[5]=1),每来一个计数脉冲就减 1。当计数值减到 0 时,能够产生一个长度为 128 个 PCLK 时间长度的复位(Reset)信号。

看门狗定时器没有使用 S3C2410A 的芯片引脚信号。

8.3.2　看门狗定时器操作

1. 看门狗定时器源时钟的分频

看门狗定时器功能框图如图 8-11 所示。

看门狗定时器用 PCLK 作为它唯一的源时钟。为了产生相应的看门狗定时器时钟,

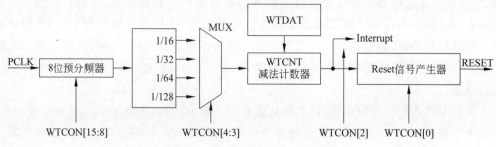

图 8-11 看门狗定时器功能框图

PCLK 先被预分频,之后再次被分频(称为时钟分频)。

预分频值和时钟分频值的选择,在看门狗定时器的控制寄存器 WTCON 中被指定。合法的预分频值的范围从 0 到 255。时钟分频值可以选择 16、32、64 或 128。

使用下式计算看门狗定时器时钟频率和每个定时时钟周期的时长。

$$t\_watchdog = 1/(PCLK/(Prescaler\ value + 1)/Division\_factor) \tag{8-1}$$

式 8-1 中 Prescaler value 为预分频值,Division_factor 为分频因子,即时钟分频选择的值。

2. WTDAT 和 WTCNT

一旦看门狗定时器被允许(启动),看门狗定时器数据寄存器(Watchdog Timer Data Register,WTDAT)的值不能被自动装入定时器计数寄存器 WTCNT 中,由于这个原因,计数初值必须同时写入 WTDAT 和 WTCNT 中,而且应该在看门狗定时器启动以前写入。

3. 调试环境的考虑

当 S3C2410A 使用嵌入式 ICE 处于调试模式时,看门狗定时器自动被禁止。看门狗定时器根据 CPU 核信号 DBGACK,能够确定当前是否处于调试模式。一旦 DBGACK 信号确认有效,当看门狗定时器计数终止时,复位输出信号不被激活。

8.3.3 看门狗定时器特殊功能寄存器

1. 看门狗定时器控制寄存器

通过配置看门狗定时器控制寄存器 WTCON,能够允许/禁止看门狗定时器;可以选择不同的时钟分频值;允许/禁止中断;允许/禁止看门狗定时器 Reset 功能。如果用户要求把看门狗定时器用作通常的定时器,应该设置允许中断,同时禁止看门狗定时器 Reset 功能。内容见表 8-15。

由表 8-15 可以看出,加电 Reset 后的初态,是看门狗定时器被设置为允许看门狗定时器,同时允许看门狗定时器输出作为 Reset 信号。如果不希望使用看门狗功能,应该禁止它。

表 8-15   看门狗定时器控制寄存器地址及各位含义

寄存器名	字段	位	描述	初态
WTCON 地 址:0x53000000,可读写,Reset 值 0x8021	Prescaler value(预分频值)	[15:8]	合法值为 0~255	0x80
	保留	[7:6]	在通常操作时,这两位必须是 00	00
	看门狗定时器允许/禁止位	[5]	0=禁止看门狗定时器 1=允许看门狗定时器	1
	时钟选择	[4:3]	见图 8-11,这两位确定时钟分频因子对应的哪一个引脚通过多路开关 MUX: 00: 1/16 01: 1/32 10: 1/64 11: 1/128	00
	中断允许/禁止	[2]	0=禁止中断产生 1=允许中断产生	0
	保留	[1]	在通常操作时,这一位必须是 0	0
	Reset 允许/禁止	[0]	1=在看门狗定时器输出时,允许作为 S3C2410A 的 Reset 信号 0=禁止看门狗定时器的 Reset 功能	1

2. 看门狗定时器数据寄存器

看门狗定时器数据寄存器 WTDAT,用作指定定时输出时长区间。在初次看门狗定时器操作时,WTDAT 的内容不能被自动重装到定时器计数寄存器 WTCNT 中。因此,用户要同时对 WTDAT 和 WTCNT 设定初值。当第一次定时输出发生后,WTDAT 的值将被自动重装到定时器计数寄存器 WTCNT 中。

在 Reset 后,由于 WTCON[5]=1 允许看门狗定时器,并且 WTDAT=0x8000,WTCNT=0x8000,因此看门狗定时器以 0x8000 作为计数初值。

WTDAT 寄存器地址及 Reset 值见表 8-16。

表 8-16   看门狗定时器数据寄存器地址及 Reset 值

寄存器名	地址	R/W	字段	位	描述	Reset 值
WTDAT	0x53000004	R/W	Count Reload Value	[15:0]	用于重装的看门狗定时器计数值	0x8000

3. 看门狗定时器计数寄存器

看门狗定时器计数寄存器 WTCNT,含有看门狗定时器在通常操作时的当前计数值,执行递减计数操作。

WTCNT 寄存器地址及 Reset 值见表 8-17。

表 8-17   看门狗定时器计数寄存器地址及 Reset 值

寄存器名	地址	R/W	字段	位	描述	Reset 值
WTCNT	0x53000008	R/W	Count Value	[15:0]	看门狗定时器当前计数值	0x8000

8.3.4　看门狗定时器程序举例

以下内容在涉及 C 语言语句时,假定使用环境为 μC/OS-Ⅱ,并且寄存器地址已经定义过了。

1. 电源加电启动后看门狗定时器的状态

参见表 8-15、表 8-16 和表 8-17,电源加电启动后,看门狗定时器各寄存器的 Reset 值为:

```
rWTCON=0x8021;                    //表示预分频值为 0x80;看门狗定时器允许(启动)
                                  //时钟选择为 00,选 1/16
                                  //看门狗定时器输出允许作为 Reset 信号
```

WTDAT 和 WTCNT 的 Reset 值都为 0x8000,由于 WTCON 中允许(启动)看门狗定时器,所以 WTCNT 开始计数。

通常板级支持包或操作系统先禁止看门狗定时器:

```
rWTCON= 0;                        //禁止看门狗定时器,禁止中断产生,禁止 Reset 功能
```

2. 看门狗定时器作为通常的计数器使用

(1) 不屏蔽看门狗定时器中断,清零寄存器 INTMSK[9]位,即 INT_WDT。

```
rINTMSK &=~(BIT_WDT);             //假定 BIT_WDT 已定义过了,
                                  //即 #define BIT_WDT(0x1<<9)
```

(2) 指向中断服务程序。

```
pISR_WDT=(unsigned)Wdt_Int;
//或者
pISR_WDT=(unsigned)watchdog_int;  //名字 watchdog_int 在不同的系统可能不同
```

(3) 设置 WTCON,包括预分频值,时钟分频因子选择 128,允许中断,禁止看门狗 Reset 功能。

```
rWTCON=((PCLK/1000000-1)<<8)|(3<<3)|(1<<2));
```

(4) 设置由用户确定的定时器初值,如 8100。

```
rWTDAT=8100;                      //这个值当 WTCNT 计数为 0 时,重装到 WTCNT 使用
rWTCNT=8100;                      //初次使用看门狗定时器必须设置 WTCNT
```

(5) 允许看门狗定时器,即启动定时器。

```
rWTCON=rWTCON|(1<<5);
```

(6) 之后当 WTCNT 计数为 0 时,将 WTDAT 的值重装到 WTCNT,并产生中断请求(不产生 Reset 信号),进入 __irq Wdt_Int 中断服务程序。看门狗定时器中,WTCNT

寄存器用重装值开始下一次定时的计数操作。

（7）如果需要停止定时器，则：

```
rWTCON= rWTCON & 0xff1f;
```

3. 允许看门狗定时器产生 Reset 信号

（1）允许看门狗 Reset 功能，确定预分频值，选择时钟分频因子，禁止中断。

```
rWTCON= ((PCLK/1000000-1)<<8)|(3<<3)|(1);
```

（2）由用户计算并设置看门狗定时器定时长度对应的计数值，如 8200。

```
rWTCNT= 8200;
```

（3）允许看门狗定时器，即启动定时器。

```
rWTCON= rWTCON|(1<<5);
```

（4）此后，在规定的时间内，即 WTCNT 减法计数还没有达到 0 之前，要对 WTCNT 寄存器再次设置计数值，即产生喂狗动作。然后 WTCNT 以新的设置值开始新的计数过程。

```
rWTCNT= 8200;
```

（5）如果在规定时间内没有喂狗动作，看门狗定时器产生 Reset 信号，重启控制器。

【例 8.4】 以下程序允许看门狗定时器产生中断请求，中断 5 次后屏蔽看门狗定时器中断。程序运行环境为 μC/OS-II，需要在 main.c 中调用看门狗定时器测试程序 watchdog_test。

```
/*    File: watchdog_test.c        */
#include "2410lib.h"                //包含文件
/* 全局变量和中断服务程序说明        */
void __irq watchdog_int(void);
INT8T f_uSecondCnt;

/* 功能：看门狗定时器(WDT)中断功能测试 */
/* 入口参数：无    返回：无         */
void watchdog_test(void)
{
    f_uSecondCnt=0;
    uart_printf("\n WDT test\n");
    uart_printf(" 5 seconds: \n");
    rSRCPND|=0x0200;
    rINTPND|=0x200;
                                    //指向 WDT 中断服务程序入口
```

```
        pISR_WDT= (unsigned)watchdog_int;
        rWTCON= ((PCLK/1000000-1)<<8)|(3<<3)|(1<<2);
                                            //1M,1/128,允许中断
        rWTDAT=7812;                        //1M/128=7812
        rWTCNT=7812;
        rWTCON=rWTCON & ~1;
        //rWTCON=rWTCON | 1;                允许发出 Reset 信号启动控制器,但现在不用
        rWTCON |= (1<<5);                   //允许(启动)WDT

        rINTMOD &=~(BIT_WDT);               //IRQ 模式
        rINTMSK &=~(BIT_WDT);               //不屏蔽 WDT 中断
        while((f_uSecondCnt)<6);            //等待 WDT 中断
        rINTMSK |=BIT_WDT;                  //屏蔽 WDT 中断
        uart_printf(" END test \n");
    }


    /*  功能:看门狗定时器(WDT)中断服务程序 */
    /*  入口参数:无          返回:无     */
    void __irq watchdog_int(void)
    {
        ClearPending(BIT_WDT);             //清除中断登记位
        f_uSecondCnt++;
        if(f_uSecondCnt<6)
            uart_printf("%3ds",f_uSecondCnt);
        else
            uart_printf("\n GOOD");
    }


    /* --------------------------------------- */
    /*          File:    main.c              */

    #include "2410lib.h"                     //包含文件
    void watchdog_test(void);


    /*          功能:提供程序入口                */
    /*          入口参数:无      返回:无        */
    int main()
    {
        sys_init();
        uart_printf("\n 2410 WDT test start !\n");
        watchdog_test();
        while(1);
    }
```

8.4　本章小结

本章讲述了 PWM 定时器、实时时钟和看门狗定时器三部分内容。

在 PWM 定时器部分,介绍了定时器概述、定时器操作、定时器特殊功能寄存器和定时器应用举例。要求读者清楚 S3C2410A 片内定时器主要特点;熟知每个定时器内部各寄存器的作用和主要操作过程;熟知 PWM、手动更新、自动重装、中断请求或 DMA 请求的选择、双缓冲、输出反相和死区发生器等工作原理或含义。

在实时时钟部分,讲述了 RTC 概述、RTC 组成与操作、RTC 特殊功能寄存器和 RTC 程序举例。要求读者清楚 S3C2410A 片内实时时钟组成和操作。

在看门狗定时器部分,讲述了看门狗定时器概述、操作、特殊功能寄存器和看门狗定时器程序举例。要求读者掌握 S3C2410A 看门狗定时器的基本操作过程,并能编写相应的应用程序。

8.5　习　　题

1. 对于 PWM 定时器,简要回答以下问题:

(1) S3C2410A 片内有几个定时器? 几个能够进行脉宽调制?

(2) 定时器长度为 16 位还是 32 位?

(3) 定时器用到 S3C2410A 芯片哪些引脚? 这些引脚在 I/O 端口中如何定义? 使用到哪几个 I/O 端口寄存器?

(4) 在每个定时器内部(也称一个定时器通道),有几个寄存器? 每个寄存器有哪些用途?

(5) 解释以下寄存器的用途:

TCNTB0、TCMPB0、TCNT0、TCMP0、TCNTO0。

(6) 定时器 4 与定时器 1 有哪些区别? 定时器 0 与定时器 1 有哪些区别?

(7) 为什么要进行手动更新? 如何进行手动更新?

(8) 为什么要进行自动重装? 自动重装在什么时间进行了哪些操作?

(9) 如何启动某个定时器? 如何停止某个定时器?

(10) 在 PCLK 脉冲频率确定的情况下,当预分频(prescaler)值确定、时钟分频(clock divider)器输入端选定时,要使 TOUT0 频率变快,应该加大新设置的 TCNTB0 值还是减小新设置的 TCNTB0 值? 或者说如何调节输出信号 TOUT0 的频率?

(11) 如何调节输出信号 TOUT0 的占空比? 或者说在 TOUT0 的频率不变的情况下,如何调节才能使每一个脉冲的低电平时间变长,高电平时间变短? 如何调节才能使每一个脉冲的低电平时间变短,高电平时间变长?

(12) 允许在计数过程中设置下一次定时用到的参数吗?

(13) 在计数过程中设置的 TCNTBn 和 TCMPBn 值,这两个值是用于当前计数还是下一次计数?

(14) 在什么场合下,定时器要使用死区? 如何设置死区长度?

(15) 如何选择一个定时器产生 DMA 请求或中断请求?

(16) 如何设置预分频值?

(17) 如何设置每个定时器输出使用反相器或不使用反相器?

(18) 解释以下名词术语:

PWM、手动更新、自动重装、预分频、时钟分频、死区、双缓冲、定时器最小分辨率、最大定时区间、输出电平控制。

2. 对于 RTC,简要回答以下问题:

(1) 在 S3C2410A 的 RTC 中,2 位 BCD 数字 00 代表 1900 年还是 2000 年?

(2) 后备电池电压由哪个 S3C2410A 引脚引入?

(3) ALMINT 和 PMWKUP 信号在哪些操作模式下能够被激活?

(4) 简述节拍时间中断的产生过程。

(5) 简述 RTC 控制寄存器中 RTC 写允许/禁止位 RTCEN 的含义。

(6) 简述 RTC 报警允许/禁止的设置和报警数据的设置方法。

(7) 如何设置 RTC 的日期和时间?

(8) 当秒寄存器 BCDSEC 为 0 时,为什么要重读一次年、月、日、时、分、秒寄存器?

(9) RTC 电路模块使用了哪些 S3C2410A 引脚信号?

(10) 在 Power_OFF 模式时,RTC 能够执行报警功能、产生节拍时间中断吗?

3. 对看门狗定时器,简要回答以下问题:

(1) 在什么情况下使用看门狗定时器?

(2) 如何对看门狗定时器源时钟进行分频?

(3) 寄存器 WTDAT 和 WTCNT 有何区别?

(4) 为什么使用看门狗定时器时要考虑调试环境?

(5) 如果编写一个完整的应用程序,使用看门狗定时器,如何计算定时参数? 在什么情况下,看门狗定时器起作用,使得机器再次启动、程序重新执行?

第 9 章

chapter **9**

UART 及 IIC、IIS、SPI 总线接口

本章主要内容如下：

(1) S3C2410A UART 概述，UART 操作，UART 特殊功能寄存器，UART 与 RS-232C 接口连接举例，UART 与红外收发器连接举例。

(2) S3C2410A IIC 总线接口概述，IIC 总线接口组成与操作方式中的功能关系，IIC 总线接口 4 种操作方式的操作流程图，IIC 总线接口特殊功能寄存器，IIC 总线接口程序举例。

(3) S3C2410A IIS 总线接口概述，IIS 总线接口组成和发送/接收方式，音频串行接口数据格式，IIS 总线接口特殊功能寄存器，IIS 总线接口程序举例。

(4) S3C2410A SPI 总线接口概述，SPI 总线接口组成和操作，SPI 传输格式与 DMA 方式发送/接收步骤，SPI 总线接口特殊功能寄存器，SPI 总线接口应用举例。

9.1 UART

9.1.1 UART 概述

1. UART 介绍

位于 S3C2410A 芯片内部的通用异步收发器(Universal Asynchronous Receiver and Transmitter,UART)提供了 3 个独立的异步串行 I/O(Serial I/O,SIO)端口(或通道)。每个端口能够基于中断或基于 DMA 方式操作。换句话说，UART 能够产生中断或 DMA 请求，用来在 CPU(或内存)与 UART 之间传输数据。UART 各通道也支持查询方式在 UART 与 CPU 之间传输数据。使用系统时钟时，UART 能够支持位传输速率最高达到 230kbps。如果外设为 UART 提供时钟 UEXTCLK，那么 UART 能够以更高的速度操作。每个 UART 通道含有两个 16 字节的先进先出(First In First Out,FIFO)寄存器，一个用于接收数据，一个用于发送数据。

可以对 S3C2410A UART 以下参数通过编程设置：波特率，通常方式或红外(Infra Red,IR)发送/接收方式，1 位或 2 位停止位，5~8 位数据位，奇偶校验方式。

如图 9-1 所示，每个 UART 通道含有一个波特率发生器、一个发送器、一个接收器和

一个控制单元。波特率发生器使用 PCLK 或 UEXTCLK 时钟。发送器和接收器各有一个 16B 的 FIFO(即缓冲区)寄存器和移位器。在 FIFO 方式,要发送的数据先写入 FIFO 寄存器,然后复制到发送移位器,通过发送数据引脚 TxDn 移位输出;而接收数据从接收数据引脚 RxDn 输入并移位,然后从接收移位器复制到 FIFO 寄存器。

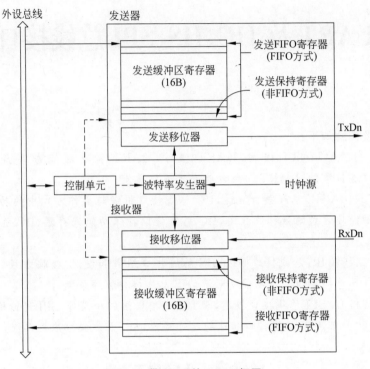

图 9-1　带 FIFO 的 UART 框图

图 9-1 中,在 FIFO 方式,每个缓冲区寄存器的全部 16B 用作 FIFO 寄存器。在非 FIFO 方式,仅每个缓冲区寄存器中的 1 字节用作保持寄存器。

在非 FIFO 方式,要发送的数据先写入发送保持寄存器,然后复制到发送移位器,通过 TxDn 引脚移位输出;要接收的数据通过 RxDn 引脚输入并移位,然后从移位器复制到接收保持寄存器。

S3C2410A 中的 UART 有以下特点:

(1) 3 个端口中每个端口的数据发送/接收(RxD0、TxD0、RxD1、TxD1、RxD2、TxD2)可以基于中断或基于 DMA 方式操作,也可以基于查询方式操作;

(2) UART 通道 0、1 和 2 支持红外通信协议 IrDA1.0 以及 16B FIFO;

(3) UART 通道 0 和 1 带有 nRTS0、nCTS0、nRTS1 和 nCTS1。

2. UART 使用的引脚信号

UART 使用以下 S3C2410A 引脚信号:

- RxD[2:0],输入,UART 接收数据输入;
- TxD[2:0],输出,UART 发送数据输出;

- nCTS[1:0]，输入，UART 清除发送输入信号；
- nRTS[1:0]，输出，UART 请求发送输出信号；
- UEXTCLK，输入，UART 时钟信号，由外部 UART 设备或系统提供。

9.1.2　UART 操作

UART 操作包括数据发送、数据接收、自动流控制（auto flow control）、中断/DMA 请求产生、错误状态 FIFO、波特率发生器和红外方式等内容。

1. 数据发送

发送数据帧格式是可编程的。一帧数据由 1 位起始位，5～8 位数据位，1 位可选择的奇偶校验位和 1 位或 2 位停止位组成。帧格式能够在 UART 线控制寄存器 ULCONn 中指定。发送器也能够产生断开条件（break condition），断开条件强制串行输出成为逻辑 0 状态，持续时间为一帧发送时间。块发送断开信号出现在当前发送字被发送完以后。断开信号发送后，继续发送的数据是 Tx（发送）FIFO 的数据（在非 FIFO 方式，是 Tx 保持寄存器的数据）。

2. 数据接收

与数据发送一样，接收的数据帧格式也是可编程的。由 1 位起始位，5～8 位数据位，1 位可选择的奇偶校验位和 1 位或 2 位停止位组成。帧格式在 UART 线控制寄存器 ULCONn 中指定。接收器能够检测溢出错误（overrun error）和帧错误（frame error）。

- 溢出错误指示接收器收到的旧数据还没有被读走，新收到的数据覆盖了这个旧数据。
- 帧错误指示收到的数据没有合法的停止位。

接收超时条件出现，指示当接收器在（接收）3 个字的时间内没有接收到任何数据，并且在 FIFO 方式 Rx（接收）FIFO 不空。

3. 自动流控制

S3C2410A 的 UART0 和 UART1 使用 nRTS 和 nCTS 信号，支持自动流控制（Auto Flow Control，AFC）。在自动流控制的情况下，UART0 或 UART1 能够与外部的 UART 连接。如果用户要连接 UART 到调制解调器（modem），应该在 UMCONn 寄存器中禁止 AFC 位，并且由软件控制 nRTS 信号。

在 AFC，nRTS 取决于接收器的条件，nCTS 信号控制发送器操作。在 FIFO 方式，仅当 nCTS 信号被激活，UART 的发送器才发送 FIFO 中的数据。在 AFC，nCTS 激活意味着接收方 UART 的 FIFO 准备接收数据。在 UART 接收数据前，nRTS 必须被激活，条件是它的接收 FIFO 有两字节以上的剩余空间。如果接收 FIFO 剩余空间在 1B 以下，nRTS 不被激活。在 AFC，nRTS 意味着它自己的接收 FIFO 准备好接收数据。

UART AFC 接口见图 9-2。

S3C2410A 由于没有 nRTS2 和 nCTS2，所以 UART2 不支持 AFC 功能。

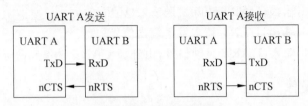

图 9-2　UART AFC 接口

4. 非自动流控制(由软件控制 nRTS 和 nCTS)

1) 使用 FIFO 的接收操作

(1) 选择接收方式是基于中断或基于 DMA 方式;

(2) 检查在 UFSTATn 寄存器中接收 FIFO 的计数值。如果这个值小于 15,用户必须设置 UMCONn[0]的值为 1,去激活 nRTS;如果这个值大于或等于 15,用户必须设置 UMCONn[0]的值为 0,不激活 nRTS;

(3) 重复(2)。

2) 使用 FIFO 的发送操作

(1) 选择发送方式是基于中断或基于 DMA 方式;

(2) 检查 UMSTATn[0]的值,如果值为 1(激活 nCTS),用户写数据到发送 FIFO 寄存器。

5. RS-232C 接口

如果用户要通过 RS-232C 连接 UART 到调制解调器接口,nRTS、nCTS、nDSR、nDTR、nDCD 和 nRI 信号是需要的,但是 UART 不支持这么多的信号。在这种情况下,用户应该使用通用 I/O 端口(GPIO),由软件控制产生这些信号。

6. 中断/DMA 请求产生

S3C2410A 每个 UART 有 5 种状态信号,溢出错误、帧错误、接收缓冲区数据准备好、发送缓冲区空和发送移位器空,它们由对应的 UART 状态寄存器 UTRSTATn 和 UERSTATn 表示。

溢出错误和帧错误被称作接收器错误状态,它们中的每一种错误能够引起接收器错误状态中断请求,条件是在控制寄存器 UCONn 中的接收错误状态中断允许位被设置为 1。当接收错误状态中断请求被检出,通过读 UERSTATn 寄存器的值,能够区别出引起中断请求的信号(溢出错误、帧错误)。

在 FIFO 方式,当接收器传送接收移位器的数据到接收 FIFO 寄存器,并且接收的数据个数达到接收 FIFO 的触发电平时,接收中断被产生,条件是控制寄存器 UCONn 中,接收方式被设置为 01(中断请求或查询方式)。有关触发电平的内容,见表 9-5。

在非 FIFO 方式,当接收移位器的数据传送到接收保持寄存器,将引起接收中断,条件是控制寄存器 UCONn 中接收方式被设置为 01(中断请求或查询方式)。

在 FIFO 方式,当发送器从它的发送 FIFO 寄存器传送数据到它的发送移位器,并且留在发送 FIFO 中的数据达到发送 FIFO 触发电平时,发送中断被产生,条件是控制寄存器 UCONn 中,发送方式被设置为 01(中断请求或查询方式)。

在非 FIFO 方式,从发送保持寄存器传送数据到发送移位器,将引起发送中断,条件是控制寄存器 UCONn 中发送方式被设置为 01(中断请求或查询方式)。

如果接收方式和发送方式在控制寄存器 UCONn 中都被选择为 DMAn 请求方式,那么将出现 DMAn 请求,代替以上提到的发送或接收中断请求出现的情况。

与 FIFO 有关的中断见表 9-1。

表 9-1　与 FIFO 有关的中断

类　型	FIFO 方式	非 FIFO 方式
接收中断	只要接收数据达到接收 FIFO 的触发电平,就产生中断。当 FIFO 中数据个数没有达到接收 FIFO 的触发电平,并且在 3 个字的时间内没有收到任何数据,产生接收超时中断(在 DMA 方式)	当接收移位器的数据传送到接收保持寄存器,引起接收中断
发送中断	只要发送数据达到发送 FIFO 的触发电平,就产生中断	由发送保持寄存器传送数据到发送移位器,引起发送中断
错误中断	帧错误检出,产生中断。当接收的数据达到接收 FIFO 的顶部,但是没有读出 FIFO 中的数据(溢出错误),产生中断	所有的错误都会产生中断。如果同时出现多个错误,只会产生一个中断

7. UART 错误状态 FIFO

除了接收 FIFO 外,UART 还有错误状态 FIFO。错误状态 FIFO 指示,在接收 FIFO 中哪一个数据接收时有错误。只有当有错误的数据准备读出时,错误中断将被发出。为了清除错误状态 FIFO,含有错误数据的 URXHn 寄存器内容和指示错误状态的 UERSTATn 寄存器内容必须被读出。

例如,假定 UART 接收 FIFO 时顺序地接收了'W'、'X'、'Y'和'Z'字符,并且当接收'X'字符时,出现了帧错误。

对于'X'字符,UART 识别出接收错误时,将不产生任何错误中断,只是在错误状态 FIFO 中对应位置做了标记。只有当接收 FIFO 中的字符'X'被读出时,才产生错误中断。换句话说,带有错误的字符在未被读出时,不产生错误中断,如表 9-2 和图 9-3 所示。

表 9-2　错误中断产生情况

时　间	时　序　流	错误中断	注
#0	这时没有字符被读出	—	
#1	'W''X''Y'和'Z'被接收	—	
#2	'W'被读出后	(在'X'中的)帧错误中断出现	'X'必须被读出

续表

时　间	时　序　流	错误中断	注
♯3	'X'被读出后	—	
♯4	'Y'被读出后	—	
♯5	'Z'被读出后	—	

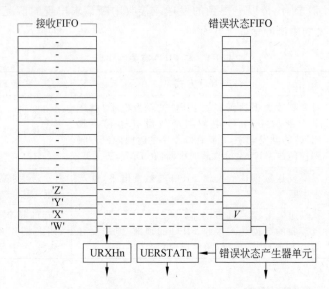

图 9-3　UART 收到 4 个字符带有 1 个错误的示意图

8. 波特率发生器

每个 UART 通道的波特率发生器(baud rate generator)为发送器和接收器提供连续的时钟信号。用于波特率发生器的源时钟(source clock)可以选择 S3C2410A 的内部系统时钟 PCLK,或由外部 UART 设备、系统通过 S3C2410A 引脚 UEXTCLK 引入,方法是通过 UCONn 寄存器的时钟选择位 UCONn[10]选择。波特率发生器内部对源时钟进行分频,16 位分频系数在 UART 波特率分频寄存器 UBRDIVn 中由软件指定,分频后的信号作为波特率发生器的(输出)时钟信号。

在 UBRDIVn 寄存器中的分频系数由下式确定:

$$UBRDIVn = (int)(PCLK/(bps \times 16)) - 1 \tag{9-1}$$

式 9-1 中分频系数 UBRDIVn 取值为 1~65 535。

S3C2410A 也支持使用 UEXTCLK 时钟信号,并在波特率发生器内部对其分频。

如果 S3C2410A 选择使用 UEXTCLK,由于 UEXTCLK 是由外部 UART 设备或系统提供给 S3C2410A 的,因而 S3C2410A 中 UART 的时钟会精确地与 UEXTCLK 同步。这样一来用户会得到更准确的 UART 操作。使用 UEXTCLK 时钟信号的分频系数由下式确定:

$$UBRDIVn = (int)(UEXTCLK/(bps \times 16)) - 1 \tag{9-2}$$

式 9-2 中 UBRDIVn 取值为 1～65 535。

例如,如果波特率要求为 115 200bps,PCLK 或 UEXTCLK 为 40MHz,在 UBRDIVn
寄存器中设定的分频系数计算如下:

$$UBRDIVn = (int)(40\,000\,000/(115\,200 \times 16)) - 1 = (int)(21.7) - 1 = 20$$

在特定的情况下,波特率最高允许达到 921.6kbps。例如,当 PCLK 为 60MHz 时,
波特率可以达到 921.6kbps。

9. 回送方式(loop back mode)

S3C2410A UART 提供了一种测试方式,称作回送方式,用于在通信链中隔离故障。
这种方式允许连接同一个 UART 中的 RxD 和 TxD。因此在这种方式,发送的数据经由
RxD 被接收到接收器。这一特点允许处理器校验每个串行 I/O 通道的内部发送和接收
的数据通路。这种方式由 UART 控制寄存器 UCONn 中设置回送方式位指定。

10. 红外方式

S3C2410A UART 模块支持红外方式发送和接收数据,可以在 UART 线控制寄存
器 ULCONn 中通过设置红外方式位指定。图 9-4 给出了红外方式功能模块图。

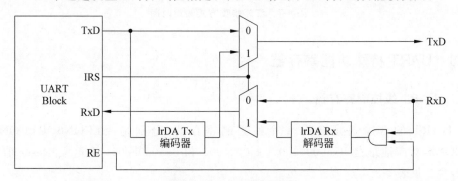

图 9-4　IrDA 功能模块图

在红外发送方式,当发送数据位是 0 时,发送脉冲宽度是通常方式(非红外方式)串
行发送一位时长的 3/16。在红外接收方式,接收器必须检出这个 3/16 的脉冲,并识别作
为 0,详见图 9-5～图 9-7。

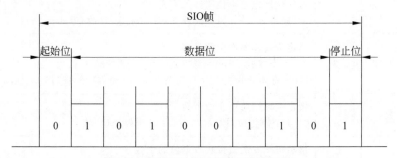

图 9-5　串行 I/O 帧定时图(通常方式)

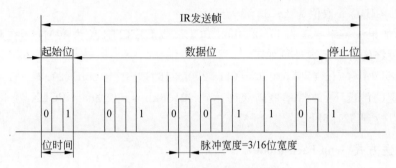

图 9-6   红外发送方式帧定时图

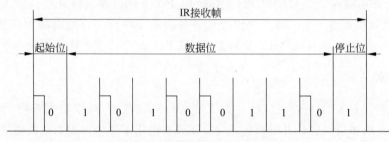

图 9-7   红外接收方式帧定时图

9.1.3   UART 特殊功能寄存器

1. UART 线控制寄存器

UART 的 3 个通道各有 1 个线控制寄存器,分别是 ULCON0、ULCON1 和 ULCON2,对应地址是 0x50000000、0x50004000 和 0x50008000,可读写,Reset 值均为 0x00,含义见表 9-3。

表 9-3   UART 线控制寄存器含义

ULCONn	位	描　述	初态
保留	[7]		0
红外方式	[6]	这一位确定是否使用红外方式 0=通常方式　　1=红外 Tx/Rx(发送/接收)方式	0
奇偶校验方式	[5:3]	指定奇偶校验产生的类型 0xx=不校验　100=奇校验　101=偶校验 110=奇偶校验强制为 1/检测 1　111=奇偶校验强制为 0/检测 0	000
停止位个数	[2]	指定一帧结束停止位个数 0=1 个停止位/帧　　　　1=2 个停止位/帧	0
数据位长度	[1:0]	指示每帧发送或接收数据位的个数 00=5 位　01=6 位　10=7 位　11=8 位	00

2．UART 控制寄存器

UART 的 3 个通道各有一个控制寄存器，分别是 UCON0、UCON1 和 UCON2，对应地址是 0x50000004、0x50004004 和 0x50008004，可读写，Reset 值均为 0x00，含义见表 9-4。

表 9-4　UART 控制寄存器含义

UCONn	位	描　　述	初态
时钟选择 (clock selection)	[10]	选择 PCLK 或 UEXTCLK 作为 UART 源时钟 0＝PCLK：UBRDIVn＝(int)(PCLK/(bps×16))−1 1＝UEXTCLK(用 GPH8 引脚)： UBRDIVn＝(int)(UEXTCLK/(bps×16))−1	0
发送中断类型	[9]	中断请求类型： 0＝脉冲(在非 FIFO 方式，只要发送缓冲区空，立即请求中断；在 FIFO 方式，达到发送 FIFO 触发电平，立即请求中断) 1＝电平(在非 FIFO 方式，当发送缓冲区空时，请求中断；在 FIFO 方式，达到发送 FIFO 触发电平，请求中断)	0
接收中断类型	[8]	中断请求类型： 0＝脉冲(在非 FIFO 方式，接收缓冲区收到数据，立即请求中断；在 FIFO 方式，达到接收 FIFO 触发电平立即请求中断) 1＝电平(在非 FIFO 方式，当接收缓冲区收到数据时，请求中断；在 FIFO 方式，达到接收 FIFO 触发电平，请求中断)	0
接收超时中断允许	[7]	当 UART 允许 FIFO 时，允许/禁止接收超时中断 0＝禁止　　　　1＝允许	0
接收错误状态中断允许	[6]	在接收操作期间，如果出现帧错误或溢出错误，允许/禁止 UART 产生中断 0＝不产生接收错误状态中断　1＝产生接收错误状态中断	0
回送方式	[5]	设置这一位为 1，使 UART 进入回送方式，仅用于测试目的 0＝通常方式　　　　1＝回送方式	0
保留	[4]	保留	0
发送方式	[3:2]	当写发送数据到 UART 发送缓冲区寄存器时，这两位确定当前使用哪一种功能 00＝禁止　　01＝中断请求或查询方式 10＝DMA0 请求(仅对 UART0)，DMA3 请求(仅对 UART2) 11＝DMA1 请求(仅对 UART1)	00
接收方式	[1:0]	当从 UART 接收缓冲区寄存器读数据时，这两位确定当前使用哪一种功能 00＝禁止　　　01＝中断请求或查询方式 10＝DMA0 请求(仅对 UART0)，DMA3 请求(仅对 UART2) 11＝DMA1 请求(仅对 UART1)	00

在非 FIFO 方式，发送缓冲区空的含义是指：由于在非 FIFO 方式，发送缓冲区寄存器中只使用 1 字节作为发送保持寄存器，其余 15 字节不使用，因此当发送保持寄存器中

的数据复制到发送移位器时,称发送缓冲区为空。

在非 FIFO 方式,接收缓冲区收到数据的含义是指:由于在非 FIFO 方式,接收缓冲区寄存器中只使用 1 字节作为接收保持寄存器,其余 15 字节不使用,因此当接收移位器复制数据到接收保持寄存器时,称为接收缓冲区收到数据。

3. UART FIFO 控制寄存器

UART 的 3 个通道各有一个 FIFO 控制寄存器,分别是 UFCON0、UFCON1 和 UFCON2,对应地址是 0x50000008、0x50004008 和 0x50008008,可读写,Reset 值均为 0x00,含义见表 9-5。

表 9-5　UART FIFO 控制寄存器含义

UFCONn	位	描　　述	初态
发送 FIFO 触发电平	[7:6]	这两位确定发送 FIFO 触发电平 00=空　01=4 字节　10=8 字节　11=12 字节	00
接收 FIFO 触发电平	[5:4]	这两位确定接收 FIFO 触发电平 00=4 字节　01=8 字节　10=12 字节　11=16 字节	00
保留	[3]		0
发送 FIFO 复位指示	[2]	复位 FIFO 后,这一位被自动清除 0=通常(Normal)　1=发送 FIFO 复位(Reset)	0
接收 FIFO 复位指示	[1]	复位 FIFO 后,这一位被自动清除 0=通常(Normal)　1=接收 FIFO 复位(Reset)	0
FIFO 允许	[0]	0=禁止 FIFO　　1=FIFO 方式(允许)	0

注:当 UART 没有达到 FIFO 触发电平,并且在 3 个字时间内没有收到数据,同时处于 DMA 接收方式,使用 FIFO 方式,那么会产生接收超时中断,用户应该检查 FIFO 状态并且读出 FIFO 中的剩余数据。

4. UART 调制解调器控制寄存器

UMCON0 和 UMCON1 是 UART 通道 0 和通道 1 的调制解调器控制寄存器,地址分别是 0x5000000C 和 0x5000400C,可读写,Reset 值均为 0x00,含义见表 9-6。另外,地址为 0x5000800C 的寄存器保留。

表 9-6　UART 调制解调器控制寄存器含义

UMCONn	位	描　　述	初态
保留	[7:5]	这些位必须是 0	000
AFC(自动流控制)	[4]	0=禁止　　1=允许	0
保留	[3:1]	这些位必须是 0	000
请求发送 (request to send)	[0]	如果 AFC 位允许,这一位的值将被忽略。在这种情况下 S3C2410A 将自动控制到 nRTS。如果 AFC 位禁止,nRTS 必须由软件控制 0=高电平(不激活 nRTS)　1=低电平(激活 nRTS)	0

5. UART 发送/接收状态寄存器

UTRSTAT0、UTRSTAT1 和 UTRSTAT2 分别是 UART 通道 0、通道 1 和通道 2 的发送和接收状态寄存器,对应地址是 0x50000010、0x50004010 和 0x50008010,只读, Reset 值均为 0x6,含义见表 9-7。

表 9-7　UART 发送/接收状态寄存器含义

UTRSTATn	位	描　　述	初态
发送器空	[2]	当发送缓冲区寄存器没有有效的数据发送,并且发送移位器空,这一位被自动置 1 0＝不空　　1＝发送缓冲区寄存器和移位器空	1
发送缓冲区空	[1]	当发送缓冲区寄存器没有有效的数据发送时,这一位被自动置 1 0＝发送缓冲区寄存器不空 1＝空(在非 FIFO 方式,产生中断或 DMA 请求。在 FIFO 方式,当发送 FIFO 触发电平被设置为 00 时(空),产生中断或 DMA 请求) 如果 UART 使用 FIFO,用户应检查 UFSTAT 寄存器中发送 FIFO 计数位和发送 FIFO 满位,而不是这一位	1
接收缓冲区数据就绪	[0]	当接收缓冲区寄存器含有有效数据时,这一位被自动置 1 0＝空 1＝接收缓冲区寄存器有已接收数据(在非 FIFO 方式,产生中断或 DMA 请求) 如果 UART 使用 FIFO,用户应检查在 UFSTAT 寄存器中的接收 FIFO 计数位和接收 FIFO 满位,而不是这一位	0

6. UART(接收)错误状态寄存器

UART 的 3 个通道各有一个(接收)错误状态寄存器,分别是 UERSTAT0、 UERSTAT1 和 UERSTAT2,对应地址是 0x50000014、0x50004014 和 0x50008014,只读,Reset 值均为 0x0,含义见表 9-8。

表 9-8　UART(接收)错误状态寄存器含义

UERSTATn	位	描　　述	初态
保留	[3]		0
帧错	[2]	在接收操作期间,帧错误发生时,这一位被自动置 1 0＝没有帧错误　　1＝帧错误(产生中断请求)	0
保留	[1]		0
溢出错	[0]	在接收操作期间,溢出错误发生时,这一位被自动置 1 0＝没有溢出错误　　1＝溢出错误(产生中断请求)	0

注:当 UART(接收)错误状态寄存器被读出时,UERSTATn[3:0]位被自动清零。

UART(接收)错误状态寄存器也称为 UART 错误状态寄存器。

7. UART FIFO 状态寄存器

UART 的 3 个通道各有一个 UART FIFO 状态寄存器，分别是 UFSTAT0、UFSTAT1 和 UFSTAT2，对应地址是 0x50000018、0x50004018 和 0x50008018，只读，Reset 值均为 0x0000，含义见表 9-9。

表 9-9　UART FIFO 状态寄存器含义

UFSTATn	位	描　述	初态
保留	[15:10]		000000
发送 FIFO 满	[9]	在发送操作期间，当发送 FIFO 满时，这一位被自动置 1 0＝发送 FIFO 数据个数在 0～15 字节　　1＝满	0
接收 FIFO 满	[8]	在接收操作期间，当接收 FIFO 满时，这一位被自动置 1 0＝接收 FIFO 数据个数在 0～15 字节　　1＝满	0
发送 FIFO 计数	[7:4]	在发送 FIFO 中的数据个数	0000
接收 FIFO 计数	[3:0]	在接收 FIFO 中的数据个数	0000

8. UART 调制解调器状态寄存器

UART 通道 0 和通道 1 各有一个 UART 调制解调器状态寄存器，分别是 UMSTAT0 和 UMSTAT1，对应地址是 0x5000001C 和 0x5000401C，只读，Reset 值均为 0x0，含义见表 9-10 和图 9-8。另外，地址为 0x5000801C 的寄存器保留。

表 9-10　UART 调制解调器状态寄存器含义

UMSTATn	位	描　述	初态
Delta CTS	[4]	这一位表明输入到 S3C2410A 的 nCTS，从上一次被 CPU 读过后已经改变状态（参考图 9-8） 0＝没改变　　1＝有改变	0
保留	[3:1]	保留	000
清除发送 （Clear to Send）	[0]	0＝CTS 信号没有被激活（nCTS 引脚为高） 1＝CTS 信号被激活（nCTS 引脚为低）	0

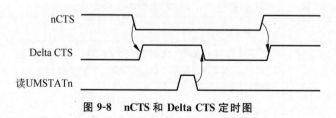

图 9-8　nCTS 和 Delta CTS 定时图

9. UART 发送缓冲区寄存器（发送保持寄存器与发送 FIFO 寄存器）

UART 发送缓冲区寄存器，在禁止使用 FIFO 方式，仅把缓冲区的 1 字节用作发送保持寄存器;在允许使用 FIFO 方式,缓冲区全部 16 字节用作发送 FIFO 寄存器。

在表 9-5 中,如果 UFCONn[0]=0,禁止使用 FIFO,由处理器送来的 8 位发送数据,保存到发送保持寄存器。如果 UFCONn[0]=1,允许使用 FIFO,由处理器送来的 8 位发送数据,保存到发送 FIFO 寄存器。

UART 通道 0、通道 1 和通道 2 各有一个发送缓冲区寄存器,分别是 UTXH0、UTXH1 和 UTXH2,内容见表 9-11。UTXHn 中位[7:0]称为 TXDATAn 域。

表 9-11 UART 发送保持(缓冲区)寄存器地址及 Reset 值

寄存器名	地址	R/W	描 述	Reset 值
UTXH0	0x50000020(L) 0x50000023(B)	W(以字节)	UART 通道 0 发送缓冲区寄存器,存发送数据	—
UTXH1	0x50004020(L) 0x50004023(B)	W(以字节)	UART 通道 1 发送缓冲区寄存器,存发送数据	—
UTXH2	0x50008020(L) 0x50008023(B)	W(以字节)	UART 通道 2 发送缓冲区寄存器,存发送数据	—

注:(L)表示小端方式,(B)表示大端方式。

10. UART 接收缓冲区寄存器(接收保持寄存器与接收 FIFO 寄存器)

UART 接收缓冲区寄存器,在禁止使用 FIFO 方式,仅把缓冲区的 1 字节用作接收保持寄存器;在允许使用 FIFO 方式,缓冲区全部 16 字节用作接收 FIFO 寄存器。

在表 9-5 中,如果 UFCONn[0]=0,禁止使用 FIFO,UART 接收到的数据保存在接收保持寄存器。如果 UFCONn[0]=1,允许使用 FIFO,UART 接收到的数据保存在接收 FIFO 寄存器。

UART 通道 0、通道 1 和通道 2 各有一个接收缓冲区寄存器,分别是 URXH0、URXH1 和 URXH2,内容见表 9-12。URXHn 中位[7:0]称为 RXDATAn 域。

表 9-12 UART 接收保持(缓冲区)寄存器地址及 Reset 值

寄存器名	地址	R/W	描 述	Reset 值
URXH0	0x50000024(L) 0x50000027(B)	R(以字节)	UART 通道 0 接收缓冲区寄存器,存接收数据	—
URXH1	0x50004024(L) 0x50004027(B)	R(以字节)	UART 通道 1 接收缓冲区寄存器,存接收数据	—
URXH2	0x50008024(L) 0x50008027(B)	R(以字节)	UART 通道 2 接收缓冲区寄存器,存接收数据	—

注:当出现溢出错误时,URXHn 必须被读出,否则下一个收到的数据也将产生溢出错误,即使在 UERSTATn 中的溢出位被清除的情况下也是这样。

11. UART 波特率分频寄存器

UART 的 3 个通道各有一个波特率分频寄存器,分别是 UBRDIV0、UBRDIV1 和 UBRDIV2,用于确定每个通道的发送/接收波特率,含义见表 9-13。

表 9-13　UART 波特率分频寄存器地址及 Reset 值

寄存器名	地　址	位	R/W	描　述	Reset 值
UBRDIV0	0x50000028	[15:0]	R/W	波特率分频寄存器 0,存分频值,值>0	—
UBRDIV1	0x50004028	[15:0]	R/W	波特率分频寄存器 1,存分频值,值>0	—
UBRDIV2	0x50008028	[15:0]	R/W	波特率分频寄存器 2,存分频值,值>0	—

9.1.4　UART 与 RS-232C 接口连接举例

1. RS-232C 接口简介

RS-232C 接口简称 RS-232C。RS-232C 标准是由美国 EIA(电子工业协会)于 1969 年公布的一个串行通信协议。这个协议适用于数据传输速率比较低的场合。协议规定了信号线的功能和电气特性等内容。RS-232C 接口目前广泛地用于 PC、嵌入式系统和外部设备之间短距离、低速度的通信中。

协议规定了发送数据(Transmitted Data,TxD)端逻辑 0 的电平为+5～+15V,逻辑 1 的电平为−5～−15V;接收数据(Received Data,RxD)端逻辑 0 的电平为+3～+25V,逻辑 1 的电平为−3～−25V,即使用负逻辑表示。

协议还规定了以下控制信号线信号含义:

* nRTS(Request to Send),请求发送;
* nCTS(Clear to Send),允许发送或清除发送;
* nDSR(Data Set Ready),数据装置准备好;
* nDTR(Data Terminal Ready),数据终端准备好;
* nDCD(Data Carrier Detection),数据载波检测;
* nRI(Ringing)振铃指示。

在不使用调制解调器的场合,这 6 条控制信号线可以不使用,只使用 TxD 和 RxD 两条数据信号线和一条地线,能够实现两个 RS-232C 接口之间的数据传输。

由于 RS-232C 协议中表示逻辑 0 和 1 状态的电平,即 EIA 规定电平,与嵌入式微处理器中 UART 表示逻辑 0 和 1 状态的电平不同,因此在 UART 与 RS-232C 接口之间,要连接电平转换电路,如 MAX3232 芯片,它能够实现 UART 输出/输入 TTL 电平到 EIA 电平的双向转换,见图 9-9。

RS-232C 接口常用的连接器有 DB-25 和 DB-9 两种规格,目前 DB-9 较为常用。DB-9 连接器引脚信号排列见图 9-10。

在不使用调制解调器的情况下,如果通信双方都使用 DB-9,只要通过连接器的插头、插座与电缆,连接双方的 TxD、RxD 和地线 SG 3 个引脚就可以了。其中,双方的 TxD 与 RxD 互连,双方 SG 连接,见图 9-11。

RS-232C 接口若不使用调制解调器,在码元畸变小于 4% 的情况下,通信双方最大传输距离为15m。超过这个距离,应该使用调制解调器。在使用调制解调器时,使用的控

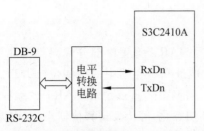

图 9-9 UART、电平转换电路和 RS-232C 接口连接图

图 9-10 DB-9 连接器引脚信号排列

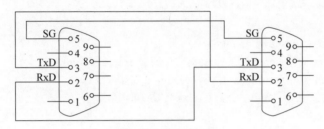

图 9-11 通信双方连接

制信号线较多。由于 S3C2410A 中 UART 不能完全支持连接这么多的信号线,所以用户应该将 GPIO 中一些没用到的端口引脚功能,指定为与调制解调器连接的引脚信号功能,编程实现控制调制解调器。

2. UART 与 RS-232C 连接举例

S3C2410A 的 UART0 与 MAX3232、MAX3232 与 DB-9 连接见图 9-12。

图 9-12 中 RS-232C 使用了 DB-9 连接器,只连接了 3 条线,MAX3232 为双向电平转换电路。MAX3232 的一端连接 UART0 的 TxD0、RxD0,MAX3232 的另一端连接到 RS-232C 接口的 DB-9 连接器 TxD、RxD 引脚。

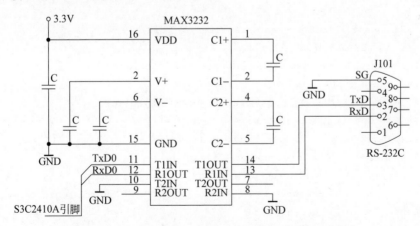

图 9-12 UART0 与 MAX3232、MAX3232 与 DB-9 连接

MAX3232 芯片电源电压为 3.3V,片内有电荷泵,能够提升电压,使 TxD(T1OUT)输出值为 $-5V$ 或 $+5.5V$,也允许 RxD(R1IN)信号电平为 EIA 电平。

3. UART 编程举例

对于图 9-12,UART 初始化、读 UART、写 UART 等程序部分代码见例 9.1。程序中开始部分定义了 UART 特殊功能寄存器的地址和寄存器中的一些位(或域)。例 9.1 中对于设置 GPIO 端口和中断处理,没有列出全部程序,重点是对 UART 的编程。

【例 9.1】 S3C2410A UART 通道 0、1、2 初始化,等待发送移位器空,查询方式得到一个字符和发送一字节的程序。

```c
/*********************************************************
 * name: uart_init
 * func: initialize uart channel
 * para: nMainClk--input, the MCLK value of current system
 *       nBaud   --input, baud rate value for UARTx
 *       nChannel--input, UART0, UART1 or UART2
 * ret:    none
 *********************************************************/
void uart_init(int nMainClk, int nBaud, int nChannel)
{
    int i;

    if(nMainClk ==0)
    nMainClk = PCLK;

    switch (nChannel)
    {
        case UART0:
//   UART channel 0 FIFO control register,FIFO disable
        rUFCON0= 0x0;
//   UART chaneel 0 MODEM control register,AFC disable
        rUMCON0= 0x0;
//   Line control register :Normal,No parity,1 stop,8 bits
        rULCON0= 0x3;
//   Clock Sel= 0, PCLK; Tx Int=1, Level; Rx Int=0, Pulse;
//   Rx Time Out=0, Disable; Rx err=1, Generate;
//   Loop-back=0, Normal; Send break=0, Normal;
//   Transmit Mode=01, Interrupt or Polling
//   Receive Mode=01, Interrupt or Polling
        rUCON0 = 0x245;                          //Control register
//   Baud rate divisior register 0
//       rUBRDIV0= ((int)(nMainClk/16./nBaud)-1);
        rUBRDIV0= ((int)(nMainClk/16./nBaud+0.5)-1);
        break;
    case UART1:
```

```
                    ⋮
            break;
        case UART2:
                ⋮
            break;
        default:
            break;
    }

    for(i=0;i<100;i++);
    delay(400);
}
/********************************************************
* name: uart_txempty
* func: Empty uart channel
* para: nChannel--input, UART0, UART1 or UART2
* ret: none
********************************************************/
void uart_txempty(int nChannel)
{
    if(nChannel==0)
        while(!(rUTRSTAT0 & 0x4));                 //Wait until tx shifter is empty
    else if(nChannel==1)
            while(!(rUTRSTAT1 & 0x4));
    else if(nChannel==2)
            while(!(rUTRSTAT2 & 0x4));
}
/********************************************************
* name:    uart_getch
* func:    Get a character from the uart
* para:    none
* ret:     get a char from uart channel
********************************************************/
char uart_getch(void)
{
    if(f_nWhichUart==0)
    {
        while(!(rUTRSTAT0 & 0x1));                     //Receive data ready
        return RdURXH0();
    }
    else if(f_nWhichUart==1)
    {
        while(!(rUTRSTAT1 & 0x1));
        return RdURXH1();
```

```
    }
    else if(f_nWhichUart==2)
    {
        while(!(rUTRSTAT2 & 0x1));
        return RdURXH2();
    }
    return NULL;
}
/********************************************************
* name: uart_sendbyte
* func: Send one byte to uart channel
* para: nData--input, byte
* ret: none
********************************************************/
void uart_sendbyte(int nData)
{
    if(f_nWhichUart==0)
    {
        if(nData=='\n')
        {
            while(!(rUTRSTAT0 & 0x2));
            delay(10);
            WrUTXH0('\r');
        }
        while(!(rUTRSTAT0 & 0x2));                    //Wait until THR is empty
        delay(10);
        WrUTXH0(nData);
    }
    else if(f_nWhichUart==1)
    {
        ⋮
    }
    else if(f_nWhichUart==2)
    {
        ⋮
    }
}
```

9.1.5　UART 与红外收发器连接举例

1. 红外通信概述

红外通信以红外线作为信息的载体进行数据传输,适合短距离、点对点、直线式数据传输。红外通信技术在嵌入式系统有着比较广泛的应用。

红外通信利用波长 850～900nm 的红外线作为信息的载体进行通信。红外通信技术在发送端将二进制数调制成脉冲序列,驱动红外线发射管向外发射红外光;而接收端则将收到的红外光脉冲信号转换成电信号,再进行放大、滤波、解调后还原成二进制数。

典型的红外数据传输模块由 4 部分组成:接口电路、编/解码器、发送器和接收器。S3C2410A UART 接口电路中包含了编/解码器,见图 9-4～图 9-7,实现了信号的调制和解调。红外发送器和接收器可以做成一个器件,简称红外收发器。

红外通信按发送速率可以分为 SIR(Serial Infra Red)、MIR(Medium Infra Red)、FIR(Fast Infra Red)和 VFIR(Vary Fast Infra Red)方式。其中 SIR 方式通信速率较低,最高速率为 115.2kbps,支持异步、半双工方式,通常依托 UART 接口。其他 3 种方式传输速率较高。

IrDA1.0 是一个红外通信协议,IrDA(Infrared Data Association,红外数据协会)协议规定了红外传输的距离为 1m,速率为 9.6～115.2kbps,响应角度为 ±15°,响应时间为 10ms 等内容。

2. UART 与红外收发器的连接

S3C2410A UART2 与红外收发器的连接见图 9-13。

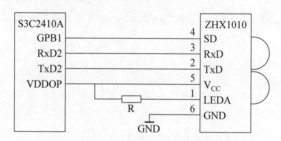

图 9-13 UART2 与红外收发器的连接

图 9-13 中,S3C2410A 规定了 UART2 在红外方式时,使用 IrDA1.0 协议。图 9-13 中红外收发器 ZHX1010 支持 SIR 方式,因此传输距离不超过 1m,使用半双工方式。

图 9-13 中 ZHX1010 收发器是 Zilog 公司生产的一款带有驱动和放大功能、低功耗的收发器,输入电压为 2.4～5.5V,各引脚功能见表 9-14。

表 9-14 ZHX1010 收发器引脚信号

引脚号	名称	描 述	注
1	LEDA	红外驱动电流输入	最大输入电流 500mA,最大电压 5.5V 或 Vcc
2	TxD	发送数据输入	—
3	RxD	接收数据输出	—
4	SD	掉电模式使能控制	掉电模式下输入电流仅需 $1\mu A$ 左右
5	Vcc	电源	—
6	GND	地	—

图 9-13 中,红外驱动电流输入端经限流电阻与 S3C2410A 的 3.3V VDDOP 相连,
ZHX1010 的掉电模式使能控制端与 S3C2410A 的输出引脚 GPB1 相连。

3. 支持红外方式的 UART 编程举例

对于图 9-13,例 9.2 给出了对应的初始化、发送一字节和接收一字节的程序片段。
由于采用半双工方式,数据的收发之间加了一定间隔的延时。

【例 9.2】 支持红外方式的 UART 编程举例。

(1) 初始化 UART:

```
void Uart_Init(int baud)
{
    int i;
    int pclk=50700000;
    rUFCON2=0x0;                            //FIFO 控制寄存器参数设置
    rUMCON2=0x0;                            //调制解调器控制寄存器参数设置
    rULCON2=0x43;                           //线控制寄存器参数设置
    rUCON2=0x245;                           //控制寄存器参数设置
    rUBRDIV2=((int)(pclk/16./baud)-1);      //波特率参数设置
    for(i=0;i<100;i++);                     //延时
}
```

(2) 发送一字节程序:

```
void Uart_SendByte(int data)
{
    if(data=='\n')                         //若发送回车符则先发送'\r'
    {
        while(!(rUTRSTAT2&0x2));
        Delay(10);                         //延时
        WrUTXH2('\r');                     //写数据到 UART
    }
    while(!(rUTRSTAT2&0x2));               //循环等待到发送缓冲区空为止
    Delay(10);                             //延时
    WrUTXH2(data);                         //写数据到 UART
}
```

(3) 接收一字节程序:

```
char Uart_Getch(void)
{
    int i=0;
    for (;;)                               //循环等待到接收缓冲区有字符为止
    {
        i=rUTRSTAT2;
```

```
        if(i&0x1) break;
    }
    return RdURXH2();                    //返回字符
}
```

9.2 IIC 总线接口

9.2.1 IIC 总线接口概述

1. 常用 IIC 总线接口概述

IIC(Intel Integrated Circuit)总线一般称为内部集成电路总线,也写作 I^2C 或 I2C。
IIC 总线是 20 世纪 80 年代初由飞利浦公司发明的一种双向同步串行总线,是目前较为
常用的一种串行总线。总线接口可以做成专用芯片,也可以集成在微处理器内部,如
S3C2410A 微处理器内部就集成了 IIC 总线模块。IIC 总线可以与许多设备连接,如
图 9-14 所示。

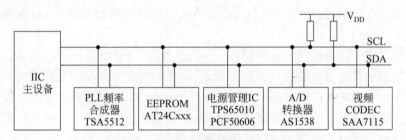

图 9-14　IIC 总线连接示意图

IIC 总线数据传送速率在标准模式下为 100kbps;快模式下为 400kbps;高速模式下
为 3.4Mbps。

IIC 总线仅有两条信号线:串行数据线(Serial Data Line,SDA)是数据信号线,串行
时钟线(Serial Clock Line,SCL)是时钟信号线,另外设备之间还要连接一条地线,图 9-14
中未画出地线。

与 IIC 总线连接的设备,使用集电极/漏级开路门电路,以"线与"(Wired-AND)方式
分别连接到 SDA、SCL 线上,SDA 和 SCL 线要外接上拉电阻,如图 9-14 所示。

连接到 IIC 总线上的设备可以分为总线主设备和总线从设备。

总线主设备是能够发起传送,发出从设备地址和数据传送方向标识、发送或接收数
据、能够产生时钟同步信号、能够结束传送的设备。总线主设备也称总线主、主设备。

总线从设备是能被主设备寻址、接收主设备发出的数据传送方向标识、接收主设备
送来的数据,或者给主设备发送数据的设备。总线从设备也称从设备。

IIC 总线是一个真正的多主(multi-master)总线,总线上可以连接多个总线主设备,
也可以连接多个总线从设备,如图 9-15 所示。

图 9-15 中没有画出上拉电阻,在实际使用 IIC 总线时,应该连接上拉电阻。

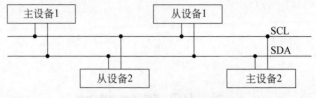

图 9-15　多主 IIC 总线结构

每一个连接在 IIC 总线上的设备,在系统中都被分配了一个唯一的地址。地址用 7 位二进制数表示。扩展的 IIC 总线允许使用 10 位地址。设备地址用 7 位表示时,地址为 0000000 的一般用于发出通用呼叫,也称为总线广播。

IIC 总线被设计成多主总线结构,多个主设备中的任何一个,可以在不同时刻起到主控设备的作用,因此不需要一个全局的主控设备在 SCL 上产生时钟信号。只有传送数据的主设备驱动 SCL。当总线空闲时,SDA 和 SCL 同时为高电平。

IIC 多主总线接口中含有冲突检测机制,保证了多个主设备同时要求发送数据时,只能有一个主设备占有总线,不会造成数据冲突。

当两个主设备试图同时改变 SDA 和 SCL 到不同电平时,集电极/漏级开路门电路能够防止电路发生错误,但是每一个主设备在传送时必须监听总线状态,以确保传送数据之间不会互相影响。

当一个总线主设备试图发送数据到一个从设备时,主设备必须先送出从设备的 7 位地址和 1 位表示传送方向的二进制数,0 表示写,数据传送方向是由主设备到从设备。

当一个总线主设备试图读出一个从设备的数据时,主设备必须先送出从设备的 7 位地址和 1 位表示传送方向的二进制数,1 表示读,数据传送方向是由从设备到主设备。

总线主设备数据传送基本状态及转换图如图 9-16 所示。

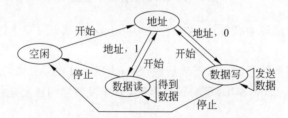

图 9-16　总线主设备数据传送基本状态及转换图

2. S3C2410A 微处理器 IIC 总线接口特点

S3C2410A 微处理器支持一个多主 IIC 总线串行接口。一条双向串行数据线(SDA)和一条串行时钟线(SCL),在连接到 IIC 总线上的总线主设备和外部设备(总线从设备)之间传送信息。S3C2410A 微处理器既可以作为总线主设备,也可以作为总线从设备。SDA 和 SCL 线是双向总线。

在多主 IIC 总线模式,多个 S3C2410A 微处理器中的每一个,能够接收由从设备发送来的串行数据,或发送串行数据给从设备。主 S3C2410A 能够启动或停止 IIC 总线的数据传送。在 S3C2410A 中,标准的总线仲裁过程用于 IIC 总线。

为了控制多主 IIC 总线操作,确定的值必须写入如下寄存器:

- 多主 IIC 总线控制寄存器 IICCON;
- 多主 IIC 总线控制/状态寄存器 IICSTAT;
- 多主 IIC 总线发送/接收(Tx/Rx)数据移位寄存器 IICDS;
- 多主 IIC 总线地址寄存器 IICADD。

当 IIC 总线空闲时,SDA 和 SCL 两条线都应该是高电平。

当 SCL 稳定在高电平,SDA 从高电平变到低电平,能够启动开始条件;而 SDA 从低电平变到高电平能够启动停止条件,参见图 9-18。

开始和停止条件总是由主设备产生。开始条件之后总线上传送的第一字节数据中的 7 位是地址值,能够确定总线主设备所选择的从设备,另外一位确定传送的方向是读还是写,参见图 9-19。

送到 SDA 线上的每个数据以字节为单位,为 8 位。在总线传送期间发送或接收的字节数没有限制。数据先从最高有效位(Most-Significant Bit,MSB)发送,每一字节之后应该立即被跟随一个响应(ACKnowledge,ACK)位,参见图 9-20。

3. IIC 总线接口用到的 S3C2410A 引脚信号

IIC 总线接口用到的引脚信号有:

- IICSDA,IIC 总线数据;
- IICSCL,IIC 总线时钟。

9.2.2　IIC 总线接口组成与操作方式中的功能关系

1. IIC 总线接口组成框图

S3C2410A 微处理器 IIC 总线接口组成框图见图 9-17。

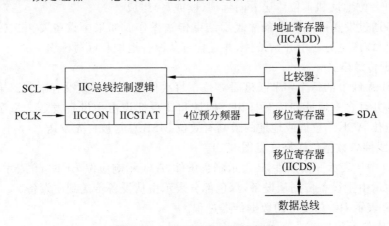

图 9-17　IIC 总线接口组成框图

SDA 数据线和 SCL 时钟线也称为 IICSDA 和 IICSCL。

PCLK 为系统时钟信号。

S3C2410A 微处理器 IIC 总线数据传送速率支持标准模式和快速模式。

2. IIC 总线接口操作方式中的功能关系

S3C2410A 微处理器 IIC 总线接口有 4 种操作方式,分别是主/发送方式、主/接收方式和从/接收方式。

这些操作方式中的功能关系描述如下。

1) 开始和停止条件

当 IIC 总线接口处于非激活状态时,它通常处于从方式。换句话说,在 SDA 线上检出开始条件之前,接口应在从方式。当时钟信号 SCL 为高电平,SDA 从高电平变为低电平,开始条件能够被启动,接口状态被改变成主方式,在 SDA 线上的数据传送能够被启动,并且 SCL 信号产生。

开始条件和停止条件见图 9-18。

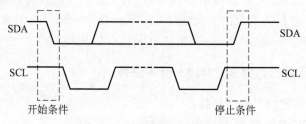

图 9-18　开始条件和停止条件

开始条件能够传送一字节串行数据通过 SDA 线,而停止条件能够终止数据传送。停止条件是在 SCL 为高电平,SDA 从低电平变为高电平时出现。开始和停止条件总是由主设备产生。当开始条件被产生,IIC 总线忙;当停止条件后几个时钟周期之后,IIC 总线被释放。

当主设备启动开始条件后,它应该发送一个从设备地址,用于通知从设备。一字节的地址域由 7 位地址和 1 位传送方向标识(读或写)组成。

主设备通过发送一个停止条件表示结束传送操作。如果主设备要再次传送数据到从设备,它应该产生另一个开始条件,并且含有从设备地址和读写标识。

2) 数据传送格式

放在 SDA 线上的每个字节长度是 8 位。每次传送的字节数没有限制。第一字节跟随开始条件并且含有地址和读写标识。地址和读写标识由主设备发送。每字节后应跟随 1 位响应位 ACK。数据或地址的最高有效位 MSB 总是被首先发送。

IIC 总线接口数据传送格式见图 9-19。

图 9-19 中 s 表示开始条件,P 表示停止条件,A 表示响应位 ACK,rS 表示重复开始,浅色部分表示由主设备传到从设备,深色部分表示由从设备传送到主设备。

图 9-20 表示 IIC 总线上的数据传送过程。

3) ACK 信号传送

为了结束 1 字节传送,接收器应该发送一个 ACK 位给发送器。ACK 脉冲应该出现在 SCL 线上第 9 个时钟脉冲期间。主设备产生这个时钟脉冲,请求传送 ACK 位。在此期间

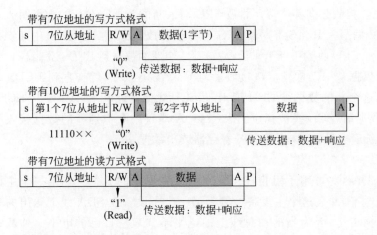

图 9-19　IIC 总线接口数据传送格式

图 9-20　在 IIC 总线上的数据传送过程

发送器释放 SDA 线(使 SDA 线为高电平),接收器驱动 SDA 线为低电平,表示 ACK 信号。

ACK 位传送功能能够被允许或禁止,可以通过软件设置 IICCON 寄存器的 bit[7]
实现。

在 IIC 总线上的响应信号见图 9-21。

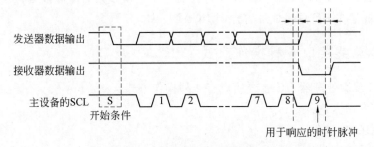

图 9-21　IIC 总线上的响应信号

4) 读写操作

在发送方式,也就是写方式,一个数据被 IIC 总线传送后,IIC 总线接口将等待,直到

IICDS 多主 IIC 总线发送/接收数据移位寄存器被 CPU 写入新的数据。在新的数据写入之前,SCL 线保持低。新数据写入 IICDS 寄存器后,SCL 线被释放。S3C2410A 通过中断识别当前数据传送是否完成。CPU 收到中断请求后,应该写一个新的数据到 IICDS 寄存器。

在接收方式,一个数据被 IIC 总线接口接收后,IIC 总线接口将等待,直到 IICDS 寄存器被 CPU 读出。在这个新的数据被 CPU 读出前,SCL 线保持低电平。CPU 从 IICDS 寄存器读出这个新的数据后,SCL 线被释放。S3C2410A 通过中断识别新的数据接收已经完成。CPU 收到中断请求后,应该从 IICDS 寄存器读出数据。

5) 总线仲裁过程

总线仲裁发生在 SDA 线上,用于阻止在总线上两个主设备的竞争。如果一个主设备在 SDA 线上送出高电平,并且这个主设备检测到另一个主设备在 SDA 线上送出的是低电平,它将不启动数据传送,因为当前在总线上的电平不代表它自己的电平。仲裁过程将延续到 SDA 线变成高电平。

当多个主设备同时在 SDA 线上送出低电平,每个主设备应该评估主设备权是否分配给自己。为了达到这个目的,每一个主设备应该检测地址位。

由于每个主设备要送出一个从地址,它也同时检测在 SDA 线上的地址位信号。因为在 SDA 线上保持低电平的能力比保持高电平的能力更强(开路门电路线与的原因),所以如果一个主设备在第一个地址位送出低电平,而另一个主设备维持高电平,在这种情况下,两个主设备都检测在总线上是否为低电平。这时发送地址位为低电平并检测到低电平的主设备获得主设备权,而发送地址位为高电平并检测到低电平的主设备将不再传送。如果两个主设备送出的第一位地址同时为低电平,则对第二位地址进行仲裁,以此类推。

6) 中止条件(abort condition)

如果一个从设备的接收器不能对从设备的地址确认,没有产生响应信号 ACK,并保持 SDA 线为高电平,在这种情况下,主设备应该产生停止条件并且中止(abort)传送。

如果主设备是接收方,主设备接收器要中止(abort)传送,它应该发出信号,结束从设备的传送操作。方法是在收到从设备最后一个字节数据后不产生 ACK 信号应答,然后从设备发送器应该释放 SDA 线,允许主设备产生停止条件。

7) 配置 IIC 总线

为了控制 SCL 的频率,在 IICCON 寄存器中 4 位预分频的值能被编程。另外,IIC 总线接口地址被存在 IIC 总线地址寄存器 IICADD 中。

9.2.3 IIC 总线接口 4 种操作方式

S3C2410A 微处理器 IIC 总线接口有 4 种操作方式:

(1) 主/发送方式;

(2) 主/接收方式;

(3) 从/发送方式;

(4) 从/接收方式。

在 IIC 发送(Tx)或接收(Rx)操作之前,必须按以下步骤执行。

① 如果需要,由处理器写自己的从地址到 IICADD 寄存器。

② 设置 IICCON 寄存器：

* 中断允许；
* 定义 SCL 周期。

③ 设置 IICSTAT，允许串行输出。

在主/发送方式时，首先要指定从地址，即接收方（从设备）的地址，这个地址要由主设备发送出去，传送到从设备，所以在主/发送方式时，首先要由处理器将从地址写入 IIC 总线发送/接收数据移位寄存器 IICDS 中。

在从/接收方式时，IIC 总线地址寄存器 IICADD 内容，是由处理器写入的，并且在从设备中保存的是从设备自己的地址。当处在从/接收方式的设备，从 IIC 总线收到从地址时，保存在 IICDS 寄存器中，与自己的 IICADD 寄存器中的从地址比较，判断收到的地址是否是自己的地址。如果是，该从设备接收由主设备发送来的数据。

在多主 IIC 总线系统中，主设备也可以处在接收方式，因此要指定的从地址是从设备发送方的地址，这个地址要由主设备发送出去，传送到从设备，所以在主/接收方式时，从地址要写入 IIC 总线发送/接收数据移位寄存器 IICDS 中。

当处在从/发送方式的设备，收到这个地址时，保存在 IICDS 寄存器中，要与 IICADD 寄存器中自己的地址比较，判断收到的地址是否是自己的地址，如果是，从设备发送数据，主设备接收数据。

1. 主/发送方式操作

主/发送方式写作 M/T，发送也写作 Tx。主/发送方式操作见图 9-22。

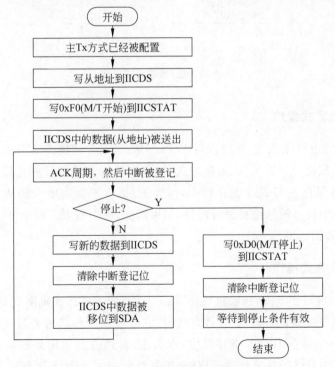

图 9-22　主/发送方式操作

2．主/接收方式操作

主/接收方式写作 M/R，接收也写作 Rx。主/接收方式操作见图 9-23。

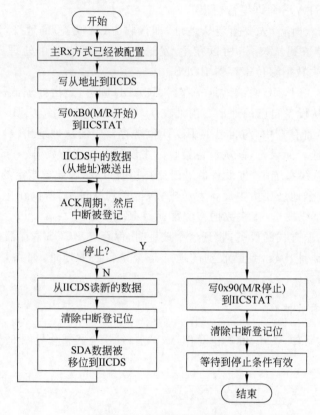

图 9-23　主/接收方式操作

3．从/发送方式操作

从/发送方式也写作 S/T，发送也写作 Tx。从/发送方式操作见图 9-24。

当把 IIC 总线接口设置为从/发送方式时，它要检测开始信号并且接收数据（地址），最先收到的数据保存在 IICDS 寄存器中，作为主/接收方发送出来的从地址，与保存在 IICADD 寄存器中自己的从地址进行比较，如果匹配，由中断服务程序将要发送的数据写入 IICDS，发送数据。

4．从/接收方式操作

从接收方式也写作 S/R，接收也写作 Rx。从/接收方式操作见图 9-25。

当把 IIC 总线接口设置为从/接收方式时，它要检测开始信号并且接收数据，最先收到的数据（地址）保存在 IICDS 寄存器中，作为主/发送方发送出来的从地址，与保存在 IICADD 寄存器中自己的从地址进行比较，如果匹配，由中断服务例程读 IICDS 内容。

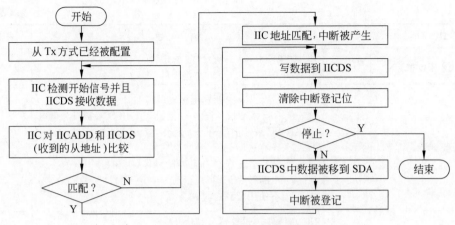

图 9-24　从/发送方式操作

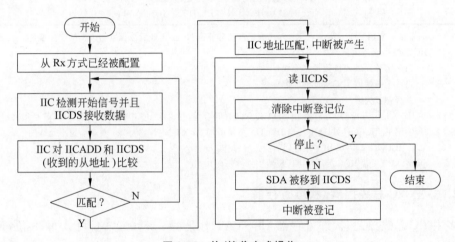

图 9-25　从/接收方式操作

9.2.4　IIC 总线接口特殊功能寄存器

1. 多主 IIC 总线控制寄存器

多主 IIC 总线控制寄存器 IICCON 地址为 0x54000000,可读写,8 位,Reset 值为 0x0x,(低 4 位未定义)含义见表 9-15。

表 9-15　多主 IIC 总线控制寄存器含义

IICCON	位	描　　述	初态
ACK(响应)允许[(1)]	[7]	IIC 总线响应允许位 0＝禁止 ACK 产生　　　　　1＝允许 ACK 产生 在发送方式,在 ACK 时间 IICSDA 线释放 在接收方式,在 ACK 时间 IICSDA 线为低电平	0
Tx 时钟源选择	[6]	IIC 总线发送时钟预分频选择位 0: $IICCLK=f_{PCLK}/16$　　　1: $IICCLK=f_{PCLK}/512$	0

续表

IICCON	位	描　述	初态
Tx/Rx 中断允许	[5]	IIC 总线 Tx/Rx 中断允许/禁止位 0：禁止中断　　　1：允许中断	0
中断登记标志[(2)(3)]	[4]	IIC 总线 Tx/Rx 中断登记标志 这一位不能写入 1。当这一位读出为 1,IICSCL 被设为低电平并且 IIC 被停止,为了恢复操作,应该清除这一位为 0。 0：(1) 没有中断登记(当在读时); 　　(2) 清除登记条件并且继续操作(当在写时) 1：(1) 中断被登记(当在读时); 　　(2) 不使用(当在写时)	0
发送时钟值[(4)]	[3:0]	IIC 总线发送时钟预分频值 IIC 总线发送时钟频率由这 4 位预分频值确定,见下式： Tx 时钟 = IICCLK/(IICCON[3:0]+1)	未定义

注：(1) 如果接口使用 EEPROM,在 Rx 方式为了产生停止条件,在读最后数据前,ACK 的产生能够被禁止。
　　(2) IIC 总线中断产生：
　　　　• 当一字节发送或接收操作完成;
　　　　• 当一个通常调用或从地址匹配出现;
　　　　• 总线仲裁失败。
　　(3) 在 IICSCL 上升沿前,为了使 IICSDA 建立的时间合适,在清除 IIC 中断登记位前,IICDS 必须被写入。
　　(4) IICCLK 由 IICCON[6]确定。当 IICCON[6]=0 时,IICCON[3:0]=0x0 或 0x1 是不允许的。
　　(5) 如果 IICCON[5]=0,IICCON[4]不能正确操作。
　　　　因此,推荐设置 IICCON[5]=1,虽然用户并不使用 IIC 中断。

2. 多主 IIC 总线控制/状态寄存器

多主 IIC 总线控制/状态寄存器 IICSTAT 地址为 0x54000004,可读写,8 位,Reset 值为 0x00,含义见表 9-16。

表 9-16　多主 IIC 总线控制/状态寄存器含义

IICSTAT	位	描　述	初态
方式选择	[7:6]	IIC 总线主/从和 Tx/Rx 方式选择位 00：从/接收方式　　　01：从/发送方式 10：主/接收方式　　　11：主/发送方式	0
忙信号状态和开始、停止条件	[5]	IIC 总线信号状态位 0：读时,表示 IIC 总线不忙;写时,表示 IIC 总线停止信号产生 1：读时,表示 IIC 总线忙;写时,表示 IIC 总线开始信号产生 IICDS 中的数据在开始信号之后将被自动地发送	0
串行输出允许	[4]	IIC 总线数据输出允许/禁止位 0=禁止 Rx/Tx　　　1=允许 Rx/Tx	0
仲裁状态标志	[3]	0=总线仲裁成功　　　1=在串行 I/O 期间总线仲裁失败	0
收到从地址状态标志	[2]	0：当开始/停止条件被检出时,这一位清除为 0 1：收到从地址,与在 IICADD 中地址值匹配,这一位置 1	0

续表

IICSTAT	位	描 述	初态
地址为 0 状态标志	[1]	IIC 总线地址为 0 状态标志位 0：当开始/停止条件被检出时，这一位清除为 0 1：当收到的从地址是 00000000b 时，这一位置 1	0
最后接收位状态标志	[0]	IIC 总线最后接收位状态标志位 0：最后接收位是 0(收到 ACK) 1：最后接收位是 1(没收到 ACK)	0

3. 多主 IIC 总线地址寄存器

多主 IIC 总线地址寄存器 IICADD，地址为 0x54000008，可读写，8 位，Reset 值不确定，含义见表 9-17。

表 9-17 多主 IIC 总线地址寄存器含义

IICADD	位	描 述	初态
从地址	[7:0]	由 IIC 总线来的 7 位从地址被锁存。 当 IICSTAT 中串行输出允许位＝0 时，IICADD 允许写入。 IICADD 在任何时候能被读出。 从地址＝位[7:1]，位[0]不作为地址	xxxxxxxx

4. 多主 IIC 总线发送/接收数据移位寄存器

多主 IIC 总线发送/接收数据移位寄存器 IICDS，地址为 0x5400000C，可读写，8 位，Reset 值不确定，含义见表 9-18。

表 9-18 多主 IIC 总线发送/接收数据移位寄存器含义

IICDS	位	描 述	初态
数据移位	[7:0]	8 位数据移位寄存器用于 IIC 总线 Tx/Rx 操作。 当 IICSTAT 寄存器中串行输出允许位＝1 时，IICDS 允许写入。 IICDS 的值能在任何时候读出	xxxxxxxx

9.2.5 IIC 总线接口程序举例

【例 9.3】 以下是 Linux 操作系统对 IIC 总线操作的部分程序实例，包括初始化、IIC 读和 IIC 写等函数。程序部分从 IIC 读、IIC 写开始阅读。

```
# define bIIC(Nb)              __REG(0x54000000+ (Nb))
# define IICCON               bIIC(0x00)         //控制寄存器
# define IICSTAT              bIIC(0x04)         //控制/状态寄存器
# define IICADD               bIIC(0x08)         //地址寄存器
# define IICDS                bIIC(0x0c)         //发送/接收数据移位寄存器
# define IICCON_ACKEN         (1<<7)            //IIC-Bus 响应 (ACK)允许位
# define IICCON_CLK512        (1<<6)            //1 表示 IICCLK=fPCLK /512
```

```
#define IICCON_INTR            (1<<5)              //IIC-Bus 发送/接收中断允许/禁止位
#define IICCON_INTPEND         (1<<4)              //IIC-Bus 发送/接收中断登记标志
#define IICCON_CLKPRE(x)       FInsrt((x), Fld(4, 0))
#define IICSTAT_MODE_SR        (0<<6)              //从/接收方式
#define IICSTAT_MODE_ST        (1<<6)              //从/发送方式
#define IICSTAT_MODE_MR        (2<<6)              //主/接收方式
#define IICSTAT_MODE_MT        (3<<6)              //主/发送方式
#define IICSTAT_BUSY           (1<<5)              //IIC-Bus 忙信号状态位(读时)
#define IICSTAT_START          (1<<5)              //开始(START)信号产生(写时)
#define IICSTAT_OUTEN          (1<<4)              //IIC-Bus 数据输出允许
#define IICSTAT_ARBFAILED      (1<<3)              //在串行 I/O 期间总线仲裁失败
#define IICSTAT_ACK            (1)                 //IIC-Bus 最后接收位状态标志位
//  GPE15、GPE14 分别定义为 IICSDA、IICSCL,上拉禁止
#define GPIO_IIC_SCL (GPIO_MODE_ALT0|GPIO_PULLUP_DIS|GPIO_E14)
#define GPIO_IIC_SDA (GPIO_MODE_ALT0|GPIO_PULLUP_DIS|GPIO_E15)

#define IIC_READ    1
#define TRUE        1
#define FALSE       0


//  等待响应信号 ACK
#define WAIT_IICACK()    do{int i=0; \
        while(!(IICCON&IICCON_INTPEND)){ i++; udelay(10);\
        if(i>100){/* printk("iic ack time out!\n"); */ break;}}\
        }while(0)
    ⋮
//程序部分
inline static void IIC_init(void)              //IIC 初始化
{
    static int time=0;

    if(time!=0)          return;               //只初始化一次
    time++;
    set_gpio_ctrl(GPIO_IIC_SCL);               //设置 GPE14 为 IICSCL,上拉禁止
    set_gpio_ctrl(GPIO_IIC_SDA);               //设置 GPE15 为 IICSDA,上拉禁止
// 允许 ACK,预分频值 IICCLK=PCLK/512,允许中断,发送时钟值 Tx clock=IICCLK/4
// 如果 PCLK 为 50.7MHz,那么 IICCLK=99kHz, Tx Clock=25kHz
    IICCON=IICCON_ACKEN|IICCON_CLK512|\
             IICCON_INTR|IICCON_CLKPRE(0x3);
    IICADD=0x10;                               //S3C2410A 从地址=位[7:1]
    IICSTAT=0x10;                              //IIC-Bus 数据输出允许(Rx/Tx)
}


inline static void IIC_MasterTxStart(char data) //主/发送开始
```

```
{
    int i;
    IICDS =data;
    for(i=0;i<10;i++);                    //for setup time until rising edge of IICSCL
//  M/Tx,Start,0xf0
    IICSTAT=IICSTAT_MODE_MT|IICSTAT_START|IICSTAT_OUTEN;
//  while(!(IICCON&IICCON_INTPEND));
    WAIT_IICACK();
}


inline static void IIC_MasterTx(char data)        //主/发送
{
    __u32 temp;
    int i;

    temp=IICCON;
    temp &= (~IICCON_INTPEND);
    temp|=IICCON_ACKEN;
    IICDS =data;
    for(i=0;i<10;i++);                    //for setup time until rising edge of IICSCL
    IICCON =temp;                         //ResumesIIC operation.
//  while(!(IICCON&IICCON_INTPEND));
    WAIT_IICACK();
}


inline static char IIC_MasterRx(int isACK)    //主/接收
{
    char data;
    __u32 temp;

    temp=IICCON;
    if(isACK){                                //Resumes IIC operation with ACK
        temp &= (~IICCON_INTPEND);
        temp |=IICCON_ACKEN;
    }
    else{                                     //Resumes IIC operation with NOACK
        temp &=~ (IICCON_INTPEND|IICCON_ACKEN);
    }
    IICCON=temp;
//  while(!(IICCON&IICCON_INTPEND));
    WAIT_IICACK();
    data=IICDS;
    return data;
}
```

```
inline static void IIC_MasterRxStart(char address)        //主/接收开始
{
    __u32 temp;

    temp=IICCON;
    temp &= (~ IICCON_INTPEND);
    temp |= IICCON_ACKEN;
    IICDS =address;
//  M/Rx,Start,0xb0
    IICSTAT=IICSTAT_MODE_MR|IICSTAT_START|IICSTAT_OUTEN;
    IICCON=temp;
//  while(!(IICCON&IICCON_INTPEND));
    WAIT_IICACK();
}


static void IIC_MasterTxStop(void)                        //主/发送停止
{
    __u32 temp;

    temp=IICCON;
    temp &= (~ IICCON_INTPEND);
    temp|=IICCON_ACKEN;
    IICSTAT=IICSTAT_MODE_MT|IICSTAT_OUTEN;                 //停止 M/Tx 条件,0xd0
    IICCON=temp;
    udelay(10);                                           //等待,直到停止条件出现
}


static void IIC_MasterRxStop(void)                        //主/接收停止
{
    __u32 temp;

    temp=IICCON;
    temp &= (~ IICCON_INTPEND);
    temp|=IICCON_ACKEN;
    IICSTAT=IICSTAT_MODE_MR|IICSTAT_OUTEN;                 //停止 M/Rx 条件,0x90
    IICCON=temp;
    udelay(10);                                           //等待,直到停止条件出现
}
//  IIC 读
inline static_u8 IIC_Read(char devaddr,char address)
{
    __u8 data;
```

```
    IIC_MasterTxStart(devaddr);
    IIC_MasterTx(address);
    IIC_MasterRxStart(devaddr|IIC_READ);
    data=IIC_MasterRx(FALSE);
    IIC_MasterRxStop();
    return data;
}
//  IIC写
inline static void IIC_Write(char devaddr, char address, u8 data)
{
    IIC_MasterTxStart(devaddr);
    IIC_MasterTx(address);
    IIC_MasterTx(data);
    IIC_MasterTxStop();
}
```

9.3　IIS 总线接口

9.3.1　IIS 总线接口概述

1. 常用 IIS 总线接口概述

目前许多数字电子产品,如便携式 CD 机、手机、MP3、MD、VCD、DVD 和数字电视机等,都使用了数字音频系统。

IIS(Intel-IC Sound)总线一般称为集成电路内部声音总线,也写作 I^2S 或 I2S,由于 S3C2410A 英文资料中,IIS 在相关引脚信号和文字描述中使用了不同的写法,如 IIS、I^2S 或 I2S,本章也沿用了这些写法。IIS 总线源于 SONY 和 PHILIPS 等公司共同提出的一个串行数字音频总线协议,许多音频编解码器(CODEC)和微处理器都提供了对 IIS 总线的支持。IIS 总线只传送音频数据,其他信号(如控制信号)必须另外单独传送。为了尽可能减少芯片引脚数,通常 IIS 只使用 3 条串行总线(不同芯片可能会有所不同),3 条线分别是:提供分时复用功能的数据线 SD,SD 传送数据时由时钟信号同步控制,且以字节为单位传送,每字节的数据传送从左边的二进制位 MSB 开始;字段选择线 WS,WS 为 0 或 1 表示选择左声道或右声道;时钟信号线 SCK,能够产生 SCK 信号的设备称为主设备,从设备引入 SCK 作为内部时钟使用。IIS 总线接口支持通常的 IIS 和 MSB_justified(MSB 调整 IIS)两种数据格式。

2. S3C2410A 微处理器 IIS 总线接口概述

S3C2410A 内部集成了 IIS 总线接口模块,图 9-26 是 S3C2410A 与 PHILIPS 公司数字音频串行输入输出接口芯片 UDA1341TS 连接的一个例子。

图 9-26 中 UDA1341TS 是一个低成本、小尺寸、低功耗、高性能的立体声音频编解码

器,支持 IIS 和 L3 两种接口。片内有音频数据用的 A/D 转换器和 D/A 转换器。芯片提供了两个麦克风输入通道,分别连接到 VINL1 和 VINR1、VINL2 和 VINR2 引脚。芯片提供了一路输出,通过 VOUTR 和 VOUTL 与扬声器连接。片内配置了可编程增益放大器和自动增益控制器,扬声器音量可以编程调节或进入静音状态;在 ADC 路径上,还提供了可编程滤波器、混频器等。

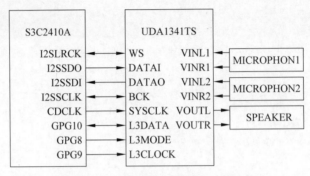

图 9-26　S3C2410A 与 UDA1341TS 连接

图 9-26 中 S3C2410A 与 UDA1341TS 的连线由两组接口组成。

一组是 IIS 总线接口,在 S3C2410A 端信号是:

- CDCLK(CODEC 系统时钟);
- I2SSCLK(IIS 总线串行时钟);
- I2SLRCK(IIS 总线声道选择时钟);
- I2SSDI(IIS 总线串行数据输入);
- I2SSDO(IIS 总线串行数据输出)。

另一组是 L3 总线接口,在 S3C2410A 端连接到 GPG10、GPG8、GPG9,在 UDA1341TS 端连接到 L3DATA(L3 总线数据,输入输出)、L3MODE(L3 总线模式,输入)、L3CLOCK(L3 总线时钟,输入)。

音频数据传送过程可以简单描述为:处理器通过 IIS 总线接口,控制音频数据在 S3C2410A 内存与 UDA1341TS 之间传送。连接在 UDA1341TS 上的麦克风信号在 UDA1341TS 内部经过 A/D 转换器等,转换成二进制数,串行通过 DATAO 引脚送到 S3C2410A 的 IIS 模块,在 IIS 模块中数据转换成并行数据,然后使用通常存取方式或 DMA 存取方式,将并行数据保存在内存中;而内存中要输出的音频数据,使用通常存取方式或 DMA 存取方式,将数据并行传送到 IIS 模块,在 IIS 模块中转换成串行数据,串行通过 DATAI 引脚送到 UDA1341TS,在片内经过 D/A 转换器等,变成模拟信号,经过驱动器等,驱动扬声器。

S3C2410A 中传送方式的选择、串行数据接口格式、发送/接收方式的选择等都可以通过 IIS 接口控制器的寄存器设置。

L3 接口用来传送控制信号,控制外部编解码器,相当于混音器控制接口。L3 接口可以对麦克风输入、扬声器输出的音频信号音量大小等进行控制。L3 接口连接在 S3C2410A 的 3 个通用输入输出引脚上,S3C2410A 利用这 3 个 I/O 端口引脚模拟 L3 总线的全部时序和协议。L3 总线时钟不是连续时钟,只有数据线上有数据时,它才会发出 8 个周期的时钟信号,其他时间保持高电平。

L3 传送模式有两种,地址模式和数据传送模式。地址模式用于确定数据传送的目的寄存器,而数据传送模式只进行控制数据的传送。

3. S3C2410A 微处理器 IIS 总线接口特点

S3C2410A 微处理器中的 IIS 总线接口能被用于实现一个 CODEC 接口,连接外部带有 8 位或 16 位立体声 CODEC IC,如 mini-disc 和其他便携的设备。IIS 支持 IIS 总线数据格式和 MSB_justified 数据格式。IIS 总线接口对 FIFO 存取提供了 DMA 传送方式和通常传送方式。它能够同时发送和接收数据,或只发送数据,或只接收数据。

4. IIS 总线接口用到的 S3C2410A 引脚信号

用到的引脚信号有 I2SLRCK、I2SSDO、I2SSDI、I2SSCLK 和 CDCLK。另外,可以使用 GPIO 中的 GPG10、GPG8 和 GPG9 对应的引脚与 L3 总线连接,也可以使用其他端口对应的引脚与 L3 总线连接,作为 L3 总线的信号线。

9.3.2　IIS 总线接口组成和发送/接收方式

1. IIS 总线接口组成框图

S3C2410A 微处理器 IIS 总线接口组成框图见图 9-27。

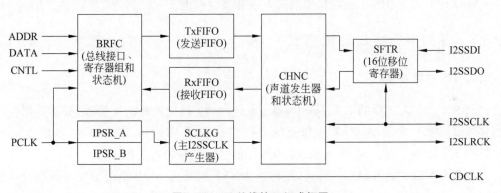

图 9-27　IIS 总线接口组成框图

在图 9-27 中,BRFC 表示总线接口、寄存器组和状态机。总线接口逻辑和 FIFO 存取由状态机控制。

IPSR_A 和 IPSR_B 是两个 5 位的预分频器。一个用于 IIS 总线接口的主时钟发生器,另一个用于外部 CDCLK 时钟发生器。

发送数据时,数据被写入 TxFIFO;接收数据时,从 RxFIFO 读出数据。TxFIFO 和 RxFIFO 长度各为 64 字节。

SCLKG 称为主 I2SSCLK 产生器,在主方式时,串行位时钟由主时钟产生。

CHNC 表示声道发生器和状态机。由声道状态机产生并控制 I2SSCLK 和

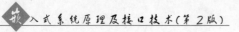

I2SLRCK。

SFTR 表示 16 位移位寄存器。在发送方式，并行数据被移位串行输出；在接收方式，串行数据移位输入形成并行数据。

2. IIS 总线接口发送/接收方式

1) 只发送或只接收方式

只发送或只接收方式可以采用通常(normal)传送方式或 DMA 传送方式。

(1) 通常传送方式：

在 IIS 控制寄存器 IISCON 中，有两个标志位分别表示发送 FIFO 准备好或接收 FIFO 准备好。当发送 FIFO 准备发送数据时，如果发送 FIFO 不空，则发送 FIFO 准备好标志位 IISCON[7]被置 1。如果发送 FIFO 为空，则发送 FIFO 准备好标志位被清 0。当接收 FIFO 不满时，接收 FIFO 准备好标志位 IISCON[6]被置 1，指示 FIFO 准备好接收数据。如果接收 FIFO 满了，则接收 FIFO 准备好标志位被清 0。这两个标志位能够用于确定 CPU 写或读 FIFO 的时间。当 CPU 以这种方式发送或接收 FIFO 数据时，串行数据能被送出或接收。

(2) DMA 传送方式：

在这种方式下，由 DMA 控制器控制发送或接收 FIFO 的存取。在发送或接收方式，DMA 服务请求自动地由发送或接收 FIFO 准备好标志去产生。

2) 同时发送和接收方式

在这种方式下，IIS 总线接口能同时发送和接收数据。

9.3.3　音频串行接口数据格式

1. IIS 总线格式

与 S3C2410A 连接的 IIS 总线中，除了系统时钟 CDCLK 外的 4 条线，分别是串行数据输入 I2SSDI、串行数据输出 I2SSDO、左右声道选择时钟 I2SLRCK 和串行时钟 I2SSCLK。能够产生 I2SLRCK 和 I2SSCLK 信号的设备是主设备。

串行数据以 2 的补码形式传送，先传送 MSB。先传送 MSB 是由于发送器和接收器可能有不同的字长。发送器无须知道接收器能够处理的位数，接收器也无须知道发送器发送的位数。

当系统的一个字的长度比发送器的一个字的长度更长时，系统的数据中的每个字的低有效位被截掉(低有效位数据被设置为 0)，作为发送数据。如果接收器收到的位数，比接收器一个字的长度更长时，接收器最低有效位(Least Significant Bit，LSB)以后的位被忽略。如果接收器收到的位数比它的字的长度短，那么缺省的位在内部被置为 0。最高有效位有固定的位置，而最低有效位取决于字长。在 I2SLRCK 改变后经过 1 个时钟周期之后，发送器发送下一个字的最高有效位，见图 9-28。

串行数据通过发送器发送，虽然同步可以使用时钟信号的后沿(从高到低)或前沿

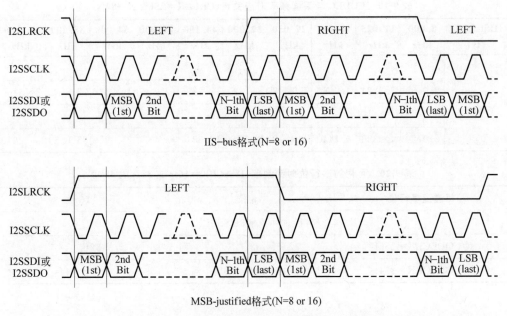

图 9-28　IIS 总线格式和 MSB(left)justified 数据格式

（从低到高），然而在串行时钟信号的前沿，串行数据必须被锁存到接收器。由于这个限制，传送数据被同步只能使用时钟信号的前沿。

　　左右声道选择线指示正在传送的数据所在的声道。I2SLRCK 能够在串行时钟信号的后沿或前沿改变，而它的长度不需要对称。在从设备，I2SLRCK 信号在时钟信号的前沿被锁存。I2SLRCK 在最高有效位被传送的前一个周期改变。

2. MSB(LEFT)JUSTIFIED 数据格式

　　MSB(left)justified 数据格式与 IIS 总线有基本相同的数据格式，与 IIS 总线数据格式不同之处是下一个字的最高有效位在 I2S LRCK 改变后发送，见图 9-28。

　　MSB(left)justified 也写作 MSB-justified。

3. 采样频率和主时钟举例

　　音频系统时钟，即图 9-27 中的 CDCLK，也称为 CODEC 时钟或 CODECLK，它的频率为采样(sampling frequency，fs)频率的 256 倍或 384 倍。可以用 IISMOD 寄存器的 bit[2]选择。

　　CODECLK 是由处理器主时钟 PCLK 经过预分频器 IPSR_B，预分频后得到。预分频器的值，在 IISPSR 寄存器的 bit[4:0]中设置。

　　CODECLK 与采样频率对应关系见表 9-19。

　　串行位时钟(I2SSCLK)的频率，可以选择是采样频率的 16、32 或 48 倍，在 IISMOD 寄存器 bit[1:0]中选择，选择时应参考表 9-20。

表 9-19　CODEC 与采样频率对应关系(CDCLK=256fs 或 384fs)

IISLRCK (fs)	8.000 kHz	11.025 kHz	16.000 kHz	22.050 kHz	32.000 kHz	44.100 kHz	48.000 kHz	64.000 kHz	88.200 kHz	96.000 kHz
CODECLK (MHz)	256fs									
	2.0480	2.8224	4.0960	5.6448	8.1920	11.2896	12.2880	16.3840	22.5792	24.5760
	384fs									
	3.0720	4.2336	6.1440	8.4672	12.2880	16.9344	18.4320	24.5760	33.8688	36.8640

表 9-20　可用的串行位时钟频率(I2SSCLK=16fs 或 32fs 或 48fs)

每通道串行位	8 位	16 位
	串行时钟频率(I2SSCLK)	
@CODECLK=256fs	16fs,32fs	32fs
@CODECLK=384fs	16fs,32fs,48fs	32fs,48fs

9.3.4　IIS 总线接口特殊功能寄存器

1. IIS 控制寄存器

IIS 控制寄存器 IISCON,可以通过 STRH/STR 和 LDRH/LDR 指令以半字或字,或者 short int/int 类型指针以小端/大端方式存取。

Li/HW/W 表示小端方式半字或字,Bi/HW/W 表示大端方式半字或字。

具体内容见表 9-21 和表 9-22。其中,位[8:6]为只读。

表 9-21　IIS 控制寄存器地址及 Reset 值

寄存器名	地　　址	R/W	描　述	Reset 值
IISCON	0x55000000(Li/HW,Li/W,Bi/W) 0x55000002(Bi/HW)	R/W	IIS 控制寄存器	0x100

表 9-22　IIS 控制寄存器含义

IISCON	位	R/W	描　　述	初态
左/右声道	[8]	R	0=左声道　　1=右声道	1
发送 FIFO 准备好标志	[7]	R	0=FIFO 没准备好(空) 1=FIFO 准备好(不空)	0
接收 FIFO 准备好标志	[6]	R	0=FIFO 没准备好(满) 1=FIFO 准备好(不满)	0
发送 DMA 服务请求允许	[5]	R/W	0=请求禁止　　1=请求允许	0
接收 DMA 服务请求允许	[4]	R/W	0=请求禁止　　1=请求允许	0

IISCON	位	R/W	描　　述	初态
发送通道空闲命令	[3]	R/W	在空闲状态,I2SLRCK 是非激活的(暂停 Tx) 0＝非空闲　　1＝空闲	0
接收通道空闲命令	[2]	R/W	在空闲状态,I2SLRCK 是非激活的(暂停 Rx) 0＝非空闲　　1＝空闲	0
IIS 预分频允许	[1]	R/W	0＝预分频禁止　　　1＝预分频允许	0
IIS 接口允许(开始)	[0]	R/W	0＝IIS 禁止(停止)　　　1＝IIS 允许(开始)	0

2. IIS 方式寄存器

IIS 方式寄存器 IISMOD,可读写,可以使用的存取方式同 IISCON。

IISMOD 地址、Reset 值及各位具体含义见表 9-23 和表 9-24。

表 9-23　IIS 方式寄存器地址及 Reset 值

寄存器名	地　　址	R/W	描　　述	Reset 值
IISMOD	0x55000004(Li/W,Li/HW,Bi/W) 0x55000006(Bi/HW)	R/W	IIS 方式寄存器	0x000

表 9-24　IIS 方式寄存器含义

IISMOD	位	描　　述	初态
主/从方式选择	[8]	0＝主方式(I2SLRCK 和 I2SSCLK 是输出方式) 1＝从方式(I2SLRCK 和 I2SSCLK 是输入方式)	0
发送/接收方式选择	[7:6]	00＝不传送　　　　　　01＝接收方式 10＝发送方式　　　　　11＝发送并且接收方式	00
左右声道有效电平	[5]	0＝低电平用于左声道(高电平用于右声道) 1＝高电平用于左声道(低电平用于右声道)	0
串行接口格式	[4]	0＝IIS 兼容格式　　　1＝MSB(left)justified 格式	0
每声道串行数据位	[3]	0＝8 位　　　1＝16 位	0
主时钟频率选择	[2]	0＝256fs　　　1＝384fs　　　(fs:采样频率)	0
串行位时钟频率选择	[1:0]	00＝16fs　01＝32fs　10＝48fs 11＝不使用　(fs:采样频率)	00

3. IIS 预分频寄存器

IIS 预分频寄存器 IISPSR,可读写,可以使用的存取方式同 IISCON,另外增加了字节存取方式。

IISPSR 地址、Reset 值和各位具体含义见表 9-25 和表 9-26。

表 9-25　IIS 预分频寄存器地址及 Reset 值

寄存器名	地　　址	R/W	描　述	Reset 值
IISPSR	0x55000008(Li/B,Li/HW,Li/W,Bi/W) 0x5500000A(Bi/HW)	R/W	IIS 预分频寄存器	0x000

表 9-26　IIS 预分频寄存器含义

IISPSR	位	描　述	初态
预分频控制 A	[9:5]	预分频器 A 的预分频值 N,数值为 0~31 clock_prescaler_A=PCLK/(N+1)	00000
预分频控制 B	[4:0]	预分频器 B 的预分频值 N,数值为 0~31 clock_prescaler_B=PCLK/(N+1)	00000

4. IIS FIFO 控制寄存器

IIS FIFO 控制寄存器名为 IISFCON。

IISFCON 地址及各位含义见表 9-27 和表 9-28。

表 9-27　IIS FIFO 控制寄存器地址及 Reset 值

寄存器名	地　　址	R/W	描　述	Reset 值
IISFCON	0x5500000C(Li/HW,Li/W,Bi/W) 0x5500000E(Bi/HW)	R/W	IIS FIFO 控制寄存器	0x0000

表 9-28　IIS FIFO 控制寄存器含义

IISFCON	位	描　　述	初态
发送 FIFO 存取方式选择	[15]	0=通常存取方式　1=DMA 存取方式	0
接收 FIFO 存取方式选择	[14]	0=通常存取方式　1=DMA 存取方式	0
发送 FIFO 允许	[13]	0=FIFO 禁止　1=FIFO 允许	0
接收 FIFO 允许	[12]	0=FIFO 禁止　1=FIFO 允许	0
发送 FIFO 数据计数(只读)	[11:6]	数据计数值=0~32	000000
接收 FIFO 数据计数(只读)	[5:0]	数据计数值=0~32	000000

5. IIS FIFO 寄存器

IIS FIFO 寄存器名为 IISFIFO。

IIS 总线接口含有两个 64 字节的 FIFO,用于发送和接收方式。每个 FIFO 宽度为 16 位,深度为 32,允许 FIFO 以半字为单位处理数据。发送和接收 FIFO 的存取是通过 FIFO 的入口实现的,入口地址小端为 0x55000010,大端为 0x55000012。

IIS FIFO 地址及各位含义见表 9-29 和表 9-30。

表 9-29　IIS FIFO 寄存器地址及 Reset 值

寄存器名	地　　址	R/W	描　　述	Reset 值
IIS FIFO	0x55000010(Li/HW) 0x55000012(Bi/HW)	R/W	IIS FIFO 寄存器	0x0000

表 9-30　IIS FIFO 寄存器含义

IIS FIFO	位	描　　述	初态
FENTRY(发送/接收 FIFO 入口)	[15:0]	用于 IIS 发送/接收数据	0x0000

9.3.5　IIS 总线接口程序举例

以下程序是对 IIS 总线接口进行测试的部分代码。与图 9-26 不同的是,L3 接口与 S3C2410A 连接的引脚没有使用 GPG10、GPG8 和 GPG9,而是使用了 GPB3、GPB2 和 GPB4。下述测试程序将内存 DMA2 缓冲区的数据,送往 IIS 总线接口 FIFO,填充 DMA2 缓冲区的过程在本程序被忽略。

测试程序还用到了 UART 和外部中断 EINT0,进行一些辅助操作,与这部分相关的代码没有详细列出。另外,如何通过 L3 接口模拟 L3 总线的全部时序和协议,与音频技术处理关系密切,不在这里讨论。

【例 9.4】　IIS 总线接口测试部分代码。

(1) 配置 IIS 总线接口使用的 S3C2410A 端口引脚信号,包括 L3 总线使用的引脚信号,程序如下:

```
//=============================================================
void IIS_PortSetting(void)                    //配置 IIS 用到的 I/O 端口
{
//-------------------------------------------------------------
// PORT B GROUP
//Ports: GPB4 GPB3 GPB2
//Signal: L3CLOCK L3DATA L3MODE
//Setting: OUTPUT OUTPUT OUTPUT
//         [9:8] [7:6} [5:4]
//Binary:     01 , 01 , 01
//-------------------------------------------------------------
//The pull up function is disabled GPB[4:2] 1 1100
rGPBUP = rGPBUP &~ (0x7<<2)|(0x7<<2);
//GPB[4:2]=Output(L3CLOCK):Output(L3DATA):Output(L3MODE)
rGPBCON=rGPBCON &~ (0x3f<<4)|(0x15<<4);
//-------------------------------------------------------------
// PORT E GROUP
//Ports : GPE4 GPE3 GPE2 GPE1 GPE0
```

```
//Signal : I2SSDO I2SSDI CDCLK I2SSCLK I2SLRCK
//Binary : 10, 10, 10, 10, 10
//------------------------------------------------------------
//The pull up function is disabled GPE[4:0] 1 1111
rGPEUP = rGPEUP &~ (0x1f)|0x1f;
//GPE[4:0]=I2SSDO:I2SSDI:CDCLK:I2SSCLK:I2SLRCK
rGPECON=rGPECON &~ (0x3ff)|0x2aa;

rGPFUP = ((rGPFUP &~ (1<<0))|(1<<0));            //GPF0
rGPFCON = ((rGPFCON &~ (3<<0))|(1<<1));          //GPF0=EINT0

rEXTINT0= ((rEXTINT0 &~ (7<<0))|(2<<0));         //EINT0=falling edge triggered
}
```

(2) 数据从内存缓冲区传送到 IIS 总线接口使用 DMA 方式,数据缓冲区全部数据传送结束后,DMA2 应该发出一个 DMA 请求中断,通知 CPU 数据传送完毕,因此要设定中断程序的入口:

```
pISR_DMA2= (unsigned)DMA2_Done;
```

进入中断服务程序后,应该清除中断登记寄存器的相应位,并进行一些标识,表示 DMA2 缓冲区的状态。中断服务程序如下:

```
void __irq DMA2_Done(void)
{
    rSRCPND=BIT_DMA2;                    //Clear pending bit
    rINTPND=BIT_DMA2;
    rINTPND;
    //做一些标识
    ⋮
}
```

(3) 初始化 DMA2、初始化 IIS 程序如下:

```
//DMA2 初始化
rDISRCC2=(0<<1)+(0<<0);              //AHB, Increment
rDISRC2 =(int)rec_buf;               //0x31000000
rDIDSTC2=(1<<1)+(1<<0);              //APB, Fixed
rDIDST2 =((U32)IISFIFO);             //IISFIFO
rDCON2 =(1<<31)+(0<<30)+(0<<29)+(0<<28)+(0<<27)+\
(0<<24)+(1<<23)+(0<<22)+(1<<20)+(size/2);
//Handshake, sync PCLK, TC int, single tx, single service, I2SSDO, I2S request,
//Auto-reload, half-word, size/2
rDMASKTRIG2=(0<<2)+(1<<1)+0;         //No-stop, DMA2 channel on, No-sw trigger
```

```
//IIS 初始化
//Master,Tx,L-ch=low,iis,16bit ch.,CDCLK=256fs,IISCLK=32fs
rIISMOD=(0<<8)+(2<<6)+(0<<5)+(0<<4)+(1<<3)+(0<<2)+(1<<0);
//rIISPSR=(4<<5)+4;                       //Prescaler_A/B=4 for 11.2896MHz
rIISCON=(1<<5)+(0<<4)+(0<<3)+(1<<2)+(1<<1);
//Tx DMA enable,Tx DMA disable,Tx not idle,Rx idle,prescaler enable,stop
rIISFCON=(1<<15)+(1<<13);                 //Tx DMA,Tx FIFO-->start piling...
   ⋮
```

(4) 启动 IIS Tx,用 DMA 方式送出数据:

```
rIISCON|=0x1;                            //IIS Tx Start
while(!Uart_GetKey());
```

送出数据后,DMA2 产生中断请求,中断处理后退出。

(5) 停止 DMA2 和 IIS,程序如下:

```
//IIS Tx Stop
  Delay(10);                             //For end of H/W Tx
  rIISCON=0x0;                           //IIS stop
  rDMASKTRIG2=(1<<2);                    //DMA2 stop
  rIISFCON=0x0;                          //For FIFO flush
```

9.4　SPI 总线接口

9.4.1　SPI 总线接口概述

1. 常用 SPI 总线接口概述

SPI(Serial Peripheral Interface)一般称为串行外设接口,是 Motorola 在其 MC68HCxx 微处理器系列中定义的一种标准接口,实现了一个串行同步协议,目前在嵌入式系统中得到了广泛的应用。SPI 采用同步、全双工串行传输技术,业内也称为同步串行总线接口。

SPI 允许计算机与计算机、微处理器与外设之间串行同步通信。可以与 SPI 通信的外设有 ADC、DAC、LCD、LED、外置闪存、网络控制器等。另外,还有许多厂家生产的多种标准外围器件可以与 SPI 接口。通信时,通信双方要规定好一个为主设备,另一个(或多个)为从设备。主设备也允许选择工作在主方式或从方式。当带有 SPI 接口的两个计算机之间通信时,通常每个计算机的 SPI 允许选择使用主方式或从方式。

计算机与计算机、微处理器与外设使用 SPI 总线连接举例见图 9-29 和图 9-30。

连接在 SPI 总线上的多个从设备,某一时刻只有一个,即被主设备选中的那个从设备,能与主设备通信。其他未被选中的从设备不能与主设备通信。

通信中主设备和被选中的从设备使用同一个时钟,主设备创建并发送时钟信号(以

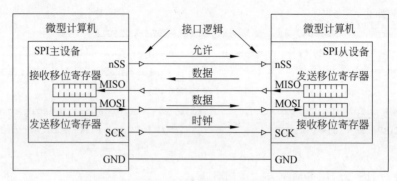

图 9-29　计算机与计算机使用 SPI 总线连接

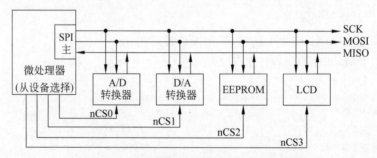

图 9-30　微处理器与外设使用 SPI 总线连接

下简称时钟),从设备接收时钟,主设备和从设备使用同一个时钟将数据送出和锁存。

Motorola SPI 总线通常包含 4 条 I/O 线。

(1) nSS(Slave Select):从设备选择线,信号低电平有效,由主设备发出信号,通知连接的从设备被选中,它们之间的通信通道已经被激活。当一个主设备连接多个从设备时,主设备与每个从设备要连接一条单独的 nSS 线,某段时间只能有一条 nSS 线上的信号为低电平,例如在图 9-30 中,nCS0、nCS1、nCS2、nCS3 分别作为连接到不同从设备的 nSS 线。

(2) SCK(Serial Clock):串行时钟线,时钟由主设备创建、驱动并发送,从设备只能接收。主设备发送的时钟作为主、从设备数据传输的同步时钟。使用该时钟锁存串行输入线上接收到的数据位,或送出要发送的数据位到串行输出线上。

(3) MOSI(Master Out Slave In):主设备输出、从设备输入串行数据线,数据由主设备驱动输出,从设备接收,使用 SCK 同步传输。

(4) MISO(Master In Slave Out):主设备输入、从设备输出串行数据线,数据由从设备驱动输出,主设备接收,使用 SCK 同步传输。

SPI 传输的数据以 8 位二进制数为一个单位,一般先发送 MSB。

SPI 一般控制特性有:

• 发送速率(同时也是接收速率)可选择;

• 主/从方式、时钟极性和时钟相位可选择;

• 中断允许/禁止可选择。

正确传输的关键与时钟极性和时钟相位的选择有关,同步时钟的一个边沿使发送器改变输出(输出串行数据位),另一个边沿使接收器锁存数据(输入串行数据位)。

2. S3C2410A 微处理器 SPI 总线接口特点

S3C2410A 片内有 2 个 SPI 通道,每个 SPI 通道有 1 个 8 位的移位寄存器用于发送数据,1 个 8 位的移位寄存器用于接收数据。在每个 SPI 传输器中,数据被同时发送(串行移位输出)和同时接收(串行移位输入)。8 位数据发送和接收使用确定的时钟频率,频率取决于它对应的 SPI 波特率预分频寄存器 SPPREn 中设定的值。如果用户仅要发送数据,那么收到的数据为无用(dummy)数据;如果用户仅要接收数据,用户应该发送无用的数据 0xFF。

S3C2410A SPI 传输协议与 Ver2.11 兼容。

S3C2410A SPI 支持基于查询、中断和 DMA 的传输方式。

3. SPI 总线接口用到的 S3C2410A 引脚信号

每个 SPI 通道有 4 个 I/O 引脚信号与 SPI 传输有关,2 个 SPI 通道使用以下引脚信号传输:

SPICLK[1:0]、SPIMISO[1:0]、SPIMOSI[1:0]和 nSS[1:0]。

这些引脚信号含义见表 9-31。

表 9-31 SPI 引脚信号含义

引脚信号名	I/O	描 述
SPIMISO[1:0]	IO	当 SPI 被配置为主方式时,SPIMISO 作为主数据输入线; 当 SPI 被配置为从方式时,SPIMISO 作为从数据输出线
SPIMOSI[1:0]	IO	当 SPI 被配置为主方式时,SPIMOSI 作为主数据输出线; 当 SPI 被配置为从方式时,SPIMOSI 作为从数据输入线
SPICLK[1:0]	IO	SPI 时钟,主方式时输出;从方式时输入(由另一个主 SPI 发出)
nSS[1:0]	I	SPI 片选(仅用于从方式)

注:(1) 当 S3C2410A 的 SPI 选择为从方式时,由另一个主设备发出 nSSn 信号,作为选中 S3C2410A SPI(从设备)的片选信号。

(2) 当 S3C2410A 的 SPI 作为主设备时,可以使用另外定义的 GPIO 引脚,发出片选信号,去选择从设备;也可以将 nSSn 引脚定义为输出方式,由程序控制作为主方式输出的片选信号。

9.4.2 SPI 总线接口组成和操作

1. SPI 总线接口组成框图

S3C2410A 微处理器 SPI 总线接口组成框图见图 9-31。

图 9-31 中下半部分为 SPI1,组成与上半部分 SPI0 相同。

2. SPI 操作

使用 SPI 接口,S3C2410A 能够发送数据到外设,同时从外设接收数据,8 位数据为

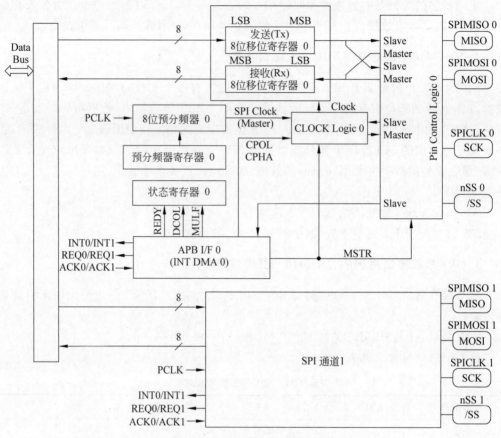

图 9-31   SPI 总线接口组成框图

一组。串行时钟线传输的时钟用于对两条数据线上传输的数据同步。当 SPI 设置为主方式时，由波特率预分频寄存器 SPPREn 中设定的值，控制传输的速率。当 SPI 设置为从方式时，另外的主设备提供时钟。当程序写字节数据到 SPTDATn 寄存器时，SPI 发送/接收操作将同时开始。在某些情况下，写字节数据到 SPTDATn 之前，nSSn 应该被激活。

3. 编程步骤

当 1 字节数据写到 SPTDATn 寄存器时，如果 SPCONn 寄存器的 ENSCK（SCK 允许）和 MSTR（主方式）被设置为 1，SPI 开始传输。用户能够使用典型的编程步骤去操作与 SPI 总线连接的 MMC 或 SD 卡。假设从设备是 MMC 或 SD 卡，基本编程步骤有：

（1）设置波特率预分频寄存器 SPPREn；

（2）对控制寄存器 SPCONn 进行配置；

（3）写数据 0xFF 到 SPTDATn，写 10 次，用于初始化 MMC 或 SD 卡；

（4）设置 GPIO 引脚，用作选择从设备的 nSSn（S3C2410A SPI 发出的片选信号，选择从设备），低电平激活 MMC 或 SD 卡；

（5）如果要发送数据，应该先检查 SPSTAn 寄存器中发送器就绪标志（REDY），当 REDY=1，发送数据写入 SPTDATn；

（6）如果要接收数据，当 SPCONn 寄存器的 TAGD 位为通常方式时，写 0xFF 到 SPTDATn 寄存器，然后确认 SPSTAn 寄存器的 REDY=1，再从接收数据寄存器 SPRDATn 中读出数据；

（7）如果要接收数据，当 SPCONn 寄存器的 TAGD 位为发送自动无用数据方式（Tx auto garbage data mode）时，确认 SPSTAn 寄存器的 REDY=1，然后从接收数据寄存器 SPRDAT 中读出数据（自动开始传输）；

（8）设置 GPIO 引脚，将选择从设备的 nSSn 引脚对应的信号电平设为高，不激活 MMC 或 SD 卡。

9.4.3　SPI 传输格式与 DMA 方式发送/接收步骤

1. SPI 传输格式

S3C2410A 支持 4 种不同的 SPI 传输格式，允许从 4 种格式中选择 1 种用来传输数据，图 9-32 表示了 SPICLK 信号 4 种波形及对应的传输格式。

图 9-32 中 CPOL 表示时钟极性选择，CPHA 表示时钟相位选择，可以在 SPI 控制寄存器 SPCONn 中设置，参见表 9-32。

2. DMA 方式发送/接收步骤

DMA 方式发送步骤如下：

（1）在 SPCONn 寄存器中，通过设置 SMOD=10，将 SPI 配置为 DMA 方式；

（2）适当地配置 DMA；

（3）SPI 请求 DMA 服务；

（4）DMA 传送 1 字节数据到 SPI；

（5）SPI 传送数据到卡（从设备）；

（6）返回（3），直到 DMA 计数变成 0；

（7）在 SPCONn 寄存器中，将 SPI 配置为中断或查询方式。

DMA 方式接收步骤如下：

（1）在 SPCONn 寄存器中，通过设置 SMOD=10，将 SPI 配置为 DMA 方式，另外配置 TAGD 为 1；

（2）适当地配置 DMA；

（3）SPI 从卡（从设备）接收 1 字节数据；

（4）SPI 请求 DMA 服务；

（5）DMA 从 SPI 接收数据；

（6）自动写数据 0xFF 到 SPTDATn 寄存器；

（7）返回（4），直到 DMA 计数变成 0；

（8）使用 SMOD 位，将 SPI 配置为查询方式，清 0 TAGD 位；

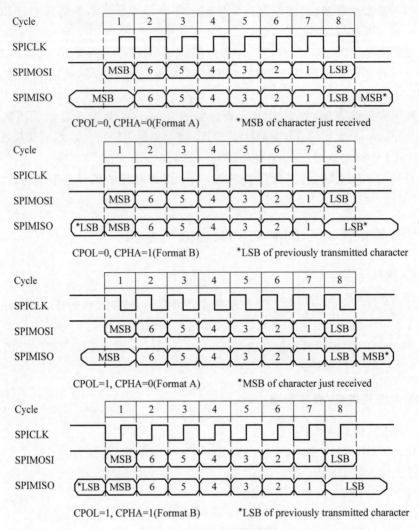

图 9-32　SPI 的 4 种传输格式

(9) 如果 SPSTAn 寄存器的 REDY 标志为 1,读最后 1 字节数据。

注:全部接收数据＝DMA TC 值＋在查询方式读出的最后 1 字节数据。

第 1 个 DMA 收到的数据是无用的,用户可以忽略它。

3. 使用格式 B 的 SPI 从(Slave)接收方式

如果 SPI 从接收(Rx)方式被激活,并且 SPI 传输格式被设置为格式 B,那么 SPI 操作将失败。

READY 信号,是内部信号中的一个信号,在 SPI_CNT 达到 0 以前变成高。因此,在 DMA 方式,在最后一个数据被锁存前,产生了 DATA_READ 信号。

说明:

(1) DMA 方式。DMA 方式不应该使用格式 B 的 SPI 从接收方式。

（2）查询方式。使用格式 B 的 SPI 从接收方式，DATA_READ 信号应该被延迟一个 SPICLK 相位。

（3）中断方式。使用格式 B 的 SPI 从接收方式，DATA_READ 信号应该被延迟一个 SPICLK 相位。

上述信号之间的关系见图 9-33。

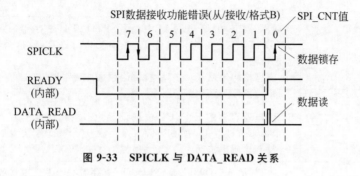

图 9-33　SPICLK 与 DATA_READ 关系

9.4.4　SPI 总线接口特殊功能寄存器

1. SPI 控制寄存器

SPI 通道 0、通道 1 的控制寄存器为 SPCON0、SPCON1，地址分别是 0x59000000、0x59000020，可读写，Reset 值均为 0x00。

SPI 控制寄存器含义见表 9-32。

表 9-32　SPI 控制寄存器含义

SPCONn	位	描　　述	初态
SPI 方式选择（SMOD）	[6:5]	确定通过哪一种方式对 SPRDATn/SPTDATn 读写 00＝查询方式　　　　01＝中断方式 10＝DMA 方式　　　　11＝保留	00
SCK 允许（ENSCK）	[4]	对于主方式，确定 SCK 允许或禁止：0＝禁止　1＝允许	0
主/从选择（MSTR）	[3]	确定主/从方式：0＝从　1＝主	0
时钟极性选择（CPOL）	[2]	确定激活高或激活低时钟：0＝激活高　1＝激活低	0
时钟相位选择（CPHA）	[1]	格式选择：0＝格式 A　1＝格式 B	0
发送自动无用数据方式允许（TAGD）	[0]	确定是否只需要接收数据 0＝通常方式 1＝发送自动无用数据方式（Tx auto garbage data mode） 注：在通常方式，如果用户仅要接收数据，用户应该送出无用数据 0xFF	0

2. SPI 状态寄存器

SPI 通道 0、通道 1 的状态寄存器为 SPSTA0、SPSTA1，地址分别是 0x59000004、

0x59000024，只读，Reset 值均为 0x01。

SPI 状态寄存器含义见表 9-33。

表 9-33　SPI 状态寄存器含义

SPSTAn	位	描　　述	初态
保留	[7:3]		
数据冲突错误标志（DCOL）	[2]	当收发器正在处理过程中，写 SPTDATn 寄存器或读 SPRDATn，这个标志位被置 1。读 SPSTAn 寄存器，这个标志位被清 0 0=没有检测出错误　　　1=检测出数据冲突错误	0
多主错误标志（MULF）	[1]	如果 nSSn 信号为低电平，而 SPI 被配置为主方式，并且 SPPINn 寄存器的 ENMUL 位被设置为多主错误检测方式，这个标志位被置 1。读 SPSTAn 寄存器，这个标志位被清 0 0=没有检测出错误　　　1=检测出多主错误	0
收发器就绪标志（REDY）	[0]	这一位指示 SPTDATn 或 SPRDATn 寄存器对于发送或接收，处于就绪状态。写数据到 SPTDATn 时，自动清除这个标志位 0=未就绪　　　1=数据发送/接收就绪	1

3. SPI 引脚控制寄存器

当 SPI 被允许，除了 nSSn 引脚外，其他引脚的方向由 SPCONn 寄存器的 MSTR 位控制。nSSn 引脚的方向，总是作为输入。

当 SPI 被配置为主方式时，并且 SPPINn 寄存器的 ENMUL 位为多主错误检测允许时，nSSn 引脚被用于检测多主错误，别的 GPIO 引脚信号应该用于选择从设备。

如果 SPI 被配置为从方式，别的主设备发出信号送到 nSSn 引脚，用于选择 SPI 作为从设备。

SPI 通道 0、通道 1 的引脚控制寄存器为 SPPIN0、SPPIN1，地址分别是 0x59000008、0x59000028，可读写，Reset 值均为 0x02。

SPI 引脚控制寄存器含义见表 9-34。

表 9-34　SPI 引脚控制寄存器含义

SPPINn	位	描　　述	初态
保留	[7:3]		00000
多主错误检测允许（ENMUL）	[2]	当 SPI 作为主设备时，nSSn 引脚被用作输入，用于检测多主错误（multi master error） 0=禁止（通常用途）　　1=多主错误检测允许	0
保留	[1]	这一位应该为 1	1
主输出保持（KEEP）	[0]	仅在主方式，当 1 字节数据传输完成，确定 MOSI 被驱动或被释放 0=释放　　1=驱动为先前的电平	0

SPIMISO 和 SPIMOSI 数据引脚被用于发送或接收串行数据。当 SPI 被配置为主方式,SPIMISO 是主(方式)数据输入线,SPIMOSI 是主(方式)数据输出线,SPICLK 是时钟输出线。当 SPI 被配置成从方式,SPIMISO 是从(方式)数据输出线,SPIMOSI 是从(方式)数据输入线,SPICLK 是时钟输入线。

如果 S3C2410A 中一个 SPI 被配置为主方式,而别的 SPI 设备也工作在主方式,并且别的 SPI 设备选择 S3C2410A 这个 SPI 作为从(设备),那么 S3C2410A 的这个 SPI 能够检测出一个多主错误,立即产生以下操作,但是用户应该事先设置 SPPINn 的多主错误检测 ENMUL 位为 1。

(1) SPCONn 寄存器的 MSTR 位被(自动)强制为 0,以从方式操作;

(2) SPSTAn 寄存器的 MULF 标志位被(自动)设置为 1,并且产生 SPI 中断。

4. SPI 波特率预分频寄存器

SPI 通道 0、通道 1 的波特率预分频寄存器为 SPPRE0、SPPRE1,地址分别是 0x5900000C、0x5900002C,可读写,Reset 值均为 0x00。

SPI 波特率预分频寄存器含义见表 9-35。

表 9-35　SPI 波特率预分频寄存器含义

SPPREn	位	描　述	初态
预分频值	[7:0]	SPI 通道 0、1 波特率预分频值,用于确定 SPI 时钟速率: 波特率＝PCLK/2/(预分频值＋1)	0x00

5. SPI Tx(发送)数据寄存器

SPI 通道 0、通道 1 的 Tx(发送)数据寄存器为 SPTDAT0、SPTDAT1,地址分别是 0x59000010、0x59000030,可读写,Reset 值均为 0x00。

SPI Tx(发送)数据寄存器含义见表 9-36。

表 9-36　SPI Tx(发送)数据寄存器含义

SPTDATn	位	描　述	初态
Tx 数据寄存器	[7:0]	含有经由该 SPI 通道被发送的数据	0x00

6. SPI Rx(接收)数据寄存器

SPI 通道 0、通道 1 的 Rx(接收)数据寄存器为 SPRDAT0、SPRDAT1,地址分别是 0x59000014、0x59000034,只读,Reset 值均为 0x00。

SPI Rx(接收)数据寄存器含义见表 9-37。

表 9-37　SPI Rx(接收)数据寄存器含义

SPRDATn	位	描　述	初态
Rx 数据寄存器	[7:0]	含有经由该 SPI 通道收到的数据	0x00

9.4.5　SPI 总线接口程序举例

【例 9.5】　以下程序是对 S3C2410A SPI 通道 0 初始化,配置为主方式,使用查询方式发送/接收数据的部分代码。

```c
volatile char * spiTxStr, * spiRxStr;
volatile int endSpiTx;
unsigned int spi_rGPECON,spi_rGPEDAT,spi_rGPEUP;
unsigned int spi_rGPGCON,spi_rGPGDAT,spi_rGPGUP;
/*************************************************************
* 只对 S3C2410A SPI 通道 0 配置和测试                          *
* GPG2=nSS0, GPE11=SPIMISO0, GPE12=SPIMOSI0, GPE13=SPICLK0 *
*************************************************************/
void SPI_Port_Init(int MASorSLV)
{
    rGPEUP&=~(0x3800);                   //GPE[13:11]上拉电阻禁止/允许设置
    rGPEUP|=0x2000;
//  rGPEUP|=(0x3800);
//  GPE[13:11]作为 SPICLK0、SPIMOSI0、SPIMISO0
    rGPECON=((rGPECON&0xf03fffff)|0xa800000);

    rGPGUP|=0x4;                         //GPG2,即 nSS0 上拉电阻禁止
    if(MASorSLV==1)
{
    //主方式,GPG2 作为 GPIO 输出方式,用作从设备选择信号 nSS0
        rGPGCON=((rGPGCON&0xffffffcf)|0x10);
        rGPGDAT|=0x4;                    //激活 nSS0
    }
    else
        rGPGCON=((rGPGCON&0xffffffcf)|0x30);    //从方式,GPG2 作为 nSS0,输入
}

void SPI_Port_Return(void)
{
    ⋮
}

void Test_Spi_MS_poll(void)              //SPI 通道 0 主方式发送/接收,查询方式
{
    int i;
    char * txStr, * rxStr;
    SPI_Port_Init(0);
    Uart_Printf("[SPI Polling Tx/Rx Test]\n");
    Uart_Printf("Connect SPIMOSI0 into SPIMISO0.\n");
    endSpiTx=0;
```

```
spiTxStr="ABCDEFGHIJKLMNOPQRSTUVWXYZ0123456789";
spiRxStr=(char*) SPI_BUFFER;
txStr=(char*)spiTxStr;
rxStr=(char*)spiRxStr;

rSPPRE0=0x0;                          //如果 PCLK=50MHz,SPICLK=25MHz
//查询、允许 SCK、主方式、CPOL=1、格式 A、通常
rSPCON0=(0<<5)|(1<<4)|(1<<3)|(1<<2)|(0<<1)|(0<<0);
//ENMUL 禁止,KEEP=0,释放
rSPPIN0=(0<<2)|(1<<1)|(0<<0);

while(endSpiTx==0)
{
    if(rSPSTA0&0x1)                   //检测发送是否就绪(查询)
    {
        if(*spiTxStr!='\0')
            rSPTDAT0=*spiTxStr++;     //送出数据
          else
              endSpiTx=1;
            while(!(rSPSTA0&0x1));     //检测接收是否就绪(查询)
        *spiRxStr++=rSPRDAT0;          //读取接收数据
    }
}

//Polling,dis-SCK,master,low,A,normal
rSPCON0=(0<<5)|(0<<4)|(1<<3)|(1<<2)|(0<<1)|(0<<0);
//remove last dummy data & attach End of String(Null)
*(spiRxStr-1)='\0';

Uart_Printf("Tx Strings:%s\n",txStr);
Uart_Printf("Rx Strings:%s :",rxStr);

if(strcmp(rxStr,txStr)==0)
    Uart_Printf("O.K.\n");
else
    Uart_Printf("ERROR!!!\n");
SPI_Port_Return();
}
```

9.5　本章小结

本章讲述了 UART 和 IIC、IIS、SPI 总线接口 4 部分内容。

在 UART 部分,主要讲述了 UART 概述和引脚信号;UART 操作,包括数据的发送和接收、自动流控制、中断/DMA 请求产生、错误状态 FIFO、波特率发生器和红外方式等

内容;UART 特殊功能寄存器;UART 与 RS-232C 接口连接举例;UART 与红外收发器连接举例。在举例中列出了较多的程序,便于读者对 UART 操作有进一步的理解,要求读者对 UART 初始化、发送数据、接收数据的操作能够达到编程程度。

在 IIC 总线接口部分,主要讲述了常用 IIC 总线接口概述和 S3C2410A 微处理器 IIC 总线接口特点;IIC 总线接口组成与操作方式中的功能关系;IIC 总线接口 4 种操作方式;IIC 总线接口特殊功能寄存器;IIC 总线接口程序举例。要求读者能够读懂程序举例的内容,能够编写 IIC 应用程序。

在 IIS 总线接口部分,主要讲述了常用 IIS 总线接口概述和 S3C2410A 微处理器 IIS 总线接口概述及特点;IIS 总线接口组成和发送/接收方式;音频串行接口数据格式;IIS 总线接口特殊功能寄存器;IIS 总线接口程序举例。要求读者掌握 IIS 总线接口组成、数据格式和特殊功能寄存器的含义。

在 SPI 总线接口部分,主要讲述了常用 SPI 总线接口概述和 S3C2410A SPI 总线接口特点;SPI 总线接口组成、操作和编程步骤;SPI 传输格式、DMA 方式发送/接收步骤;SPI 总线接口特殊功能寄存器和 SPI 应用举例。要求读者掌握 SPI 组成、SPI 操作和编程步骤。

9.6　习　　题

1. 对于 S3C2410A 片内的 UART,简要回答以下问题:

(1) S3C2410A 片内的 UART,提供了几通道的异步串行 I/O? 各通道支持的引脚信号有哪些不同?

(2) UART 使用系统时钟,速率最高为多少 kbps? 还可以使用的时钟信号名称是什么?

(3) 串行数据一帧格式中起始位、停止位、校验位的值,是由程序产生还是由 UART 自动产生?

(4) 数据发送会产生错误吗? 数据接收会产生哪些错误? 溢出错误与帧错误有何区别?

(5) 解释接收 FIFO 触发电平的含义、发送 FIFO 触发电平的含义。

(6) 简述 FIFO 方式与非 FIFO 方式的区别。

(7) 错误状态 FIFO、接收 FIFO 和发送 FIFO 有何区别?

(8) 错误中断(溢出错误和帧错误)在允许接收 FIFO 方式时,当错误一旦出现,马上产生中断请求吗? 还是在接收 FIFO 中有错误的字符被读出时,才产生中断请求?

(9) UART 支持 DMA 方式吗? 支持查询方式吗? UTRSTATn 寄存器的用途有哪些?

(10) 如果知道波特率,如何计算 UBRDIVn 寄存器的分频系数?

(11) 红外方式的编码器、解码器是在 S3C2410A 片内 UART 中,还是需要在 S3C2410A 片外另接?

(12) 一帧数据格式中,可以规定不使用奇偶校验位吗? 数据位的长度如何规定? 停止位如何规定?

2. 对于 S3C2410A 片内的 IIC 总线接口,简要回答以下问题:

(1) IIC 总线属于同步串行总线还是异步串行总线? IIC 总线接口部件在 S3C2410A 片内还是片外? 该总线属于多主总线吗?

(2) IIC 总线接口内部如何进行总线仲裁?

(3) 如何判断开始条件、停止条件的出现?

(4) 什么时间、由发送方还是接收方产生响应位?

(5) 参考例 9.3,说出 IIC 初始化函数设置了哪些配置参数。

(6) 参考例 9.3,对 IIC 写函数内部的 4 个被调用的函数,阅读并理解程序,然后分别说出每个函数的功能。

(7) 参考例 9.3,从 IIC 读函数开始,追踪程序并给程序加注释。

3. 对于 S3C2410A 片内的 IIS 总线接口,简要回答以下问题:

(1) S3C2410A 可以使用哪些引脚信号与 UDA1341TS 芯片连接? 解释使用到的 S3C2410A 各引脚信号的含义。

(2) S3C2410A IIS 总线接口有哪些特点?

(3) 简述两种音频串行接口数据格式的区别。

(4) IIS 总线接口传送数据时,允许使用哪几种传送方式?

(5) IIS 总线接口每声道串行数据位有几种格式?

(6) 在同时发送和接收方式下,允许发送和接收都使用 DMA 方式吗?

(7) 简述在发送时,系统中数据的字长,与 IIS 发送器字长不一样时如何处理。

(8) 简述接收器收到的数据字长,比接收器的字长短时如何处理。

4. 对于 S3C2410A 片内的 SPI 总线接口,简要回答以下问题:

(1) 如果 S3C2410A 的一个 SPI 通道连接一个外设,外设作为从设备,那么 S3C2410A 可以使用哪一个引脚发出选择从设备的信号?

(2) 如果 S3C2410A 的一个 SPI 通道连接多个外设,外设均作为从设备,那么 S3C2410A 可以使用哪些引脚发出选择从设备的信号?

(3) 当 S3C2410A 的一个 SPI 被配置为从方式,那么时钟信号由 SPI 发出,还是由另外的主设备发出?

(4) 简述 S3C2410A SPI 编程步骤。

(5) 简述 S3C2410A SPI 每个通道各引脚信号的含义。

(6) S3C2410A 的 SPI 作为主设备,与多个外设连接,为什么还要使用 S3C2410A 的 GPIO 引脚?

(7) 简述 S3C2410A 的 SPI 是如何与作为从设备的外设同步传输数据的。

第 10 章

chapter 10

LCD 控制器

本章主要内容如下:

(1) LCD 控制器概述,包括液晶显示基础知识、S3C2410A LCD 控制器概述及特点、外部接口信号、控制器组成;

(2) LCD 控制器操作(STN),包括定时产生器、视频操作、抖动和 FRC、显示类型、存储器数据格式、定时请求;

(3) LCD 控制器操作(TFT),包括定时产生器、视频操作与存储器数据格式、256 色调色板使用、不使用调色板数据格式、时序举例;

(4) 虚拟显示与 LCD 电源允许(STN/TFT);

(5) LCD 控制器特殊功能寄存器与设置举例;

(6) LCD 控制器初始化程序举例(STN)。

10.1 LCD 控制器概述

10.1.1 液晶显示基础知识

液晶显示器(Liquid Crystal Display,LCD)是嵌入式系统中常用的输出设备。

1. 液晶显示原理

1) 液晶材料特性

实验发现,液晶材料在一定的温度范围,处于兼有液体和晶体两种特性的物质状态中。液晶显示器是以液晶材料为基本材料,并将其装在两块导电玻璃基片间的液晶盒中,依靠外电场作用于初始排列的液晶分子,使液晶单元产生遮光与透光效果,达到显示目的的一种显示设备。

液晶分子的液体特性,使其具有两个非常有用的特点。一个特点是,当把液晶材料装入两面带有细小沟槽的液晶盒中,在无外电场作用下,液晶单元的液晶分子会顺着两个面的沟槽方向排列;如果对液晶单元施加一定的外电场,棒状液晶分子会以电流流向方向排列。另一个特点是,如果液晶层分子排列方向发生了扭转,会使通过液晶层的光线随之扭转,以不同方向(与入射面方向不同)从另一个面射出。

液晶材料本身并不发光,通常在玻璃基片的一侧有一个光源,称为背光源。液晶面板一般在每个像素对应处有一个液晶单元,液晶单元连接一对电极,通过给电极对施加一定的电压,或使电压为 0,使得液晶单元能够阻挡背光源的光线通过,或允许背光源的光线通过,产生像素暗、亮的显示效果。

2) TN 型液晶器件显示原理

扭曲向列型(Twisted Nematic,TN)液晶器件显示原理图参见图 10-1。

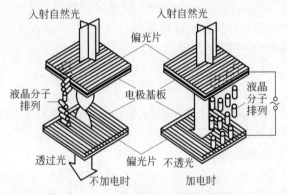

图 10-1　TN 型液晶器件显示原理图

图 10-1 中,两块导电玻璃基片间充满了液晶,上下偏光片(起偏器、检偏器)偏振轴作正交设置。当不加电压时,如图 10-1 左侧,液晶分子沿着两个面排列,但分子长轴在上下基片之间连续扭曲 90°。由于液晶分子的排列使得液晶具有 90°的旋光性,从而使入射偏振光的偏振方向(透光方向)旋转 90°,透过检偏器,实现透光。

图 10-1 中右侧表示加了一定的电压后,液晶分子的长轴开始沿电场方向倾斜。当电压达到一定值时,液晶分子都变成沿电场方向排列,这时液晶 90°旋光性能消失,进入的偏振光被检偏器阻隔,光线无法射出,从而可以遮光。

也有将图 10-1 中上下偏光片的偏振轴平行排列的,这种液晶器件不加电时遮光,加电时透光。

3) TN 型液晶器件电光特性曲线

TN 型液晶器件电光特性曲线见图 10-2。

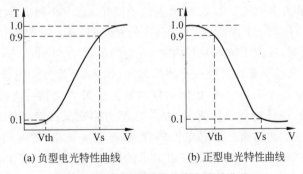

图 10-2　TN 型液晶器件电光特性曲线

当液晶器件的起偏器和检偏器的偏振轴正交排列,如图 10-1 所示,它的电光特性曲线是图 10-2(b)中的正型电光特性曲线。

在图 10-2(b)中,横轴表示加在液晶单元电极对上的电压,纵轴表示液晶单元透光强度,它是跟随加在电极对上的电压改变的。当施加的电压为 0 时,透光强度最大;当施加的电压等于阈值电压 Vth 时,透光强度为 90%;随着施加电压的增大,透光强度逐渐降低,当施加电压达到饱和电压 Vs 后,透光强度降低为 10%;之后电压的增大引起透光强度的变化就很缓慢了。当施加电压变为 0 时,透光强度又变为最大。

当液晶器件的起偏器和检偏器的偏振轴平行排列时,它的电光特性曲线是图 10-2(a)中的负型电光特性曲线。

为了简单起见,本章其余部分论述中,不再区分正型和负型电光特性曲线,只简单地说某一像素加电显示,不加电不显示。

由于液晶体在直流电压作用下会产生电解作用,并且液晶单元是容性负载,加在电极对上的正压或负压所起的作用是一样的,所以采用交流驱动的方法,某段时间电极对施加正压,另一段时间施加负压。

由于 TN 型液晶器件存在以下缺点:电光特性曲线不陡,电光响应速度慢,光透过和遮挡不彻底,所以 TN 型液晶器件只限于用作液晶中的低档产品,如手表、数字仪表、电子钟、计算器中的 LCD。

4) STN 型液晶器件显示原理

超扭曲向列型(Super Twisted Nematic,STN)液晶器件显示基本原理,是将传统的 TN 液晶分子扭曲角加大,实验证明这样就可以明显地改善电光特性曲线的陡度。扭曲角在 180°~360°时的液晶器件被称为超扭曲向列型液晶。当扭曲角为 270°时,电光特性曲线陡度最大。

2. STN LCD 基础知识

S3C2410A LCD 控制器支持的 STN LCD 面板可以分为单色面板和彩色面板。不同的单色面板可以分为只显示单色、标定为 4 级灰度、标定为 16 级灰度的面板。不同的彩色面板可以分为显示 256 色和显示 4096 色的面板。

只显示单色的 STN 面板显示原理介绍如下。

假设面板规格为 320×240,表示面板上有 240 行、360 列显示像素。也就是说,240 行中的每一行,有 360 个像素;而 360 列中的每一列,有 240 个像素。

生产液晶面板时,在上下玻璃基片内侧,各光刻出 X 方向和 Y 方向两组平行的直线电极,每一个 X、Y 电极交叉处对应一个液晶单元(像素)。X 方向电极称为行电极,也称扫描电极;Y 方向电极称为列电极,也称信号电极。在 X 方向某一电极与 Y 方向某一电极施加驱动电压后,在外电场作用下,X 方向与 Y 方向交叉点液晶单元中液晶分子的初始排列状态发生改变,调制通过液晶单元的背光,产生亮与暗、遮光与透光的效果,达到显示的目的。外加驱动电压必须超过液晶显示的阈值(通常大于饱和电压),并且应该维持一定时间。当驱动电压消失后,该液晶单元的液晶分子排列又恢复到初始排列状态。

STN 液晶屏一帧的显示过程,可以细分为一帧中各行的显示过程。如液晶屏为 240

行,360 列。每一帧的显示先从第一行(液晶屏顶部)开始,然后是第 2 行、第 3 行……直至最后 1 行,即第 240 行。最后 1 行显示完,一帧显示结束,开始下一帧的显示。这种显示模式称为单扫描模式。

每一行的显示,首先由 LCD 控制器将这一行的 360 个像素(列像素)对应的数据(像素数据),如 1 表示显示,0 表示不显示,通过传输线送到 LCD 驱动器的移位寄存器。移位寄存器的每一位,与一个列电极相连。之后 LCD 控制器通过传输线送出行同步信号脉冲到 LCD 驱动的某一行的电极,在这一行的电极与连接在移位寄存器上的 360 个列电极共同作用下,对这一行上的 360 个液晶单元分别施加了不同的两种合成驱动电压,如某一像素合成电压为 0,而另一像素合成电压为饱和电压,由此决定了这一行上列像素的显示与不显示。

行同步信号脉冲结束后,这一行 360 个列液晶单元将不再施加行驱动电压。这种驱动技术称为无源动态驱动技术。

液晶屏双扫描模式指的是,把液晶屏分成上半屏和下半屏两部分,如某液晶屏全屏为 240 行,把 1～120 行作为上半屏,121～240 行作为下半屏。LCD 控制器首先同时送出第 1 行和第 121 行的数据(如 8 条数据线中 4 条用于第 1 行数据传输,另 4 条用于第 121 行数据传输,连续传输),分别送到 LCD 驱动器的两个移位寄存器,当这两行全部数据送完,LCD 控制器发出行同步信号脉冲,LCD 驱动器同时扫描这两行;然后 LCD 控制器依次送出第 2 行和第 122 行数据……

S3C2410A LCD 控制器支持单色 STN 面板灰度显示的基本原理描述如下。

前面讲过,对 LCD 面板 X 方向某一电极与 Y 方向某一电极施加驱动电压,该电极对应的液晶单元处于显示状态;没有施加驱动电压,液晶单元处于非显示状态;也就是说液晶单元只处于这两种状态中的一种。驱动电压不能单独控制某一液晶单元(像素)显示的亮暗程度(灰度级)。

一个单色 LCD 面板如果标定为 16 级灰度时,有灰度 0,1,2,…,15 共 16 个级,如果 LCD 面板上某像素显示灰度级为 0,LCD 控制器把每 16 帧作为一个周期,在这连续的 16 帧中,控制该像素均不显示;另一个像素灰度级为 1,LCD 控制器控制该像素在 1 帧中显示,其余 15 帧该像素均不显示……;对灰度级为 15 的像素,LCD 控制器控制该像素在 16 帧均显示。用这种方法,实现了灰度 16 个级的显示。

对于 STN 彩色面板,如能够显示 4096 色,其中红色有 16 个级、绿色有 16 个级、蓝色有 16 个级。红、绿、蓝各个级组合起来就能够产生 4096 种颜色。彩色显示的基本原理,是显示面板的每个像素(分为 3 个窗口,各加了红、绿、蓝滤光片,可以显示红、绿、蓝三原色)由红、绿、蓝 3 个子像素组成,红色(绿色、蓝色)16 个级产生的方法与前述灰度产生 16 个级的方法相同。

S3C2410A LCD 控制器输出到单色 STN LCD 驱动器的数据,是某一行、某一列像素亮与灭对应的数据;对彩色 STN LCD 驱动器,是某一行、某一列像素的 3 个子像素(红、绿、蓝)亮与灭对应的数据。

3. TFT LCD 基础知识

TFT(Thin Film Transistor,薄膜晶体管型) LCD 内部驱动方式与 STN LCD 不同之处是,TFT LCD 对液晶屏的每个液晶单元(像素)连接一个有源器件,使每个液晶单元可以单独驱动、控制。这种驱动技术称为有源驱动技术。有源器件和矩阵电极均在下基板,上基板只有一个公用电极。TFT LCD 使用的液晶材料,仍然是 TN(扭曲向列型)材料。

单个薄膜晶体管各电极名称、与存储电容和液晶电容的连接见图 10-3(a),TFT 液晶屏内部驱动液晶矩阵电路框图见图 10-3(b),图中只画出 4 行×4 列总共驱动 16 个 TFT 及所连接的液晶单元电极。

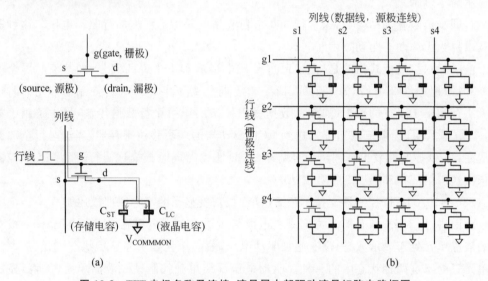

(a)　　　　　　　　　　　　　　(b)

图 10-3　TFT 电极名称及连接、液晶屏内部驱动液晶矩阵电路框图

在图 10-3(a)中,薄膜晶体管的三个电极分别是 g(gate,栅极)、s(source,源极)和 d(drain,漏极)。当 g 极加一个适当的高电平,电流从 s 极流向 d 极。当 g 极加一个低电平,s 极与 d 极断开。每个 TFT 的 d 极连接着一个液晶单元电极,这个电极和公用电极之间夹有一层液晶(相当于一个液晶盒),从电学角度可以把它看作一个电容 C_{LC};TFT 的 d 极还连接着一个存储电容 C_{ST},目的是为了增加并联的液晶单元的显示时间。当 g 极(行线)为高电平时,s 极(列线)的电流流向 C_{ST} 及 C_{LC}(图中细线表示电流方向),这两个电容上电压的大小决定了液晶单元透过光线的强度。当 g 极为低电平时,由存储电容 C_{ST} 的电压维持液晶单元透过光线的强度不变,直到下一次 g 极为高电平为止。

图 10-3(b)中,LCD 显示屏的每一行,也称栅极连线(或行线),用 g1、g2、g3、g4 表示。每一行上所有 TFT 的栅极都连在一起。图中 LCD 显示屏的每一列,也称源极连线(或数据线),用 s1、s2、s3、s4 表示。每一列上所有的 TFT 的源极都连在一起。LCD 显示采用行扫描法驱动每一行连接的各列液晶单元电极。如 g1 线驱动为高电平,g2、g3、g4 为低电平,g1 线上各 TFT 导通,g2、g3、g4 线上各 TFT 截止,分时分别驱动 s1、s2、s3、s4

线,g1 线上 4 个 TFT 分别对各自的 C_{ST} 和 C_{LC} 充电,由于 s1、s2、s3、s4 电压可能不同,决定了各液晶单元透过光线的强度不同。对于 16 级灰度 LCD 屏,s1、s2、s3、s4 的电压取决于微处理器传输到 LCD 这一行各列显示灰度所对应的二进制数,不同的二进制数可以经过 D/A 转换器转换成不同的驱动电压。第 1 行上各列分别驱动之后,g2 线驱动为高电平,g1、g3、g4 为低电平,分时分别对 g2 线上 4 个 TFT 各自的 C_{ST} 和 C_{LC} 充电,……

对于彩色 TFT LCD 屏,每一个像素由 3 个子像素(红、绿、蓝)组成,或者说每个像素由 3 个液晶单元组成,每个液晶单元开了一个窗口,3 个窗口分别加红、绿、蓝滤色膜。如果 TFT LCD 面板规格为 320×240,也就是 320 列、240 行,那么在图 10-3(b)中,行线为 g1、g2、…、g240,列线有 320×3 条,即 s1、s2、s3、…、s960,其中 s1、s2、s3 对应这一行上第 1 像素的红、绿、蓝 3 个子像素。

对彩色 TFT LCD 驱动器,S3C2410A LCD 控制器送出的数据是每一行每一列红、绿、蓝三色分别对应的数字,LCD 驱动器将它们分别驱动为对应级的红色、对应级的绿色和对应级的蓝色的存储电容和液晶电容的电压。

TFT 液晶屏也使用背光。

4. STN/TFT LCD 特点及应用场合

与 TFT LCD 比较,STN LCD 主要特点有对比度不高、色彩不丰富、反应速度慢、价格较低。常用于普通电话机、普通游戏机、传真机、医疗设备、仪器仪表、电子词典、PDA、MP3 和汽车仪表上的显示模块。而 TFT LCD 对比度高、色彩丰富、反应速度较快、价格较高。常用于笔记本电脑、动漫显示设备、PC、手机、数码相机等作为显示模块。

10.1.2 S3C2410A LCD 控制器概述

S3C2410A 芯片内部集成了 LCD 控制器,本章后续内容均为对 S3C2410A LCD 控制器的描述。

LCD 控制器支持 STN 型和 TFT 型面板。LCD 控制器使用专门的 LCD DMA 通道,读取位于系统存储器(内存)视频缓冲区的图像数据,在 LCD 控制器中经过处理或变换,与相应的时序信号配合,送到 LCD 驱动器。LCD 驱动器与 LCD 面板是一体的。

(1) LCD 控制器能够与如下 STN LCD 面板接口:
- 单色显示 LCD 面板;
- 2BPP(Bits Per Pixel,位/像素),单色 LCD 面板标定为 4 级灰度;
- 4BPP,单色 LCD 面板标定为 16 级灰度;
- 8BPP,256 色,彩色 LCD 面板;
- 12BPP,4096 色,彩色 LCD 面板。

(2) LCD 控制器能够与如下 TFT 彩色 LCD 面板接口:
- 1BPP、2BPP、4BPP 和 8BPP,在 LCD 控制器内使用调色板的彩色 LCD 面板;
- 16BPP、24BPP,在 LCD 控制器内不使用调色板的真彩色显示的彩色 LCD 面板。

(3) LCD 控制器能被编程,支持与下述相关的不同请求:
- 水平和垂直像素个数;

- 用于数据接口的数据行宽度;
- 接口定时;
- 刷新速率。

10.1.3　S3C2410A LCD 控制器特点

(1) 对于 STN LCD,LCD 控制器的特点如下。

① 支持 3 种类型的 LCD 面板:4 位双扫描/4 位单扫描/8 位单扫描显示类型;

② 支持单色/4 灰度级/16 灰度级的 STN LCD 面板;

③ 支持 256 色/4096 色的彩色 STN LCD 面板;

④ 支持多种屏幕尺寸,如典型的实际屏幕尺寸 640×480、320×240、160×160 像素等;最大虚拟屏显存为 4MB;在 256 色模式,最大虚拟屏尺寸为 4096×1024、2048×2048、1024×4096 像素等。

(2) 对于 TFT LCD,LCD 控制器的特点如下。

① 支持 1BPP、2BPP、4BPP 或 8BPP 使用调色板的彩色显示;

② 支持 16BPP、24BPP 不使用调色板的真彩色显示;

③ 支持 24BPP 最大 2^{24} 色显示;

④ 支持多种屏幕尺寸,如典型的实际屏幕尺寸:640×480、320×240、160×160 像素等;最大虚拟屏显存为 4MB;在 2^{16} 色模式,最大虚拟屏尺寸为 2048×1024 像素等。

(3) LCD 控制器的共同特点如下。

① LCD 控制器有一个专用的 DMA;

② 支持 LCD 帧同步中断和 LCD FIFO 中断功能(INT_FrSyn 和 INT_FiCnt);

③ 系统存储器被用作视频存储器;

④ 支持多种虚拟显示屏(支持硬件水平/垂直滚屏),虚拟屏显存使用系统存储器;

⑤ 对不同的显示面板,可编程的定时控制;

⑥ 支持小端/大端数据格式,部分支持 WinCE 数据格式;

⑦ 支持三星 SEC TFT LCD 面板(LTS350Q1-PD1/PD2 型号)。

10.1.4　S3C2410A LCD 控制器外部接口信号

LCD 控制器位于 S3C2410A 芯片内部,通过芯片引脚,LCD 控制器提供以下接口信号。

(1) VFRAME/VSYNC/STV:帧同步信号(STN)/垂直同步信号(TFT)/SEC TFT 信号。

(2) VLINE/HSYNC/CPV:行同步脉冲信号(STN)/水平同步信号(TFT)/SEC TFT 信号。

(3) VCLK/LCD_HCLK:像素时钟信号(STN/TFT)/SEC TFT 信号。

(4) VD[23:0]:LCD 像素数据输出端口(STN/TFT/SEC TFT)。

（5）VM/VDEN/TP：用于 LCD 驱动器的交流偏置信号（STN）/数据允许信号（TFT）/SEC TFT 信号。

（6）LEND/STH：行结束信号（TFT）/SEC TFT 信号。

（7）LCD_PWREN：LCD 面板电源允许控制信号。

（8）LCDVF0：SEC TFT 信号 OE。

（9）LCDVF1：SEC TFT 信号 REV。

（10）LCDVF2：SEC TFT 信号 REVB。

10.1.5　S3C2410A LCD 控制器组成

1. LCD 控制器组成

LCD 控制器组成框图见图 10-4。

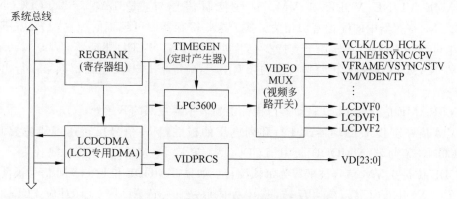

图 10-4　S3C2410A LCD 控制器组成框图

见图 10-4，S3C2410A LCD 控制器用于传送视频（video）数据以及产生需要的控制信号，如 VFRAME、VLINE、VCLK、VM 等。LCD 控制器使用 VD[23:0]传送像素数据到 LCD 驱动器（面板）。图 10-4 中，REGBANK（寄存器组）有 17 个可编程寄存器和 256×16(b)的调色板存储器，被用来配置 LCD 控制器。图 10-4 中，LCDCDMA 是一个专用 DMA，自动地传送帧存储器中的视频数据到 LCD 驱动器。通过使用专用 DMA，视频数据不用 CPU 干预，能够显示在显示屏上。图 10-4 中 VIDPRCS 从 LCDCDMA 接收视频数据，把它们改变成适合的数据格式，如适合 4/8 位单扫描、4 位双扫描显示模式的数据格式，通过 VD[23:0]数据端口发送到 LCD 驱动器。图 10-4 中 TIMEGEN 由可编程逻辑组成，支持常用的不同 LCD 驱动器接口定时及速率的多种不同要求。TIMEGEN 模块产生 VFRAME、VLINE、VCLK、VM 等信号。

图 10-4 中 LPC3600 是专门用于三星 LTS350Q1-PD1/PD2 的定时控制逻辑单元。

2. 数据流描述

在 LCDCDMA 中有 FIFO 存储器，当 FIFO 为空或部分空，LCDCDMA 请求从帧存储器(也称帧缓冲区)装入数据。装入数据使用突发(burst)存储器传送方式,每一次突发请求,连续从存储器取 4 个字,即 16 字节数据。在总线传输期间,不允许总线主设备权转让给别的总线主设备。当传送请求由总线仲裁器接收时,4 个连续的字数据由系统存储器的帧缓冲区传送到 LCDCDMA 内的 FIFO。全部 FIFO 大小为 28 个字,分别由 12 个字的 FIFOL 和 16 个字的 FIFOH 组成。使用 FIFOL 和 FIFOH,用来支持双扫描显示模式。在单扫描显示模式,仅有 FIFO 中的一个,即 FIFOH 能够被使用。

10.2　LCD 控制器操作（STN）

10.2.1　定时产生器(STN)

参见图 10-4,TIMEGEN(定时产生器)产生用于 STN LCD 驱动器的控制信号,如 VFRAME、VLINE、VCLK 和 VM。这些控制信号与 REGBANK 中 LCDCON1 ～ LCDCON5 寄存器中的配置密切相关。基于这些寄存器中可编程的配置,TIMEGEN 能够产生可编程的控制信号,用于支持多种不同类型的 STN LCD 驱动器。

VFRAME 脉冲信号以每帧一次的频率出现,确定了 LCD 驱动器每帧第 1 行出现的时间。

VFRAME 信号使 LCD 驱动器行指针指到显示器顶部的开始处。

VM 信号使 LCD 驱动器改变行和列电压的极性,VM 信号反转速率能被控制,由 LCDCON1 寄存器 MMODE 位和 LCDCON4 寄存器 MVAL[7:0] 域控制。如果 MMODE 位是 0,VM 信号被配置为每帧反转。如果 MMODE 位是 1,VM 信号被配置为每若干个 VLINE(行数)信号反转,具体数值取决于 MVAL[7:0](对应 LCDCON4 [15:8])的值。如 MVAL[7:0]=0x2,则每隔 2 行 VM 反转。

VM 速率在 MMODE=1 时,基于 MVAL[7:0] 的值,计算如下:

$$\text{VM 速率} = \text{VLINE 速率}/(2 \times \text{MVAL}) \tag{10-1}$$

VFRAME 和 VLINE 脉冲的产生,由 LCDCON3/2 寄存器中 HOZVAL 域和 LINEVAL 域的配置控制。每个域与 LCD 大小和显示模式有关,参考式 10-2:

$$\text{HOZVAL} = (\text{水平显示大小}/\text{有效的 VD 数据位数}) - 1 \tag{10-2}$$

式 10-2 中,VD 指的是在不同模式下使用 VD[7:0] 或者 VD[3:0] 数据的位数。

在彩色模式,由于每个像素由红、绿、蓝 3 个子像素组成,所以水平显示大小(size)为 3 乘水平像素数。在单色或灰度模式,水平显示大小就是 1 行的像素个数。

在 4 位单扫描显示模式,有效的 VD 数据位数为 4。在 4 位双扫描显示模式,有效的 VD 数据位数为两个 4 位,参见图 10-5 和图 10-6。在 8 位单扫描显示模式,有效的 VD 数据位数为 8。此处“位”的含义是指二进制数的位,即 b。

$$\text{LINEVAL} = (\text{垂直显示大小}) - 1; 在单扫描显示模式 \tag{10-3}$$

$$\text{LINEVAL} = (\text{垂直显示大小}/2) - 1; 在双扫描显示模式 \tag{10-4}$$

垂直显示大小就是 LCD 面板垂直方向像素个数。

VCLK 信号速率能被控制,由 LCDCON1 寄存器的 CLKVAL 域控制。表 10-1 定义了 VCLK 和 CLKVAL 的关系。CLKVAL 最小值是 2。

$$VCLK(Hz) = HCLK/(CLKVAL \times 2) \tag{10-5}$$

式 10-5 中，HCLK 为系统时钟。

表 10-1　VCLK 和 CLKVAL 关系（STN，HCLK＝60MHz）

CLKVAL	60MHz/X	VCLK	CLKVAL	60MHz/X	VCLK
2	60MHz/4	15.0MHz	⋮	⋮	⋮
3	60MHz/6	10.0MHz	1023	60MHz/2046	29.3kHz

帧的速率是指 VFRAME 信号的频率。帧速率与 LCDCON1～LCDCON4 寄存器中 WLH（VLINE 脉冲高电平的宽度）、WDLY（VLINE 脉冲后沿到 VCLK 脉冲前沿的宽度）、HOZVAL、LINEBLANK 和 LINEVAL 域有关，也同 VCLK 和 HCLK 有关。大多数 LCD 驱动器有它们自己的帧速率。帧速率计算公式如下：

$$frame\_rate(Hz) = 1/[\{(1/VCLK) \times (HOZVAL+1) + (1/HCLK) \times$$
$$(A+B+(LINEBLANK \times 8))\} \times (LINEVAL+1)] \tag{10-6}$$

式 10-6 中，$A=2^{(4+WLH)}$，$B=2^{(4+WDLY)}$。

10.2.2　视频操作（STN）

S3C2410A LCD 控制器支持 8 位彩色模式（256 色）、12 位彩色模式（4096 色）、4 级灰度标定模式、16 级灰度标定模式和单色模式。对于灰度或彩色模式，使用基于时间的抖动算法（dithering algorithm）和帧比率控制（Frame Rate Control，FRC）方法，能够实现不同灰度级或不同色级。LCD 控制器允许某些模式使用可编程的查找表，从中选择灰度级或色级，具体内容在随后进行介绍。单色模式旁路 FRC 和查找表模块，基本上是把 FIFOH（如果是双扫描，还有 FIFOL）中的数据变成连续的 4 位（如果是 4 位双扫描，8 位；如果是 8 位单扫描，8 位），以数据流的方式，移动视频数据到 LCD 驱动器。

1. 查找表

S3C2410A 能够支持查找表，用于对色级或灰度级映射的各种选择。查找表也称调色板。在用 2 位二进制数表示的 4 级灰度模式，用户能够从 16 级灰度中选择出 4 级灰度使用。在用 4 位二进制数表示的 16 级灰度模式，灰度级不能选择，全部 16 级灰度使用已有的 16 级灰度。在用 8 位二进制数表示的 256 色模式中，3 位表示红，3 位表示绿，2 位表示蓝。256 色的形成是由 8 级红色、8 级绿色和 4 级蓝色组合而成。在 256 色模式中，查找表能被用作选择表，允许从 16 级红色中选出 8 级，从 16 级绿色中选出 8 级，从 16 级蓝色中选出 4 级使用。

在 4096 色模式，不使用查找表（调色板），不能像 256 色模式那样进行选择。

2. 灰度模式操作

S3C2410A LCD 控制器支持两种灰度模式，其中每像素对应 2 位二进制数的 4 级灰度模式,像素灰度级有 0、1、2 和 3 共 4 个级。使用查找表时,允许从 16 级灰度中选择 4 级,查找表使用 BLUELUT 寄存器中 BLUEVAL[15:0]域。像素灰度级 0 由 BLUEVAL[3:0]的值代表。如 BLUEVAL[3:0]为 9,则像素灰度级 0 表示的是 16 级灰度中的级 9 对应的灰度。如果 BLUEVAL[3:0]为 15,则像素灰度级 0 表示 16 级灰度中的级 15 对应的灰度,以此类推。同样,像素灰度级 1 由 BLUEVAL[7:4]表示,像素灰度级 2 由 BLUEVAL[11:8]表示,像素灰度级 3 由 BLUEVAL[15:12]表示。BLUELUT 寄存器在 256 色模式是作为蓝色查找表寄存器使用的。

每像素对应 4 位二进制数的 16 级灰度模式,不使用查找表,不必像每像素对应 2 位的 4 级灰度模式那样进行查找。

3. 256 色模式操作

使用抖动算法和 FRC,LCD 控制器能够支持每像素用 8 位二进制数表示的 256 色显示模式。256 色显示模式对红、绿、蓝分别使用各自的查找表。REDLUT 寄存器中 REDVAL[31:0]、GREENLUT 寄存器中 GREENVAL[31:0]、BLUELUT 寄存器中 BLUEVAL[15:0]是可编程的红、绿、蓝查找表。

在 REDLUT 寄存器中,每 4 位一组共分为 8 组,分别是 REDVAL[31:28], REDVAL[27:24],…,REDVAL[3:0],8 组分别与表示像素红色级的 3 位二进制数 111,110,…,000 对应。REDLUT 寄存器中每 4 位有 16 种组合,分别对应 16 级红色中的一种。用户可以从这种查找表中选择适宜的红色级。对于绿色,同样每 4 位一组共 8 组,与表示像素的 8 级绿色对应;而蓝色每 4 位一组共 4 组,与表示像素的 4 级蓝色对应。例如,红色查找表 REDLUT 寄存器的值为 0xFEDC8531,共 32 位;而每像素 8 位二进制数中用 3 位表示红色,3 位二进制数的全部组合为 000,001,…,111。表示像素红色级 000 的二进制数,对应 REDLUT 寄存器的[3:0]位,值为 0001b,它表示 16 级红色中的 0001b 对应的红色级;表示像素红色级 001 的二进制数,对应 REDLUT 寄存器的[7:4]位,值为 0011b,它表示16 级红色中的 0011b 对应的红色级……;表示像素红色 111 的二进制数,对应REDLUT 寄存器的[31:28]位,值为 1111b,它表示 16 级红色中的 1111b 对应的红色级。

使用红色寄存器 REDLUT,表示像素红色的 3 位二进制数,可以从 16 级红色中选择 8 级红色;使用绿色寄存器 GREENLUT,表示像素绿色的 3 位二进制数,可以从 16 级绿色中选择 8 级绿色;使用蓝色寄存器 BLUELUT,表示像素蓝色的 2 位二进制数,可以从 8 级蓝色中选择 4 级蓝色。

4. 4096 色模式操作

S3C2410A LCD 控制器能够支持每像素 12 位二进制数的 4096 色显示模式。使用抖动算法和 FRC,彩色显示模式能够产生 4096 色。每像素 12 位中,4 位编码表示红色,4 位表示绿色,4 位表示蓝色。4096 色显示模式不使用查找表。

10.2.3　抖动和 FRC(STN)

对于 STN LCD 显示,除单色显示外,灰度和彩色显示的视频数据,必须由抖动算法处理。

LCD 控制器中的 DITHFRC(DITHering and FRC)模块,即抖动和帧比率控制模块,有两个功能。基于时间的抖动算法用于减少显示屏的闪烁,而 FRC 用于在 STN 面板上显示不同的灰度级和红、绿、蓝不同的色级。

基于 FRC 在 STN 面板上显示不同灰度级的主要原理描述如下。例如,某像素要从全部 16 级灰度中显示第 3 级灰度,则该像素应该显示 3 次,13 次不显示。也就是说,每 16 帧作为一个显示周期,16 帧中有 3 帧该像素显示,另外 13 帧该像素不显示。这种显示不同灰度级别的基本原理被称为灰度级别由帧比率控制,即 FRC。实际的例子表示在表 10-2 中,表中有些占空比数据只是近似值,如表 10-2 中为了表示第 14 级灰度,有 6/7 占空比,表示每 7 帧作为 1 个显示周期,像素 6 次显示,1 次不显示。所有灰度级别中的其他情况也表示在表 10-2 中。

STN LCD 显示时,存在着闪烁噪声。例如,第一帧所有像素被显示而下一帧所有像素不显示,闪烁噪声最大。为了减少屏幕上的闪烁噪声,在两帧之间像素显示与不显示的平均概率应该尽可能地相同。为了实现这一点,基于时间的抖动算法,即在每一帧改变相邻像素的显示模型被使用,工作原理见参考文献[1]的第 12 章。

表 10-2　抖动占空比举例

预抖动数据 (灰度级数)	占空比	预抖动数据 (灰度级数)	占空比	预抖动数据 (灰度级数)	占空比
15	1	9	3/5	3	1/4
14	6/7	8	4/7	2	1/5
13	4/5	7	1/2	1	1/7
12	3/4	6	3/7	0	0
11	5/7	5	2/5		
10	2/3	4	1/3		

上文描述了显示不同灰度级的主要原理。在彩色 STN 面板上,每个像素由红、绿、蓝 3 个子像素组成。与不同灰度级显示原理相同,通过控制某一像素的红色子像素在每 16 帧作为一个显示周期的过程中,显示红色子像素与不显示红色子像素帧的比例,能够实现显示不同的 16 级红色。绿色不同级和蓝色不同级显示的实现方法,与红色相同。

10.2.4　显示类型(STN)

LCD 控制器支持 3 种类型的 LCD 驱动器:4 位双扫描、4 位单扫描和 8 位单扫描。图 10-5 给出了单色显示的 3 种不同的类型,图 10-6 给出了彩色显示的 3 种不同的类型。

图 10-6 中,R1、G1、B1 表示 1 个像素的红、绿、蓝 3 个子像素的数据位。

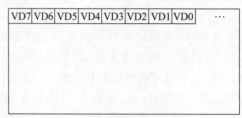

(c) 8位单扫描显示

图 10-5　单色显示类型图(STN)

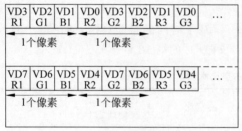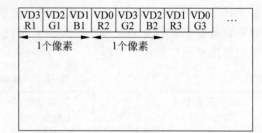

(a) 4位双扫描显示　　　　　　　　　　　　(b) 4位单扫描显示

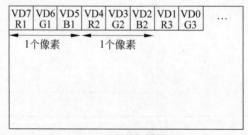

(c) 8位单扫描显示

图 10-6　彩色显示类型图(STN)

1. 4 位双扫描显示类型

4 位双扫描(dual scan)显示使用 8 条并行数据线 VD[7:0],从 LCD 控制器同时移动数据到显示器高半部和低半部。LCD 控制器引脚 VD[7:0]可以直接连接到 LCD 驱动器,8 条并行数据线传送的低 4 位数据 VD[3:0]被移动到显示器高半部,高 4 位数据 VD[7:4]被移动到显示器的低半部。

2. 4 位单扫描显示类型

4 位单扫描(single scan)显示使用 4 条并行数据线 VD[3:0],移动数据到一次显示的每一水平行,直到全帧数据被移动。LCD 控制器引脚 VD[3:0]直接连接到 LCD 驱动器,VD[7:4]不使用。

3. 8 位单扫描显示类型

8 位单扫描显示使用 8 条并行数据线 VD[7:0],移动数据到一次显示的每一水平行,直到全帧数据被移动。LCD 控制器引脚 VD[7:0]直接连接到 LCD 驱动器。

4. 256 色显示

256 色显示 LCD 驱动器要求每像素对应 3 位(红、绿、蓝 3 个子像素)映像数据,因此 LCD 驱动器每个水平行水平移位寄存器长度是水平行像素个数的 3 倍。经由 LCD 控制器并行数据线 VD,表示 RGB(对应红、绿、蓝子像素)的数据被移动到 LCD 驱动器。对于彩色显示的 3 种类型,图 10-6 表明了并行数据线 VD 各位与 1 个像素的 RGB 对应关系、像素与并行数据线 VD 位的对应关系及次序。

5. 4096 色显示

4096 色显示 LCD 驱动器要求每像素对应 3 位(红、绿、蓝 3 个子像素)映像数据,因此每个水平行水平移位寄存器长度是水平行像素个数的 3 倍。连续的数据位经过 LCD 控制器并行数据线 VD,使得对应的 RGB 数据被移动到 LCD 驱动器。RGB 的次序由视频缓冲区中视频数据的次序确定。

10.2.5　存储器数据格式(STN,BSWP=0)

参见图 10-7,当 LCDCON5 寄存器中 BSWP=0 时,存储器视频缓冲区中的数据与 LCD 屏显示像素位置的对应关系如下所示。

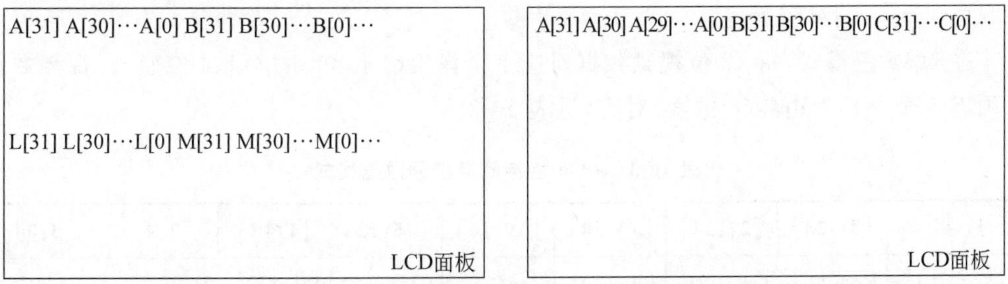

(a) 单色4位双扫描显示　　　　　　(b) 单色4位单扫描/8位单扫描显示

图 10-7　存储器数据格式与 LCD 对应关系图

1. 单色 4 位双扫描显示

存储器视频缓冲区中的数据与 LCD 屏显示像素位置的对应关系见图 10-7(a)。

存储器视频缓冲区:

地址	数据
0000H	A[31:0]
0004H	B[31:0]
⋮	⋮
1000H	L[31:0]
1004H	M[31:0]
⋮	⋮

注：假定显示器低半部数据从视频缓冲区地址 1000H 开始存放。

2. 单色 4 位单扫描/8 位单扫描显示

存储器视频缓冲区中的数据与 LCD 屏显示像素位置的对应关系见图 10-7(b)。

存储器视频缓冲区:

地址	数据
0000H	A[31:0]
0004H	B[31:0]
0008H	C[31:0]
⋮	⋮

3. 其他

在 4 级灰度模式,每 2 位视频数据对应 1 个像素。

在 16 级灰度模式,每 4 位视频数据对应 1 个像素。

在 256 色模式,每 8 位视频数据对应 1 个像素。其中 bit[7:5]对应红色,bit[4:2]对应绿色,bit[1:0]对应蓝色。

在 4096 色模式,每 12 位视频数据对应 1 个像素(4 位红、4 位绿、4 位蓝)。视频数据必须以 3 个字长为边界(8 像素)对齐,见表 10-3。

表 10-3　4096 色存储器视频数据格式

数　据	[31:28]	[27:24]	[23:20]	[19:16]	[15:12]	[11:8]	[7:4]	[3:0]
Word#1	Red(1)	Green(1)	Blue(1)	Red(2)	Green(2)	Blue(2)	Red(3)	Green(3)
Word#2	Blue(3)	Red(4)	Green(4)	Blue(4)	Red(5)	Green(5)	Blue(5)	Red(6)
Word#3	Green(6)	Blue(6)	Red(7)	Green(7)	Blue(7)	Red(8)	Green(8)	Blue(8)

10.2.6　定时请求(STN)

图像数据(image data)从存储器经由 LCD 控制器,传送到 LCD 驱动器使用 VD[7:0]或 VD[3:0]信号。VCLK 信号用作数据传送到 LCD 驱动器移位寄存器的时钟。每一行数据传送到 LCD 驱动器的移位寄存器后,VLINE 信号使 LCD 驱动器将这一行数据显示到液晶屏上。

VM 信号提供一个用于显示的 AC(交流)信号,LCD 用 VM 改变行和列电压的极性,行和列电压决定对应像素显示与否。由于 LCD 使用 DC 电压倾向于使液晶面板品质恶化,所以要使用 AC 信号。VM 信号能够被配置为每帧反转,或者每若干个 VLINE 信号反转。

图 10-8 给出了 LCD 驱动器接口的时序要求。

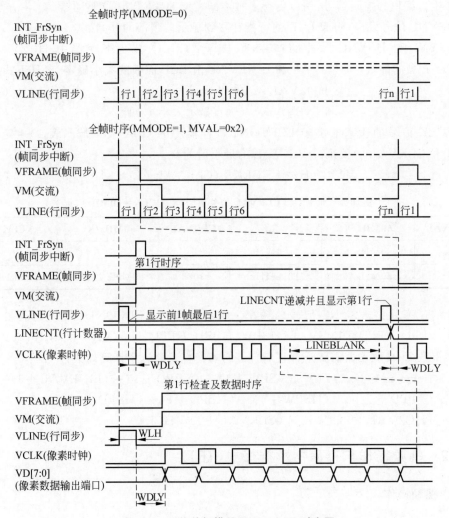

图 10-8　8 位单扫描显示 STN LCD 时序图

图 10-8 中 WLH 确定 VLINE 脉冲的高电平的宽度，以系统时钟为计数单位；WDLY 确定 VLINE 下降沿和 VCLK 上升沿之间的延迟时间，以系统时钟为计数单位，它们的时间长度可以在 LCDCON4 和 LCDCON3 寄存器中分别设置。

10.3 LCD 控制器操作（TFT）

10.3.1 定时产生器（TFT）

参见图 10-4，TIMEGEN（定时产生器）产生用于 TFT LCD 驱动器的控制信号，如 VSYNC、HSYNC、VCLK、VDEN 和 LEND 信号。这些控制信号与 REGBANK 模块中的 LCDCON1/2/3/4/5 寄存器配置密切相关。基于这些可编程的配置，TIMEGEN 模块能够产生可编程的控制信号，用以支持多种不同类型的 TFT LCD 驱动器。

VSYNC 信号发出，引起 LCD 的行指针移到显示器顶部的开始处。

VSYNC 和 HSYNC 脉冲的产生，取决于 LCDCON3/2 寄存器中 HOZVAL 和 LINEVAL 域的配置。HOZVAL 和 LINEVAL 由 LCD 面板的大小确定，参见下式：

$$HOZVAL = （水平显示大小）-1 \tag{10-7}$$

$$LINEVAL = （垂直显示大小）-1 \tag{10-8}$$

VCLK 信号的速率取决于 LCDCON1 寄存器中的 CLKVAL 域。表 10-4 定义了 VCLK 和 CLKVAL 的关系。CLKVAL 的最小值为 0。

$$VCLK(Hz) = HCLK/[(CLKVAL+1) \times 2] \tag{10-9}$$

表 10-4 VCLK 和 CLKVAL 的关系（TFT，HCLK=60MHz）

CLKVAL	60MHz/X	VCLK	CLKVAL	60MHz/X	VCLK
1	60MHz/4	15.0MHz	⋮	⋮	⋮
2	60MHz/6	10.0MHz	1023	60MHz/2048	30.0kHz

帧的速率就是 VSYNC 信号的频率。帧的速率与 LCDCON1/2/3/4 寄存器中的 VSPW、VBPD、VFPD、LINEVAL、HSPW、HBPD、HFPD、HOZVAL 和 CLKVAL 域相关。大多数 LCD 驱动器需要适合它们自己的帧速率。帧速率计算如下：

$$\begin{aligned}
frame\_rate(Hz) = 1/[&\{(VSPW+1)+(VBPD+1)+(LINEVAL+1)\\
&+(VFPD+1)\} \times \{(HSPW+1)+(HBPD+1)+(HFPD+1)\\
&+(HOZVAL+1)\} \times \{2 \times (CLKVAL+1)/(HCLK)\}] \tag{10-10}
\end{aligned}$$

10.3.2 视频操作与存储器数据格式（TFT）

1. 视频操作

S3C2410A 内部的 LCD 控制器支持 1BPP、2BPP、4BPP 或 8BPP 使用调色板的彩色显示，支持 16BPP 或 24BPP 不使用调色板的真彩色显示。

S3C2410A 能够支持 256 色调色板,用于彩色映像的各种选择。

2. 存储器数据格式

1) 24BPP 显示

当 LCDCON5 寄存器中 BSWP＝0、HWSWP＝0 时,从视频缓冲区(内存)送往 LCD 控制器的数据,不进行字节、半字交换。当 LCDCON5 寄存器中 BPP24BL＝0 时,数据低 24 位有效;BPP24BL＝1 时,数据高 24 位有效,视频缓冲区数据格式见表 10-5。有效数据与 LCD 面板显示位置的对应关系见图 10-9。LCD 控制器输出引脚 VD[23:0]表示的红、绿、蓝位见表 10-6。

表 10-5　24BPP 视频缓冲区数据格式(BSWP＝0,HWSWP＝0)

地址	BPP24BL＝0(低 24 位有效)		BPP24BL＝1(高 24 位有效)	
	D[31:24]	D[23:0]	D[31:8]	D[7:0]
000H	无用位	P1	P1	无用位
004H	无用位	P2	P2	无用位
008H	无用位	P3	P3	无用位
⋮				

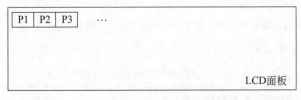

图 10-9　24BPP 有效数据与面板显示位置对应关系

表 10-6　24BPP VD 引脚描述

VD[23:16]	VD[15:8]	VD[7:0]
RED[7:0]	GREEN[7:0]	BLUE[7:0]

2) 16BPP 显示

当 LCDCON5 寄存器中 HWSWP＝0 时,从视频缓冲区(内存)送往 LCD 控制器的数据,不进行半字交换;HWSWP＝1 时,进行半字交换,视频缓冲区数据格式见表 10-7。数据与 LCD 面板显示位置的对应关系见图 10-10。VD[23:0]表示的红、绿、蓝位见表 10-8。

表 10-7　16BPP 视频缓冲区数据格式(BSWP＝0)

地址	HWSWP＝0(不交换半字)		HWSWP＝1(交换半字)	
	D[31:16]	D[15:0]	D[31:16]	D[15:0]
000H	P1	P2	P2	P1
004H	P3	P4	P4	P3
008H	P5	P6	P6	P5
⋮				

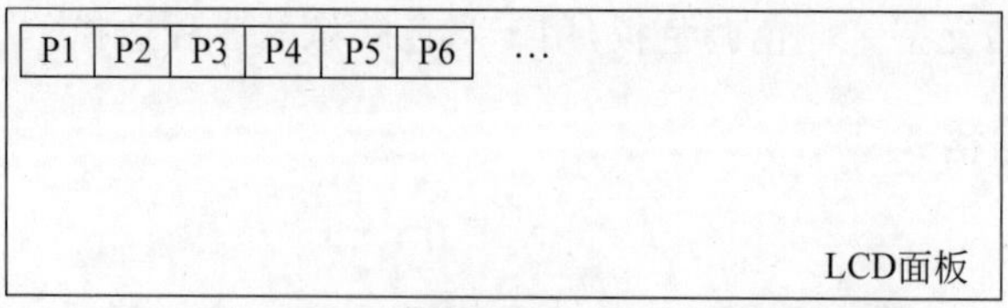

```
┌─────────────────────────────────────────────┐
│ ┌──┬──┬──┬──┬──┬──┐                          │
│ │P1│P2│P3│P4│P5│P6│ …                        │
│ └──┴──┴──┴──┴──┴──┘                          │
│                                               │
│                                               │
│                                    LCD面板     │
└─────────────────────────────────────────────┘
```

图 10-10　16BPP 数据与面板显示位置对应关系

表 10-8　16BPP VD 引脚描述

LCDCON5[11]=1,5:6:5 格式					
VD[23:19]	VD[18:16]	VD[15:10]	VD[9:8]	VD[7:3]	VD[2:0]
RED[4:0]	不使用	GREEN[5:0]	不使用	BLUE[4:0]	不使用
LCDCON5[11]=0,5:5:5:I 格式					
VD[23:19]，VD[18]	VD[17:16]	VD[15:11]，VD[10]	VD[9:8]	VD[7:3]，VD[2]	VD[1:0]
RED[4:0]，RED[I]	不使用	GREEN[4:0]，GREEN[I]	不使用	BLUE[4:0]，BLUE[I]	不使用

3）8BPP 显示

在 BSWP=0 或 BSWP=1 时，视频缓冲区（内存）数据格式见表 10-9，数据与 LCD 面板显示位置的对应关系见图 10-11。

表 10-9　8BPP 视频缓冲区数据格式（HWSWP=0）

地址	BSWP=0（不交换字节）				BSWP=1（交换字节）			
	D[31:24]	D[23:16]	D[15:8]	D[7:0]	D[31:24]	D[23:16]	D[15:8]	D[7:0]
000H	P1	P2	P3	P4	P4	P3	P2	P1
004H	P5	P6	P7	P8	P8	P7	P6	P5
008H	P9	P10	P11	P12	P12	P11	P10	P9
⋮								

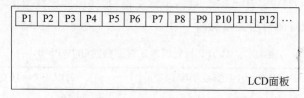

图 10-11　8BPP 数据与面板显示位置对应关系

4）4BPP 显示

在 BSWP=0，BSWP=1 时，视频缓冲区数据格式分别见表 10-10 和表 10-11。

表 10-10　4BPP 视频缓冲区数据格式（BSWP＝0,HWSWP＝0）

	D[31:28]	D[27:24]	D[23:20]	D[19:16]	D[15:12]	D[11:8]	D[7:4]	D[3:0]
000H	P1	P2	P3	P4	P5	P6	P7	P8
004H	P9	P10	P11	P12	P13	P14	P15	P16
008H	P17	P18	P19	P20	P21	P22	P23	P24
⋮								

表 10-11　4BPP 视频缓冲区数据格式（BSWP＝1,HWSWP＝0）

	D[31:28]	D[27:24]	D[23:20]	D[19:16]	D[15:12]	D[11:8]	D[7:4]	D[3:0]
000H	P7	P8	P5	P6	P3	P4	P1	P2
004H	P15	P16	P13	P14	P11	P12	P9	P10
008H	P23	P24	P21	P22	P19	P20	P17	P18
⋮								

5）2BPP 显示

当 BSWP＝0,HWSWP＝0 时,视频缓冲区（内存）高、低 16 位数据格式分别见表 10-12 和表 10-13。

表 10-12　2BPP 视频缓冲区高 16 位数据格式（BSWP＝0,HWSWP＝0）

D	[31:30]	[29:28]	[27:26]	[25:24]	[23:22]	[21:20]	[19:18]	[17:16]
000H	P1	P2	P3	P4	P5	P6	P7	P8
004H	P17	P18	P19	P20	P21	P22	P23	P24
008H	P33	P34	P35	P36	P37	P38	P39	P40
⋮								

表 10-13　2BPP 视频缓冲区低 16 位数据格式（BSWP＝0,HWSWP＝0）

D	[15:14]	[13:12]	[11:10]	[9:8]	[7:6]	[5:4]	[3:2]	[1:0]
000H	P9	P10	P11	P12	P13	P14	P15	P16
004H	P25	P26	P27	P28	P29	P30	P31	P32
008H	P41	P42	P43	P44	P45	P46	P47	P48
⋮								

10.3.3　256 色调色板使用(TFT)

1. 调色板配置和格式控制

S3C2410A 提供 256 色调色板,用于 TFT LCD 控制。

用户能够以两种格式,从 2^{16} 色中选择 256 色。

256 色调色板由 256×16 位(b)单端口同步静态 RAM(Single Port Synchronous Static RAM,SPSRAM)组成。调色板支持 5:6:5(R:G:B)格式和 5:5:5:1 (R:G:B:I)格式。5:5:5:1 也写作 5:5:5:I。

当用户使用 5:5:5:1 格式时,强度(intensity)数据 I 被用作每个 RGB 数据共同的 LSB 位。因此,5:5:5:1 格式与 R(5+I):G(5+I):B(5+I)格式是相同的。

例如,在 5:5:5:1 格式中,用户能够以表 10-15 那样写调色板,并且连接 VD 引脚到 TFT LCD 面板(R(5+I)=VD[23:19]+VD[18]或 VD[10]或 VD[2],G(5+I)= VD[15:11]+VD[18]或 VD[10]或 VD[2],B(5+I)=VD[7:3]+VD[18]或 VD[10] 或 VD[2]),当然 LCDCON5 寄存器的 FRM565 位要设置为 0。

5:6:5 格式和 5:5:5:1 格式见表 10-14 和表 10-15。

表 10-14　5:6:5 格式

索引/位	15	14	13	12	11	10	9	8	7	6	5	4	3	2	1	0
00H	R4	R3	R2	R1	R0	G5	G4	G3	G2	G1	G0	B4	B3	B2	B1	B0
01H	R4	R3	R2	R1	R0	G5	G4	G3	G2	G1	G0	B4	B3	B2	B1	B0
⋮																
FFH	R4	R3	R2	R1	R0	G5	G4	G3	G2	G1	G0	B4	B3	B2	B1	B0
VD 引脚号	23	22	21	20	19	15	14	13	12	11	10	7	6	5	4	3

表 10-15　5:5:5:1 格式

索引/位	15	14	13	12	11	10	9	8	7	6	5	4	3	2	1	0
00H	R4	R3	R2	R1	R0	G4	G3	G2	G1	G0	B4	B3	B2	B1	B0	I
01H	R4	R3	R2	R1	R0	G4	G3	G2	G1	G0	B4	B3	B2	B1	B0	I
⋮																
FFH	R4	R3	R2	R1	R0	G4	G3	G2	G1	G0	B4	B3	B2	B1	B0	I
VD 引脚号	23	22	21	20	19	15	14	13	12	11	7	6	5	4	3	注1

注 1:VD[18]、VD[10]和 VD[2]有相同的输出值 I。

两个表中索引号 00H,01H,…,FFH 对应的调色板地址分别是 0x4D000400, 0x4D000404,…,0x4D0007FC。其中,0x4D000400 是调色板起始地址。

上述两个表中索引对应的列为调色板索引号,从 00H 到 FFH,对应 256 个索引单元。VD 引脚号行中的数字,表示用到的 VD[23:0]引脚以及对应的 RGB 及 I 位。表中位那一行的数字 15,14,…,0,表示各索引单元中,16 位与 RGB 及 I 位的对应关系。

2. 调色板读写

当用户执行对调色板的读写操作时,LCDCON5 寄存器的 HSTATUS 和 VSTATUS 域必须被检查。当 HSTATUS 和 VSTATUS 是 ACTIVE 状态时,读写操作被禁止。

3. 临时调色板配置

S3C2410A 允许用户用 1 种色填充 1 帧,而不必为了填充 1 种色对帧缓冲区或调色板进行复杂的修改。通过将显示在 LCD 面板上的 1 种色的值,写入 TPAL 寄存器 TPALVAL 域,并且设置 TPALEN 位为允许,1 种色在 1 帧能够被显示。

10.3.4 16BPP 显示类型不使用调色板数据格式(TFT)

当每像素用 16 位二进制数表示时,S3C2410A 的 LCD 控制器不使用调色板。视频缓冲区数据(内存)1 个字,表示 2 个像素,在不交换半字(LCDCON5 寄存器 HWSWP=0)时,视频数据位与 RGB 及 I 位对应关系,以及它们在面板上的显示位置见图 10-12。

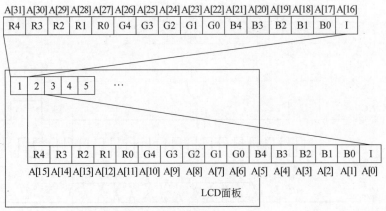

16BPP 5:5:5:I 格式(不使用调色板)

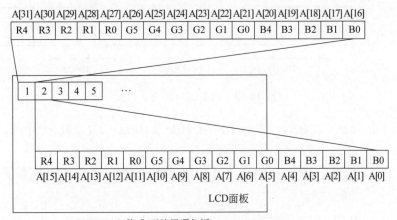

16BPP 5:6:5 格式(不使用调色板)

图 10-12 16BPP 显示类型数据格式(TFT)

假定存储器视频缓冲区地址 0000H 中,存放的数据为 A[31:0]。

图 10-12 中上半部分为 5:5:5:I 格式,下半部分为 5:6:5 格式。图 10-12 中 R 即 RED,G 即 GREEN,B 即 BLUE。图 10-12 中 RGB 及 I 位与 LCD 控制器引脚信号 VD[23:0]位对应关系见表 10-8。

10.3.5　TFT LCD 时序举例

TFT LCD 时序举例见图 10-13。

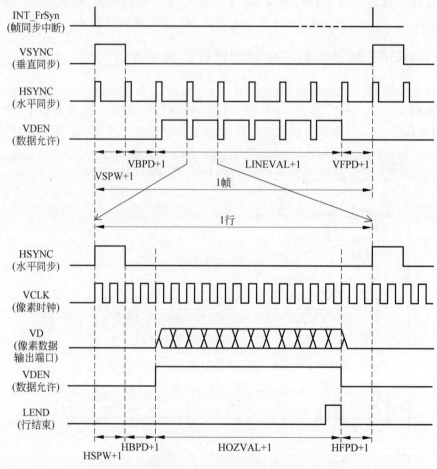

图 10-13　TFT LCD 时序举例

图 10-13 中,VSPW、VBPD、VFPD、HSPW、HBPD、HFPD 含义及设置方法见 10.5 节。

10.4　虚拟显示与 LCD 电源允许(STN/TFT)

10.4.1　虚拟显示(STN/TFT)

S3C2410A 支持硬件水平或垂直滚动,见图 10-14。

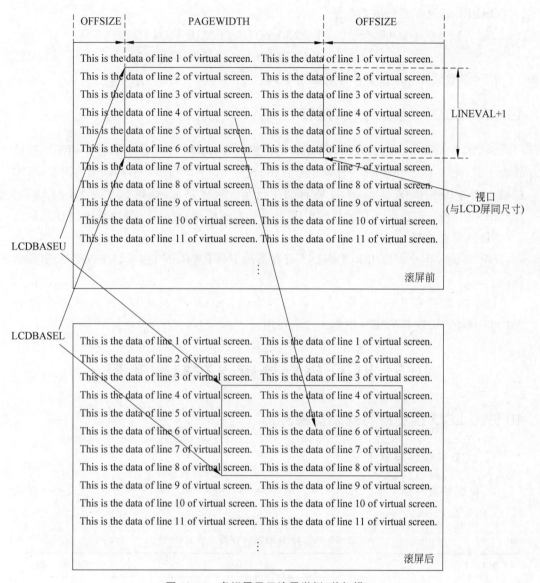

图 10-14　虚拟屏显示滚屏举例(单扫描)

在图 10-14 中,如果屏幕被滚动,在 LCDSADDR1/2 寄存器中的 LCDBASEU 和 LCDBASEL 域的值应该被改变,但 LCDSADDR3 寄存器 PAGEWIDTH 和 OFFSIZE 域的值不改变。

为了实现虚拟显示,保存图像数据的视频缓冲区(video buffer)的大小,应该大于实际 LCD 面板显示屏幕全部像素所需的数据缓冲区(帧缓冲区、视口对应缓冲区)的大小。

图 10-14 中两个大方框表示视频缓冲区,位于系统存储器内,两个小方框表示实际屏幕对应的帧缓冲区,也称视口。在单扫描模式,LCDBASEU 表示帧缓冲区的起始地址,PAGEWIDTH 为可见帧宽(半字个数),OFFSIZE 为偏移量,定义了 LCD 显示的前一行最后一个半字的地址与后一行第一个半字地址之间的差值(半字个数)。对双扫描模式,

LCDBASEL 定义了低帧数据起址：

$$LCDBASEL = LCDBASEU + (PAGEWIDTH$$
$$+ OFFSIZE) \times (LINEVAL + 1) \tag{10-11}$$

滚屏参数设置方法及具体计算参见 10.5 节。

10.4.2 LCD 电源允许(STN/TFT)

S3C2410A 提供了电源允许(PWREN)功能。当 LCDCON5 寄存器中 PWREN 被设置为 1 时，允许 LCD_PWREN 输出信号输出，这时 LCD_PWREN 引脚输出值由 ENVID 控制。ENVID 的值在 LCDCON1 寄存器中设定。也就是说，如果 S3C2410A 的 LCD_PWREN 引脚被连接到 LCD 面板的电源 on/off 控制引脚，那么 LCD 面板电源自动地由 ENVID 的设置控制。

S3C2410A 也允许使用 LCDCON5 寄存器的 INVPWREN 位，反转 PWREN 信号的极性。

这些功能仅在 LCD 面板有它自己的电源 on/off 控制端口，并且端口连接到 S3C2410A 的 LCD_PWREN 引脚时才起作用。

10.5 LCD 控制器特殊功能寄存器

10.5.1 LCD 控制器特殊功能寄存器

1. LCD 控制寄存器 1

LCD 控制寄存器 1，即 LCDCON1，地址为 0x4D000000，Reset 值为 0x0000000，可读写，含义见表 10-16。

表 10-16 LCD 控制寄存器 1 含义

LCDCON1	位	描　　述	初　　态
LINECNT (只读)	[27:18]	提供行计数器的状态(计数值) 从 LINEVAL 值递减计数到 0	0000000000
CLKVAL	[17:8]	确定 VCLK 和 CLKVAL[9:0]的比率 STN:VCLK=HCLK/(CLKVAL×2) (CLKVAL≥2) TFT:VCLK=HCLK/[(CLKVAL+1)×2] (CLKVAL≥0)	0000000000
MMODE	[7]	确定 VM 反转速率 0=每帧 1=速率由 MVAL 定义	0
PNRMODE	[6:5]	选择显示模式 00=4 位双扫描显示模式(STN) 01=4 位单扫描显示模式(STN) 10=8 位单扫描显示模式(STN) 11=TFT LCD 面板	00

续表

LCDCON1	位	描 述	初 态
BPPMODE	[4:1]	选择每像素位模式 0000＝STN,1BPP,单色模式　0001＝STN,2BPP,4 级灰度模式 0010＝STN,4BPP,16 级灰度模式　0011＝STN,8BPP,彩色模式 0100＝STN,12BPP,彩色模式 1000＝TFT,1BPP　1001＝TFT,2BPP　1010＝TFT,4BPP 1011 ＝ TFT, 8BPP　1100 ＝ TFT, 16BPP　1101 ＝ TFT,24BPP	0000
ENVID	[0]	LCD 视频输出和逻辑允许/禁止 0＝禁止视频输出和 LCD 控制信号 1＝允许视频输出和 LCD 控制信号	0

2. LCD 控制寄存器 2

LCD 控制寄存器 2,即 LCDCON2,地址为 0x4D000004,Reset 值为 0x00000000,可读写,含义见表 10-17。

表 10-17　LCD 控制寄存器 2 含义

LCDCON2	位	描 述	初 态
VBPD	[31:24]	TFT：1 帧开始的垂直同步信号后沿之后的无效行数 STN：这些位应该被设置为 0	0x00
LINEVAL	[23:14]	TFT/STN：这些位确定了 LCD 面板的垂直大小（size）	0000000000
VFPD	[13:6]	TFT：1 帧结束的垂直同步信号前沿之前的无效行数 STN：这些位应该被设置为 0	00000000
VSPW	[5:0]	TFT：垂直同步脉冲宽度,由无效行计数确定的 VSYNC 脉冲高电平的宽度 STN：这些位应该被设置为 0	000000

3. LCD 控制寄存器 3

LCD 控制寄存器 3,即 LCDCON3,地址为 0x4D000008,Reset 值为 0x0000000,可读写,含义见表 10-18。

4. LCD 控制寄存器 4

LCD 控制寄存器 4,即 LCDCON4,地址为 0x4D00000C,Reset 值为 0x0000,可读写,含义见表 10-19。

表 10-18　LCD 控制寄存器 3 含义

LCDCON3	位	描　述	初　态
HBPD(TFT)	[25:19]	TFT：从 HSYNC 下降沿到有效数据开始传送，VCLK 周期数	0000000
WDLY(STN)		STN：WDLY[1:0]位确定 VLINE 信号后沿到 VCLK 信号前沿之间的延时，由 HCLK 计数个数确定 00＝16 HCLK　01＝32 HCLK　10＝48 HCLK　11＝64 HCLK WDLY[7:2]保留	
HOZVAL	[18:8]	TFT/STN：这些位确定 LCD 面板水平大小(size) HOZVAL 被确定要满足以下条件：1 行的全部字节数必须是 4n 字节。如果在单色显示模式，假定 1 行有 120 个像素，X 表示水平大小，X＝120 不能被支持，原因是 1 行由 15 字节组成的。相反 X＝128 能被支持，原因是 1 行由 16 字节组成(4n)。LCD 面板驱动器将丢弃多余的部分(8)	00000000000
HFPD(TFT)	[7:0]	TFT：有效数据结束后，到 HSYNC 上升沿之间 VCLK 周期数	0x00
LINEBLANK (STN)		STN：这些位指示在 1 个水平行持续时间中的空白时间(black time)。用于微调 VLINE 的速率。LINEBLANK 的单位是 HCLK×8。例如，如果 LINEBLANK 的值是 10，那么 80 个 HCLK 空白时间插入 VCLK 中	

表 10-19　LCD 控制寄存器 4 含义

LCDCON4	位	描　述	初　态
MVAL	[15:8]	STN：如果 MMODE 位被设置为 1，这些位定义了 VM 信号将要反转的速率	0x00
HSPW(TFT)	[7:0]	TFT：水平同步脉冲宽度，由 HCLK 个数计数确定的 HSYNC 脉冲高电平的宽度	0x00
WLH(STN)		STN：WLH[1:0]位确定 VLINE 脉冲高电平的宽度，由 HCLK 个数计数确定 00＝16 HCLK　　01＝32 HCLK　　10＝48 HCLK　　11＝64 HCLK WLH[7:2]保留	

5. LCD 控制寄存器 5

LCD 控制寄存器 5，即 LCDCON5，地址为 0x4D000010，Reset 值为 0x00000000，可读写，含义见表 10-20。

6. 帧缓冲区起始地址 1 寄存器

帧缓冲区起始地址 1 寄存器，即 LCDSADDR1，地址为 0x4D000014，Reset 值为 0x00000000，可读写，含义见表 10-21。

表 10-20　LCD 控制寄存器 5 含义

LCDCON5	位	描　述	初态
保留	[31:17]	保留,值应该为 0	0
VSTATUS	[16:15]	TFT:垂直状态(只读) 00=VSYNC　　　　01=BACK Porch(VSYNC 后沿) 10=ACTIVE　　　　11=FRONT Porch(VSYNC 前沿)	00
HSTATUS	[14:13]	TFT:水平状态(只读) 00=HSYNC　　　　01=BACK Porch(HSYNC 后沿) 10=ACTIVE　　　　11=FRONT Porch(HSYNC 前沿)	00
BPP24BL	[12]	TFT:这一位确定 24BPP 视频存储器数据格式 0=LSB 有效　　　　1=MSB 有效	0
FRM565	[11]	TFT:这一位选择 16BPP 输出视频数据的格式 0=5:5:5:1 格式　　　1=5:6:5 格式	0
INVVCLK	[10]	STN/TFT:这一位控制 VCLK 激活边沿的极性 0=在 VCLK 下降沿,视频数据被取 1=在 VCLK 上升沿,视频数据被取	0
INVVLINE	[9]	STN/TFT:这一位指示 VLINE/HSYNC 脉冲极性 0=通常(Normal)　　1=反转	0
INVVFRAME	[8]	STN/TFT:这一位指示 VFRAME/VSYNC 脉冲极性 0=通常(Normal)　　1=反转	0
INVVD	[7]	STN/TFT:这一位指示 VD 视频数据脉冲极性 0=通常(Normal)　　　1=VD 被反转	0
INVVDEN	[6]	TFT:这一位指示 VDEN 信号极性 0=通常(Normal)　　　1=反转	0
INVPWREN	[5]	STN/TFT:这一位指示 PWREN 信号极性 0=通常(Normal)　　　1=反转	0
INVLEND	[4]	TFT:这一位指示 LEND 信号极性 0=通常(Normal)　　　1=反转	0
PWREN	[3]	STN/TFT:LCD_PWREN 输出信号允许/禁止 0=禁止 PWREN 信号　1=允许 PWREN 信号	0
ENLEND	[2]	TFT:LEND 输出信号允许/禁止 0=禁止 LEND 信号　　1=允许 LEND 信号	0
BSWP	[1]	STN/TFT:字节交换(swap)控制位 0=交换(swap)禁止　　1=交换(swap)允许	0
HWSWP	[0]	STN/TFT:半字交换(swap)控制位 0=交换(swap)禁止　　1=交换(swap)允许	0

表 10-21　帧缓冲区起始地址 1 寄存器(STN/TFT)

LCDSADDR1	位	描　述	初态
LCDBANK	[29:21]	这些位指示视频缓冲区在系统存储器中的 bank 地址 A[30:22]。即使移动视口(view port)时,LCDBANK 的值也不能被改变。LCD 帧缓冲区应该在以 4MB 地址对齐的区域内	0x00
LCDBASEU	[20:0]	对双扫描 LCD:这些位指示高(upper)地址计数器的开始地址 A[21:1],用于双扫描 LCD 的高帧存储器 对单扫描 LCD:这些位指示 LCD 帧缓冲区的起址 A[21:1]	0x000000

7. 帧缓冲区起始地址 2 寄存器

帧缓冲区起始地址 2 寄存器,即 LCDSADDR2,地址为 0x4D000018,Reset 值为 0x000000,可读写,含义见表 10-22。

表 10-22　帧缓冲区起始地址 2 寄存器(STN/TFT)

LCDSADDR2	位	描　述	初态
LCDBASEL	[20:0]	对双扫描 LCD:这些位指示低(lower)地址计数器的开始地址 A[21:1],用于双扫描 LCD 的低帧存储器 对单扫描 LCD:这些位指示 LCD 帧缓冲区的终址 A[21:1] LCDBASEL =((frame end address)>>1)+1 　　　　=LCDBASEU+(PAGEWIDTH+OFFSIZE) 　　　　　×(LINEVAL+1)	0x000000

8. 帧缓冲区起始地址 3 寄存器

帧缓冲区起始地址 3 寄存器,即 LCDSADDR3,地址为 0x4D00001C,Reset 值为 0x000000,可读写,含义见表 10-23。

表 10-23　帧缓冲区起始地址 3 寄存器(STN/TFT)

LCDSADDR3	位	描　述	初态
OFFSIZE	[21:11]	虚拟屏偏移量(半字个数)。这个值定义了两个地址之间的差值,即显示在 LCD 前一行最后一个半字的地址,与后一行第一个半字的地址之间的差值	00000000000
PAGEWIDTH	[10:0]	虚拟屏页宽(半字个数)。这个值定义了帧的视口宽度	000000000

注:当 ENVID 位是 0 时,PAGEWIDTH 和 OFFSIZE 的值必须改变。

9. 帧缓冲区起始地址寄存器参数设定计算举例

下面举例说明求 LCDBASEL 的方法,同时说明图 10-14 中虚拟显示滚屏和帧缓冲区起始地址寄存器中相关参数的具体含义。

【例 10.1】　假如 LCD 面板为 320×240 像素，16 级灰度，单扫描显示，帧起址＝0xc500000，偏移点数（偏移像素个数）＝2048 点。

可以计算：

```
LINEVAL=240-1=0xef                              ;240行,减1
PAGEWIDTH=320×4/16=0x50                          ;320点/行,每个点用4位二进制数表示
                                                 ;16级灰度,除以16位,得到半字个数
OFFSIZE=2048×4/16=512=0x200                      ;4位/点,除以16,得到半字个数
LCDBANK=0xc500000>>22=0x31                        ;从帧起址分离出A[30:22]位
LCDBASEU=01000 0000 0000 0000 0000b=0x80000       ;从帧起址分离出A[21:1]位
LCDBASEL=0x80000+(0x50+0x200)×(0xef+1)=0xa2b00    ;帧终址
```

【例 10.2】　假定 LCD 面板为 320×240 像素，16 级灰度，双扫描显示，帧起址＝0xc500000，偏移点数（偏移像素个数）＝2048 点。

可以计算：

```
LINEVAL=120-1=0x77              ;双扫描,120行,减1
PAGEWIDTH=320×4/16=0x50          ;320点/行,16级灰度,4位/点,除以16得到半字个数
OFFSIZE=2048×4/16=512=0x200      ;4位/点,除以16,得到半字个数
LCDBANK=0xc500000>>22=0x31       ;从帧起址分离出A[30:22]位
LCDBASEU=01000 0000 0000 0000 0000b=0x80000      ;从帧起址分离出A[21:1]位
LCDBASEL=0x80000+(0x50+0x200)×(0x77+1)=0x91580    ;双扫描低帧起址
```

【例 10.3】　假定 LCD 面板为 320×240 像素，256 色，单扫描显示，帧起址＝0xc500000，偏移点数（偏移像素个数）＝1024 点。

可以计算：

```
LINEVAL=240-1=0xef                              ;单扫描,240行,减1
PAGEWIDTH=320×8/16=0xa0                          ;256色,8位/点,除以16得到半字个数
OFFSIZE=1024×8/16=512=0x200                      ;8位/点,除以16,得到半字个数
LCDBANK=0xc500000>>22=0x31                        ;从帧起址分离出A[30:22]位
LCDBASEU=01000 0000 0000 0000 0000b=0x80000       ;从帧起址分离出A[21:1]位
LCDBASEL=0x80000+(0xa0+0x200)×(0xef+1)=0xa7600    ;帧终址
```

10. 红、绿、蓝查找表寄存器

红、绿、蓝查找表寄存器，即 REDLUT、GREENLUT、BLUELUT，地址分别为 0x4D000020、0x4D000024、0x4D000028，可读写，Reset 值分别为 0x00000000、0x00000000、0x0000，含义见表 10-24、表 10-25 和表 10-26。蓝色查找表寄存器可以用于 4 级灰度模式。

11. 抖动模式寄存器

抖动模式寄存器，即 DITHMODE，地址、Reset 值及含义见表 10-27。

表 10-24　红色查找表寄存器含义（STN）

REDLUT	位	描　　述	初　　态
REDVAL	[31:0]	这些位从 16 级红色中定义了将被选择的 8 级红色 000＝REDVAL[3:0]　　　　001＝REDVAL[7:4] 010＝REDVAL[11:8]　　　　011＝REDVAL[15:12] 100＝REDVAL[19:16]　　　101＝REDVAL[23:20] 110＝REDVAL[27:24]　　　111＝REDVAL[31:28]	0x00000000

表 10-25　绿色查找表寄存器含义（STN）

GREENLUT	位	描　　述	初　　态
GREENVAL	[31:0]	这些位从 16 级绿色中定义了将被选择的 8 级绿色 000＝GREENVAL[3:0]　　　　001＝GREENVAL[7:4] 010＝GREENVAL[11:8]　　　　011＝GREENVAL[15:12] 100＝GREENVAL[19:16]　　　101＝GREENVAL[23:20] 110＝GREENVAL[27:24]　　　111＝GREENVAL[31:28]	0x00000000

表 10-26　蓝色查找表寄存器含义（STN）

BLUELUT	位	描　　述	初　　态
BLUEVAL	[15:0]	这些位从 16 级蓝色中定义了将被选择的 4 级蓝色 00＝BLUEVAL[3:0]　　　　01＝BLUEVAL[7:4] 10＝BLUEVAL[11:8]　　　　11＝BLUEVAL[15:12]	0x0000

表 10-27　抖动模式寄存器地址、Reset 值及含义（STN）

寄存器名	地址	R/W	位	描　　述	Reset 值
DITHMODE	0x4D00004C	R/W	[18:0]	寄存器 Reset 后的值为 0x00000，但是用户 可以改变这个值为 0x12210，或不改变	0x00000

12. 临时调色板寄存器

临时调色板寄存器，即 TPAL，地址为 0x4D000050，Reset 值为 0x0000000，可读写，含义见表 10-28。

表 10-28　临时调色板寄存器含义（TFT）

TPAL	位	描　　述	初　　态
TPALEN	[24]	临时调色板寄存器允许位　　　　0＝禁止　　　　1＝允许	0
TPALVAL	[23:0]	临时调色板值寄存器：　TPALVAL[23:16]:RED(红) TPALVAL[15:8]:GREEN(绿)　TPALVAL[7:0]:BLUE(蓝)	0x000000

13. LCD 中断登记寄存器

LCD 中断登记寄存器，即 LCDINTPND，地址为 0x4D000054，Reset 值为 0x0，可读写，含义见表 10-29。在 LCD 中断登记寄存器某一位写 1，能够清除该中断登记位。

表 10-29 LCD 中断登记寄存器含义

LCDINTPND	位	描　　述	初态
INT_FrSyn	[1]	LCD 帧同步中断登记位　　　0＝无中断请求 1＝帧已经发出中断请求	0
INT_FiCnt	[0]	LCD FIFO 中断登记位　　　0＝无中断请求 1＝当 LCD FIFO 达到触发电平时,LCD FIFO 中断被请求	0

14. LCD 中断源登记寄存器

LCD 中断源登记寄存器,即 LCDSRCPND,地址为 0x4D000058,Reset 值为 0x0,可读写,含义见表 10-30。在 LCD 中断源登记寄存器某一位写 1,能够清除该中断源登记位。

表 10-30 LCD 中断源登记寄存器含义

LCDSRCPND	位	描　　述	初态
INT_FrSyn	[1]	LCD 帧同步中断源登记位　　　0＝无中断请求 1＝帧已经发出中断请求	0
INT_FiCnt	[0]	LCD FIFO 中断源登记位　　　0＝无中断请求 1＝当 LCD FIFO 达到触发电平时,LCD FIFO 中断被请求	0

15. LCD 中断屏蔽寄存器

LCD 中断屏蔽寄存器,即 LCDINTMSK,地址为 0x4D00005C,Reset 值为 0x3,可读写,含义见表 10-31。

表 10-31 LCD 中断屏蔽寄存器含义

LCDINTMSK	位	描　　述	初态
FIWSEL	[2]	确定 LCD FIFO 触发电平　　　0＝4 字　　　1＝8 字	0
INT_FrSyn	[1]	屏蔽 LCD 帧同步中断　0＝中断服务允许　　1＝中断服务被屏蔽	1
INT_FiCnt	[0]	屏蔽 LCD FIFO 中断　0＝中断服务允许　　1＝中断服务被屏蔽	1

16. LPC3600 控制寄存器

LPC3600 控制寄存器,即 LPCSEL,地址为 0x4D000060,Reset 值为 0x4,可读写,含义见表 10-32。

表 10-32 LPC3600 控制寄存器含义

LPCSEL	位	描　　述	初态
保留	[2]	保留	1
RES_SEL	[1]	1＝240×320	0
LPC_EN	[0]	确定 LPC3600 允许/禁止　0＝LPC3600 禁止　1＝LPC3600 允许	0

10.5.2　特殊功能寄存器设置举例（STN）

通过对 LCD 特殊功能寄存器设置不同的值，LCD 控制器能够支持多种不同的屏幕尺寸。

由 CLKVAL 值确定 VCLK 的频率。而 CLKVAL 值的确定，应该使 VCLK 的值比数据传输速率更大。数据传输速率指的是 LCD 控制器 VD 端口传输的数据速率。在不同显示模式，VD 端口传输数据使用的位数不同。

数据传输速率由下式给出：

$$数据传输速率 = HS \times VS \times FR \times MV$$

其中，HS 表示 LCD 水平大小，VS 表示 LCD 垂直大小，FR 表示帧速率，MV 值依赖于不同显示模式，见表 10-33。

表 10-33　每一种显示模式的 MV 值

显示模式	扫　　描	MV 值	显示模式	扫　　描	MV 值
单色	4 位单扫描	1/4	16 级灰度	4 位单扫描	1/4
单色	8 位单扫描或 4 位双扫描	1/8	16 级灰度	8 位单扫描或 4 位双扫描	1/8
4 级灰度	4 位单扫描	1/4	彩色	4 位单扫描	3/4
4 级灰度	8 位单扫描或 4 位双扫描	1/8	彩色	8 位单扫描或 4 位双扫描	3/8

假如 HS=320，VS=240，FR=70，MV=3/8，则数据传输速率：

$$HS \times VS \times FR \times MV = 320 \times 240 \times 70 \times 3/8 = 2016000\,Hz = 2.016\,MHz$$

寄存器 LCDSADDR1 中，LCDBASEU 的值，作为帧缓冲区的起始地址。LCDSADDR2 中，LCDBASEL 的值取决于 LCD 的大小和 LCDBASEU 的值。在单扫描显示方式，不使用虚拟显示，LCDBASEL 值的另一种计算方法如下：

$$LCDBASEL = LCDBASEU + (从 LCDBASEU 到 LCDBASEL 的偏移量) \qquad (10\text{-}12)$$

不使用虚拟显示的式 10-12，与使用虚拟显示的式 10-11 是不同的。

【例 10.4】　160×160 像素，4 级灰度，每秒 80 帧，4 位单扫描显示，HCLK=60MHz，LINEBLANK=10，WLH=1，WDLY=1，不使用虚拟显示，假定 LCDBASEU 值已知，计算数据传输速率及 LCDBASEL。

$$数据传输速率 = HS \times VS \times FR \times MV = 160 \times 160 \times 80 \times 1/4 = 512\,kHz$$

由于 VCLK 的速率应该大于数据传输速率，通过试算，当 CLKVAL 取值 58 时，由下式算出：

$$VCLK = HCLK/(CLKVAL \times 2) = 60/(58 \times 2) = 517\,kHz$$

因此在 LCDCON1 寄存器中，设置 CLKVAL=58，能够满足上述要求，同时考虑了 LINEBLANK、WLH 和 WDLY 的值。

由于一行有 160 个像素，每像素 4 级灰度要用 2 位（b）表示，所以一行需要 320 位表示，即 40 字节，所以：

$$\text{LCDBASEL} = \text{LCDBASEU} + ((160 \text{ 行} \times 40 \text{ 字节 / 行})/2)$$
$$= \text{LCDBASEU} + 3200(\text{半字})$$

上式$((160 \text{ 行} \times 40 \text{ 字节/行})/2)$是从 LCDBASEU 到 LCDBASEL 的偏移量,半字个数。

【例 10.5】　LCD 屏为 320×240 像素,虚拟屏为 1024×1024,4 级灰度,LCDBASEU = 0x64,4 位双扫描显示,求 LCDBASEL。

在 4 级灰度模式,每像素用 2 位表示,半字能够表示 8 个像素。

虚拟屏 1 行 = 1024 像素(128 个半字)

LCD 1 行 = 320 像素(40 个半字)

OFFSIZE = 128 − 40 = 88(半字)

PAGEWIDTH = 320 像素(40 个半字)

在双扫描模式,LINEVAL + 1 = 120(半屏行数),因此:

$$\text{LCDBASEL} = \text{LCDBASEU} + (\text{PAGEWIDTH} + \text{OFFSIZE}) \times (\text{LINEVAL} + 1)$$
$$= 100 + (40 + 88) \times 120 = 15460 = \text{0x3C64}$$

10.6　LCD 控制器初始化程序举例(STN)

【例 10.6】　对于单色 4 位单扫描、4BPP 16 级灰度、320×240 LCD,LCD 控制器初始化程序主要包括配置 LCD 引脚用到的 GPIO;设置 LCDCON1/2/3/4/5 寄存器参数,设置 LCDSADDR1/2/3 寄存器参数,设置 DITHMODE 寄存器参数;与电源及控制信号相关的参数设置;LCD 帧同步中断和 FIFO 中断初始化。程序代码如下:

```
#define MVAL            (13)
#define MVAL_USED       (0)
#define M5D(n) ((n) & 0x1fffff)                        //为了得到低 21 位

//STN LCD Panel(320 * 240)
#define MODE_STN_4BIT       (0x1004)

#define LCD_XSIZE_STN       (320)
#define LCD_YSIZE_STN       (240)

#define SCR_XSIZE_STN       (LCD_XSIZE_STN * 2)        //用于虚拟屏
#define SCR_YSIZE_STN       (LCD_YSIZE_STN * 2)
//使用 VD[3:0]
#define HOZVAL_STN          (LCD_XSIZE_STN/4-1)
#define LINEVAL_STN         (LCD_YSIZE_STN-1)

#define WLH_STN             (0)
#define WDLY_STN            (0)
//灰度定时参数
```

```
#define LINEBLANK_GRAY          (13 &0xff)
//120Hz@ 50MHz,WLH=16HCLK,WDLY=16HCLK,LINEBLANK=13 * 8HCLK,VD=4
#define CLKVAL_STN_GRAY         (10)

#define BIT_LCD                 (0x1<<16)

extern U32 (* frameBuffer4Bit)[SCR_XSIZE_STN/8];

void Lcd_Port_Init(void)                    //配置 LCD 控制器引脚用到的 GPIO
{
    rGPCUP=0xffffffff;                      //禁止上拉电阻
    //配置为 VD[7:0],LCDVF[2:0],VM,VFRAME,VLINE,VCLK,LEND
    rGPCCON=0xaaaaaaaa;
    rGPDUP=0xffffffff;                      //禁止上拉电阻
    rGPDCON=0xaaaaaaaa;                     //配置为 VD[23:8],对 STN 也可以不使用
    Uart_Printf("Initializing GPIO ports.........\n");
}

void Lcd_Init(int type)                     //设置 LCD 控制器特殊功能寄存器参数
{
    switch(type)
    {
    ⋮
    case MODE_STN_4BIT:
    frameBuffer4Bit=(U32 (*)[SCR_XSIZE_STN/8])LCDFRAMEBUFFER;
    //4 位单扫描 STN,4BPP 16 级灰度,ENVID=off
    rLCDCON1= (CLKVAL_STN_GRAY<<8)|\
            (MVAL_USED<<7)|(1<<5)|(2<<1)|0;
    //STN LCD 面板垂直大小
    rLCDCON2= (0<<24)|(LINEVAL_STN<<14)|(0<<6)|(0<<0);
    //WDLY 值,STN LCD 面板水平大小,LINEBLANK 值
    rLCDCON3= (WDLY_STN<<19)|(HOZVAL_STN<<8)|\
            (LINEBLANK_GRAY<<0);
    //VM 反转速率,VLINE 脉冲高电平宽度
    rLCDCON4= (MVAL<<8)|(WLH_STN<<0);
    //BPP24BL:0,FRM565:0,INVVCLK:0,INVVLINE:0,INVVFRAME:0,
    //INVVD:0,INVVDEN:0,INVPWREN:0,INVLEND:0,PWREN:0,
    //ENLEND:0,BSWP:0,HWSWP:0
    rLCDCON5=0;
    rLCDSADDR1= (((U32)frameBuffer4Bit>>22)<<21)|\
              M5D((U32)frameBuffer4Bit>>1);
    rLCDSADDR2=M5D( ((U32)frameBuffer4Bit+\
              (SCR_XSIZE_STN * LCD_YSIZE_STN/2))>>1 );
    rLCDSADDR3= (((SCR_XSIZE_STN-LCD_XSIZE_STN)/4)<<11)|\
```

```
                        (LCD_XSIZE_STN/4);
        rDITHMODE=0x0;
        break;
        ⋮
        }
}


void Lcd_EnvidOnOff(int onoff)                    //ENVID ON/OFF
{
    if(onoff==1)
        rLCDCON1|=1;                               //ENVID=ON
    else
        rLCDCON1=rLCDCON1 & 0x3fffe;              //ENVID Off
}


void Lcd_PowerEnable(int invpwren,int pwren)      //设置 LCD_PWREN
{
    //GPG4 被设置为 LCD_PWREN
    rGPGUP=rGPGUP&(~(1<<4))|(1<<4);               //禁止上拉电阻
    rGPGCON=rGPGCON&(~(3<<8))|(3<<8);             //GPG4=LCD_PWREN
    //允许/禁止 LCD_PWREN 输出,确定 PWREN 信号极性
    rLCDCON5=rLCDCON5&(~(1<<3))|(pwren<<3);       //PWREN
    rLCDCON5=rLCDCON5&(~(1<<5))|(invpwren<<5);    //INVPWREN
}


void __irq Lcd_Int_Frame(void)          //LCD 帧同步中断初始化
{
    rLCDINTMSK|=3;                       //屏蔽 LCD 帧同步中断、FIFO 中断
    //GPG4 is...
    rGPGDAT&=(~(1<<4));                  //GPG4=Low
    Delay(50);                          //GPG4=Low
    rGPGDAT|=(1<<4);                    //GPG4=High

    rLCDSRCPND=2;                       //清除 LCD 帧同步中断源登记位
    rLCDINTPND=2;                       //清除 LCD 帧同步中断登记位
    rLCDINTMSK&=(~(2));                 //不屏蔽 LCD 帧同步中断
    ClearPending(BIT_LCD);             //清除 INT_LCD 中断登记位(源、中断)
}


void __irq Lcd_Int_Fifo(void)           //LCD FIFO 中断初始化
{
    rLCDINTMSK|=3;                       //屏蔽 LCD 帧同步中断、FIFO 中断

    if((lcd_count%20)==0) Uart_Printf("\n");
```

```
Uart_Printf(".");
lcd_count++;

rLCDSRCPND=1;                        //清除 LCD FIFO 中断源登记位
rLCDINTPND=1;                        //清除 LCD FIFO 中断登记位
rLCDINTMSK&=(~(1));                  //不屏蔽 LCD FIFO 中断
ClearPending(BIT_LCD);               //清除 INT_LCD 中断登记位(源、中断)
}
```

10.7 本章小结

本章讲述了 LCD 控制器概述,包括液晶显示基础知识,S3C2410A LCD 控制器概述及特点,外部接口信号,控制器组成;LCD 控制器操作(分为 STN 和 TFT 两部分),包括定时产生器,视频操作,抖动与 FRC,显示类型,存储器数据格式等;虚拟显示与 LCD 电源允许(STN/TFT);LCD 控制器特殊功能寄存器与设置举例;LCD 控制器初始化程序举例(STN)。

对 STN LCD,重点要掌握 LCD 控制器显示不同灰度级、显示不同红、绿、蓝级基本方法;掌握调色板使用方法;掌握帧比率控制方法。对于 TFT LCD,要了解存储器数据格式和 256 色调色板使用。

通过本章的学习,应该掌握 LCD 控制器组成;虚拟显示基本原理;清楚 LCD 控制器外部接口信号的含义。

10.8 习 题

(1) 简述支持 STN LCD 的 LCD 控制器外部接口信号的含义。

(2) 简述支持 TFT LCD 的 LCD 控制器外部接口信号的含义。

(3) 简述 LCD 控制器组成及数据流描述。

(4) 简述查找表在灰度显示模式及彩色显示模式的用法(STN)。

(5) 简述 LCD 控制器如何支持 STN 面板显示不同灰度级的主要原理。

(6) 简述 LCD 控制器如何支持 STN 面板显示红、绿、蓝的不同色级的主要原理。

(7) 对 STN LCD,灰度级为 8(在 16 级灰度中),那么原理上在 16 帧为一个显示周期时,应该有几帧显示,几帧不显示?

(8) 对 STN LCD,灰度级为 9(在 16 级灰度中),占空比(帧显示的比率)应该为多少?

(9) 简述 STN LCD 彩色显示时,1 个像素需要几位 VD 数据表示。对 1 个像素中红、绿、蓝 3 个子像素每种颜色的不同色级,LCD 控制器是如何处理并经由 VD 控制的?(提示:对红、绿、蓝 3 个子像素每种颜色的色级控制,原理上与对灰度不同级的控制一样)

(10) 简述单扫描和双扫描的区别。

(11) 简述 4 位单扫描、4 位双扫描、8 位单扫描中，4 位和 8 位的含义分别是什么。

(12) 对 TFT LCD，在 24BPP 显示模式，视频数据区的 24 位数据送到 LCD 控制器后，LCD 控制器对 24 位数据是处理呢还是不处理？是直接经由 VD[23:0]送到 LCD 驱动器吗？

(13) 简述 TFT 5∶6∶5 格式与 5∶5∶5∶1 格式的不同。

(14) 简述 TFT 24BPP、16BPP、8BPP 三种显示模式中，哪一种使用 256 色调色板。经过调色板调色后的颜色数据用几位二进制数表示。

(15) 在虚拟显示模式，解释以下参数含义：

LCDBASEU、LCDBASEL、PAGEWIDTH、OFFSIZE、LINEVAL

(16) 解释以下术语含义：

bit per pixel(位/像素)、view port(视口)、frame buffer(帧缓冲区)、

video buffer(视频缓冲区)、dual scan(双扫描)、single scan(单扫描)、

lookup table(查找表)、palette(调色板)、frame rate control(帧比率控制)、

dithering algorithm(抖动算法)、duty cycle(占空比)。

第 11 章

ADC 与触摸屏接口

本章主要内容如下:

(1) ADC 基础知识,四线电阻式触摸屏接口基础知识;

(2) S3C2410A ADC 与触摸屏接口概述,主要特点,引脚信号;

(3) ADC 与触摸屏接口操作,包括功能框图、应用举例、功能描述;

(4) ADC 与触摸屏接口特殊功能寄存器;

(5) ADC 程序举例,ADC 与触摸屏接口程序举例。

11.1 ADC 与触摸屏接口基础知识

模数转换器(Analog to Digital Converter,ADC)也称 A/D 转换器。ADC 把输入的模拟量,转换成对应的二进制数。触摸屏(Touch Screen,TS)接口对触摸屏进行控制;对电阻式触摸屏面板,将触点 X/Y 位置模拟信号转换成相应的二进制数。

11.1.1 ADC 基础知识

A/D 转换器电路,有的做成一个单独的芯片,也有的集成在微处理器芯片内部。高档单片机、嵌入式微处理器通常将 ADC 电路集成在芯片内部。

A/D 转换器模拟输入信号通常是直流电压信号,信号电压有 0～5V 的,也有 0～3.3V 的。通常有多路模拟输入信号,如 8 路,连接到一个 A/D 转换器的 8 个引脚。A/D 转换器内部有一个模拟多路选择器,某一时刻只能将一路模拟输入信号,通过模拟多路选择器接通进行 A/D 转换,而其他路模拟输入信号被断开。多路模拟输入信号需要分时、分别进行转换。A/D 转换器内部模拟多路选择器,也称为通道选择电路或多路模拟开关。

采样、保持电路有的与 A/D 转换器集成在一起,有的是分开的。采样、保持电路的组成见图 11-1。

图 11-1 中,采样、保持电路的输入端连接模拟输入信号,在采样脉冲高电平控制下,状态控制开关闭合,对输入信号采样,电容电压随模拟输入信号改变。采样脉冲变为低电平后,状态控制开关断开,电容电压保持不变,A/D 转换器对电容电压进行转换。

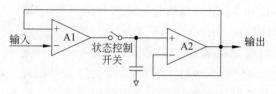

图 11-1　采样、保持电路的组成图

一次 A/D 转换结束，A/D 转换器停止转换操作，等待处理器读取数据。表示一次 A/D 转换结束，常用的一种方法是 ADC 转换结束发出中断请求，通知处理器读取转换数据；常用的另一种方法是在 ADC 内部设置一个转换结束标志位，一次 A/D 转换结束，将标志位置 1，处理器读取标志位，判断 A/D 转换是否结束，决定是否读取转换数据。

A/D 转换器开始新的一次转换有两种常用的方法，一种方法是指定 A/D 转换器中的某一控制位，设置为 1 表示开始新的一次转换操作；另一种方法是以每次读取 A/D 转换数据的操作，触发开始新的一次转换。

常用的 A/D 转换器有 8 位、10 位、12 位等，这里的位是指二进制数的位。

不同型号的 A/D 转换器，表示转换结果的二进制数，可能使用不同的编码，常用原码、反码、补码等表示转换结果。

11.1.2　四线电阻式触摸屏接口基础知识

1. 四线电阻式触摸屏组成及工作原理

图 11-2 为四线电阻式触摸屏截面图，以及在 X 电极对上施加确定的电压后，X 方向导电层不同位置电压示意图。

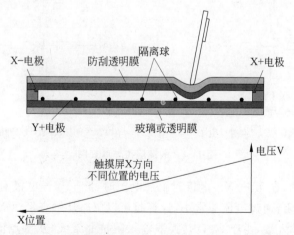

图 11-2　四线电阻式触摸屏截面图及 X 方向导电层不同位置电压示意图

图 11-2 中，触摸屏下层表面是玻璃或透明膜，上层表面为防刮透明膜。触摸屏内部上、下各有一层透明导电层，也称电阻层。触摸屏内部透明绝缘隔离球，将上、下两层透明导电层隔离开。上层导电层有弹性，受到按压动作后，会与下层导电层接触。每一导

电层连接两个电极，如图 11-2 中能看到的上层 X＋、X－和下层 Y＋电极，下层 Y－电极在截面图中无法看到。

单独在 X＋、X－电极之间施加一定电压，不在 Y＋、Y－电极上施加电压，那么在 X＋、X－电极之间的电阻使电流通过该层时，产生电势差，如图 11-2 中下半部分所示。

图 11-3 给出了上导电层 X＋、X－电极、下导电层 Y＋、Y－电极的位置。图 11-3(a)和图 11-3(b)分别表示，确定触点位置时，要先在 X＋、X－电极对施加电压，Y＋、Y－电极对不施加电压；然后在 Y＋、Y－电极对施加电压，X＋、X－电极对不施加电压。

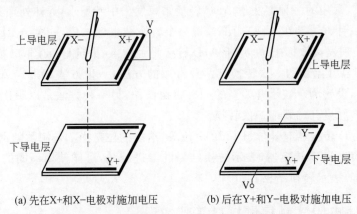

(a) 先在X+和X-电极对施加电压　　　　(b) 后在Y+和Y-电极对施加电压

图 11-3　电极位置及 X、Y 电极分别施加电压图

图 11-4 表示触针向下动作，触摸屏上、下导电层在触点处接触，各电极的引脚状态以及以电阻形式表示的触摸屏原理图。

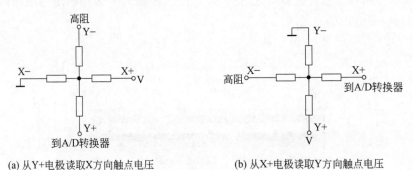

(a) 从Y+电极读取X方向触点电压　　　　(b) 从X+电极读取Y方向触点电压

图 11-4　触摸屏工作原理图

图 11-4(a)表示，在 X＋、X－电极对施加电压时，Y＋、Y－电极对不施加电压。Y－连接状态为对地高阻，通过电流非常小，计算时可以忽略从触点经由 Y－的电流。Y＋连接到 A/D 转换器输入端，由于 A/D 转换器输入阻抗非常大，从触点流到 A/D 转换器的电流非常小，计算时可以忽略。由 Y＋电极送到 A/D 转换器的电压，就是 X 方向触点处的电压。

同理，图 11-4(b)表示，在 Y＋、Y－电极对施加电压时，X－连接状态为对地高阻，X＋连接到 A/D 转换器输入端，X＋电极电压就是 Y 方向触点处的电压。

2. 四线电阻式触摸屏接口主要操作

接口主要操作包括有触摸动作时首先控制 X＋、X－电极对施加电压,Y＋电极与 A/D 转换器连接、Y－电极对地高阻,读 A/D 转换值;然后控制 Y＋、Y－电极对施加电压,X＋电极与 A/D 转换器连接,X－电极对地高阻,读 A/D 转换值;另外还有检测触摸动作,产生中断请求等操作。

11.2　S3C2410A ADC 与触摸屏接口概述

11.2.1　概述

S3C2410A 芯片内有一个带有 8 通道模拟输入的 10 位 ADC,是一种能够反复循环进行模数转换的设备。ADC 转换模拟输入信号成为 10 位二进制数代码,使用 2.5MHz A/D 转换器时钟时,最大转换速率为 500KSPS。A/D 转换器操作使用的采样和保持功能,由芯片内部提供。ADC 支持节电模式。

S3C2410A 支持触摸屏接口,接口由触摸屏面板,4 个外部晶体管,1 个外部电压源, AIN[7] 和 AIN[5] 组成,见图 11-6。

触摸屏接口能够控制和选择控制信号(nYPON、YMON、nXPON 和 XMON),模拟信号输入引脚 AIN[7]、AIN[5] 分别与触摸屏面板 XP、YP 引脚连接,同时与 X 位置转换晶体管、Y 位置转换晶体管连接。

触摸屏接口含有外部晶体管控制逻辑和带中断产生逻辑的 ADC 接口逻辑。

11.2.2　主要特点

S3C2410A 芯片内 ADC 与触摸屏主要特点。
- 分辨率为 10 位。
- 微分线性误差:±1.0LSB;积分线性误差:±2.0LSB。
- 最大转换速度为 500KSPS。
- 电源电压:3.3V;模拟输入电压:0～3.3V。
- 采样和保持功能在 S3C2410A 片内实现。
- 支持通常(Normal)转换模式。
- 支持分别的 X/Y 位置转换模式。
- 支持自动连续的 X/Y 位置转换模式。
- 支持等待外部中断模式。
- 低功耗。

11.2.3　ADC 与触摸屏接口用到的 S3C2410A 引脚信号

VDDA_ADC 引脚连接 3.3V,VSSA_ADC 引脚连接地线。

AIN[7:0]引脚分别连接 8 路模拟输入信号。

EINT[23:20]引脚分别输出 nYPON、YMON、nXPON 和 XMON 4 个控制信号,控制 X 方向电极对连接外部电压源及地线与否;控制 Y 方向电极对连接外部电压源及地线与否。

11.3 ADC 与触摸屏接口操作

11.3.1 功能框图

图 11-5 给出了 S3C2410A A/D 转换器与触摸屏接口的功能框图。

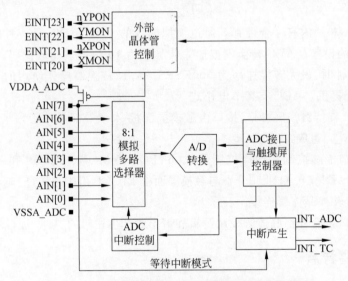

图 11-5 ADC 与触摸屏接口的功能框图(等待中断模式)

AIN[7]通过一个上拉电阻(由晶体管实现,也称上拉开关),与 VDDA_ADC 连接。

图 11-5 中,如果不使用触摸屏接口功能,全部模拟信号输入引脚 AIN[7:0]都可以作为一般模拟信号输入通道;如果使用触摸屏接口功能,AIN[7]和 AIN[5]用于对触摸屏模拟信号进行转换,其余引脚仍可以作为一般模拟信号输入通道。

11.3.2 触摸屏应用举例

本例中触摸屏面板 XP 引脚与 AIN[7]连接,YP 引脚与 AIN[5]连接。为了控制触摸屏面板 XP、XM、YP 和 YM 引脚,S3C2410A 芯片外使用了 4 个外部晶体管,控制信号 nYPON、YMON、nXPON 和 XMON 与这 4 个晶体管连接,见图 11-6。

图 11-6 中,外部电压源应该为 3.3V;外部晶体管的内阻应该在 5Ω 以下。

如果使用触摸屏,建议用以下步骤进行操作:

(1) 用外部晶体管连接到触摸屏面板的引脚及 S3C2410A 引脚,见图 11-6;

(2) 选择使用分别 X/Y 位置转换模式或自动连续 X/Y 位置转换模式去获得 X/Y

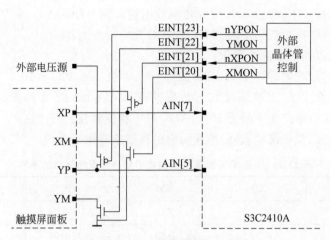

图 11-6　ADC 与触摸屏接口举例

位置；

（3）设置触摸屏接口为等待中断模式；

（4）如果中断出现,分别 X/Y 位置转换模式或自动连续 X/Y 位置转换模式中的一种模式被激活；

（5）得到 X/Y 位置相应的值以后,返回到等待中断模式。

11.3.3　功能描述

1. A/D 转换时间

当 PCLK 频率是 50MHz,并且可以在 ADCCON 寄存器中设置的预分频值为 49,那么全部 10 位转换时间是：

$$A/D \text{ 转换时钟频率} = 50\text{MHz}/(49+1) = 1\text{MHz}$$

$$\text{转换时间} = 1/(1\text{MHz}/5\text{cycles}) = 1/200\text{kHz} = 5\mu s$$

A/D 转换器被设计成能够在最大 2.5MHz 时钟下操作,因此转换速率最高为 500KSPS。

2. 触摸屏接口模式

1）通常（Normal）转换模式

当设置 ADCTSC 寄存器中 AUTO_PST=0,并且 XY_PST=00 时,ADC 被设置为通常 ADC 转换模式。这种模式通过设置 ADCCON 和 ADCTSC 寄存器进行初始化,读 ADCDAT0 寄存器 XPDATA 域的值,结束一次转换。

2）分别 X/Y 位置转换模式

分别 X/Y 位置转换模式由两种转换模式组成,X 位置测量模式和 Y 位置测量模式。

第一种模式以如下方法被操作：

当设置 ADCTSC 寄存器中 AUTO_PST=0,并且 XY_PST=01 时,表示 X 位置测

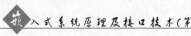

量模式。在这种模式下,触摸屏 X 位置转换数据被写到 ADCDAT0 寄存器的 XPDATA 域。转换后,触摸屏接口产生中断源 INT_ADC 到中断控制器。

第二种模式以如下方法被操作:

当设置 ADCTSC 寄存器中 AUTO_PST=0,并且 XY_PST=10 时,表示 Y 位置测量模式。在这种模式下,触摸屏 Y 位置数据被写到 ADCDAT1 寄存器的 YPDATA 域。转换后,触摸屏接口也产生中断源 INT_ADC 到中断控制器。

在分别 X/Y 位置转换模式,触摸屏面板引脚的条件见表 11-1。

表 11-1　分别 X/Y 位置转换模式下触摸屏面板引脚的条件

	XP	**XM**	**YP**	**YM**
X 位置转换	外部电压	GND	AIN[5]	高阻
Y 位置转换	AIN[7]	高阻	外部电压	GND

3) 自动连续 X/Y 位置转换模式

当 ADCTSC 寄存器中 AUTO_PST=1,并且 XY_PST=00 时,设置为自动连续 X/Y 位置转换模式,以如下方法被操作:

触摸屏控制器自动转换 X 位置和 Y 位置。触摸屏控制器写 X 测量数据到 ADCDAT0 寄存器的 XPDATA 域,写 Y 测量数据到 ADCDAT1 寄存器的 YPDATA 域。自动连续位置转换以后,触摸屏控制器产生中断源 INT_ADC 到中断控制器。

自动连续 X/Y 位置转换模式下触摸屏面板引脚的条件见表 11-2。

表 11-2　自动连续 X/Y 位置转换模式下触摸屏面板引脚的条件

	XP	**XM**	**YP**	**YM**
X 位置转换	外部电压	GND	AIN[5]	高阻
Y 位置转换	AIN[7]	高阻	外部电压	GND

4) 等待中断模式

当设置 ADCTSC 寄存器中 AUTO_PST=0,并且 XY_PST=11 时,触摸屏控制器处于等待中断模式,它等待触针向下动作出现。当触摸屏面板触针向下动作出现,触摸屏控制器产生中断 INT_TC 信号。中断发生后,可设置为分别 X/Y 位置转换模式或自动连续 X/Y 位置转换模式,读入 X 和 Y 位置的对应值。

等待中断模式下触摸屏面板引脚的条件见表 11-3。

表 11-3　等待中断模式下触摸屏面板引脚的条件

	XP	**XM**	**YP**	**YM**
等待中断模式	上拉	高阻	AIN[5]	GND

3. 备用(Standby)模式

当 ADCCON 寄存器中 STDBM 位被设置为 1 时,备用模式被激活。在备用模式,

A/D 转换操作被停止,ADCDAT0 寄存器的 XPDATA 域和 ADCDAT1 寄存器的 YPDATA 域的值,是前一次转换的数值。

4. 编程注意

(1) 可以用中断或查询(polling)方法,读取 A/D 转换数据。使用中断方法,全部转换时间,即从 A/D 转换开始到读转换数据,可能会有一定的延时,这是由中断服务例程的返回时间和数据访问时间决定的。使用查询方法,可以检查寄存器的 ADCCON[15]位,这一位是转换结束标志位,由此确定读 ADCDAT 寄存器的时间。

(2) 当一次 A/D 转换完成,A/D 转换器停止操作,等待转换后的数据被读取。A/D 转换器能够以不同的方法被激活,如将寄存器 ADCCON[1]位设置为 1,表示由读 A/D 转换数据的操作,激活 A/D 转换器开始新的一次转换操作。当然,也可以通过设置寄存器 ADCCON[0]位为 1,激活 A/D 转换器开始新的一次转换操作。

11.4　ADC 与触摸屏接口特殊功能寄存器

1. ADC 控制寄存器

ADC 控制寄存器,即 ADCCON,地址为 0x58000000,可读写,Reset 值为 0x3FC4,含义见表 11-4。

表 11-4　ADC 控制寄存器含义

ADCCON	位	描　　述	初态
ECFLG	[15]	转换结束标志(只读) 0＝A/D 转换正在进行　　1＝A/D 转换结束	0
PRSCEN	[14]	A/D 转换器预分频允许　0＝禁止　1＝允许	0
PRSCVL	[13:6]	A/D 转换器预分频值　　数值:1～255 注意:当预分频值是 N 时,分频因子为(N+1) 另外,ADC 频率应该被设置为小于 PCLK 频率的 1/5 例如,PCLK＝10MHz,ADC 频率应该小于 2MHz	0xFF
SEL_MUX	[5:3]	模拟输入通道选择 000＝AIN 0　001＝AIN 1　010＝AIN 2　011＝AIN 3 100＝AIN 4　101＝AIN 5　110＝AIN 6　111＝AIN 7(XP)	000
STDBM	[2]	备用模式选择: 0＝通常(Normal)操作模式　1＝备用(Standby)模式	1
READ_START	[1]	由读开始下一次 A/D 转换 0＝禁止由读操作开始下一次转换 1＝允许由读操作开始下一次转换	0
ENABLE_START	[0]	通过设置这一位开始 A/D 转换 如果 READ_START 被允许,这一位值不起作用 0＝不操作　1＝A/D 转换开始,之后这一位自动被清除	0

2. ADC 触摸屏控制寄存器

ADC 触摸屏控制寄存器,即 ADCTSC,地址为 0x58000004,可读写,Reset 值为 0x058,含义见表 11-5。

表 11-5　ADC 触摸屏控制寄存器含义

ADCTSC	位	描　　述	初态
保留	[8]	这一位应该为 0	0
YM_SEN	[7]	选择 YMON 输出值 0＝YMON 输出是 0(YM＝高阻) 1＝YMON 输出是 1(YM＝GND)	0
YP_SEN	[6]	选择 nYPON 输出值 0＝nYPON 输出是 0(YP＝外部电压) 1＝nYPON 输出是 1(YP 与 AIN[5]连接)	1
XM_SEN	[5]	选择 XMON 输出值 0＝XMON 输出是 0(XM＝高阻)　1＝XMON 输出是 1(XM＝GND)	0
XP_SEN	[4]	选择 nXPON 输出值 0＝nXPON 输出是 0(XP＝外部电压) 1＝nXPON 输出是 1(XP 与 AIN[7]连接)	1
PULL_UP	[3]	上拉开关允许　　　　　0＝XP 上拉允许　　　　1＝XP 上拉禁止	1
AUTO_PST	[2]	X/Y 位置自动连续转换 0＝通常 ADC 转换　　　1＝自动连续 X/Y 位置转换模式	0
XY_PST	[1:0]	手动测量 X 位置或 Y 位置:　　　　　　　00＝不操作模式 01＝X 位置测量　　　10＝Y 位置测量　　11＝等待中断模式	00

注: 在自动连续 X/Y 位置转换模式,ADCTSC 寄存器应该在读操作前被配置。

3. ADC 开始或区间延时寄存器

ADC 开始或区间延时寄存器,即 ADCDLY,地址为 0x58000008,可读写,Reset 值为 0x00FF,含义见表 11-6。

表 11-6　ADC 开始或区间延时寄存器含义

ADCDLY	位	描　　述	初　态
DELAY	[15:0]	在通常转换模式、分别 X/Y 位置转换模式、自动连续 X/Y 位置转换模式,DELAY 值是得到 X/Y 位置的转换延迟值 在等待中断模式,当触针向下动作出现时,由 DELAY 值产生几毫秒区间的中断信号(INT_TC),之后可以进行自动连续 X/Y 位置转换 注:值不能为 0(0x0000)	0x00FF

注: (1) ADC 转换前,触摸屏使用 X_tal 时钟或 EXTCLK(等待中断模式),从触针向下动作到开始转换的时长＝
　　　DELAY×(1/X_tal)或 DELAY×(1/EXTCLK)。
　　(2) 在 ADC 转换中,使用 PCLK。
　　　X 转换时长＝DELAY×(1/PCLK)　　　Y 转换时长＝DELAY×(1/PCLK)

4．ADC 转换数据寄存器 0

ADC 转换数据寄存器 0，即 ADCDAT0，地址为 0x5800000C，只读，Reset 值不确定，含义见表 11-7。

表 11-7　ADC 转换数据寄存器 0 含义

ADCDAT0	位	描　　述	初态
UPDOWN	[15]	在等待中断模式，触针抬起或向下状态 0＝触针向下状态　　1＝触针抬起状态	—
AUTO_PST	[14]	自动连续 X 位置和 Y 位置转换 0＝通常 ADC 转换　　1＝连续 X 位置、Y 位置测量	—
XY_PST	[13:12]	手动 X 位置或 Y 位置测量　　　　　　00＝不操作模式 01＝X 位置测量　　10＝Y 位置测量　　11＝等待中断模式	—
保留	[11:10]	保留	
XPDATA （通常 ADC）	[9:0]	X 位置转换值（包含通常 ADC 转换值） 数值：0～3FF	—

5．ADC 转换数据寄存器 1

ADC 转换数据寄存器 1，即 ADCDAT1，地址为 0x58000010，只读，Reset 值不确定，含义见表 11-8。

表 11-8　ADC 转换数据寄存器 1 含义

ADCDAT1	位	描　　述	初　态
UPDOWN	[15]	在等待中断模式，触针抬起或向下状态 0＝触针向下状态　　1＝触针抬起状态	—
AUTO_PST	[14]	自动连续 X 位置和 Y 位置转换 0＝通常 ADC 转换　　1＝连续 X 位置、Y 位置测量	—
XY_PST	[13:12]	手动 X 位置或 Y 位置测量　　　　　　00＝不操作模式 01＝X 位置测量　　10＝Y 位置测量　　11＝等待中断模式	—
保留	[11:10]	保留	
YPDATA	[9:0]	Y 位置转换值。数值：0～3FF	—

11.5　ADC 与触摸屏接口程序举例

11.5.1　ADC 程序举例

【例 11.1】 以下程序片段读 ADC AIN[0]～AIN[7]通道模拟输入信号，转换后显示。

```
#define REQCNT 100
```

```c
#define ADC_FREQ 1250000
#define LOOP 10000

int ReadAdc(int ch);                                    //返回类型为 INT
volatile U32 preScaler;
 ⋮
//------------------------------------------------------------
void Test_Adc(void)
{
    int i,key;
    int a0=0,a1=0,a2=0,a3=0,a4=0,a5=0,a6=0,a7=0;

    Uart_Printf("[ ADC_IN Test ]\n");

    preScaler=ADC_FREQ;
    Uart_Printf("ADC conv. freq.=%dHz\n",preScaler);
    preScaler=PCLK/ADC_FREQ-1;                          //PCLK:50.7MHz
    //ADC conversion time=5CYCLES * (1/(ADC Freq.))
    //ADC Freq.=PCLK/(ADCPSR+1)

    Uart_Printf("PCLK/ADC_FREQ-1=%d\n",preScaler);

    a0=ReadAdc(0);
    a1=ReadAdc(1);
    a2=ReadAdc(2);
    a3=ReadAdc(3);
    a4=ReadAdc(4);
    a5=ReadAdc(5);
    a6=ReadAdc(6);
    a7=ReadAdc(7);

    Uart_Printf("AIN0: %04d AIN1: %04d AIN2: %04d AIN3: %04d \
    AIN4: %04d AIN5: %04d AIN6: %04d AIN7: %04dn", a0,a1,a2,a3,a4,a5,a6,a7);
     rADCCON= (0<<14)|(19<<6)|(7<<3)|(1<<2);        //备用模式,减少功耗
     Uart_Printf("\nrADCCON=0x%x\n", rADCCON);
}
//------------------------------------------------------------
int ReadAdc(int ch)                                    //读指定通道的 A/D 转换值
{
    int i;
    static int prevCh=-1;

    rADCCON= (1<<14)|(preScaler<<6)|(ch<<3);
    //A/D转换器预分频允许,预分频值,选择通道
```

```
    if(prevCh!=ch)                          //如果本次通道号 ch 与先前通道号 prevCh 不等
    {
    rADCCON= (1<<14)|(preScaler<<6)|(ch<<3);     //选择本次通道号
    for(i=0;i<LOOP;i++);                    //延时,建立新的通道
    prevCh=ch;
    }
    rADCCON|=0x1;                           //开始 ADC

    while(rADCCON & 0x1);                   //检测 ENABLE_START 位是否自动被清 0
    while(!(rADCCON & 0x8000));             //检测 A/D 转换结束 ECFLG 标志位

    return ( (int)rADCDAT0 & 0x3ff );  //返回 A/D 转换值
}
//-------------------------------------------------------
```

11.5.2　ADC 与触摸屏接口程序举例

【**例 11.2**】　以下程序片段将 ADC 与触摸屏接口设置为等待中断模式,进入中断服务程序后,按分别 X/Y 转换模式读 X 位置值、Y 位置值,显示。程序从 void Ts_Sep(void)处开始阅读。

```
#define LOOP 1
#define ADCPRS 39
  ⋮
//-------------------------------------------------------
void __irq Adc_or_TsSep(void)                  //中断服务程序
{
    int i;
    U32 Pt[6];
    rINTSUBMSK|= (BIT_SUB_ADC|BIT_SUB_TC);     //屏蔽子中断 INT_ADC、INT_TC

    //触摸屏中断处理
    if(rADCTSC&0x100)
    {
    Uart_Printf("\nStylus Up!!\n");            //输出:抬起触摸屏触针
    rADCTSC&=0xff              //ADCTSC[8]设置为 0,再次进入中断,以触针按下动作处理
    }
    else
    {
    Uart_Printf("\nStylus Down!!\n");          //输出:触针按下

    //读 X 位置
     //0,YM:高阻,YP:AIN[5],XM:GND,XP:外部电压
```

```
                      //XP上拉禁止,通常 ADC 转换,X 位置测量
                      rADCTSC= (0<<8)|(0<<7)|(1<<6)|(1<<5)|(0<<4)|(1<<3)|(0<<2)|(1);
                      for(i=0;i<LOOP;i++);                //延时
                      for(i=0;i<5;i++)                    //循环读 5 次 X 位置值
                          {
                          rADCCON|=0x1;                   //开始 X 位置转换
                          while(rADCCON & 0x1);           //检测 ENABLE_START 位是否被自动清除
                          while(!(0x8000&rADCCON));       //检测 A/D 转换结束位 ECFLG
                          Pt[i]=(0x3ff&rADCDAT0);         //读 X 位置值并保存
                          }
                      Pt[5]=(Pt[0]+Pt[1]+Pt[2]+Pt[3]+Pt[4])/5;       //求均值
                      Uart_Printf("X-Posion[AIN5] is %04d\n", Pt[5]);      //输出: X 位置值


                      //读 Y 位置
                       //0,YM: GND,YP: 外部电压,XM: 高阻,XP: AIN[7]
                       //XP上拉禁止,通常 ADC 转换,Y 位置测量
                      rADCTSC= (0<<8)|(1<<7)|(0<<6)|(0<<5)|(1<<4)|(1<<3)|(0<<2)|(2);
                      for(i=0;i<LOOP;i++);                //延时
                      for(i=0;i<5;i++)
                          {
                          rADCCON|=0x1;                   //开始 Y 位置转换
                          while(rADCCON & 0x1);           //检测 ENABLE_START 位是否被自动清除
                          while(!(0x8000&rADCCON));       //检测 A/D 转换结束位 ECFLG
                          Pt[i]=(0x3ff&rADCDAT1);         //读 Y 位置值并保存
                          }
                      Pt[5]=(Pt[0]+Pt[1]+Pt[2]+Pt[3]+Pt[4])/5;       //求均值
                      Uart_Printf("Y-Posion[AIN7] is%04d\n", Pt[5]);      //输出: Y 位置值
                       //1 表示再进入中断提示输出触针抬起,YM: GND,YP: AIN[5],
                       //XM: 高阻,XP: AIN[7],XP上拉禁止,通常 ADC 转换,等待中断模式
                      rADCTSC= (1<<8)|(1<<7)|(1<<6)|(0<<5)|(1<<4)|(0<<3)|(0<<2)|(3);
                      }

                      rSUBSRCPND|=BIT_SUB_TC;             //清除 INT_TC 子源中断登记位
                      rINTSUBMSK &=~(BIT_SUB_TC);         //不屏蔽子中断 INT_TC
                      ClearPending(BIT_ADC);              //清除中断登记位,外部函数
}
//--------------------------------------------------------
void Ts_Sep(void)                                        //分别 X/Y 位置转换测试程序
{
     Uart_Printf("[Touch Screen Test.]\n");              //输出: 触摸屏测试
     Uart_Printf("Separate X/Y position conversion mode test\n");
     //输出: 分别 X/Y 位置转换模式

     rADCDLY= (50000);                                   //ADC 开始或区间延时
```

```
//预分频允许,ADCPRS 为预分频值,AIN[0]无关,通常操作模式
//禁止由读操作开始下一次转换,无操作
rADCCON= (1<<14)|(ADCPRS<<6)|(0<<3)|(0<<2)|(0<<1)|(0);
//0 表示触针按下,YM: GND,YP: AIN[5],XM: 高阻,XP: AIN[7],
//XP 上拉允许,通常 ADC 转换,等待中断模式
rADCTSC= (0<<8)|(1<<7)|(1<<6)|(0<<5)|(1<<4)|(0<<3)|(0<<2)|(3);

pISR_ADC= (unsigned)Adc_or_TsSep;          //设置中断程序入口地址
rINTMSK &=~ (BIT_ADC);                      //中断屏蔽寄存器中,不屏蔽 INT_ADC
rINTSUBMSK &=~ (BIT_SUB_TC);               //不屏蔽子中断 INT_TC(触摸屏)

Uart_Printf("\nType any key to exit!!!\n");   //输出:按任意键退出测试
Uart_Printf("\nStylus Down, please......\n");  //输出:请按下触摸屏触针

Uart_Getch();          //等待键盘输入,等待期间可以按下触摸屏触针,进入中断处理程序

rINTSUBMSK|=BIT_SUB_TC;                     //屏蔽子中断 INT_TC
rINTMSK|=BIT_ADC;                          //中断屏蔽寄存器中,屏蔽 INT_ADC
Uart_Printf("[Touch Screen Test.]\n");     //退出测试
}
//-------------------------------------------------------
```

11.6　本章小结

本章讲述了 ADC 基础知识,四线电阻式触摸屏接口基础知识;S3C2410A 芯片内 ADC 与触摸屏接口概述,主要特点,引脚信号;ADC 与触摸屏接口操作,包括功能框图,应用举例,功能描述;特殊功能寄存器;程序举例。要求掌握 A/D 转换编程方法;掌握 ADC 与触摸屏接口控制方法,能够编程读取触摸屏 X/Y 位置数据并显示。

11.7　习　　题

(1) 设某 ADC 模拟输入电压为 $0\sim3.3$V,转换结果为 10 位二进制数原码。当输入电压为 0V 时,输出为 0000000000b;当输入电压为 3.3V 时,输出为 1111111111b,那么输入电压为 1.1V、1.65V 和 2.2V 时,输出二进制数值分别是多少?

(2) S3C2410A ADC 与触摸屏接口仅作为 ADC 使用时,可以使用多少路模拟输入通道? 输入电压范围多大? 能够转换成多少位二进制数? 采样和保持电路在 S3C2410A 片内还是片外?

(3) 如何指定 S3C2410A ADC 模拟信号输入通道? 如何通知 A/D 转换器开始(启动)新的一次转换? 微处理器如何获取一次转换结束的信息?

(4) 简述四线电阻式触摸屏接口基本工作原理,包括如何在 X 方向电极对施加电压、从 Y 方向电极获取触点电压值;如何在 Y 方向电极对施加电压、从 X 方向电极获取触点电压值。

(5) 简述分别 X/Y 位置转换模式与自动连续 X/Y 位置转换模式的区别,并说明在这两种模式下,触摸屏面板 XP、XM、YP 和 YM 引脚分别连接哪些信号或处于什么状态。

(6) 备用模式与等待中断模式有哪些区别?

第 12 章

MMC/SD/SDIO 主控制器

本章主要内容如下:

(1) MMC/SD/SDIO 卡概述、主控制器组成、总线协议、卡初始化及数据传输;

(2) S3C2410A MMC/SD/SDIO 主控制器概述、组成与操作、SDI 特殊功能寄存器;

(3) 命令填充与命令发送、主控制器及卡初始化、卡写入数据程序举例。

12.1 MMC/SD/SDIO 基础知识

12.1.1 MMC/SD/SDIO 卡概述

1. MMC/SD/SDIO 卡简介

(1) MMC 卡

MMC 卡(Multimedia Card)称为多媒体卡。1997 年由西门子公司和 SanDisk 公司共同推出,卡内有控制器和存储器,存储器技术基于东芝的 Nand Flash 技术。卡的尺寸为 24mm×32mm×1.4mm,卡的工作电压为 2.7~3.6V,卡上有 7 个引脚。MMC 卡可以插入 SD 卡座。

MMC 卡不支持卡上加密技术。

MMC 卡支持两种工作模式:MMC 和 SPI 模式。MMC 模式是默认模式,SPI 模式是可选的第二种模式。

近年来 MMC 卡的市场份额逐年下降,而 SD 卡市场份额逐年上升。

(2) SD 卡

SD 卡(Secure Digital Memory Card)称为安全数字存储卡。1999 年由松下公司、东芝公司和 SanDisk 公司共同推出,2000 年成立了 SD 协会(Secure Digital Association, SDA),IBM、Microsoft、Motorola、NEC、Samsung 等大量厂商参加。SD 卡已成为目前消费数码产品中应用最广泛的一种存储卡。SD 卡主要用于数码相机、摄录机、PDA、手机及多媒体播放器。

SD 卡的技术是基于 MMC 卡发展而来,卡内存储器使用 Nand Flash 技术。SD 卡包含一个内容保护机制,符合 SDMI(Secure Digital Music Initiative,安全数字音乐促进)标准。SD 卡的安全系统采用双向认证和"新密码算法"来防止卡的内容被非法使用。

SD 卡也支持对用户自己的数据进行非安全访问。

SD 卡还支持基于常用标准的第二安全系统,如 ISO-7816,这样就可以将 SD 卡连接到公共网络和其他系统,用于支持移动电子商务和数字签名的应用。

SDA 已发布的 SD 规范版本有 Ver1.0、Ver2.0、Ver3.0 和 2013 年的 Ver4.1 等。Ver2.0 中规定了卡的存储容量(标准)为最高 2GB,高容量 SD 卡最高为 32GB;接口速度在 4 位数据线模式为 25MB/s。目前 SD 卡最高容量为 2TB,接口速度最高为 300MB/s。

标准 SD 卡的尺寸为 24mm×32mm×2.1mm,卡的工作电压为 2.7~3.6V,卡上有 9 个引脚,支持 SPI/1 位/4 位数据总线模式,卡上有写保护开关。

(3) SDIO 卡

SDIO 卡(Secure Digital Input Output Card)称为安全数字 I/O 卡,也称 SDIO 设备。SDIO 卡有自己单独的规范,可以从 SDA 得到。SDIO 卡可以包含存储功能,以及 I/O 功能。SDIO 卡的存储部分应该完全兼容 SD 卡规范。SDIO 卡基于并兼容 SD 卡,这种兼容包括机械、电气、电源、信号和软件。SDIO 卡的意图是为移动电子设备在低功耗下提供高速数据读写。SDIO 卡是使用 SD 卡的插座引脚来连接外部设备的,典型的应用有 Wi-Fi Card(无线网卡)、CMOS Sensor Card(CMOS 相机传感器卡)、GPS Card(GPS 接收卡)、Bluetooth Card(蓝牙卡)等。SDIO 支持 SPI/1 位/4 位数据总线模式,工作电压、卡的尺寸、引脚与 SD 卡兼容。

由于 MMC 卡、SDIO 卡均与 SD 卡兼容,以下主要以 SD 卡为例描述。

2. MMC/SD/SDIO 卡引脚信号含义

MMC/SD/SDIO 卡需要插到一个卡座(插槽)中,通过总线与 MMC/SD/SDIO 主控制器(host controller)连接。主控制器的另一端通常与微控制器(MCU)连接,受其控制。如 S3C2410A 芯片内部集成了 MMC/SD/SDIO 主控制器,受 ARM920T 控制,芯片外部只需将相应的引脚通过总线与卡座引脚连接即可使用。

MMC/SD/SDIO 卡支持两种总线模式:SPI(Series Peripheral Interface,串行外设接口)总线模式和 SD 总线模式。SPI 总线模式只支持一条数据线传输数据,数据传输速率没有 SD 总线模式所支持的 4 条数据线传输的速率快。两种总线模式下卡的引脚信号的定义不同、卡座引脚与主控制器的连线方式也不同。

图 12-1 是卡的引脚排列,表 12-1 是 SD 总线模式下 MMC/SD 卡引脚信号的含义,表 12-2 是 SPI 总线模式下 MMC/SD 卡引脚信号的含义。另外,SDIO 卡与 SD 卡引脚信号含义相同。

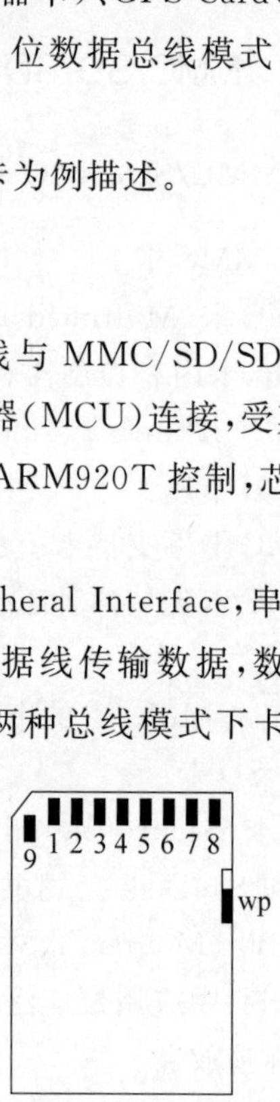

图 12-1 中 wp 为写保护开关,卡的尺寸为24×32mm。

图 12-1 MMC/SD 卡的引脚排列

表 12-1　MMC/SD 卡引脚信号的含义（SD 总线模式）

引脚编号	MMC 卡	SD 卡	
		1 位数据线模式	4 位数据线模式
1	保留	未使用	CD/DAT3（卡检测/数据线）
2	CMD（命令/应答）		
3	VSS1（地）		
4	VDD（电源）		
5	CLK（时钟）		
6	VSS2（地）		
7	DAT0（数据线）		
8	没有该引脚	IRQ（中断）	DAT1（数据线/中断）
9	没有该引脚	RW（读等待）	DAT2/RW（数据线/读等待）

从表 12-1 可以看出，MMC 卡未使用 1 号引脚，没有 8、9 号引脚，MMC 卡只使用一条数据线 DAT0。SD 卡比 MMC 卡多了 8、9 号两个引脚。SD 卡分为 1 位数据线模式和 4 位数据线模式。1 位模式只使用一条数据线 DAT0，称为标准总线模式；4 位模式使用 4 条数据线 DAT3～DAT0，称为宽总线模式。数据线可以双向传输数据。

上电初始化时，如果 1 号引脚连接上拉电阻，初始化时该引脚检测到高电平，卡就支持 SD 总线模式；如果 1 号引脚初始化时检测到低电平卡就支持 SPI 总线模式。

SD 卡上电后默认使用标准总线模式，可以设置为宽总线模式。

2 号引脚传输从主控制器到卡的命令，并且传输从卡返回到主控制器的应答，双向传输。

5 号引脚接收从主控制器送来的时钟信号，频率在主控制器内部可调。对 MMC 卡，最大时钟频率为 20MHz；对 SD 卡，最大时钟频率为 25MHz。

8 号引脚和 9 号引脚，除了可以传输数据外，在 SDIO 模式下可以被作为中断及读等待引脚使用。

3、4、6 号引脚分别作为电源或地，一般可以接 3.3V 和地，也有支持 1.8V 等电压的卡。

SPI 总线模式 2 号引脚是卡的数据输入引脚，7 号引脚是卡的数据输出引脚。1 号引脚应该在初始化时接低电平用作片选信号，卡才能够以 SPI 总线模式操作。由于 SPI 总线模式数据传输速度较慢，下文以速度较快的 SD 总线模式讲述。

3. MMC/SD 卡座与主控制器的连接

图 12-2 为 SD 总线模式，MMC/SD 卡座与 S3C2410A 的 MMC/SD/SDIO 主控制器引脚连接举例图。

表 12-2　MMC/SD 卡引脚信号的含义(SPI 总线模式)

引脚编号	信号名	描　　述	
		MMC 卡	SD 卡
1	CS	片选,低电平有效	
2	DI	数据输入,与 SPI 总线 MOSI(主出从入)连接	
3	VSS1	地	
4	VDD	电源	
5	SCLK	时钟	
6	VSS2	地	
7	DO	数据输出,与 SPI 总线 MISO(主入从出)连接	
8		没有该引脚	接下拉电阻
9		没有该引脚	接下拉电阻

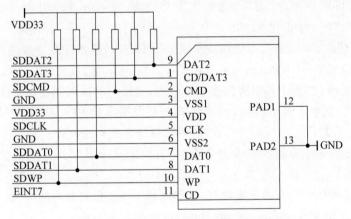

图 12-2　MMC/SD 卡座与主控制器连接图

图 12-2 中卡座的引脚 DAT3～DAT0 与 S3C2410A 主控制器引脚 SDDAT3～SDDAT0 连接,同时连接 10kΩ 上拉电阻;卡座的 CMD 与主控制器的 SDCMD 连接,同时连接 10kΩ 上拉电阻。由于卡座的 CD/DAT3 引脚连接上拉电阻,卡插入卡座后,初始化时卡被设置为 SD 总线模式。

图 12-2 中卡座 11 号引脚 CD 电位的变化,用于表示卡插入卡座或从卡座拔出。CD 引脚连接到 S3C2410A 的 EINT7 引脚,EINT7 在 S3C2410A 内部设置上拉电阻,当卡座中未插入卡时,CD 为高电平;当卡座插入卡时,卡座内部使 CD 变为低电平,产生中断请求。当从卡座中拔出卡时,CD 又恢复为高电平。同样,图 12-2 中卡座 10 号引脚 WP 电位的变化,用于表示卡的写保护状态,该引脚连接到 S3C2410A 的 GPIO 中的某个引脚即可。

12.1.2　MMC/SD/SDIO 主控制器组成

图 12-3 为 MMC/SD/SDIO 主控制器组成框图,该主控制器被集成到 S3C2410A 芯片内部。

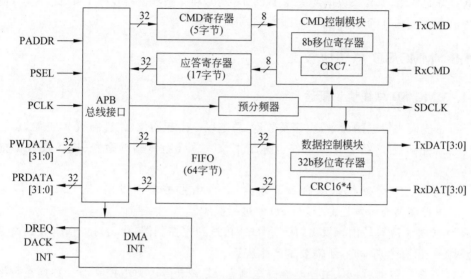

图 12-3　S3C2410A MMC/SD/SDIO 主控制器组成框图

图 12-3 中,左侧与 APB 总线接口连接的信号,分别是 S3C2410A 芯片内部的地址、选择、时钟、写入数据和读出数据信号。DMA、INT 模块产生 DMA 请求、接收 DMA 响应以及产生中断请求信号。ARM920T 通过 APB 总线接口,可以对主控制器内各个寄存器进行读写,从而实现对主控制器的控制。

图 12-3 中上部 CMD 寄存器是命令寄存器,接收 ARM920T 送来的命令中的高 8 位和随后的 32 位,通过命令控制模块,将它们与主控制器内部产生的 CRC7(Cyclic Redundancy Check,7 位循环冗余校验码)及 1 位停止位的内容,由并行变串行经 TxCMD 线发送到卡;从卡返回的应答信息,经由 RxCMD 线,由串行变并行,送应答寄存器,等待 ARM920T 读出。

图 12-3 中预分频器,用户可编程,能够对 PCLK 频率分频,使得送到卡的 SDCLK 时钟信号的频率能够被改变。通常对卡初始化时,要求 SDCLK 频率较低,如设置为 400kHz;另外有些 SD 卡的访问时间较长,SDCLK 设置为 25MHz 时会引起超时错误,需要降低 SDCLK 的频率,详细内容见 12.2.3 节。

图 12-3 中 FIFO 接收从 ARM920T 送到主控制器的并行数据,经过数据控制模块,连同 CRC16(16 位循环冗余校验码)由并行变成串行,经 TxDAT[3:0],发送到卡,如果使用 1 位数据总线,只用 TxDAT[0]传送。从卡读出数据,经 RxDAT[3:0],串行送到数据控制模块变为并行,存入 FIFO,等待 ARM920T 读取。如果使用 1 位数据总线,只用 RxDAT[0]传送。

可以通过 DMA、中断或查询模式,将 FIFO 数据读入内存,或由内存将数据送到

FIFO。

需要注意的是,4 位数据总线模式,4 条传输线 TxDAT[3:0](或 RxDAT[3:0])的 CRC16 是分别计算的,即每一条传输线单独计算产生 CRC16 校验码。

另外,命令发送线 TxCMD 和应答接收线 RxCMD,使用 S3C2410A 芯片的同一个引脚 SDCMD 分时传输,而 4 条数据发送线 TxDAT[3:0]和 4 条数据接收线 RxDAT[3:0],使用 S3C2410A 的对应 4 个引脚 SDDAT[3:0],分时传输。

12.1.3 MMC/SD 总线协议

1. MMC/SD 总线协议概述

SD 总线模式传输的命令、应答及数据,总是以一个起始位(二进制数 0)开始,以一个停止位(二进制数 1)结束。停止位也称结束位。总线上传输的命令、应答及数据描述如下。

(1) 命令。一个操作是从命令开始的,命令由主控制器发出,从 CMD 线传送到 SD 卡。主控制器通过发送命令,对 SD 卡进行操作。

(2) 应答。应答是由卡发出,从 CMD 线传送到主控制器,作为对先前卡收到命令的一个回答。也有个别命令,不需要卡产生应答。

(3) 数据。数据可以从主控制器传送到卡,或从卡传送到主控制器。数据在数据线 DAT[3:0]或 DAT[0]上传输。

2. 命令

MMC/SD 协议中有两种命令,一种是 ACMD(Application Specific Command)命令;另一种是 GEN_CMD(General Command)命令,也直接称为 CMD 命令。所有的 ACMD 命令在发送前,必须先发送 CMD55 命令。而 GEN_CMD 命令在发送前,不需要任何标识命令,可直接发送。通常卡收到命令后发送给主控制器一个应答。

MMC/SD 协议命令长度为固定的 48 位,具体格式见表 12-3。

表 12-3　MMC/SD 协议命令格式

位	宽度(位)	值	描　　述
[47]	1	0	起始位
[46]	1	1	传输方向位(host=1)
[45:40]	6	x	命令索引,或者称为命令编号
[39:8]	32	x	命令变量(command argument)
[7:1]	7	x	CRC7
[0]	1	1	停止位(也称结束位)

表 12-3 中命令变量,如对于读写卡上块数据的命令,表示的是块数据的字节起始地址。这类命令称为带地址的命令。

命令中包含 CRC7 校验位,位 47、46 和位 0 的值是固定的。

命令在 CMD 线上传输时,先传输最高位,最后传输最低位。

MMC/SD 协议常用命令见表 12-4。

表 12-4　MMC/SD 协议常用命令

命　令	应答类型	命　令　含　义
CMD0	无	复位,使卡进入空闲状态
CMD2	R2	检测连接的卡,使卡进入识别状态,获取卡的 CID
CMD3	R6	对 MMC 卡,设置 RCA;对 SD 卡,询问 RCA
CMD7	R1b	使卡进入传输状态,也称为选中状态
CMD9	R2	获取卡的 CSD 内容
CMD17	R1	读卡单块数据
CMD18	R1	读卡多块数据
CMD24	R1	写卡单块数据
CMD25	R1	写卡多块数据
ACMD6	R1	设置总线宽度为 1 位或 4 位
ACMD13	R1	获取卡的状态
ACMD41	R3	获取卡的 OCR 内容
ACMD51	R1	获取卡的 SCR 内容

从表 12-4 中可以看出,有的命令,卡不产生应答,卡和主控制器之间也无数据传输,如 CMD0;有的命令,卡只产生应答,无数据传输,如 CMD2,卡的 CID 内容是通过应答传送给主控制器的;有的命令,卡不仅产生应答,卡与主控制器之间还要传输数据,如 CMD17,这类命令称为带数据(传输)的命令。

CMD0 命令的 48 位二进制数表示如下:

0100,0000,0000,0000,0000,0000,0000,0000,0000,0000,1001,0101

其中,最高 2 位为 01(起始位,传输位),其次 6 位为 000000(CMD0 对应的命令索引或编号),之后 32 位全为 0(命令变量),接着 7 位为 1001010(CRC7),最后一位为 1(停止位)。

3. 应答(response)

应答是卡收到命令后,对主控制器的回应。卡上通常有 6 个寄存器,它们的内容可以作为应答的内容,6 个寄存器的名称和含义见表 12-5。寄存器各位的含义见相关规范。

表 12-5　MMC/SD 卡寄存器含义

名称	宽度(位)	描　　述
CID	128	卡 ID(标识)寄存器,每个卡有一个唯一的标识
RCA	16	卡相对地址寄存器,也就是卡在本地系统中的地址
DSR	16	驱动电压配置寄存器,配置卡的驱动输出电压(可选)
CSD	128	卡特定数据寄存器,提供如何访问卡中内容的信息
SCR	64	卡配置寄存器,存储有关卡的特征和性能,如数据总线宽度等
OCR	32	卡操作条件寄存器,保存卡的电压配置及上电过程结束状态

上述 OCR、CID、CSD 和 SCR 寄存器中,包含卡的状态信息,其中 CSD 寄存器中有部分域是可以由主控制器设置的;RCA 和 DSR 寄存器保存卡的实际配置参数。RCA 内容由卡在识别期间送主控制器,默认值为 0x0000。

应答分为短应答和长应答两种格式,分别为 48 位和 136 位二进制数。应答中通常包含起始位、CRC7 和停止位,应答中有一位称为传输位,值为固定的二进制数 0。

以下通过举例说明几种应答的格式及含义。

(1) R1 应答

R1 应答含义见表 12-6。

(2) R1b 应答

R1b 应答含义见表 12-7。

表 12-6　R1 应答含义

位	宽度(位)	值	描　述
[47]	1	0	起始位
[46]	1	0	传输位
[45:40]	6	x	命令索引(编号)
[39:8]	32	x	卡的状态编码
[7:1]	7	x	CRC7
[0]	1	1	停止位(也称结束位)

表 12-7　R1b 应答含义

位	宽度(位)	值	描　述
[135]	1	0	起始位
[134]	1	0	传输位
[133:128]	6	111111	预留
[127:1]	127	x	CID 或 CSD 寄存器,CRC7
[0]	1	1	停止位(也称结束位)

(3) R3 应答

R3 应答含义见表 12-8。

表 12-8　R3 应答含义

位	宽度(位)	值	描　述	位	宽度(位)	值	描　述
[47]	1	0	起始位	[39:8]	32	x	OCR 寄存器
[46]	1	0	传输位	[7:1]	7	111111	预留
[45:40]	6	111111	预留	[0]	1	1	停止位(也称结束位)

（4）R6 应答

R6 应答含义见表 12-9。

表 12-9 R6 应答含义

位	宽度（位）	值	描　　述
[47]	1	0	起始位
[46]	1	0	传输位
[45:40]	6	x	命令索引，作为 CMD3 的应答，值为 000011
[39:8]	32	x	[31:16]新发布的此卡的 RCA 地址（由卡送主控制器）
Argument 域			[15:0]卡状态位 23、22、19、[12:0]
[7:1]	7	x	CRC7
[0]	1	1	停止位（也称结束位）

4. 数据线与读写时序

主控制器与 MMC 卡只能通过 DAT0 一条数据线串行传输数据。主控制器与 SD 卡可以选择 1 位或 4 位模式使用 DAT0 或 DAT[3:0]数据线传输数据。初始化后 SD 卡默认为 1 位模式，用 ACMD6 命令可以将 SD 卡设置为 4 位传输模式。

DAT[3:0]除了用于传输数据外，还可以用作某些状态的指示。初始化阶段，SD 卡通过 DAT3 可以检测卡使用 SPI 还是 SD 总线模式；通过 DAT2 主控制器发送读等待信号；通过 DAT1 主控制器接收卡送来的中断请求；通过 DAT0 主控制器检测卡是否处于忙状态。在写多块数据时，写入卡的数据先保存在卡的缓冲区，然后由缓冲区写入 Flash 存储体，当缓冲区满时，卡处于忙状态，DAT0 输出为低电平。

MMC 卡与主控制器之间传输的数据可以选择数据流（stream）或块（block）方式。SD 卡只能使用块方式。通常 MMC/SD 卡使用块方式较多。块的大小可以由主控制器对卡进行设置，一般选择块大小为 512 字节。传输可以选择单块或多块传输模式。

图 12-4 为读块时序图，图 12-5 为写块时序图。

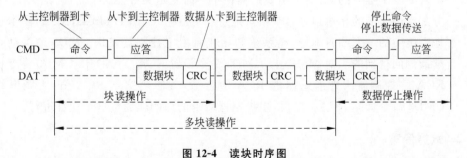

图 12-4 读块时序图

从图 12-4 中可以看出，主控制器发出读多块命令后，卡通过 CMD 线送出应答，并由 DAT 线传输卡的一块数据及 CRC16，然后传输下一块……。要停止传输时，主控制器发

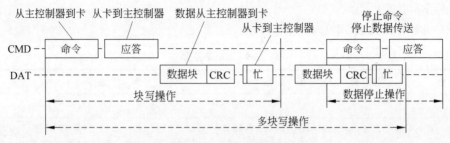

图 12-5　写块时序图

出停止传输命令,卡停止传输。图 12-5 写块时序中,如果卡的缓冲区满,卡通过使 DAT0 为低电平表示卡忙(busy)。

12.1.4　MMC/SD 卡初始化及数据传输

1. 初始化

对 MMC/SD 卡进行初始化可以参考以下主要步骤:

- 对 MMC/SD 卡与 S3C2410A 连接的 GPIO 引脚初始化。
- 插卡自动检测参考图 12-2,插卡时 S3C2410A 的 EINT7 引脚电位变低,引起中断,进行后续处理。
- 复位:主控制器发送 CMD0 命令,复位 MMC/SD 卡的状态。
- 判断是 MMC 卡还是 SD 卡:主控制器发送 CMD55,它是带 R1 应答的命令,查看是否有返回值。由于 MMC 卡不支持 CMD55,因此没有返回值则说明插入的是 MMC 卡;否则,是 SD 卡。
- 电压检测:对 MMC 卡,发送 CMD1 命令,对 SD 卡发送 ACMD41 命令,根据应答中 OCR 内容,检测卡所支持的最高电压及最低电压,当卡的电压范围与主控制器的不匹配时,卡进入非激活状态。
- 获取卡的 CID:主控制器发送 CMD2 命令,卡通过应答回送 CID。CID 是每张卡都有的一个唯一的标识,是由生产商在生产时就定义好的。
- 分配或询问卡的相对地址:卡相对地址(Relative Card Address,RCA)是卡在本地系统中的一个临时地址,是系统初始化时由主控制器发送 CMD3 命令动态分配或询问得到的。对 MMC 卡,CMD3 命令设置 RCA;对 SD 卡,CMD3 命令询问 RCA,主控制器认为卡返回的 RCA 值合适,就使用这个 RCA 值,否则继续用 CMD3 命令询问 RCA。之后,主控制器对卡的访问就通过这个地址进行。

2. 数据传输

主控制器读 MMC/SD 卡上数据前,要先发送 CMD7 命令,把卡设置为传输状态,然后发读卡命令 CMD17(单块)或 CMD18(多块),命令中要指定卡上数据的 32 位字节起始地址,然后数据从卡传送到主控制器。当指定的数据块从卡传送到主控制器(单块),或主控制器发出停止传输命令 CMD12 后（多块），数据传输过程被停止。

　　主控制器往 MMC/SD 卡上写数据前，要先发送 CMD7 命令，然后发写卡命令 CMD24（单块）或 CMD25（多块），命令中同样要指定写入卡上数据的字节起始地址，然后数据从主控制器传送到卡。当指定的数据块从主控制器传送到卡（单块），或主控制器发出停止传输命令 CMD12 后（多块），数据传输过程被停止。

　　在读卡过程中，如果卡检测到错误，如地址超范围、地址对齐错、卡停止发送数据错等，卡停止数据传输，只有主控制器发送停止传输命令后，卡才会通过应答传输错误信息给主控制器。同样，在写卡过程中，发生写保护、地址超范围、地址对齐错等错误，卡停止数据传输，等待主控制器停止传输命令，然后回送错误信息。

12.2　S3C2410A MMC/SD/SDIO 主控制器

12.2.1　MMC/SD/SDIO 主控制器概述

1. 主控制器特点

S3C2410A 片内集成了 SD 主控制器，能够支持 MMC/SD 卡和 SDIO 设备。
主要特点有：
- 符合 SD 存储器卡规范 ver 1.0，兼容 MMC 卡规范 ver 2.11；
- 兼容 SDIO 卡规范 ver 1.0；
- 16 字（64 字节）FIFO 用于数据发送和接收（Tx/Rx）；
- 40 位命令寄存器（SDICARG[31:0]+SDICCON[7:0]）；
- 136 位应答寄存器（SDIRSPn[127:0]+SDICSTA[7:0]）；
- 8 位预分频逻辑（Freq=System Clock/(2×(P+1)))；
- CRC7 和 CRC16 产生器；
- 支持查询（polling）、中断和 DMA 数据传输模式，支持字节或字格式传输；
- 支持 1 位、4 位（宽总线）模式，块/数据流（stream）模式；
- 对 SD/SDIO，在数据传输模式，SDCLK 最高 25MHz；
- 对 MMC，在数据传输模式，SDCLK 最高 20MHz。

2. MMC/SD/SDIO 主控制器使用的引脚信号

　　参见图 12-2，S3C2410A 的 MMC/SD/SDIO 主控制器，提供以下引脚信号，用来与卡座连接：
SDDAT[3:0]，SD 主控制器接收/发送数据；
SDCMD，SD 主控制器接收应答/发送命令；
SDCLK，SD 主控制器送出的时钟。
　　另外，卡座的 CD（Card Detect，插卡检测）引脚应该连接到 S3C2410A 的外部中断请求引脚，如 EINT7；卡座的 WP（Write Protect，写保护）引脚，应该连接到 S3C2410A 的某个 GPIO 引脚,如 GPH8。

12.2.2　主控制器组成与 SDI 操作

1. 主控制器组成

S3C2410A 芯片中 MMC/SD/SDIO 主控制器组成框图,及图中各功能模块的含义见图 12-3 和 12.1.2 节。

2. SDI 操作

SDI(Secure Digital Interface,SD 接口)操作指 SD 接口的操作。

1) 预分频寄存器设置

见图 12-3,串行时钟线上的时钟信号 SDCLK 同步送到 5 条数据线上(包括 DAT[3:0]、CMD),用于信息的移位和采样。根据传输速率的要求,可以对 SDI 波特率预分频寄存器 SDIPRE 设置适当的值。

2) 编程过程(共同部分)

使用以下步骤,能够对 SDI 模块编程:

- 设置 SDICON 寄存器,适当地配置时钟类型和中断;
- 设置 SDIPRE,配置一个合适的波特率预分频值;
- 为了初始化卡,需要等待 74 个 SDCLK 时钟周期。

3) CMD 路径编程

- 写命令变量(argument)到 SDICARG 寄存器,32 位。
- 确定命令类型,如中止命令、是否带数据等,并且通过设置 SDICCON[8],开始命令(发送命令)。
- 当 SDICSTA 寄存器中指定标志位被设置时,确认 SDI 命令操作结束:

如果命令类型是不需要应答的,SDICSTA[11]标志位被置 1,表示命令操作结束。

如果命令类型是需要应答的,SDICSTA[9]标志位被置 1,表示命令操作结束。

- 通过写 1 到标志位,清除 SDICSTA 寄存器的对应标志。

4) 数据路径编程

- 写入超时(timeout)周期到 SDIDTIMER 寄存器;
- 写入块大小(block size)到 SDIBSIZE 寄存器,通常为 0x200 字节;
- 通过设定 SDIDCON 寄存器,确定块的模式、宽总线、DMA 等,并且开始数据传输;
- 通过检查 SDIFSTA 寄存器是可用、半满或空这些状态,确认发送(Tx)FIFO 是可用的,然后写发送数据(Tx data)到 SDIDAT 寄存器;
- 通过检查 SDIFSTA 寄存器是可用、半满或者最后的数据这些状态,确认接收(Rx)FIFO 是可用的,然后从 SDIDAT 寄存器读接收数据(Rx data);
- 当数据传输结束标志位 SDIDSTA[4]被设置为 1 时,确认 SDI 数据操作结束;
- 通过写 1 到标志位,清除 SDIDSTA 寄存器的对应位。

3. SDIO 操作

有两个 SDIO 操作功能：SDIO 中断接收和读等待请求产生。当 SDICON 寄存器的 RcvIOInt 位和 RWaitEn 位分别被激活时，这两个功能能够操作。用于这两个功能的详细步骤和条件描述如下。

1) SDIO 中断

在 SD 1 位（b）模式，主控制器一直从 SDDAT1 引脚接收卡送来的中断。

在 SD 4 位（b）模式，SDDAT1 引脚被共享，作为主控制器接收数据或中断使用。中断检出范围（中断周期）是：

- 对于单块数据传输，时间在 A 和 B 之间。

A：一个数据包完成后 2 个时钟（2 clocks）。

B：下一个带有数据的命令结束位发送完成。

- 对于多块数据传输，当 SDIDCON[21]＝0 时，时间在 A 和 B 之间；重新开始（restart）中断检出范围在 C。

A：一个数据包完成后 2 个时钟。

B：A 后 2 个时钟。

C：中止命令应答结束位以后 2 个时钟。

- 对于多块数据传输，当 SDIDCON[21]＝1 时，时间在 A 和 B 之间；重新开始中断检出范围在 A。

A：一个数据包完成后 2 个时钟。

B：A 后 2 个时钟。

2) 读等待请求（read wait request）

无论 1 位或 4 位模式，在下述条件，读等待请求信号发送到 SDDAT2 引脚（从主控制器送到卡）：

- 读多块数据操作时，在数据块结束后 2 个时钟内，请求信号开始发送；
- 当用户写 1 到 SDIDSTA[10]位时，停止读等待请求信号，即读等待请求信号发送结束。

12.2.3　SDI 特殊功能寄存器

1. SDI 控制寄存器

SDI（SD 接口）控制寄存器，即 SDICON，地址为 0x5A000000，可读写，Reset 值为 0x00，含义见表 12-10。

2. SDI 波特率预分频寄存器

SDI 波特率预分频寄存器，即 SDIPRE，地址为 0x5A000004，可读写，Reset 值为 0x00，含义见表 12-11。

表 12-10　SDI 控制寄存器含义

SDICON	位	描　述	初态
字节次序类型 (ByteOrder)	[4]	当用户从 SD 主控制器 FIFO 读字边界对齐的数据时(或写数据时), 确定字节次序类型 0=类型 A,字节次序为 D[7:0]→D[15:8]→D[23:16]→D[31:24] 1=类型 B,字节次序为 D[31:24]→D[23:16]→D[15:8]→D[7:0]	0
从卡接收 SDIO 中断(RcvIOInt)	[3]	对 SDIO,确定 SD 主控制器是否从卡接收 SDIO 中断 0=忽略　　　　1=接收 SDIO 中断	0
读等待允许 (RWaitEn)	[2]	在多块读模式,当 SD 主控制器等待下一块时,确定读等待请求信号 产生与否。这一位用于延迟从卡来的被传输的下一块(对于 SDIO) 的时间 0=禁止(不产生)　　　1=读等待允许(用于 SDIO)	0
FIFO Reset (FRST)	[1]	复位(Reset)FIFO。这一位自动地被清除(如果这一位设置为1,复 位 FIFO 后自动被清除为 0) 0=通常模式　　　　1=FIFO Reset(复位 FIFO 缓冲区)	0
Clock 类型 (CTYP)	[0]	确定哪一种时钟类型被用作 SDCLK 0=MMC 类型　　　　1=SD 类型	0

表 12-11　SDI 波特率预分频寄存器含义

SDIPRE	位	描　述	初　态
预分频值	[7:0]	按以下等式确定 SDI 时钟(SDCLK)速率 波特率=PCLK / 2 /(预分频值 P+1)	0x00

3. SDI 命令变量寄存器

SDI 命令变量(argument)寄存器,即 SDICARG,地址为 0x5A000008,可读写,Reset 值为 0x00000000,含义见表 12-12。

表 12-12　SDI 命令变量寄存器含义

SDICARG	位	描　述	初　态
CmdArg	[31:0]	命令变量(command argument)	0x00000000

4. SDI 命令控制寄存器

SDI 命令控制寄存器,即 SDICCON,地址为 0x5A00000C,可读写,Reset 值为 0x00000,含义见表 12-13。

表 12-13　SDI 命令控制寄存器含义

SDICCON	位	描　述	初态
中止命令 （AbortCmd）	[12]	对 SDIO,确定命令类型是否用于中止 0＝通常命令　1＝中止命令(CMD12,CMD52),也称停止命令	0
带数据命令 （WithData）	[11]	对 SDIO,确定命令类型是否带数据 0＝不带数据　1＝带数据	0
LongRsp	[10]	确定主控制器是否接收一个 136 位(b)的长应答 0＝短应答　　1＝长应答	0
WaitRsp	[9]	确定主控制器是否等待应答 0＝不等待　1＝等待应答	0
命令开始 （CMST）	[8]	确定命令操作开始与否 0＝命令就绪(ready)　1＝命令开始(start),即发送命令	0
CmdIndex	[7:0]	命令索引,带有开始 2 位(b),即带有起始位、传输位,共 8 位	0x00

5. SDI 命令状态寄存器

SDI 命令状态寄存器,即 SDICSTA,地址为 0x5A000010,可读(写),Reset 值为 0x0000,含义见表 12-14。

表 12-14　SDI 命令状态寄存器含义

SDICSTA	位/读写	描　述	初态
应答 CRC 失败 （RspCrc）	[12] R/W	当命令应答收到后,CRC 检测失败。通过给这一位写 1,能够将这一位清除为 0。　0＝没检出　1＝CRC 失败	0
命令发送 （CmdSent）	[11] R/W	命令发送(与应答无关)。通过给这一位写 1,能够将这一位清除为 0。　0＝没检出　1＝命令结束(command end)	0
命令超时 （CmdTout）	[10] R/W	命令应答超时(64 clk)。通过给这一位写 1,能够将这一位清除为 0。　0＝没检出　1＝超时(timeout)	0
应答接收结束 （RspFin）	[9] R/W	命令应答接收。通过给这一位写 1,能够将这一位清 0 0＝没检出　1＝应答结束(response end)	0
CMD 线传输 （CmdOn）	[8]R	命令传输进行 0＝没检出　1＝进行中	0
RspIndex	[7:0]R	应答索引 6 位(bit),带有开始 2 位,共 8 位	0x00

6. SDI 应答寄存器

SDI 应答寄存器有 4 个,分别是 SDIRSP0、SDIRSP1、SDIRSP2 和 SDIRSP3,地址分别是 0x5A000014、0x5A000018、0x5A00001C 和 0x5A000020,只读,Reset 值均为 0x00000000,各寄存器含义见表 12-15。表 12-15 中短表示短应答,长表示长应答。

表 12-15　SDI 应答寄存器含义

寄存器名	域/位	描　　述
SDIRSP0	Response0/[31:0]	卡状态[31:0](短),卡状态[127:96](长)
SDIRSP1	RCRC7/[31:24]	CRC7(带结束位,短),卡状态[95:88](长)
	Response1/[23:0]	不使用(短),卡状态[87:64](长)
SDIRSP2	Response2/[31:0]	不使用(短),卡状态[63:32](长)
SDIRSP3	Response3/[31:0]	不使用(短),卡状态[31:0](长)

7. SDI 数据/忙定时器寄存器

SDI 数据/忙(data/busy)定时器寄存器,即 SDIDTIMER,地址为 0x5A000024,可读写,Reset 值为 0x2000,含义见表 12-16。

表 12-16　SDI 数据/忙定时器寄存器含义

SDIDTIMER	位	描　　述	初态
DataTimer	[15:0]	Data/busy(数据/忙)超时周期(0~65 535 cycle)	0x2000

8. SDI 块大小寄存器

SDI 块大小(block size)寄存器,即 SDIBSIZE,地址为 0x5A000028,可读写,Reset 值为 0x000,含义见表 12-17。

表 12-17　SDI 块大小寄存器含义

SDIBSIZE	位	描　　述	初态
BlkSize	[11:0]	块大小值(0~4095 字节)。在流方式下,不必关心这些位	0x000

注:在多块情况下,BlkSize 应该能被字(4 字节)整除,即 BlkSize[1:0]=00。

9. SDI 数据控制寄存器

SDI 数据控制寄存器,即 SDIDCON,地址为 0x5A00002C,可读写,Reset 值为 0x000000,含义见表 12-18。

10. SDI 数据剩余计数器寄存器

SDI 数据剩余(remain)计数器寄存器,即 SDIDCNT,地址为 0x5A000030,只读,Reset 值为 0x000000,含义见表 12-19。

11. SDI 数据状态寄存器

SDI 数据状态寄存器,即 SDIDSTA,地址为 0x5A000034,可读(写),Reset 值为 0x000,含义见表 12-20。

表 12-18　SDI 数据控制寄存器含义

SDIDCON	位	描述	初态
SDIO 中断周期类型（PrdType）	[21]	对 SDIO，当最后的数据块被传送，确定中断周期是 2 cycle 还是扩展更多的 cycle 0＝精确的 2 cycle　　1＝多个 cycle（像单块一样）	0
应答后发送（TARSP）	[20]	应答收到后，确定什么时间数据传输开始 0＝在 DatMode 设置后，立即开始 1＝应答收到后（假定 DatMode 设置为 11b）开始	0
命令后接收（RACMD）	[19]	命令发送后，确定什么时间数据接收开始 0＝在 DatMode 设置后，立即开始 1＝命令发送后（假定 DatMode 设置为 10b）开始	0
命令后忙（BACMD）	[18]	命令发送后，确定什么时间忙接收（busy receive）开始 0＝在 DatMode 设置后，立即开始 1＝命令发送后（假定 DatMode 设置为 01b）开始	0
块模式（BlkMode）	[17]	数据传输模式。　　　0＝流数据传输　　1＝块数据传输	0
宽总线允许（WideBus）	[16]	确定总线宽度模式 0＝标准总线模式（仅 SDIDAT[0] 可用） 1＝宽总线模式（SDIDAT[3:0] 可用）	0
DMA 允许（EnDMA）	[15]	DMA 允许。　　0＝禁止 DMA（允许查询）　1＝DMA 允许 当 DMA 操作完成时，这一位应该被禁止	0
强迫停止（STOP）	[14]	确定是否强迫停止数据传输。　　0＝通常　1＝强迫停止	0
数据传输模式（DatMode）	[13:12]	确定数据传输方向。00＝就绪（ready）01＝仅忙检验开始 10＝数据接收开始　11＝数据发送开始	00
BlkNum	[11:0]	块数（0～4095）。流方式不必关心这些位	0x000

表 12-19　SDI 数据剩余计数器寄存器含义

SDIDCNT	位	描述	初态
BlkNumCnt	[23:12]	剩余块数	0x000
BlkCnt	[11:0]	1 块的剩余数据字节数	0x000

表 12-20　SDI 数据状态寄存器含义

SDIDSTA	位/读写	描述	初态
读等待请求出现（RWaitReq）	[10] R/W	对于 SDIO，读等待请求信号发送到 SD 卡。通过给这一位写 1，能够将这一位清 0，并且停止读等待请求信号 0＝没有出现　1＝出现读等待请求信号（read wait request signal）	0
SDIO 中断检出（IOIntDet）	[9] R/W	对 SDIO，SDIO 中断检出。通过给这一位写 1，能够将这一位清除为 0　　0＝没有检出　　1＝SDIO 中断检出	0
FIFO 失败错误（FFfail）	[8] R/W	当 FIFO 出现超过上界（overrun）、超过下界（underrun）以及没有对齐（misaligned）的数据保存时，出现 FIFO 失败错误。通过给这一位写 1，能够将这一位清除为 0 0＝没有检出　　1＝FIFO 失败	0

SDIDSTA	位/读写	描 述	初态
CRC 状态失败 (CrcSta)	[7] R/W	当数据块发送,从卡返回 CRC 校验失败,则 CRC 状态错误。通 过给这一位写 1,能够将这一位清 0 0=没有检出　　　1=CRC 状态失败	0
数据接收 CRC 失败(DatCrc)	[6] R/W	数据块接收错误(由主控制器计算,发现 CRC 校验失败)。通过 给这一位写 1,能够将这一位清 0 0=没有检出　　　1=接收 CRC 失败	0
数据超时 (DatTout)	[5] R/W	Data/Busy(数据/忙)接收超时。通过给这一位写 1,能够将这 一位清 0　　　0=没有检出　　　1=超时(timeout)	0
数据传输结束 (DatFin)	[4] R/W	数据传输(Tx/Rx)发送完成(数据计数器是 0)。通过给这一位 写 1,能够将这一位清 0 0=没有检出　　　1=检出数据发送结束	0
忙结束 (BusyFin)	[3] R/W	仅用于忙检验结束(busy check finish)。通过给这一位写 1,能 够将这一位清 0　　　0=没有检出　　　1=检出忙结束	0
保留	[2]		0
发送数据 (TxDatOn)	[1] R	数据发送进行中 0=不激活　　　1=数据发送(Tx)进行中	0
接收数据 (RxDatOn)	[0]R	数据接收进行中 0=不激活　　　1=数据接收(Rx)进行中	0

12. SDI FIFO 状态寄存器

SDI FIFO 状态寄存器,即 SDIFSTA,地址为 0x5A000038,只读,Reset 值为 0x0000,含义见表 12-21。

表 12-21　SDI FIFO 状态寄存器含义

SDIFSTA	位	描 述	初态
对于发送(Tx),FIFO 可用检出(TFDET)	[13]	当 DatMode(SDIDCON[13:12])是数据发送模式,这一位 指示 FIFO 中的数据是用于发送的。如果允许 DMA 模式, SD 主控制器请求 DMA 操作 0=没有检出(FIFO 满)　　1=检出不满(0≤FIFO≤63)	0
对于接收(Rx),FIFO 可用检出(RFDET)	[12]	当 DatMode(SDIDCON[13:12])是数据接收模式,这一位 指示 FIFO 中的数据是用于接收的。如果允许 DMA 模式, SD 主控制器请求 DMA 操作 0=没有检出(FIFO 空)　　1=检出(1≤FIFO≤64)	0
发送(Tx)FIFO 半满 (TFHalf)	[11]	当 Tx FIFO 中数据个数小于 33 字节时,这一位为 1 0=33≤Tx FIFO≤64　　　1=0≤Tx FIFO≤32	0
发送(Tx)FIFO 空 (TFEmpty)	[10]	当 Tx FIFO 为空时,设置这一位为 1 0=1≤Tx FIFO≤64　　　1=空(0 字节)	0
接收(Rx)FIFO 最后数 据就绪(RFLast)	[9]	当 Rx FIFO 收到全部块的最后的数据时,这一位设置为 1 0=还没收到　　　1=最后数据就绪	0

SDIFSTA	位	描　　述	初态
接收(Rx)FIFO 满 (RFFull)	[8]	当 Rx FIFO 为满时,这一位设置为 1 0＝0≤Rx FIFO≤63　　　　1＝满(64 字节)	0
接收(Rx)FIFO 半满 (RFHalf)	[7]	当 Rx FIFO 中数据个数大于 31 字节时,这一位设置为 1 0＝0≤Rx FIFO≤31　　　1＝32≤Rx FIFO≤64	0
FIFO 计数(FFCNT)	[6:0]	在 FIFO 中数据字节的个数	0000000

13. SDI 数据寄存器

SDI 数据寄存器,即 SDIDAT,地址为 0x5A00003C(Li/W,Li/B,Bi/W)/0x5A00003F(Bi/B),可读写,Reset 值为 0x00000000,含义见表 12-22。

表 12-22　SDI 数据寄存器含义

SDIDAT	位	描　　述	初态
数据寄存器	[31:0]	这个域含有通过 SDI 通道被发送或接收的数据	0x00000000

Li/W 表示小端/字,Li/B 表示小端/字节,Bi/W 表示大端字,Bi/B 表示大端字节。

14. SDI 中断屏蔽寄存器

SDI 中断屏蔽寄存器,即 SDIIMSK,地址为 0x5A000040,可读写,Reset 值为 0x00000,含义见表 12-23。

表 12-23　SDI 中断屏蔽寄存器含义

SDIIMSK	位	描　　述		初态
RspCrc 中断允许	[17]	应答 CRC 错误中断	0＝禁止　　1＝中断允许	0
CmdSent 中断允许	[16]	命令发送(无应答)中断	0＝禁止　　1＝中断允许	0
CmdTout 中断允许	[15]	命令应答超时中断	0＝禁止　　1＝中断允许	0
RspEnd 中断允许	[14]	命令应答收到中断	0＝禁止　　1＝中断允许	0
RWaitReq 中断允许	[13]	读等待请求中断	0＝禁止　　1＝中断允许	0
IOIntDet 中断允许	[12]	对于 SDIO,从卡到 SD 主控制器,接收 SDIO 中断 　　　　　　　　　　　0＝禁止　　1＝中断允许		0
FFfail 中断允许	[11]	FIFO 失败错误中断	0＝禁止　　1＝中断允许	0
CrcSta 中断允许	[10]	CRC 状态错误中断	0＝禁止　　1＝中断允许	0
DatCrc 中断允许	[9]	数据 CRC 失败中断	0＝禁止　　1＝中断允许	0
DatTout 中断允许	[8]	数据超时中断	0＝禁止　　1＝中断允许	0
DatFin 中断允许	[7]	数据计数器为 0 中断	0＝禁止　　1＝中断允许	0
BusyFin 中断允许	[6]	忙(busy)检测完成中断	0＝禁止　　1＝中断允许	0

续表

SDIIMSK	位	描　　述			初态
保留	[5]				0
TFHalf 中断允许	[4]	Tx FIFO 半满中断	0＝禁止	1＝中断允许	0
TFEmpty 中断允许	[3]	Tx FIFO 空中断	0＝禁止	1＝中断允许	0
RFLast 中断允许	[2]	Rx FIFO 有最后数据中断	0＝禁止	1＝中断允许	0
RFFull 中断允许	[1]	Rx FIFO 满中断	0＝禁止	1＝中断允许	0
RFHalf 中断允许	[0]	Rx FIFO 半满中断	0＝禁止	1＝中断允许	0

15. 超时错误处理

SDI 数据/忙(data/busy)定时器寄存器是一个 16 位计数器。在 25MHz 情况下操作,最大定时时间是 2.6ms(40ns×0x10000)。但是有一些卡,有非常长的访问时间,最长可到 100ms。在这种情况下,SDI 产生数据超时错误(data timeout error)状态。可以参考以下流程图解决这个问题,见图 12-6。

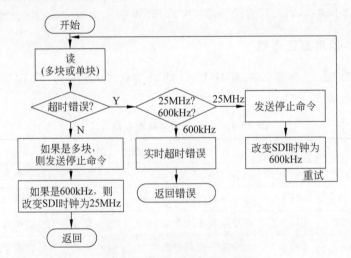

图 12-6　解决超时错误流程图

12.3　MMC/SD/SDIO 主控制器程序举例

12.3.1　命令填充与命令发送程序举例

S3C2410A 芯片内的 MMC/SD/SDIO 主控制器,需要用户编程填充 SDI 命令变量寄存器 SDICARG、SDI 命令控制寄存器 SDICCON 的相关域,才会向卡发送对应的命令。

参考表 12-3,命令格式长度为 48 位,最高 8 位为起始位、传输位和命令索引。对于

CMD0,最高 8 位值为 01000000b,即 6 位索引全部为 0(对 CMD1,6 位索引为 000001b; CMD2,6 位索引为 000010b……);这 8 位值要编程写入 SDICCON 的[7:0]位。命令格式中随后 32 位命令变量,也要编程写入 SDICARG 寄存器。命令格式中最后 8 位,由主控制器自动生成。一旦设置 SDICCON[8]为 1,表示命令开始,即主控制器开始发送命令。

对 SDICARG 寄存器,命令不同,编程写入的值也不同。如对 CMD0 命令,其值为 0;对读写卡上数据的命令,其值为数据起址,卡上数据地址以字节编址。

【例 12.1】　CMD0 命令填充和命令发送程序代码。

```
void CMD0(void)              //--复位卡,使卡进入空闲状态
{
    rSDICARG= 0x0;           //CMD0 的命令变量域为 0
    rSDICCON= (1<<8)|0x40;   //无应答,命令开始,CMD0 命令

    //--检测 CMD0 结束
    Chk_CMDend(0, 0);        //第 1 个实参 0 表示命令 CMD0,第 2 个实参 0 表示无命令应答
    //rSDICSTA= 0x800;       //Clear cmd_end(no rsp)
}
```

命令发送后,程序要检测到命令结束才能返回。

12.3.2　MMC/SD 主控制器及卡初始化程序举例

使用 SD 总线、块模式数据传输时,对主控制器及卡进行初始化的主要步骤有:

- 将主控制器送卡的时钟 SDCLK 的频率设置为 400kHz;
- 设置块大小为 512 字节(128 字);
- 对 MMC 卡,上电以后要等待 74 个 SDCLK 周期;
- 主控制器发出 CMD0 命令,复位(Reset)卡,使卡进入空闲状态;
- 判断是 MMC 卡,则发送 CMD1 命令,发送主控制器允许卡的电压范围,判断应答信息中 OCR 关于卡的电压范围和上电结束标志;
- 判断是 SD 卡,则发送 CMD55 命令和 ACMD41 命令,发送主控制器允许卡的电压范围,从应答信息中获取卡的 OCR 内容,判断卡的电压范围和上电结束标志;
- MMC/SD 卡电压范围匹配并且上电已经结束,则继续,否则失败返回;
- 发送 CMD2 命令,检测连接的卡,使卡进入识别状态;
- 发送 CMD3 命令:对 MMC 卡,主控制器设置 RCA;对 SD 卡,主控制器询问 RCA,由卡的应答获取卡的 RCA;
- 时钟 SDCLK 设置为 25MHz(SD 卡);
- 用 RCA 地址,发送 CMD7 命令,选中卡,使卡进入传输状态;
- 对 MMC 卡,设置 1 位数据总线宽度;
- 对 SD 卡,设置 4 位数据总线宽度。

【例 12.2】　主控制器及卡初始化程序代码。其中有些函数体代码没有列出。

```
#define INICLK      400000
#define NORCLK      5000000

int SD_card_init(void)                  //--SD 主控制器与卡初始化
{
    int i;
    char key;

    rSDIPRE=PCLK/(2 * INICLK)-1;        //400kHz,初始化时要求频率较低
    rSDICON= (1<<4)|(1<<1)|1;           //Type B, FIFO reset,SDCLK 使用 SD 类型
    rSDIBSIZE=0x200;                    //512B(128word),块大小
    rSDIDTIMER=0xffff;                  //设置 data/busy 超时计数值

    for(i=0;i<0x1000;i++);              //对 MMC 卡,延时 74 个 SDCLK 周期

    CMD0();                             //主控制器发出命令 CMD0,复位卡,使卡进入空闲状态
    Uart_Printf("\nIn idle\n");         //在空闲状态

    //--检测 MMC 卡 OCR(发送 CMD1 命令)
    if(Chk_MMC_OCR())
    {
    Uart_Printf("\nIn MMC ready\n");    //MMC 卡进入就绪状态
    MMC=1;
    goto RECMD2;
    }

    //--检测 SD 卡 OCR(发送 CMD55、ACMD41 命令)
    if(Chk_SD_OCR())
        Uart_Printf("\nIn SD ready\n"); //SD 卡进入就绪状态
    else
    {
        Uart_Printf("\nInitialize fail\nNo Card assertion\n");
                                        //初始化失败或卡没插入
        return 0;
    }

RECMD2:
    //--检测连接的卡,使卡进入识别状态
    rSDICARG=0x0;                       //CMD2 的命令变量域为 0
    rSDICCON=(0x1<<10)|(0x1<<9)|(0x1<<8)|0x42;
    //长应答,等待应答,命令开始,CMD2 命令

    //--检测 CMD2 命令结束
    if(!Chk_CMDend(2, 1))
```

```
        goto RECMD2;
        //rSDICSTA=0xa00;                    //Clear cmd_end(with rsp)

        Uart_Printf("\nEnd id\n");           //结束卡识别状态

RECMD3:
        //--发送卡的相对地址 RCA
        rSDICARG=MMC<<16;                    //设置 CMD3 命令变量域的值
        //CMD3 命令,对 MMC 卡,设置 RCA;对 SD 卡,询问 RCA
        rSDICCON= (0x1<<9)|(0x1<<8)|0x43;  //短应答,等待应答,命令开始,CMD3 命令

        //--检测 CMD3 命令结束
        if(!Chk_CMDend(3, 1))
        goto RECMD3;
        //rSDICSTA=0xa00;                    //Clear cmd_end(with rsp)

        //--发布卡的相对地址 RCA
        if(MMC)                              //对 MMC 卡,设置卡的相对地址
        RCA=1;
        else
        RCA= ( rSDIRSP0 & 0xffff0000 )>>16;
                                             //对 SD 卡,由卡的应答获取并产生卡的相对地址
        Uart_Printf("RCA=0x%x\n",RCA);

        //--State(stand-by) check
        if( rSDIRSP0 & 0x1e00!=0x600         //当前状态检测
        goto RECMD3;

        Uart_Printf("\nIn stand-by\n");

        rSDIPRE=PCLK/(2 * NORCLK)-1;         //初始化结束前,时钟设置为 25MHz

        Card_sel_desel(1);                   //发送 CMD7 命令,使卡进入传输状态

        if(!MMC)
        Set_4bit_bus();                      //如果不是 MMC 卡,设置 4 位总线宽度
        else
        Set_1bit_bus();                      //设置 1 位总线宽度

        return 1;
}
```

12.3.3　MMC/SD 卡写入数据程序举例

使用 SD 总线、数据查询模式、块模式数据传输时,写入卡的主要步骤有:

- 复位(Reset)FIFO；
- 对单块写入，主控制器发单块写入命令 CMD24，命令带有卡上写入起址；
- 对多块写入，主控制器发多块写入命令 CMD25，命令带有卡上写入起址；
- 等待，直到命令结束；
- 查询方式：只要主控制器 FIFO 不满，循环填充 FIFO，直到指定块的全部数据填充完毕，同时主控制器自动向卡发送数据；
- 检查数据发送结束，是否有错误；
- 清除 SDIDSTA 中数据发送/接收(Tx/Rx)结束位；
- 如果写入数据块数大于 1，则发送停止命令 CMD12。

【例 12.3】　MMC/SD 卡写入数据代码。其中有些函数体的代码没有列出。

```
#define POL 0
#define INT 1
#define DMA 2

int Wide=0;                                    //0:1bit, 1:4bit
int MMC=0;                                     //0:SD, 1:MMC

void Wt_Block(void)                            //写块
{
    U32 mode;
    int status;

    wt_cnt=0;
    Uart_Printf("[Block write test]\n");

RE1:
    mode=0;                                    //=0 查询;=1 中断;=2DMA

    rSDICON |=rSDICON|(1<<1);                  //FIFO 复位(Reset)
    if(mode!=2)
    rSDIDCON= (1<<20)|(1<<17)|(Wide<<16)|(3<<12)|(block<<0);
    //应答后发送,块数据传输,4位总线,发送开始,块数

    rSDICARG=0x0;              //CMD24/25的命令变量域,指出 SD 卡上写入数据的起址

REWTCMD:
    switch(mode)
    {
    case POL:                                  //查询写
        if(block<2)                            //单块写
        {
        rSDICCON= (0x1<<9)|(0x1<<8)|0x58;
```

```
        //短应答,等待应答,命令开始,CMD24
        if(!Chk_CMDend(24, 1))                    //--检测 CMD24 命令结束
            goto REWTCMD;
    }
    else                                          //多块写
    {
    rSDICCON= (0x1<<9)|(0x1<<8)|0x59;
     //短应答,等待应答,命令开始,CMD25
    if(!Chk_CMDend(25, 1))                        //--检测 CMD25 命令结束
        goto REWTCMD;
    }

    //rSDICSTA=0xa00;                             //Clear cmd_end(with rsp)

    while(wt_cnt<128 * block)                      //用内存缓冲区数据填充主控制器 FIFO,重复
    {
    status=rSDIFSTA;
    if((status&0x2000)==0x2000)                   //主控制器发送 FIFO 不满
    {
        rSDIDAT= * Tx_buffer++;
        //将内存缓冲区数据,送主控制器 SDIDAT(填充发送 FIFO)寄存器
        wt_cnt++;
    }
    }
    break;

case INT:                                         //略
 ⋮
 break;

case DMA:                                         //略
   ⋮
    break;

default:
    break;
}

//检测数据发送结束,是否有错误
if(!Chk_DATend())
Uart_Printf("dat error\n");                       //输出: 数据错误

rSDIDSTA=0x10;                                    //清除数据 Tx/Rx 结束位
```

```
if(block>1)
{
//--发送停止命令 CMD12,略
    ⋮
}
}
```

12.4　本 章 小 结

本章主要讲述了 MMC/SD/SDIO 基础知识,包括卡的引脚信号含义、卡座与
S3C2410A 主控制器的连接、主控制器组成、总线协议、卡的初始化及数据传输;介绍了
S3C2410A MMC/SD/SDIO 主控制器概述、组成与操作,SDI 特殊功能寄存器;通过举例
讲述了 S3C2410A MMC/SD/SDIO 主控制器命令填充与命令发送、主控制器及卡初始
化、卡写入数据的程序代码与含义。

要求读者掌握 MMC/SD/SDIO 基础知识,能够读懂例 12.1～例 12.3 的程序代码。

12.5　习　　题

（1）简述 MMC、SD 和 SDIO 卡的含义。

（2）简述 SD 总线模式下,MMC、SD 和 SDIO 卡引脚信号的含义。

（3）简述 SPI 总线模式下,MMC、SD 和 SDIO 卡引脚信号的含义。

（4）画图连接 MMC/SD 卡座与 S3C2410A 的引脚。

（5）简述 MMC/SD/SDIO 主控制器组成。

（6）简述 MMC/SD 协议命令的格式及含义。

（7）解释 S3C2410A MMC/SD/SDIO 主控制器读块时序和写块时序的含义。

（8）阅读程序例 12.1～例 12.3,分别画出对应的程序框图。

附录 A

S3C2410A 引脚信号名与对应功能描述汇总表

信号名	I/O	描　　述
总　线　控　制　器		
OM[1:0]	I	OM[1:0]设置 S3C2410A 为 TEST(测试)模式时,仅用于制造商。另外,它也确定了 nGCS0 对应 bank 数据总线的宽度、是否使用 Nand Flash 引导。上拉/下拉电阻确定了在 RESET 周期它们的逻辑电平 00:Nand Flash 引导　01:16bit　10:32bit　11:TEST 模式
ADDR[26:0]	O	地址总线 ADDR[26:0]输出对应 bank 存储器地址
DATA[31:0]	IO	数据总线 DATA[31:0]在存储器读时,输入数据;存储器写时,输出数据。数据总线宽度可编程为 8/16/32 位
nGCS[7:0]	O	当一个存储器地址在存储器某个 bank 范围内时,nGCS[7:0]中对应的一个被激活,nGCS[7:0]称为片选(general chip select) 片选信号的周期数和 bank 大小可编程
nWE	O	写允许(Write Enable,nWE)指示当前总线周期为写周期
nOE	O	输出允许(Output Enable,nOE)指示当前总线周期为读周期
nXBREQ	I	总线保持请求(Bus Hold Request,nXBREQ)表示另一个总线主设备请求控制局部总线。BACK 激活指示总线控制已经被许可
nXBACK	O	总线保持响应(Bus Hold Acknowiedge,nXBACK)指示 S3C2410A 已经出让局部总线的控制给另一个总线主设备
nWAIT	I	nWAIT 请求延长当前总线周期。只要 nWAIT 是低电平,当前总线周期继续被延长。如果用户系统不使用 nWAIT 信号,该引脚必须接上拉电阻
SDRAM/SRAM/ROM		
nSRAS	O	SDRAM 行地址选通
nSCAS	O	SDRAM 列地址选通
nSCS[1:0]	O	SDRAM 片选
DQM[3:0]	O	SDRAM 数据屏蔽
SCLK[1:0]	O	SDRAM 时钟
SCKE	O	SDRAM 时钟允许
nBE[3:0]	O	对 16 位数据线的 SDRAM 芯片,高字节/低字节允许
nWBE[3:0]	O	写字节允许

信号名	I/O	描　　　述
NAND Flash		
CLE	O	命令锁存允许
ALE	O	地址锁存允许
nFCE	O	NAND Flash 芯片允许
nFRE	O	NAND Flash 读允许
nFWE	O	NAND Flash 写允许
NCON	I	NAND Flash 配置。如果 NAND Flash 控制器不使用,NCON 应接上拉电阻
R/nB	I	NAND Flash 就绪/忙。如果 NAND Flash 控制器不使用,R/nB 应接上拉电阻
LCD 控制单元		
VD[23:0]	O	STN/TFT/SEC TFT: LCD 数据总线
LCD_PWREN	O	STN/TFT/SEC TFT: LCD 面板电源允许控制信号
VCLK	O	STN/TFT: LCD 时钟信号
VFRAME	O	STN: LCD 帧(frame)信号
VLINE	O	STN: LCD 行信号
VM	O	STN: VM 反转(改变)行和列电压的极性
VSYNC	O	TFT: 垂直同步信号
HSYNC	O	TFT: 水平同步信号
VDEN	O	TFT: 数据允许信号
LEND	O	TFT: 行结束信号
STV	O	SEC TFT: SEC(Samsung Electronics Company)TFT LCD 面板控制信号
CPV	O	SEC TFT: SEC(Samsung Electronics Company)TFT LCD 面板控制信号
LCD_HCLK	O	SEC TFT: SEC(Samsung Electronics Company)TFT LCD 面板控制信号
TP	O	SEC TFT: SEC(Samsung Electronics Company)TFT LCD 面板控制信号
STH	O	SEC TFT: SEC(Samsung Electronics Company)TFT LCD 面板控制信号
LCDVF[2:0]	O	SEC TFT: 定时控制信号,用于指定的 TFT LCD(OE/REV/REVB)
中断控制单元		
EINT[23:0]	I	外部中断请求
DMA		
nXDREQ[1:0]	I	外部 DMA 请求
nXDACK[1:0]	O	外部 DMA 响应

续表

信号名	I/O	描　　述
UART		
RxD[2:0]	I	UART 接收数据输入
TxD[2:0]	O	UART 发送数据输出
nCTS[1:0]	I	UART 清除发送输入信号
nRTS[1:0]	O	UART 请求发送输出信号
UEXTCLK	I	UART 时钟信号
ADC		
AIN[7:0]	AI	ADC 输入[7:0],如果不用,引脚应接地
Vref	AI	ADC Vref
IIC 总线		
IICSDA	IO	IIC 总线数据
IICSCL	IO	IIC 总线时钟
IIS 总线		
I2SLRCK	IO	IIS 总线声道选择时钟
I2SSDO	O	IIS 总线串行数据输出
I2SSDI	I	IIS 总线串行数据输入
I2SSCLK	IO	IIS 总线串行时钟
CDCLK	O	CODEC 系统时钟
触　摸　屏		
nXPON	O	X 轴 on/off 控制信号,正端
XMON	O	X 轴 on/off 控制信号,负端
nYPON	O	Y 轴 on/off 控制信号,正端
YMON	O	Y 轴 on/off 控制信号,负端
USB 主		
DN[1:0]	IO	从 USB 主控制器来的 DATA(−)(15kΩ 下拉)
DP[1:0]	IO	从 USB 主控制器来的 DATA(+)(15kΩ 下拉)
USB 设备		
PDN0	IO	用作 USB 设备的 DATA(−)(470kΩ 下拉)
PDP0	IO	用作 USB 设备的 DATA(+)(1.5kΩ 下拉)

信号名	I/O	描　　述
SPI		
SPIMISO[1:0]	IO	当 SPI 被配置为主方式时,SPIMISO 作为主的数据输入线。当 SPI 被配置为从方式时,SPIMISO 作为从的数据输出线
SPIMOSI[1:0]	IO	当 SPI 被配置为主方式时,SPIMOSI 作为主的数据输出线。当 SPI 被配置为从方式时,SPIMOSI 作为从的数据输入线
SPICLK[1:0]	IO	SPI 时钟
nSS[1:0]	I	SPI 片选(仅用于从模式)
SD		
SDDAT[3:0]	IO	SD 接收/发送数据
SDCMD	IO	SD 接收应答/发送命令
SDCLK	O	SD 时钟
GPIO		
GPn[116:0]	IO	通用输入输出端口(一些端口仅用于输出)
TIMMER/PWM		
TOUT[3:0]	O	定时器输出
TCLK[1:0]	I	外部定时器时钟输入
JTAG TEST LOGIC		
nTRST	I	nTRST(TAP 控制器 Reset)在启动时复位 TAP 控制器 如果使用 debugger,应该连接 10kΩ 上拉电阻 如果不使用 debugger(black ICE),nTRST 引脚一般连接到 nRESET
TMS	I	TMS(TAP 控制器模式选择)控制 TAP 控制器状态的序列 TMS 引脚必须连接 10kΩ 上拉电阻
TCK	I	TCK(TAP 控制器时钟)提供时钟,输入到 JTAG 逻辑 TCK 引脚必须连接 10kΩ 上拉电阻
TDI	I	TDI(TAP 控制器数据输入)用于串行输入测试的指令和数据 TDI 引脚必须连接 10kΩ 上拉电阻
TDO	O	TDO(TAP 控制器数据输出)用于串行输出测试的指令和数据
Reset、时钟与电源管理		
nRESET	ST	nRESET 挂起当前进程中的操作,使 S3C2410A 进入 Reset 状态。在此期间,当处理器电源稳定后,nRESET 必须保持最少 4 个 FCLK 时长的低电平
nRSTOUT	O	外部设备 Reset 控制:nRSTOUT=nRESET & nWDTRST & SW_RESET
PWREN	O	用于控制 S3C2410A 内核 1.8V/2.0V 电源接通/切断的信号
nBATT_FLT	I	检测电池状态的输入引脚。在 Power_OFF 模式,如果电池容量低的状态出现时,将阻止唤醒操作。如果这个引脚不使用,应接 3.3V

续表

信号名	I/O	描　　述
Reset、时钟与电源管理		
OM[3:2]	I	OM[3:2]确定使用的时钟源： OM[3:2]＝00,MPLL 使用晶振信号,UPLL 使用晶振信号； OM[3:2]＝01,MPLL 使用晶振信号,UPLL 使用 EXTCLK； OM[3:2]＝10,MPLL 使用 EXTCLK,UPLL 使用晶振信号； OM[3:2]＝11,MPLL 使用 EXTCLK,UPLL 使用 EXTCLK
EXTCLK	I	片外时钟源,用法见本表 OM[3:2]一栏。如果不使用,接 3.3V
XTIpll	AI	晶振信号输入。用法见本表 OM[3:2]一栏。如果不使用,接 3.3V
XTOpll	AO	晶振信号输出。用法见本表 OM[3:2]一栏。如果不使用,悬空
MPLLCAP	AI	连接 MPLL(主锁相环)的滤波(loop filter)电容,片外接 5pF 电容
UPLLCAP	AI	连接 UPLL(USB 锁相环)的滤波(loop filter)电容,片外接 5pF 电容
XTIrtc	AI	连接 RTC 的 32.768kHz 晶振输入信号。如果不使用,接 1.8V
XTOrtc	AO	连接 RTC 的 32.768kHz 晶振输出信号。如果不使用,悬空
CLKOUT[1:0]	O	CLKOUT[1:0]输出选择的信号源。MISCCR 寄存器的 CLKSEL[1:0]选择 MPLL CLK、UPLL CLK、FCLK、HCLK、PCLK 或 DCLK[1:0]作为 CLKOUT[1:0]的输出。详见 7.3.2 节
电　　源		
VDDalive	P	S3C2410A Reset 模块和端口状态寄存器电源(1.8V/2.0V)。无论在 NORMAL 模式或 Power_OFF 模式,这个电源应该总是被提供
VDDi/VDDiarm	P	用于 S3C2410A CPU 内核逻辑的电源(1.8V/2.0V)
VSSi/VSSiarm	P	用于 S3C2410A CPU 内核逻辑的地
VDDi_MPLL	P	S3C2410A MPLL 模拟和数字电源(1.8V/2.0V)
VSSi_MPLL	P	S3C2410A MPLL 模拟和数字地
VDDOP	P	S3C2410A I/O 端口电源(3.3V)
VDDMOP	P	S3C2410A 存储器 I/O 电源。3.3V;SCLK 最高至 133MHz
VSSMOP	P	S3C2410A 存储器 I/O 地
VSSOP	P	S3C2410A I/O 端口地
RTCVDD	P	RTC 电源(1.8V,不支持 2.0V 或 3.3V),如果不使用 RTC,这个引脚必须连接到适当的电源
VDDi_UPLL	P	S3C2410A UPLL 模拟和数字电源(1.8V/2.0V)
VSSi_UPLL	P	S3C2410A UPLL 模拟和数字地
VDDA_ADC	P	S3C2410A ADC 电源(3.3V)
VSSA_ADC	P	S3C2410A ADC 地

注：表中 I/O 表示输入输出；AI/AO 表示模拟量输入/模拟量输出；ST 表示施米特触发器(Schmitt trigger)；P 表示电源。另外,信号名前的小写字母 n 表示该信号低电平有效。

英汉名词术语对照汇总表

A

abort condition 中止条件

ACK 见 acknowledge

acknowledge 响应

ACMD 见 application specific command

actual screen 实屏

ADC 见 analog to digital converter

advanced high-performance bus 先进高性能
总线

advanced microcontroller bus architecture 先进
微控制器总线结构

advanced peripheral bus 先进外设总线

advanced power management 先进电源管理

Advanced RISC Machine Limited 先进 RISC 机
器公司

AFC 见 auto flow control

AHB 见 advanced high-performance bus

AMBA 见 advanced microcontroller bus
architecture

analog to digital converter A/D 转换器,模数转
换器

AOF 见 ARM Object Format

APB 见 advanced peripheral bus

APM 见 advanced power management

application specific command 应用专门命令

ARM 见 Advanced RISC Machine Limited

ARM Object Format ARM 目标格式

auto flow control 自动流控制

auto precharge 自动预充电

auto refresh 自动刷新

auto reload 自动重装

auto-zeroing comparator 自动回零比较器

B

bank 存储器的体,区

banked register 分组寄存器

barrel shifter 桶形移位器

basic input output system 基本输入输出系统

BCD 见 binary coded decimal

BDMA 见 bridge direct memory access

big endian 大端

binary coded decimal 二进制编码表示的十进
制数

binary operator 二元操作符

BIOS 见 basic input output system

bit per pixel 位每像素,位/像素

board support package 板级支持包

booting ROM 引导 ROM

boundary-scan architecture 边界扫描结构

BPP 见 bit per pixel

bpp 见 bit per pixel

branch-target 分支目标

break condition 断开条件

break point 断点

bridge direct memory access 桥直接存储器存取

BSP 见 board support package

built in variable 内建变量

bulk 块

burst 突发

bus master 总线主(设备)

bus master device　总线主设备

bus mastership　总线主设备权

C

CFMI　见 common flash memory interface

CISC　见 complex instruction set computer

clock control logic　时钟控制逻辑

clock-divider　时钟分频器

CODEC　（音频）编解码器，由 coder 和 decoder 词头组成

common flash memory interface　通用闪存接口

companion-chip　配套芯片

companion-chip device　配套芯片设备

complex instruction set computer　复杂指令集计算机

CPSR　见 current program status register

CRC　见 cyclie redundancy check

current program status register　当前程序状态寄存器

cyclie redundancy check　循环冗余校验

D

DAC　见 digital to analog converter

dead-zone　死区

demand mode　请求模式

descriptor　描述符

digital PLL　数字锁相环

digital signal processor　数字信号处理器

digital to analog converter　数模转换器，D/A 转换器

direct memory access　直接存储器存取

direct memory access controller　直接存储器存取控制器

directive　指示，指示符

dithering algorithm　抖动算法

divider ratio　分频比

DMA　见 direct memory access

DMAC　见 direct memory access controller

down conter　倒计数器,减法计数器

DPLL　见 digital PLL

DRAM　见 dynamic randow access memory

DSP　见 digital signal processor

dual scan　双扫描

dummy　无用的

duty ratio　占空比

dynamic randow access memory　动态随机存取存储器

E

ECC　见 error correcting code

EDA　见 electronic design automation

EDO　见 extended data output

EDSP　见 embedded digital signal processor

electronic design automation 电子设计自动化

embedded digital signal processor　嵌入式数字信号处理器

Embedded ICE　见 embedded in-circuit emulater

embedded ICE macrocell　内嵌的在线调试宏单元

embedded in-circuit emulater　嵌入式在线仿真器

embedded micro processor unit　嵌入式微处理器

embedded microcontroller unit　嵌入式微控制器

embedded system on chip　嵌入式片上系统

EMPU　见 embedded micro processor unit

EMU　见 embedded microcontroller unit

error correcting code　错误校正码

ESOC　见 embedded system on chip

extended data output　扩展数据输出

external master　外部总线主设备,外部总线控制器

external memory　外部存储器

external peripheral　片外外设,外部外设

ExtMaster　见 external master

F

fast Fourier transform　快速傅里叶变换

fast interrupt request　快速中断请求

fast page mode　快速页模式

FBGA　见 fine-pitch ball grid array

FFS　见 flash file system

FFT　见 fast Fourier transform

FIFO　见 first in first out

程序

micro controller unit　微控制器

microachitecture　微结构

Microprocessor without Interlocked Pipeline
　Stages　内部无互锁流水线微处理器；MIPS
　公司

MIPS　见 Microprocessor without Interlocked
　Pipeline Stages

MMC　见 multi media card

MMU　见 memory management unit

most significant bit　最高有效位

MPU　见 memory protection unit

MSB　见 most significant bit

MTD　见 memory technology driver

multi media card　多媒体卡

multi-master　多主

multiply-accumulate　乘累加

N

non-volative memory　非挥发存储器

O

OCR　见 operation condition register

ohm　欧姆

on-chip peripheral　片上外设（与处理器在同一
　芯片内）

open drain output　开漏输出

operation condition register　操作条件寄存器

overrun error　溢出错误

P

palette　调色板

parent file　父文件

parity error　奇偶校验错误

partition　分区

PC　见 program counter

PCM　见 pulse code modulation

PDA　见 personal digital assistant

pending register　登记寄存器，未决寄存器

personal digital assistant　个人数字助理

phase locked loop　锁相环

PLL　见 phase locked loop

polling　查询

portable operating system interface　可移植操作
　系统接口，X 表明其对 Unix API 的传承

POSIX　见 portable operating system interface

power management　电源管理

power-down mode　节电模式

precharge　预充电

prescaler　预分频器

priority　（中断）优先级

program counter　程序计数器

protection unit　（存储器）保护单元

pseudo-instruction　伪指令

PU　见 protection unit

pull down resistor　下拉电阻

pull up resistor　上拉电阻

pulse code modulation　脉冲代码调制

pulse width modulation　脉宽调制

PWM　见 pulse width modulation

R

RCA　见 relative card address

RCT　见 runtime compiler target

real time clock　实时时钟

real time operation system　实时操作系统

reduced instruction set computer　精简指令集计
　算机

relative card address　相对卡地址

response　应答

RISC　见 reduced instruction set computer

round reset function　进位复位功能

round_robin　轮转

RTC　见 real time clock

RTOS　见 real time operation system

runtime compiler target　运行时编译器目标

S

S/H　见 sample & hold

sample & hold　采样/保持

sampling frequency　采样频率

Samsung peripheral bus　三星外设总线

Samsung system bus　三星系统总线

SAR　见 successive approximation register

V

variable　变量

vector floating point　向量浮点

VFP　见 vector floating point

video buffer　视频缓冲区

video output　视频输出

view port　视口

virtual screen　虚（拟）屏

voltage controlled oscillator　电压控制振荡器

W

wake-up　唤醒

watch dog timer　看门狗定时器

WDT　见 watch dog timer

web terminal　上网终端

whole service mode　全部服务模式

wide bus　宽总线

wired -AND　线与

write buffer　写缓冲区

write through　写直达，写通

Z

ZDMA　见 general purpose direct memory access

参 考 文 献

[1] 刘彦文. 基于 ARM7TDMI 的 S3C44B0X 嵌入式微处理器技术[M]. 北京：清华大学出版社,2009.

[2] Samsung Electronics S3C2410A 32Bit RISC Microprocessor USER'S MANUAL,2004.

[3] ARM Limited. ARM920T Technical Reference Manual. Rev 1.

[4] ARM Limited. ARM Software Development Toolkit(V2.50) Reference Guide.

[5] ARM Limited. ARM Software Development Toolkit(V2.50) User Guide.

[6] ARM Limited. ARM Developer Suite Assembler Guide. Version 1.2.

[7] ARM Limited. ARM Architecture Reference Manual.

[8] AMD. Am29LV160D(Rev：B) Data Sheet,2000.

[9] Hynix Semiconductor. HY57V561620B(L/S)T Data Sheet,2002.

[10] Samsung Electronics. K9F2808U0C FLASH MEMORY,2003.

[11] Philips Semiconductors. UDA1341TS Data Sheet,2002.

[12] 王宜怀. 嵌入式应用技术基础教程[M]. 北京：清华大学出版社,2005.

[13] 李新峰,何广生,赵秀文. 基于 ARM9 的嵌入式 Linux 开发技术[M]. 北京：电子工业出版社,2008.

[14] 符意德,陆阳. 嵌入式系统原理及接口技术[M]. 北京：清华大学出版社,2007.

[15] 陈文智. 嵌入式系统开发原理与实践[M]. 北京：清华大学出版社,2005.

[16] (美)Jonathan W. Valvano. 嵌入式微计算机系统实时接口技术[M]. 李曦,周学海,方潜生,等译. 北京：机械工业出版社,2003.

[17] 王田苗. 嵌入式系统设计与开发[M]. 北京：清华大学出版社,2002.

[18] 桑楠,雷航,崔金钟,等. 嵌入式系统原理及应用开发技术[M]. 2 版. 北京：高等教育出版社,2008.

[19] 俞建新,王健,宋健建. 嵌入式系统基础教程[M]. 北京：机械工业出版社,2008.

[20] (美)Wayne Wolf. 嵌入式计算机系统设计原理[M]. 孙玉芳,梁彬,罗保国,等译. 北京：机械工业出版社,2002.

[21] 苏东. 主流 ARM 嵌入式系统设计技术与实例精解[M]. 北京：电子工业出版社,2007.

[22] 张绮文,谢建雄,谢劲心. ARM 嵌入式常用模块与综合系统设计实例精讲[M]. 北京：电子工业出版社,2007.

[23] 魏忠,蔡勇,雷红卫. 嵌入式开发详解[M]. 北京：电子工业出版社,2003.

[24] 李佳. ARM 系列处理器应用技术完全手册[M]. 北京：人民邮电出版社,2006.

[25] 姚宏昕,黄冰. 基于 ARM9 内核的 IRQ 异常中断编程机制的研究[J]. 计算机工程与设计,2009, 30(12).

[26] 范书瑞,于明,刘剑飞,等. 基于 ARM9 芯片 S3C2410 异常中断程序设计[J]. 微计算机信息, 2007,23(7-2).

[27] 费浙平. 基于 ARM 的嵌入式系统程序开发要点(四)——异常处理机制的设计[J]. 单片机与嵌入式系统应用,2003,11.

[28] 张义磊,安吉宇,仲崇亮,等. ARM 芯片 S3C2410 驱动 TFT-LCD 的研究[J]. 液晶与显示, 2005,2.

[29]　雷鑑铭,邹雪城,邹望辉,等. 应用于 LCD 控制器的动态抖动算法及帧速率控制技术[J]. 微电子学与计算机,2004,21(5).

[30]　刘显荣. 基于 S3C2410 的触摸屏控制[J]. 微计算机信息,2007,23(4-2).

[31]　张颖超,庄英. 基于 S3C2410 的嵌入式触摸屏设计[J]. 控制工程,2009,16(3).

[32]　孙德辉,梁鑫,杨扬. 嵌入式 Linux 下 ADC 的驱动程序实现与应用[J]. 计算机应用技术,2008,22.

[33]　纪竞舟,付宇卓. 嵌入式 Linux 下的 MMC/SD 卡的原理及实现[J]. 计算机仿真,2005,22(1).

[34]　周小杰,刘方. SD 存储技术及其于 S3C2410 的应用[J]. 仪器仪表用户,2008,15(3).

[35]　刘欣,郑建宏. 基于 ARM9 的 SD/MMC 卡控制器的 ASIC 设计[J]. 通信技术,2008,41(8).

[36]　姚杰. 基于 GPIO 实现 SD 总线读取技术研究与实现[J]. 小型微型计算机系统,2008,29(10).

[37]　田茂,鲜于李可,潘永才. SPI 模式下 SD 卡驱动的设计与实现[J]. 现代电子技术,2009,14.

[38]　石宁,朱琪. 嵌入式 Linux 中 SDIO 协议无线网络驱动程序的设计和实现[J]. 计算机与数字工程,2009,37(3).

[39]　何荣森,何希顺,张跃. 从 ARM 体系看嵌入式处理器的发展[J]. 微电子学与计算机,2002(5).

[40]　刘林山,郑爱红. 带 ARM 核的嵌入式微处理器技术特点分析与应用研究[J]. 工业控制计算机,2005,18(11).

[41]　刘鲁新,权进国,林孝康. ARM9 处理器与 ARM7 处理器比较[J]. 电子技术应用,2004(11).

[42]　徐东. 32 位 RISC 结构体系的研究[J]. 电子工程师,2006,32(8).

[43]　侯艳芳,段建民. Palm OS 环境下 Windows 应用程序的移植策略[J]. 微计算机信息,2006,22(10-3).

[44]　陶品. 嵌入式系统技术现状与发展趋势[J]. 世界电子元器件,2006(2).

[45]　陶品. 嵌入式操作系统中的关键技术[J]. 世界电子元器件,2006(4).

[46]　师晓卉,秦水介. 嵌入式 Flash 存储器控制器的设计方法[J]. 电子测量技术,2006,29(5).

[47]　马海红,何嘉斌. 基于 ARM 的嵌入式系统 FLASH 接口设计与编程[J]. 仪表技术与传感器,2005(1).

[48]　乐燕芬,徐伯庆. 基于 μC/OS-II 的嵌入式音频系统设计[J]. 自动化仪表,2006,27(5).

[49]　高建华,王殊. 基于 S3C2410 型微处理器和 UDA1341 型立体声音频编解码器的嵌入式音频系统设计[J]. 国外电子元器件,2006(6).

[50]　博创科技. UP-NETARM 2410-S 随机资料.

[51]　刘彦文.嵌入式系统原理及接口技术[M].北京:清华大学出版社,2011.

[52]　刘彦文.基于 ARM 的嵌入式系统原理及应用[M].北京:清华大学出版社,2017.

[53]　刘彦文.嵌入式系统实践教程[M].北京:清华大学出版社,2013.

[54]　刘彦文,李丽芬. Linux 环境嵌入式系统开发基础[M].北京:清华大学出版社,2015.

　　除了上述参考文献之外,在本书编写过程中,作者还参考和引用了一些公司的公开技术资料、随机资料和程序。如 ARM 公司、三星公司和国内的博创公司。无论是列入上述清单的文献还是没有列出的文献,作者都向这些文献的撰写者表示感谢。

图书资源支持

感谢您一直以来对清华版图书的支持和爱护。为了配合本书的使用,本书提供配套的资源,有需求的读者请扫描下方的"书圈"微信公众号二维码,在图书专区下载,也可以拨打电话或发送电子邮件咨询。

如果您在使用本书的过程中遇到了什么问题,或者有相关图书出版计划,也请您发邮件告诉我们,以便我们更好地为您服务。

我们的联系方式:

地　　址:北京市海淀区双清路学研大厦 A 座 714

邮　　编:100084

电　　话:010-83470236　　010-83470237

客服邮箱:2301891038@qq.com

QQ:2301891038(请写明您的单位和姓名)

- -

资源下载:关注公众号"书圈"下载配套资源。

资源下载、样书申请

书圈

获取最新书目

观看课程直播